U0149451

本书作者

主编：董卫，男，东南大学建筑学院教授、博士生导师，联合国教科文组织(UNESCO)文化资源管理教席讲席教授。主要从事城市更新、遗产保护与城市设计数字技术方向的应用研究。曾主持国家自然科学基金面上项目和重点项目等多项科研课题，出版《可持续发展的城市与建筑设计》《地理信息系统与文化资源管理：遗产管理者手册》《城市历史街区的复兴》等著译作，发表《风水变迁与城镇发展》《从"西南"到"东南亚"：中国视角下的古代东南亚地区城市历史初探》《历史城区保护与可持续整治中的"洛阳模式"创新》等论文40余篇，获省部级优秀规划设计二等奖、联合国教科文组织亚太地区文化遗产保护奖及国际建筑师协会(UIA)国际建筑设计竞赛奖。任城市与建筑遗产保护教育部重点实验室(东南大学)主任、中国城市规划学会城市规划历史与理论学术委员会主任委员、中国城市规划学会历史文化名城规划学术委员会委员等职务，现为联合国教科文组织亚洲遗产管理学会秘书处负责人，国际古迹遗址理事会(ICOMOS)国际会员。

执行主编：李百浩，男，东南大学建筑学院教授、博士生导师。主要从事城市规划史、历史建筑修复与文化遗产保护、亚洲城市比较等方向的研究。主持和参与完成国家社会科学基金、国家自然科学基金、教育部等6项科研项目，出版《中国近代城市规划与文化》《湖北近代建筑》等著作和教材10余部，发表《如何研究中国近代城市规划史》《植入与延续：越南八卦城的规划史解读》等论文100余篇。现任中国城市规划学会城市规划历史与理论学术委员会副主任委员兼秘书长、中国建筑学会工业建筑遗产学术委员会委员等职务。

执行主编：王兴平，男，东南大学建筑学院教授、博士生导师。主要从事城镇化与城乡空间理论、产业发展与城镇产业空间规划方法、创新型城市发展与规划等方向的研究。主持国家重点研发计划项目和国家社会科学基金、国家自然科学基金、教育部和江苏省等多项科研项目，出版《集约型城镇产业空间规划：原理·方法·案例》《中国城市新产业空间：发展机制与空间组织》等教材和著作多部，发表各类学术论文近百篇，获中国城市规划学会组织的青年规划师论文竞赛奖、城市规划管理论文竞赛奖和第五届全国优秀城市规划科技工作者、江苏省科学技术奖等。现任中国城市规划学会城市规划历史与理论学术委员会副秘书长、中国城市规划学会区域规划与城市经济学术委员会委员等。

规划历史与理论研究大系｜主编　李百浩

城市规划历史与理论05

URBAN PLANNING HISTORY AND THEORY NO. 05

主编　董　卫　　　　执行主编　李百浩　王兴平

东南大学出版社
SOUTHEAST UNIVERSITY PRESS
南京·2022

内容提要

本书所载的22篇论文，主要是第10届城市规划历史与理论高级学术研讨会暨中国城市规划学会城市规划历史与理论学术委员会年会（2018年）的会议宣读论文。本书内容涉及城市空间形态、跨界规划研究与实践、古代文明与规划、近现代文明与城乡规划、文明视角下的规划理论等方面，对城乡规划管理与研究设计人员汲取古今中外城乡规划发展的历史经验，以及对城乡文化遗产保护部门在保护城乡文化特色和城市再开发方面具有参考价值。

本书既可作为城乡规划史、建筑史、风景园林史以及城市史、地方史等领域的研究资料，又可作为高等学校和社会各界人士了解城市规划发展变迁的参考用书和读物。

图书在版编目(CIP)数据

城市规划历史与理论 05 / 董卫主编. —南京 ：
东南大学出版社，2022.5
（规划历史与理论研究大系 / 李百浩主编）
ISBN 978-7-5641-9867-1

Ⅰ. ①城… Ⅱ. ①董… Ⅲ. ①城市规划-城市史-研究-世界 Ⅳ. ①TU984

中国版本图书馆 CIP 数据核字(2021)第 254195 号

责任编辑：李　倩　　　　责任校对：子雪莲
封面设计：企图书装　　　责任印制：周荣虎

城市规划历史与理论 05
Chengshi Guihua Lishi Yu Lilun 05

主　　编：董　卫
执行主编：李百浩　王兴平
出版发行：东南大学出版社
社　　址：南京四牌楼 2 号　邮编：210096　电话：025-83793330
网　　址：http://www.seupress.com
经　　销：全国各地新华书店
排　　版：南京布克文化发展有限公司
印　　刷：江阴金马印刷有限公司
开　　本：787 mm×1092 mm　1/16
印　　张：19.25
字　　数：460 千
版　　次：2022 年 5 月第 1 版
印　　次：2022 年 5 月第 1 次印刷
书　　号：ISBN 978-7-5641-9867-1
定　　价：69.00 元

中国城市规划学会学术成果

中国城市规划学会城市规划历史与理论学术委员会会刊(2018年)
The Journal of Academic Committee of Planning History & Theory (ACPHT),
Urban Planning Society of China (UPSC) 2018

编委会

学委会简介

中国城市规划学会城市规划历史与理论学术委员会

2009—2011年，中国城市规划学会与东南大学建筑学院在南京连续召开了3次“城市规划历史与理论高级学术研讨会”，以筹备成立“城市规划历史与理论学术委员会”。

2012年9月24日，民政部正式批准登记社会团体分支（代表）机构：中国城市规划学会城市规划历史与理论学术委员会（社证字第4203-14号）。

2012—2019年，中国城市规划学会城市规划历史与理论学术委员会先后在南京、平遥、泉州、宁波、南京、南京、桂林召开了7次学术会议，出版会刊“城市规划历史与理论”系列的第1—4辑，在学界具有较大的影响力。

中国城市规划学会城市规划历史与理论学术委员会是中国城市规划学会（Urban Planning Society of China，简称UPSC）下属的专业性学术组织之一（简称历史与理论学委会），英文名为“Academic Committee of Planning History & Theory，UPSC”（简称ACPHT）。

历史与理论学委会是在中国城市规划学会的领导下，凝聚广大城市规划历史与理论研究工作者，以弘扬中华文化、传承城市文脉、总结发展历史、促进城市发展为宗旨，开展城市规划历史、实践和理论研究以及学术交流、科研咨询，为城乡规划学科建设奠定基础，推进我国城乡规划和建设的科学健康发展。

历史与理论学委会的主要任务是：研究总结我国传统城市、近现代城市发展历史和规划实践，探索城市规划理论与方法；组织开展城市规划历史与理论研究的学术交流，交流实践经验，促进城乡规划学科发展；积极开展城市规划历史与理论研究的国际学术交流与合作，借鉴国际经验来推动我国城市规划理论研究，传播中国城市规划历史文化典范和现代实践经验；举办城市规划历史与理论学习培训，开展学科建设论证、科研咨询等技术服务；承办中国城市规划学会规定和交办的各项工作。

第2届历史与理论学委会由来自全国的34位知名专家学者组成，并聘请两院院士吴良镛教授、中国科学院院士齐康教授、中国工程院院士邹德慈教授、同济大学董鉴泓教授作为顾问委员。

根据历史与理论学委会的工作章程，“城市规划历史与理论高级学术研讨会暨中国城市规划学会城市规划历史与理论学术委员会年会”每年召开一次，面向国内外公开征集论文，一切有意规划历史与理论的人员均可参会。

主 任 委 员：董　卫
副主任委员：王鲁民　张　松　李百浩　武廷海
秘　书　长：李百浩（兼）
副 秘 书 长：王兴平　江　泓（兼）　曹　康（兼）
挂 靠 单 位：东南大学建筑学院

2018 年桂林年会合影(第 10 届城市规划历史与理论高级学术研讨会)

前言

城市既是人类文明发展过程中的产物，也构成了文明最为璀璨的篇章。不同的文明形态孕育出不同的城市社会，摸索出不同的发展路径，也产生了多样性的规划范式。在长期的农耕文明过程中，城市与农业生产和社会生活建立了稳定的互适性模式；工业文明造就铁路时代，城市化迅猛推进，城市数量和规模急剧扩张；生态文明则反映了人类对世界的新认识和新观念，城乡规划需要重新思考自然与人为空间的平衡、社会生态与文化生态的整合、标准生产与地方意识的互动。

在多学科融合发展的大背景下，生态文明时代的城乡规划学需要重新溯本求源，深化对城市和乡村历史的认识，认清规划中的“变”与“不变”。生态文明时代的城乡规划，以空间为核心对象的学科本体没有变，以人为本的根本原则没有变，以可持续发展为主题的目标理念没有变。发生变化的将是，城市空间不再被当作完整、单一的对象，而是一个自然—文化网络系统的重要组成部分。我们要在这个网络的伸缩和涨落中深化认识其各种空间现象，在规划制定和具体实施、管理、反馈、调整的整个干预链条中，重新发现并尊重城市的规律和制度。

生态文明时代的城乡规划理念，需要建立更具历史耐心和专注于地方的城市空间战略思维。在文明的兴衰与演替过程中，很多问题与灾难的产生并非由于人类无法预见和避免它们，而是对一些本应关注的小障碍或小扰动做出了错误的判断，以致酿成灾难。对于人类的家园而言，处理这些小障碍或小扰动的态度和方式，既标记出文明的发育度，又展现了城乡规划的思想底色。城市规划、区域规划及国土规划等诸多规划形式均无法消灭城市发展中的干扰因素。由此，建立更具历史思维的空间战略观，与这些深层次的结构性缺憾共存，是中国城市和乡村普遍及永恒的努力方向。

生态文明时代的到来，使我们能够怀着对建立人类命运共同体的憧憬，在更宽阔的历史视域内，反思文明变迁背景中的城乡规划理论，重新审视中国城乡规划之技术、制度和实践的战略有效性。在多元文明的演进过程中，城乡规划如何实现延续与流变？新形势下如何建构适应生态文明需求的、具有中国特色的城乡规划话语体系？厘清这些问题，对探求城乡规划理论和理顺中国城乡规划思想演化脉络具有非常重要的意义。

本次会议以“文明进程与城乡规划”为主题，旨在探求文明变迁视野下城乡规划的历史向度、现实观照、理论建构，主要围绕“不同文明视角下的规划理论与实践、古代文明与空间规划、近现代文明与城乡规划、新时代跨界城乡规划理论与实践”等议题进行讨论。

董　卫　李百浩　王兴平

2019 年 3 月 15 日

目录

第五部分　会议综述

Contents

第一部分　城市规划思想史研究

PART ONE　RESEARCH ON THE HISTORY OF URBAN PLANNING THOUGHT

《考工记》成书年代研究：
兼论考工记匠人知识体系

武廷海

Title: Study on the Edition Age of *Kaogongji* and the Knowledge System of the Artisans
Author: Wu Tinghai

摘　要　《考工记》是中国科技史上的重要文献，长期以来对《考工记》成书年代这个基本问题一直众说纷纭。本文注意到"匠人营国"是"匠人"工作的一部分，匠人属于"百工"，《考工记》实际上是关于"百工"技术与工艺的文献。根据文献与考古资料的双重证据发现，在汉文帝前元年间（前179年—前164年）至武帝元光年间（前134年—前129年），"考工"开始替代"工室"并流行于世，认为这可能是《考工记》成书的年代。《考工记》中的文本可能取材于先秦或秦汉的不同时代，客观上反映了新时代对"考工"的新要求。匠人建国、营国、为沟洫的知识体系面向整个国土空间、城邑体系与城乡地区，天地人城综合整体思考，具有治地的空间特征。随着《周官》改为《周礼》，匠人知识体系也从规划建设史料转变为制度规范的组成部分。

关键词　考工记；考工；城市规划；匠人；周礼

Abstract: *Kaogongji*（考工记）is an important document in the history of Chinese science and technology. For a long time, there have been many different opinions on the basic issue of the edition age of *Kaogongji*. The paper notices that "Planning the State Capital"(匠人营国)was part of the job of artisans(匠人), who belonged to "All Sorts of Workmen"(百工), and *Kaogongji* is actually the literature about the technology and craft of "All Sorts of Workmen". Based on the dual evidence of literature and archaeological data, it is found that from Han Wendi Qianyuan years (179 B. C.-164 B. C.) to Wudi Yuanguang years (134 B. C.-129 B. C.), the word "Kaogong"(考工) began to replace the word "Gongshi"(工室) and became popular in the society, so it is probably in this era that Kaogongji was written. The text in *Kaogongji* may be drawn from works of different times ranging from the pre-Qin to the Qin and Han Dynasties, objectively reflecting the new requirements for "Kaogong" in the new era. The knowledge system of artisans planning and building the state capital and constructing Ditches and canals deals with the entire territory space, city system as well as urban and rural are-

作者简介

武廷海，清华大学建筑学院教授，中国城市规划学会城市规划历史与理论学术委员会副主任委员

as, considers the heaven, the earth, the city and the human as a whole, and is characterized by land administration. With *Officials of Zhou*(周官) changing to *Rites of Zhou*(周礼), artisans' knowledge system converted from planning and building literature to a constituent part of institutions and norms.
Keywords: Kaogongji(Records of Ingenious Artisans); Kaogong; City Planning; Artisan; Rites of Zhou

1 引言

《考工记》是中国科技史上的重要文献,它所记载的匠人营国制度在我国城市规划史上具有十分重要的地位。然而,长期以来对《考工记》成书年代这个基本问题一直众说纷纭。

概括说来,关于《考工记》成书年代的认识,可以分为先秦和秦汉两大类。唐代贾公彦、宋代王应麟、宋代林希逸等认为《考工记》是先秦之书,唐代孔颖达、沈长云、刘广定、李锋、徐龙国与徐建委等认为《考工记》成书于秦汉或西汉①。

在先秦成书诸说中,刘洪涛认为《考工记》是周代遗文[1],多数研究者认为《考工记》成书于春秋战国时期。清代江永认为《考工记》是东周后齐人所作[2]。郭沫若、贺业钜认为《考工记》成书于春秋末期的齐国[3-4]。李志超认为《考工记》成书于春秋时期[5]。史念海认为《考工记》成书时代最早也只能是在春秋战国之际,也许就在战国的前期,《考工记·匠人营国》的撰著者取法魏国的安邑城[6]。梁启超、杨宽等人认为《考工记》成书于战国时期[7-8]。闻人军认为《考工记》成书于战国初期[9]。戴吾三等人认为《考工记》是齐国制定的一套指导、监督和评价官府手工业生产工作的技术制度[10-11]。

上述关于《考工记》成书年代的不同见解,都是基于《考工记》中的一些文献材料或考古史料,言之有理,持之有故。如何综合认识这些研究成果,揭示《考工记》成书年代的本来面貌?本文注意到"匠人营国"是"匠人"工作的一部分,匠人属于"百工",《考工记》是关于"百工"技术与工艺的文献,因此尝试通过考证探索"考工"一词的来历,探究《考工记》成书年代的秘密,进而对《考工记》匠人营国制度乃至匠人传统的蕴含进行合理阐释,探讨其对中国古代都城规划建设的影响。

2 匠人、《考工记》与《周礼》

本文从城市规划史的角度开展匠人营国制度研究,在研究过程中从匠人营国延及匠人,进而综合审视"匠人"所在的《考工记》上下文,以及《考工记》所在的《周礼》。

2.1 "匠人"的工作

根据《考工记》的记载,"匠人"的工作包括匠人建国、营国、为沟洫三部分。其中,"匠人营国"一节共262字,记载了"国中—四郊—野"的地域结构及其建设特征。

> 匠人营国,方九里,旁三门。国中九经九纬,经涂九轨。左祖右社,面朝后市,市朝一夫。夏后氏世室,堂修二七,广四修一。五室,三四步,四三尺。九阶。四旁两夹,窗,白盛。门堂三之二,室三之一。殷人重屋,堂修七寻,堂崇三尺,四阿,重屋。周人明堂,度九尺之筵,东西九筵,南北七

筵，堂崇一筵。五室，凡室二筵。室中度以几，堂上度以筵，宫中度以寻，野度以步，涂度以轨。庙门容大扃七个，闱门容小扃三个，路门不容乘车之五个，应门二彻三个。内有九室，九嫔居之；外有九室，九卿朝焉。九分其国，以为九分，九卿治之。王宫门阿之制五雉，宫隅之制七雉，城隅之制九雉。经涂九轨，环涂七轨，野涂五轨。门阿之制，以为都城之制。宫隅之制，以为诸侯之城制。环涂以为诸侯经涂，野涂以为都经涂。

这里的"国"或"国中"指王城、国都，在其外围分别是四郊与野（《周礼·秋官司寇》记载："乡士，掌国中；遂士，掌四郊；县士，掌野。"据此可以将匠人营国所涉及的空间分为三个地域：国中，四郊，野）。相应地，匠人营国所谓经涂、环涂、野涂，可能分别针对国中、四郊、野的道路，其中环涂可能不是都城内贴着城墙内壁的顺城路，而是城外"四郊"中"环"（環或县）的道路，处于"国中"与"野"之间的聚落。

在"匠人营国"之前，有一节很短的"匠人建国"，只有43字，极为凝练地记载了以水平地、置槷测影的规划技术方法。

匠人建国，水地以县，置槷以县，视以景，为规，识日出之景与日入之景，昼参诸日中之景，夜考之极星，以正朝夕。

在"匠人营国"之后，有一节较长的"匠人为沟洫"。

匠人为沟洫，耜广五寸，二耜为耦。一耦之伐，广尺，深尺，谓之甽。田首倍之，广二尺，深二尺，谓之遂。九夫为井，井间广四尺，深四尺，谓之沟。方十里为成，成间广八尺，深八尺，谓之洫。方百里为同，同间广二寻，深二仞，谓之浍。专达于川，各载其名。凡天下之地势，两山之间必有川焉，大川之上必有涂焉。凡沟逆地防，谓之不行；水属不理孙，谓之不行。梢沟三十里而广倍。凡行奠水，磬折以三伍。欲为渊，则句于矩。凡沟必因水势，防必因地势。善沟者，水漱之；善防者，水淫之。凡为防，广与崇方，其杀三分去一。大防外杀。凡沟防，必一日先深之以为式，里为式，然后可以传众力。凡任，索约，大汲其版，谓之无任。葺屋三分，瓦屋四分。囷、窌、仓、城，逆墙六分。堂涂十有二分。窦，其崇三尺。墙厚三尺，崇三之。

总体看来，在《考工记》中"匠人"条目下，有"匠人建国""匠人营国""匠人为沟洫"三节文字，近600字，占全书内容的近1/10。通常，人们关注匠人营国，而忽略了匠人建国与匠人为沟洫。从文本看，匠人建国属于天文学的内容，匠人为沟洫则属于水土之工，为何二者要被纳入匠人的工作范畴？或者说，匠人之建国、营国、为沟洫三者有什么内在的关联？

2.2 "匠人"属于"百工"

根据《考工记》记载，匠人与轮人、舆人、弓人、庐人、车人、梓人，同属"攻木之工"。

凡攻木之工七，攻金之工六，攻皮之工五，设色之工五，刮摩之工五，抟埴之工二。攻木之工：轮、舆、弓、庐、匠、车、梓。攻金之工：筑、冶、凫、段、桃。攻皮之工：函、鲍、韗、韦、裘。设色之工：画、缋、钟、筐、□。刮摩之工：玉、楖、雕、矢、磬。抟埴之工：陶、瓬。

《考工记》共记述了攻木、攻金、攻皮、设色、刮摩、抟埴6大类30个工种（今传本实存25个工种），《考工记》称之为"百工"。

国有六职，百工与居一焉。或坐而论道；或作而行之；或审曲面势，以饬五材，以辨民器；或通四方之珍异以资之；或饬力以长地财；或治丝麻以成之。坐而论道，谓之王公；作而行之，谓之士大夫；审曲面势，以饬五材，以辨民器，谓之百工；通四方之珍异以资之，谓之商旅；饬力以长地财，谓之农夫；治丝麻以成之，谓之妇功。

《考工记》所见“百工”，属于国家“六职”之一，与王公、士大夫、商旅、农夫、妇功相提并论。

值得注意的是，《考工记》是关于“工”而不是关于“官”的文献。今人所见《考工记》是作为《周礼》的组成部分而存在的，常称《周礼·考工记》，然而《周礼》原名《周官》，是关于“官”的书。为何要将关于“工”的《考工记》纳入关于“官”的《周官》中，两者之间的矛盾如何解决？

2.3 《考工记》所在的《周礼》

《周礼》的主体内容是职官体系，全书由天官冢宰、地官司徒、春官宗伯、夏官司马、秋官司寇、冬官司空六篇组成，“是为六卿，各有徒属职分，用于百事”②。《周官·天官冢宰》叙述了六官总体构架，记载大宰之职是“掌建邦之六典，以佐王治邦国”，六典分别对应天、地、春、夏、秋、冬六官：“一曰治典，以经邦国，以治官府，以纪万民。二曰教典，以安邦国，以教官府，以扰万民。三曰礼典，以和邦国，以统百官，以谐万民。四曰政典，以平邦国，以正百官，以均万民。五曰刑典，以诘邦国，以刑百官，以纠万民。六曰事典，以富邦国，以任百官，以生万民。”其中“事典”与冬官有关，冬官就是“事官”，职责是“富邦国”“任百官”“生万民”。《周官·天官冢宰》记载小宰之职是“以官府之六属举邦治”，具体包括：“一曰天官，其属六十，掌邦治，大事则从其长，小事则专达；二曰地官，其属六十，掌邦教，大事则从其长，小事则专达；三曰春官，其属六十，掌邦礼，大事则从其长，小事则专达；四曰夏官，其属六十，掌邦政，大事则从其长，小事则专达；五曰秋官，其属六十，掌邦刑，大事则从其长，小事则专达；六曰冬官，其属六十，掌邦事，大事则从其长，小事则专达。”这说明冬官的职能是掌邦事，有六十个属官。

偏偏不巧的是，西汉时《周官》就缺失了“冬官司空”的内容。有鉴于此，西汉河间献王刘德便取《考工记》补入。刘歆校书编排时改《周官》为《周礼》，故《考工记》又称《周礼·考工记》或《周礼·冬官考工记》。在两汉以至隋唐时期，《考工记》都是随《周礼》而流传[12]。

关于西汉河间献王刘德(前171—前130)取《考工记》补《周官·冬官司空》之阙，《汉书》卷五十三《景十三王传第二十三》记载：“河间献王德以孝景前二年立，修学好古，实事求是。从民得善书，必为好写与之，留其真，加金帛赐以招之。繇是四方道术之人不远千里，或有先祖旧书，多奉以奏献王者，故得书多，与汉朝等。是时，淮南王安亦好书，所招致率多浮辩。献王所得书皆古文先秦旧书，《周官》《尚书》《礼》《礼记》《孟子》《老子》之属，皆经传说记，七十子之徒所论。其学举六艺，立《毛氏诗》《左氏春秋》博士。修礼乐，被服儒术，造次必于儒者。山东诸儒多从而游。”唐陆德明在《经典释文·序录》记载：“河间献王开献书之路，时有李氏上《周官》五篇，失‘事官’一篇，乃购千金，不得，取《考工记》以补之。”成书时代晚于《经典释文》的《隋书·经籍志》里也有一条内容相近的记载：“汉时有李氏得《周官》，《周官》盖周公所制官政之法，上于河间献王，独阙《冬官》一篇。献王购以千金不得，遂取《考工记》以补其处，合成六篇，奏之。至王莽时，刘歆始置博士，以行于世。河南缑氏及杜子春受业于歆，因以教授。是后马融作《周官传》，以授郑玄，玄作《周官注》。”

3 “考工”作为官职

河间献王刘德献《周官》之书，以《考工记》补《周官·冬官司空》之阙，《考工记》究竟是一本什么样的书？或者说，“考工”究竟是什么含义？

3.1 文献中作为官职的“考工”或“考工室”

据《史记·魏其武安侯列传》记载，汉武帝即位之初，丞相田蚡骄横，想扩建房子，向汉武帝要“考工”的地来扩建私宅：

> 上初即位，富于春秋，蚡以肺腑为京师相，非痛折节以礼诎之，天下不肃。当是时，丞相入奏事，坐语移日，所言皆听。荐人或起家至二千石，权移主上。上乃曰：“君除吏已尽未？吾亦欲除吏。”尝请考工地益宅，上怒曰：“君何不遂取武库？”是后乃退。

此事在《汉书》《前汉纪》也有记载，如《汉书·窦田灌韩传》：“尝请考工地益宅。”《前汉纪·孝武皇帝纪二》：“尝请考工地，欲以益宅。”司马迁记载汉武帝初即位时的事情，是当代人记当代事，应该是可信的。

这条文献有两点值得注意：一是将“考工地”与“武库”相提并论，推测“考工”是与器械制作有关。汉武帝怒气冲天地反问田蚡怎么不要武库的地，他由考工而联想到武库，可能由于考工负责以兵器为主的器械制作，制成后上交执金吾入武库，武库对于宫城与都城的安全是至关重要的。二是“上初即位”。田蚡为相时，说明已经有了“考工”的官职。武帝时期，田蚡为相的年代是公元前135年至前130年，大致相当于元光年间(前134年—前129年)，这个时候“考工”已经流行。

《汉书·百官公卿表上》“少府”条也记载了作为官职的“考工”或“考工室”：

> 少府，秦官。掌山海池泽之税，以给共养，有六丞。属官有尚书、符节、太医、太官、汤官、导官、乐府、若卢、考工室、左弋、居室、甘泉居室、左右司空、东织、西织、东园匠十二官令丞，又胞人、都水、均官三长丞，又上林中十池监，又中书谒者、黄门、钩盾、尚方、御府、永巷、内者、宦者八官令丞。诸仆射、署长、中黄门皆属焉。武帝太初元年更名考工室为考工，左弋为佽飞，居室为保宫，甘泉居室为昆台，永巷为掖廷。佽飞掌弋射，有九丞两尉，太官七丞，昆台五丞，乐府三丞，掖廷八丞，宦者七丞，钩盾五丞两尉。

这条文献说明，汉武帝太初元年(前104年)后，确实有“考工”之官名。值得进一步思考的是：太初元年之前是否有“考工室”之官名？尽管文献记载匮乏，但考古学上有关战国秦汉器物文字的发现为我们提供了难得的证据。

3.2 考古学所见秦汉“工室”与汉代“考工”

黄盛璋通过考证秦兵器制度及其发展变迁认为，秦代兵器制造设有专门的机构“工”，称为“工室”[13]。刘瑞结合新发现的秦代封泥和玺印材料认为，“工室”是秦特有的制造机构，秦设置“工室”制度较早，时代上跨越了秦国与秦朝两个阶段，5件秦兵器从昭襄王二十六年(前281年)到秦二世元年(前209年)；“工室”在很长时间里是直属于中央的生产机构，早期一般郡县不设工室，几件“工室”铭文兵器都有“武库”铭文，表明它们在生产后首先被交给武库，并且作为生产者的“工室”不会是地方机构而只能归于中央管辖；到了秦始皇时期，由于统一战争日益扩大的需要，以生产武器为重要职能的“工室”的设置突破了原来的限制，空前众多起来，郡县也出现工室，例如“属邦工室”“汪府工室”“驽邦工室臣”；汉代直接继承了秦“工室”制度，汉封泥中的“右工室臣”“左工室臣”表明在汉代有工室的设置，而且也分左右，是秦代“工室”制度的直接继承，但是推测汉文帝前元（前 179 年—前 164 年）以后“工室”已经消失或作用变得很小[14]。陈治国与张卫星认为，“工室”在性质上只是制造器物的作坊，而不是政府的行政管理机构；至迟在惠文王时期，“工室”在秦国就已经出现了[15]。

上述秦代兵器、封泥和玺印等器物铭文与刻字等证据表明，秦代少府下属是“工室”而非“考工室”。因此，前述《汉书·百官公卿表上》记载秦代“少府”属官应该为“工室”而不是“考工室”；汉代武帝太初元年（前 104 年）更名“工室”为“考工”而不是更名“考工室”为“考工”。

3.3 “考工”一词的流行

西汉继承了秦“工室”制度，考古学证据表明汉文帝前元（前 179 年—前 164 年）之后，“工室”一词已经少见。综合考虑前述田蚡为相时（前 135 年—前 130 年）请考工地益宅，可以认为，文帝前元年间（前 179 年—前 164 年）至武帝元光年间（前 134 年—前 129 年）“考工”一词已经开始流行。这个时期属于西汉前期，正好是文景之治与武帝前期。《汉书·景帝纪》记载：“汉兴，扫除烦苛，与民休息。至于孝文，加之以恭俭，孝景遵业，五六十载之间，至于移风易俗，黎民醇厚，周云成康，汉言文景，美矣！”可以说，“考工”一词开始流行的年代，是汉代立教、治天下的时代。前文已经提及西汉河间献王刘德取《考工记》补《周官·冬官司空》之阙，考虑到河间献王的生卒年份（前 171—前 130），以及汉武帝在位年份（前 141 年—前 87 年），推测河间献王献书年代可能在公元前 141 年至前 130 年之间，这时《考工记》已经成书，正流行“考工”一词。

反观此前“工室”一词流行的时代，从战国末（公元前 246 年秦王政即位）到汉初（前 180 年高后吕雉称制），统一与斗争是时代的主旋律，那是立朝、得天下的时代。如果说在“工室”时代，造武器是时代任务，目的是立朝，那么在“考工”时代，美生活成为时代的任务，目的是立教。这个判断为我们进一步认识《考工记》成书的时代背景和基本精神定下了基调。

4 《考工记》是关于“考工”的“记”

《考工记》究竟是一种什么性质的书？或者说，为何名为《考工记》？长期以来，《考工记》被当作对“工”进行“考核”的标准，或者说对“工”的“考证”，其实不然！前述“考工”时代的判断启发我们，《考工记》是关于“考工”的“记”。

4.1 “考工”即“巧工”

何谓“考工”？在东汉《释名·释言语》中，巧、考、好相互关联：

> 巧，考也，考合异类共成一体也。
>
> 好，巧也，如巧者之造物，无不皆善，人好之也。

"巧",是造物者的特征与长处,造物者能将诸多不同的东西恰到好处地整合为一体。"巧"的意思就是"考";反之,亦然。

匠人属于工,工的职业特征就是"作巧成器"。《汉书·食货志》按照职业划分四民:"士农工商,四民有业。学以居位曰士,辟土殖谷曰农,作巧成器曰工,通财鬻货曰商。"

器是工生产的产品,巧则是对生产的要求。《考工记》称工为"巧者",对知者所创之物进行"述之守之":

> 知者创物,巧者述之守之,世谓之工。百工之事,皆圣人之作也。烁金以为刃,凝土以为器,作车以行陆,作舟以行水,此皆圣人之所作也。天有时,地有气,材有美,工有巧。合此四者,然后可以为良。材美工巧,然而不良,则不时、不得地气也。橘逾淮而北为枳,鸜鹆不逾济,貉逾汶则死,此地气然也。郑之刀,宋之斤,鲁之削,吴粤之剑,迁乎其地而弗能为良,地气然也。燕之角,荆之干,妢胡之笴,吴粤之金锡,此材之美者也。天有时以生,有时以杀;草木有时以生,有时以死;石有时以泐;水有时以凝,有时以泽;此天时也。

工者造物,要考虑"天有时,地有气,材有美,工有巧",努力做到天时、地气、材美、工巧者四者相合,所谓考工就是"巧工",《考工记》强调的是"工"之"巧",这也是《考工记》一书的基本追求,反映了新时代对"考工"的新要求。

4.2 "巧匠"或匠人之巧

匠人,自古以巧见长,最符合"考工"的特征。战国时吕不韦撰《吕氏春秋·似顺论·分职》云:

> 使众能与众贤,功名大立于世,不予佐之者,而予其主,其主使之也。譬之若为宫室,必任巧匠,奚故?曰:"匠不巧则宫室不善。"夫国,重物也,其不善也,岂特宫室哉?巧匠为宫室,为圆必以规,为方必以矩,为平直必以准绳,功已就,不知规矩绳墨,而赏巧匠。宫室已成,不知巧匠,而皆曰:"善,此某君某王之宫室也。"

这里提出了"巧匠""为宫室"的概念,认为"国"(城)是重物,"宫室"则是重中之重,是营国的核心任务,"为宫室"离不开匠人之巧,"巧匠"是宫室之善的必要甚至决定性条件。《考工记》"匠人营国"中,对于宫室部分,包括夏代世室、商代重屋、周代明堂,就具体的尺度、比例、结构关系进行了具体而详细的描述,从材料上看与《吕氏春秋·似顺论·分职》中"巧匠为宫室"是一致的。并且,《吕氏春秋·似顺论·分职》特别记载了巧匠之巧,凭借规、矩、绳墨等工具而"为圆""为方""为平直",这正是《考工记》中判断"考工"的标准。

4.3 "国工"的标准

《考工记》以"考工"为书名,强调"工有巧",这比"匠巧"具有更为一般的意义。对于"考工"的标准,《考工记·轮人》云:

> 凡揉牙,外不廉而内不挫、旁不肿,谓之用火之善。是故规之,以视其圜也;矩之,以视其匡也;县之,以视其辐之直也;水之,以视其平沈之均也;量其薮以黍,以视其同也;权之,以视其轻重之侔也。故可规、可矩、可水、可县、可量、可权也,谓之国工。

这里提出了轮人(也属于攻木之工)的最高标准“国工”。如果产品达到可规、可矩、可水、可县、可量、可权的“六可”标准,那么这样的匠人就堪称“国工”,虽然名义上仍为工匠,实际上已经是“哲匠”,是“国家级”大师。国工应该是汉代匠人的最高标准,《汉书·律历志上》曰:

> 规者,所以规圜器械,令得其类也。矩者,矩方器械,令不失其形也。规矩相须,阴阳位序,圜方乃成。准者,所以揆平取正也。绳者,上下端直,经纬四通也。准绳连体,衡权合德,百工繇焉。以定法式,辅弼执玉,以冀天子。

具有此等技艺的百工,“以定法式,辅弼执玉,以冀天子”,已经成为治国的辅助工具,国工的“技”或“术”实际上已经上升到了“道”的范畴。

从国工的标准看,“匠人建国”的工作显然是很契合的。匠人建国时要水地、置槷、视景、为规、识景、考星、正向,必然要参照可规、可矩、可水、可县、可量、可权的标准,即参照国工的要求。同样,匠人为沟洫,也需要综合运用表、规、矩等工具。“为沟洫”本来属于土功,但是在《考工记》中也被归为“匠人”的工作,清代方苞引用张自超的观点,认为这主要是由于为沟洫要用到“水平之法”:“张自超曰,沟洫土功也,而属之匠人,盖濬畎浍距川,自高趋下,由近及远,必用水平之法,然后委输支凑,通利而无滞壅,且筑堤防必用竹木以楗石菑,通水门必设版榦以便启闭,皆匠人事也。”总之,从“考工”的技术要求看,匠人建国、营国、为沟洫具有内在的统一性。

5 《考工记》匠人知识体系

从《考工记》的上下文以及“考工”的标准来看“匠人”工作,匠人建国、营国、为沟洫构成了一个完整的知识体系。

5.1 “匠人”作为一个知识体系

汉“考工”不同于秦“工室”的一个重要差别就在于,“工室”限于内府,而“考工”则面向整个国家。《考工记》言“国有六职”,这里的“国”显然也是指国家。相应地,《考工记》所载匠人工作,实际上覆盖了整个国土空间、城邑体系与城乡地区,而不是仅仅局限于王城或王畿。从城市规划的角度看,匠人建国、营国、为沟洫等系列工作,处理的就是“城邑—沟洫—农田”这个综合的空间系统,沟洫与农田是城邑得以存在的地理与经济基础,城邑规划与国土规划是统一的,用《周礼》的话说,就是“辨方正位,体国经野”。《周礼》现存的五篇叙文皆以下列数语冠其首:“惟王建国,辨方正位,体国经野,设官分职,以为民极。”其中,“设官分职,以为民极”表明“王”通过“官”来“治天下之民”,其前提是“辨方正位,体国经野”,以“治地”为言,具有明显的规划或区划性质,用今天的话来说就是一种“空间规划”,这是职官体系、行政体系的前提和基础。总体看来,《周礼》表达了一种整体的经土治民的思想。

中国古代讲究仰观天文、俯察地理,显然《考工记》中匠人建国与观天有关,匠人为沟洫与察地有关,匠人营国则与天地之间的人的活动有关。《考工记》提出:“天有时,地有气,材有美,工有巧,合此四者,然后可以为良。”匠人活动是“天—地—人—城”的综合考虑,要协调处理好城邑与天地、国与野、城邑体系与交通体系、城市体系与水土治理,乃至城市营建与国家治理等的关系，这既是一项科学技术活动，也是一项关于空间政治的艺术。《文子·上礼篇》记载老子传授圣王在天地人总体框架下进行空间规划与社会治理活动：

> 老子曰：昔者之圣王，仰取象于天，俯取度于地，中取法于人。……列金木水火土之性，以立父子之亲而成家；听五音清浊六律相生之数，以立君臣之义而成国；察四时孟仲季之序，以立长幼之节而成官。列地而州之，分国而治之，立大学以教之。此治之纲纪也。

《淮南子·泰族训》也有类似的系统而具体的记载：

> 昔者，五帝三王之莅政施教，必用参五。何谓参五？仰取象于天，俯取度于地，中取法于人。……乃裂地而州之，分职而治之，筑城而居之，割宅而异之，分财而衣食之，立大学而教诲之，夙兴夜寐而劳力之。此治之纲纪也。

《考工记》与《文子·上礼篇》《淮南子·泰族训》的基本精神是一致的，都反映了战国晚期到汉代初期天下由乱而治的时代趋势。

5.2 《考工记》因为"匠人"而纳入《周官》

《考工记》记载百工的技艺，匠人属于 30 个工种之一。从实存的 25 个工种来看，匠人建国、营国、为沟洫三篇所记载的匠人工作具有明显的空间性和治理性，这与其他工种所具有的较为纯粹的工师特征明显有别。

前文已经指出，冬官司空执掌邦国之事，由于《周官》中相关内容的缺失，冬官司空究竟执掌邦国的什么事，尚不得而知。不过，根据《尚书·周书·周官》记载司空"掌邦土，居四民，时地利"，可以推知冬官司空可能主要执掌安土居民，充分发挥地之利。西汉时取《考工记》入《周官》以补冬官司空之阙，以"工"书填入"官"书，可能主要由于"匠人"部分与"司空"性质类似。从文本看，匠人部分占《考工记》总篇幅的近 1/10，也可以窥见匠人在《考工记》中的特别之处。

5.3 《考工记》匠人作为空间叙事

《考工记》成书于西汉前期，书中的基本材料可能源自先秦乃至秦与汉初，这些文献材料对于研究成书以前的科技发展与城市规划建设都具有重要的史料价值。但是，仅仅基于《考工记》中部分的文献材料或考古史料来确定《考工记》的成书年代就难免以偏概全，从而出现种种不同的结论，前文所引一些言之成理、持之有故的见解就是证明。

自从《考工记》被纳入《周官》，《周官》又改为《周礼》，"匠人"就作为《周礼》的组成部分而存在，成为都城空间正当性的来源，必然会对后世都城规划建设产生影响。必须注意的是，《考工记》匠人知识体系，由于经历了从城市规划建设史料到制度规范的转变，在不同时代出于不同的目的，对于匠人文本的空间叙事也必然会出现不同的解读。长期以来，对匠人营国文本所呈现的空间结构形态的理解见仁见智、莫衷一是，就是这个原因，如宋代聂崇义《新定三礼图》中的"王城"，明代王应电《周礼图说》中的"营国九州经纬图"，清代戴震《考工记图》中的"王城"，清代焦循《群经宫室图》中的"宫图"，贺业钜《考工记营国制度研究》中的"王城基本规划结构示意图"，等等。同样，《考工记》匠人知识体系对中国古代城市特别是都城规划建设的具体影响，仍然是一个充满争议的话题。贺业钜系统研究《考工记》营国制度认为，

“《匠人》一节载有营国制度，系统地记述了周人城邑建设体制、规划制度及具体营建制度”，“远在公元前11世纪西周开国之初，中国即已初步形成世界最早的一套从城市规划概念、理论、体制、制度直至规划方法的华夏城市规划体系（营国制度传统），用来指导当时的都邑建设。随着社会演进，这个体系也不断得到革新和发展，其传统一直延续至明清。三千年来，中国古代城市基本上都是遵循这个体系传统而规划的”。[16]郭湖生在关于中国古代城市史的谈话中指出，“迷信《考工记》为中国古代都城奠立了模式，就使中国古都的研究陷入误区，停滞不前。《考工记》对中国都城的影响，确实有一些，但绝非历代遵从，千古一贯。其作用是有限的”，“《考工记》成为《周礼》的一部分而受到尊崇是汉武帝以后的事，现存春秋战国遗留的城址虽多，但与《考工记》相合的没有一处”。[17]

6　结论

本文从城市规划史的角度探究《考工记》的成书年代。本文注意到“匠人营国”是“匠人”工作的一部分，匠人属于“百工”，《考工记》实际上是关于“百工”技术与工艺的文献。通过文献与考古资料的双重证据发现，汉文帝前元年间（前179年—前164年）至武帝元光年间（前134年—前129年），“考工”开始替代“工室”并流行于世，认为这可能是《考工记》成书的年代。在“工室”时代，造武器是时代的任务，要凭借武力而得天下，目的是立朝；在“考工”时代，美生活成为时代的任务，要凭器物而治天下，目的是立教。所谓考工就是“巧工”，《考工记》是关于“考工”的“记”，强调的是“工”之“巧”，《考工记》中的文本可能取材于先秦或秦汉的不同时代，但是作为《考工记》的一部分，客观上反映了新时代对“考工”的新要求。

一方面匠人反映了工之巧，另一方面匠人建国、营国、为沟洫的知识体系面向整个国土空间、城邑体系与城乡地区，天地人城综合整体思考，具有治地的空间特征，这可能是匠人所在的《考工记》被用来填补《周官・冬官司空》之阙的重要原因。随着《周官》改为《周礼》，匠人知识体系也从规划建设史料转变为制度规范的组成部分。从《考工记》文本看，匠人建国、营国、为沟洫都是规划技术工作，但是并非单纯的技术性工作。《考工记》匠人知识体系对中国古代城市规划建设的影响仍然是一个值得进一步探索的学术领域。

［本文部分内容曾于中国城市规划学会城市规划历史与理论学术委员会第5届早期聚落与城市学术论坛作为演讲内容（2019年6月15日，武汉），感谢李百浩、王鲁民、王学荣、许宏等与会专家的评论。本文经城市规划历史与理论学术委员会推荐，已发表于《装饰》2019年第10期］

注释

① 可参见孔颖达：《礼记正义・礼器疏》，载《四部备要：第十册》，第12页。沈长云：《谈古官司空之职——兼说〈考工记〉的内容及其作成年代》，《中华文史论丛》1983年第3期，第217—218页。刘广定：《从钟鼎到鉴燧——六齐与〈考工记〉有关的问题试探》，载《中国艺术文物讨论会论文集》，台北故宫博物院，1991年，第307—320页。李锋：《〈考工记〉成书西汉时期管窥》，《郑州大学学报（哲学社会科学版）》1999年第2期，第107—112页。徐龙国、徐建委：《汉长安城布局的形成与〈考工记・匠人营国〉的写定》，《文物》2017年第10期，第56—62页，第85页。

② 可参见《汉书》卷十九上《百官公卿表第七上》。

参考文献

[1] 刘洪涛.《考工记》不是齐国官书[J].自然科学史研究,1984,3(4):359-365.

[2] 江永.周礼疑义举要[M].北京:商务印书馆,1935.

[3] 郭沫若.《考工记》的年代与国别[M]//郭沫若.沫若文集:第16卷.北京:人民文学出版社,1962.

[4] 贺业钜.考工记营国制度研究[M].北京:中国建筑工业出版社,1985.

[5] 李志超.《考工记》与儒学:兼论李约瑟之得失[J].管子学刊,1996(4):67-70.

[6] 史念海.《周礼·考工记·匠人营国》的撰著渊源[J].传统文化与现代化,1998(3):46-56.

[7] 梁启超,等.古书真伪及其年代[M].北京:中华书局,1936.

[8] 杨宽.战国史[M].上海:上海人民出版社,1955.

[9] 闻人军.《考工记》成书年代新考[M]//中华书局编辑部.文史:第二十三辑.北京:中华书局,1984.

[10] 戴吾三.考工记图说[M].济南:山东画报出版社,2003.

[11] 戴吾三,武廷海."匠人营国"的基本精神与形成背景初探[J].城市规划,2005(2):52-58.

[12] 张言梦.汉至清代《考工记》研究和注释史述论稿[D].南京:南京师范大学,2005.

[13] 黄盛璋.秦兵器制度及其发展、变迁新考(提要)[M]//秦始皇兵马俑博物馆《论丛》编委会.秦文化论丛:第三辑.西安:西北大学出版社,1994.

[14] 刘瑞.秦工室考略[J].考古与文物丛刊,2001(丛刊第四号):136-196.

[15] 陈治国,张卫星.秦工室考述[J].咸阳师范学院学报,2007,22(1):12-15.

[16] 贺业钜.中国古代城市规划史[M].北京:中国建筑工业出版社,1996.

[17] 郭湖生.关于中国古代城市史的谈话[J].建筑师,1996(3):62-68.

相其阴阳，观其流泉：
《诗·公刘》所见先周聚落规划中的土地适宜性评价方法

郭　璐

Title：Observing Yin-Yang and Water：Evaluation Methods of Land Suitability of Settlements Planning in Pre-Zhou Period According to *Gongliu of Shijing*

Author：Guo Lu

摘　要　周人史诗《诗·公刘》记载了公刘率领部族规划、营建聚落的整个流程。“相其阴阳，观其流泉”是其中承上启下的关键环节。本文首先运用文献研究的方法对其文本含义进行解读，即考察地形高下和水资源条件；其次在此基础上，结合相关先秦文献和考古实证对其在规划流程中的作用进行剖析，即对土地适宜性的评价；最后挖掘其内在特征，即中国古代人居环境规划建设中“水土同治”的传统。

关键词　公刘；阴阳；流泉；土地适宜性；水土

Abstract：*Gongliu of Shijing* is one of the Zhou people's epic poems，which records the whole process of planning and construction of the settlements leaded by Gongliu. “Observing Yin-Yang and Water” is one of the key links during the process. The method of literature research is applied to interpret the meaning of the text，that is，to investigate the terrain and water resources conditions. Based on this，combined with the related Pre-Qin documents and archaeological findings，the function of “Observing Yin-Yang and Water” during the process of planning is analyzed，that is，to evaluate the land suitability. As a conclusion，its internal characteristic is revealed as “co-governance of land and water”，which is also an important tradition in the planning and construction of ancient Chinese human settlements.

Keywords：Gongliu；Yin-Yang；Water；Land Suitability；Land and Water

1　引言

《诗·公刘》是周人史诗之一，记载了周人先祖公刘率领部族迁居豳地营建聚落的历史，是先周历史中的重要事件。《公刘》全篇共六节，较为完整地记述了公刘率众对聚落进行规划和建设的

作者简介
郭　璐，清华大学建筑学院，助理教授

流程。首先是聚落及其中心的选址（“于胥斯原”“于京斯依”），在此基础上，公刘开始了一项新的工作——“相其阴阳，观其流泉”，基于此再确定聚落空间布局（“其军三单”），并进行土地测量和开发（“度其隰原”“彻田为粮”），最终营建屋舍（“于豳斯馆”）。“相其阴阳，观其流泉”是承上启下的核心环节，对其进行深入分析对理解公刘迁豳所体现的先周时期聚落规划的技术流程至关重要。

“相其阴阳，观其流泉”的技术方法对后世的城邑规划亦影响深远。《逸周书·大聚解》以周公之名将之纳入营建大聚的方法体系：“闻之文考，来远宾，廉近者，道别其阴阳之利，相土地之宜，水土之便，营邑制，命之曰大聚……”汉代晁错在提出营建边邑的设想时仍沿袭此法，上书云：“臣闻古之徙远方以实广虚也，相其阴阳之和，尝其水泉之味，审其土地之宜，观其草木之饶，然后营邑立城。”① 后世风水书亦奉此为理论源泉之一。对“相其阴阳，观其流泉”的内涵进行探索对研究古代城乡规划技术也具有重要意义。

本文首先从《公刘》文本出发，解析“相其阴阳，观其流泉”的文本含义；其次结合相关史料，挖掘这一技术活动在聚落规划中的作用；最后对其内在特征进行探讨。

2 文本含义：考察地形高下和水资源条件

在“相其阴阳，观其流泉”一句中，“观其流泉”的含义较为明确，可理解为观察地下水和地表径流的情况。《毛传》解“流泉”为“流泉浸润所及”[1]。“流”就是地表径流，如《说文》曰：“流，水行也。”“泉”可理解为地下水，如《说文》《广韵》曰：“泉，水源也。”泉是地下水在地表的出露，如《左传·隐公元年》曰：“若阙地及泉，隧而相见，其谁曰不然？”《史记·秦始皇本纪》载修造始皇陵时“穿三泉”，这里的“泉”就是指地下水。

“相其阴阳”的含义则不甚清晰。“相，省视也”（《说文》），此意甚明。一般认为“阴阳”是“相背寒暖之宜也”[1-2]，即太阳照射条件不同带来的自然条件的差异；也有认为“相其阴阳”是观察日影、辨认方向，“将营宫室必相其阴阳，所谓辨方正位以建国也”②。这两种理解都与太阳光照射条件有关，是与天相关的概念。但是，二者都存在一定的问题。首先，从《公刘》文本而言，在“相其阴阳，观其流泉”之前，已经有沿水系考察（“逝彼百泉”）、登高眺望地形（“乃陟南冈”“乃觏于京”）等行为，聚落选址范围内基本的方向、大尺度的地形向背等应该已经明确了，这才有“南冈”（即南面的山冈）、“京”（即高起的土台）③ 等说法，就基本逻辑而言不必再重复测量方向、观察相背；其次，前文所引《逸周书·大聚解》“道别其阴阳之利”、《汉书·晁错传》“相其阴阳之利”，显然是根源于《公刘》的，如果“阴阳”是说太阳的照射情况，对于农作物生产而言，那就应当是只有“阳之利”而无“阴之利”④，何来“阴阳之利”一说？因此，需要对“阴阳”的含义重新加以认识。

何谓“阴阳”？阴、阳两个概念早在殷商和西周时就广泛流行，并有多种写法，含义也非常丰富，仅《诗经》中就有地名、方向、太阳光、节气、天气、色彩、情绪等多种含义[3]。除了通常认为的与天相关的含义之外，事实上，阴阳还有另一个方面的意义，即源于地，是指地形的高下。《说文》释“阳”：“高、明也。”《吕氏春秋·士容论·辩土》载：“故亩欲广以平，甽欲小以深；下得阴，上得阳，然后咸生。”《黄帝内经·素问·五常政大论》载：“高下之理，地势使然也。崇高则阴气治之，污下则阳气治之，阳胜者先天，阴胜者后天，此地理之常，生化之道也。”又谓“阴阳之气，高下之理，太少之异也”。山东武梁祠汉画像石大禹画像旁榜题曰：“夏禹长于地理、脉泉，知阴，随时设防，退为肉刑。”所谓知阴应当就是了解地形低处，也就是有水的地方（图1）。《国语·楚语》亦将“地有高下”与“天有晦明”相并举。直到五代时期的《阴阳宅图经》仍谓：“凡地形高处为阳，下者为阴。”[4]

“相高下”在先秦、秦汉文献中颇为常见，是在具体的规划布局和土地利用之前对土地进行考察的一个重要步骤；相反，却很少见通过观察光照条件来决定土地利用的记载⑤。

图1　山东武梁祠汉画像石大禹画像

《逸周书·程典解》：慎地必为之图，以举其物，物其善恶。度其高下，利其陂沟，爱其农时，修其等列，务其土实，差其施赋，设得其宜……

《管子·立政》：相高下，视肥墝，观地宜，明诏期，前后农夫，以时均修焉，使五谷桑麻，皆安其处，由田之事也。

《淮南子·泰族训》：俯视地理，以制度量，察陵陆水泽肥墽高下之宜，立事生财，以除饥寒之患。

《新语·明诫》：圣人承天之明，正日月之行，录星辰之度，因天地之利，等高下之宜，设山川之便，平四海，分九州，同好恶，一风俗。

综上，“相其阴阳”，应当就是“相其高下”，是观察地形的高下及其变化。所谓阴阳之利应当与“高下之宜”含义接近，地形高下不同，适宜的土地利用方式也不同，也就是《管子·宙合》所说的“高下肥硗，物有所宜，故曰地不一利”。

总的来说，“相其阴阳，观其流泉”是对聚居地的自然条件从两个方面进行了考察：①地形高下变化；②地下水和地表径流的情况。

3　规划意义：土地适宜性评价

为什么要在确定选址之后，率先进行“相其阴阳，观其流泉”的工作？其目的是什么？这在聚落规划的整个流程中发挥了怎样的作用？

事实上，从先秦时期的相关文献可以看出，地形高下和水资源情况是古人总结的影响土地居住和生产适宜性的两个关键要素。二者紧密相关，绝对高度影响地下水埋深，相对高度形成地形倾角，进而影响地表径流，二者是统一的整体。

3.1　考察绝对高度和地下水埋深的意义

就农业生产而言，地形高下影响地下水深度，与土壤生产力直接相关，决定一地的作物种类和产量，对此《管子·地员》和《管子·乘马》有详细记述。《地员》按照地形高下将土地分为平原（渎田）、丘陵和山地有泉三大类、二十一小类，每类地形的地下水深度不同，适宜种植的作物种类和产量也不同。《乘马》中也特别论述了地下水深度与土地生产力的关系：地下水位在10仞（1仞=7尺，1尺=1/3 m）以上、5尺以下的土地，其生产力依水位的不同成比例变化，正对应于《地员》所述环陵以上、泉英以下范围[5]（图2）。

就人的居住、生活而言，地形高下和地下水深度也与居民的健康息息相关，直接决定了居住地的选址。自先秦起人类就有择居于“土厚水深”之处的传统。《左传·成公六年》记载晋国为新都择址，舍弃“土薄水浅，其恶易觏”的郇瑕氏，因为此处容易使民众“有沈溺重膇之疾”[6]，而选择“土厚水深，居之不疾”的新田；《汉书·地理志》颜师古注在解释秦始皇自承匡迁县至襄陵的原因也是“秦始皇以承匡卑湿”，也就是地形低下、地下水位过高。

因此，通过勘察地形高度和地下水深度，可以明确土地的利用方式，哪里适于居住，哪里适于种植，并且适于种植什么作物。

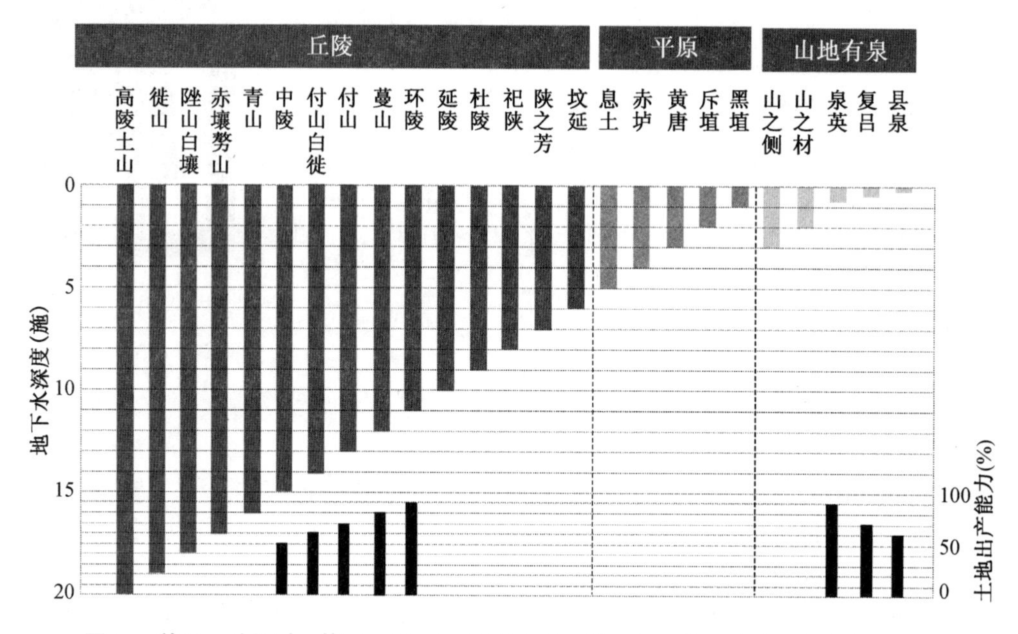

图2 《管子·地员》与《管子·乘马》所载基于地形的土地分类和生产力的比例关系图

3.2 考察相对高度和地表径流的意义

地形高程变化和地表径流的空间分布及水量直接影响沟洫的布局和断面等，这与居住和生产都密切相关。就居住用地而言，要修造渠道以便于城市的供水、防洪和污水的排出。《管子·度地》：“乡山，左右经水若泽，内为落渠之写，因大川而注焉。”城邑依山，左右有经水（即南北向的水）或泽[7]，或者可理解为左右有水量充沛如泽的经水[8]，在内部修造沟渠，以泄泻秽恶，又注入大川之中[9]，沟渠的布局显然是在勘察地形变化和地表径流分布的基础上进行的。就农业用地而言，要开凿沟洫系统以便于农田的排水和灌溉。《考工记·匠人》载“凡沟逆地防，谓之不行；水属不理逊，谓之不行”，要顺应“地防”即地的脉理，水流才能顺畅；“凡沟必因水势，防必因地势”，即要先勘察地势、水势才能决定沟洫的布局，以至其深度、宽度等。

事实上，规划建设沟洫的工作与聚落空间形态基本框架的确立是一体的。在处理城邑与地势和水流的位置关系以及城内外人工水道布局的过程中，自然会影响城邑的形态轮廓和骨架。中国古代城邑聚落多有依自然水系、地形变化而形成城市轮廓者，城邑中的水道也往往与道路系统结合，成为城市空间的骨架，齐临淄、汉长安都是典型例证。前者东墙依淄水而建，考古已经发现城内南北贯通的水道（图3）；后者北墙依潏水，四周水系环绕，有明渠东西贯穿（图4）。与此同时，农业地区的沟洫系统往往与阡陌系统结合在一起，纵横交错，形成农田划分的界限，塑造了土地的空间形态，形成了土地分配、管理的基础。《周礼·地官司徒·遂人》即论述了以一夫为基本单位的“田土—沟洫—阡陌”系统，夫为一夫之田，遂、沟、洫、浍、川与径、畛、涂、道、路分别为由小到大不同层级的水利设施与道路，不同规模的田亩、沟渠与不同层级的道路一一呼应，成为一个体系[10]（图 5）。

因此，通过勘察相对高度和地表径流，可以明确聚落空间布局的基本框架。

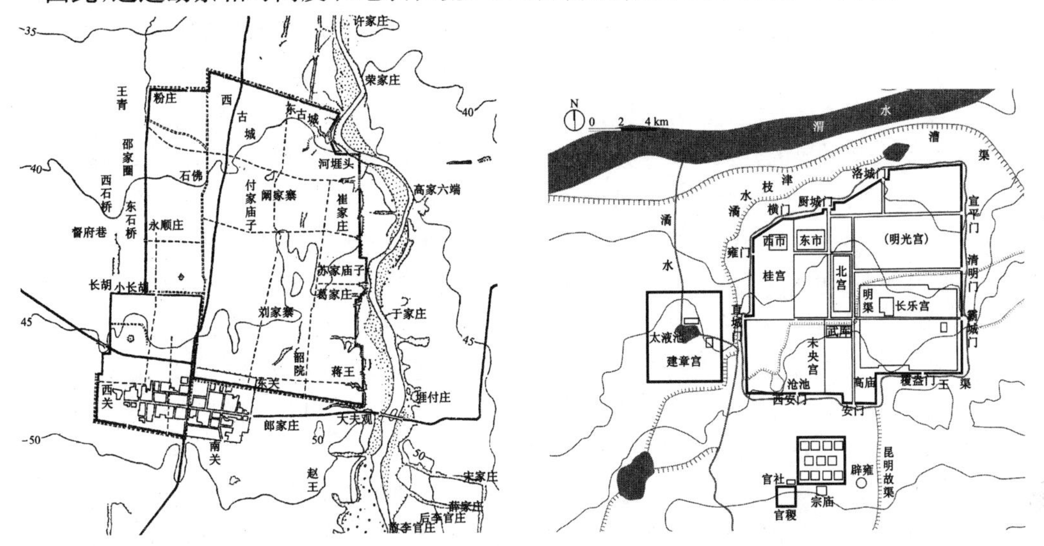

图 3 齐临淄城与地形、水系关系图

注：图中单位为米(m)。

图 4 汉长安城与地形、水系关系图

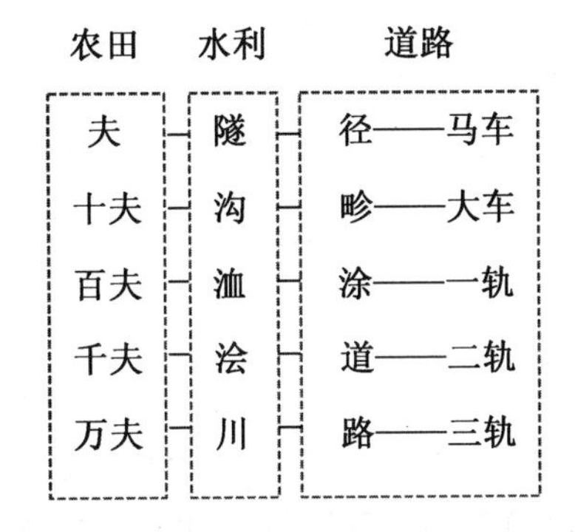

图 5 《遂人》所载各层级的农田水利设施与道路建设关系图

综上，从《公刘》全文所记述的聚落规划建设流程来看，“相其阴阳，观其流泉”事实上是在聚落及其中心的选址确定之后，以地形高下（阴阳）和水资源情况（流泉）为两个核心指标对土地适宜性进行考察和评价，在此基础上确定了“其军三单”的聚落空间形态，并进一步“度其隰原”“彻田为粮”进行土地开发利用。

4 内在特征：土水同治的传统

综上可以看出，在先周时期，公刘在规划聚落的过程中，有一个重要的技术环节就是对土地适宜性的考察和评估，上承选址，下启布局。而且这个技术环节不是一个黑箱，而是有明确的考察对象，即地形高下和水资源条件，甚至在《管子》等著作中还能看到具体的指标。这与盖迪斯提出并被广泛认可的现代城市规划的基本程序“调查—分析—规划”有相通之处。盖迪斯强调要通过调查获取基础数据和资料作为规划的基础，其中地形和自然条件也是一个非常重要的方面[11]。

这个技术环节的一个鲜明特点就是同时关注“土”（“阴阳”，地形高下）和“水”（“流泉”，水资源情况），这与我们通常认为城市建设是“土木工程”的观念有所不同。“土”和“水”一体，地形高下和水资源条件息息相关，同时被作为一个整体来考察。事实上这是中国人居环境规划建设中一个古已有之的传统，不仅是在调查阶段，而且在规划、建设阶段也是水土一体。大禹被认为是人文世界的开创者，其功绩在于“治水”，也在于“治土”，二者是一体两面的。《山海经・海内经》载：“洪水滔天……帝乃命禹卒布土以定九州。”《淮南子・人间训》亦载：“平治水土，使民得陆处。”《国语・周语下》进一步详述：“其后伯禹念前之非度，厘改制量……高高下下，疏川导滞，锺水丰物，封崇九山，决汨九川，陂鄣九泽，丰殖九薮，汨越九原，宅居九隩，合通四海。”大禹按照地形条件和水流的规律，采用不同的措施治理水与土，以划定九州，为人民创造适宜的生存空间。在古代传说中第一个建造城郭的人就是大禹之父——同样精通治水的鲧[12]。在最早关于城邑建设的典籍《考工记・匠人》中，匠人的工作就包括建国、营国、为沟洫，显然也是把水和土放在一起考虑的。

对“水”“土”的整体考虑，应当是源于一种非常朴素的生存需求。从大洪水时期防洪、排蓄的需求，到农业生产方式对土地和水的依赖，在聚落营建中同时考虑水和土应当是再自然不过的事情，是先民们面对复杂的自然条件，基于生产、生活的需求，选取了最核心、最关键的两个要素来作为考察的对象。因为它们的关键性地位，“水土”也很早地上升为一对共生的哲学概念。《国语・周语上》：“夫水土演而民用也。水土无所演，民乏财用，不亡何待?”《管子・禁藏》则说：“夫民之所生，衣与食也；食之所生，水与土也。”《管子・水土》：“地者，万物之本原，诸生之根菀也，美恶、贤不官、愚俊之所生也。水者，地之气血，如筋脉之通流者也。”“水土”被认为是生命之本原，民生之所系。

5 结论

综上，《诗・公刘》所载公刘率领部族规划、营建聚落的流程中有一个重要步骤，即“相其阴阳，观其流泉”，就是通过勘察地形高下和水资源条件，对土地之于人居的适宜性进行考察和评价。上承选址，下启布局，是一个关键的技术环节。

在当代的科学认知中，城乡规划，从决策、选址到资源勘察、土地利用，再到空间划分、形态塑造，直至社会管理与组织，等等，是一个具有复杂性和多层次性的知识体系。古代的聚落与城邑规划较之当代虽然尺度小、要素少，但同样具有复杂性、系统性的特征。考古等工作所发掘的具体空间形态等只是一个具象体现，它需要系统的城乡规划知识的支撑。本文所探讨的土地适宜性评价就是其中的一个方面。此外，长期以来，中国古代城乡规划研究常以专门性的史料缺乏为苦，事实上，在专门性的史料之外，尚有大量与规划相关的知识片段散落在各类古籍中，本文所利用的《诗・公刘》篇就是一个典型例子，从历史文献中挖掘其中所蕴藏的中国古代规划知识尚有极为广阔的空间。

［本文受国家自然科学基金面上项目(51978362)、北京市社会科学基金青年项目(19YTC037)资助。感谢清华大学武廷海教授对本文的指导］

注释

① 传世的《汉书・晁错传》作“阴阳之和”,《太平御览・兵部・戍役》引作:“相其阴阳之利,尝其水泉之味。”本文综合考虑《诗经》和《逸周书》的表述,将之写作“阴阳之利”。

② 可参见(宋)史浩《尚书讲义》卷十五。

③ 可参见《广雅・释丘》:“四起曰京。”

④ 向阳的土地日照较多,地温较高,利于土壤内细菌的繁殖,对于农作物的发育有所帮助,所以当地的农田应该尽量利用向阳的土地。参见唐锡仁,杨文衡. 中国科学技术史:地学卷[M]. 北京:科学出版社,2000。

⑤ 前文所引《逸周书・大聚解》《汉书・晁错传》“相阴阳”,都可认为是引用《公刘》的叙述,不能直接认为是观察光照条件。

⑥ 即风湿病、足肿。参见杨伯峻. 春秋左传注[M]. 修订本. 北京:中华书局,1990。

⑦ 张佩纶云:“经水”不误。训“若”为及,当从王氏说。“乡山,左右经水若泽”,即《诗・公刘》所谓相其阴阳,观其流泉也。尹桐阳云:以“左右经水若泽”为句。都之左右以经水若泽绕之,周东都左伊右瀍,即此意。参见郭沫若著作编辑出版委员会. 郭沫若全集:历史编　第七卷　管子集校(三)[M]. 北京:人民出版社,1984。

⑧ 翔凤案:都城依山,左右有经水或泽,不一定泽与经水俱备也。解“若”为“及”,非是。《汉书・武帝纪》:“为复子若孙。”《周礼・地官》:“若有会同。”疏:不定之辞也。参见黎翔凤. 管子校注[M]. 梁运华,整理. 北京:中华书局,2004。

⑨ 安井衡云,落、络通,络绕也。国都之内,作绕络四方之渠,以洩泻秽恶,又因大川而注流之。张佩纶云:“落”,“略”借字。《说文》:“略,经略土地也。”《左传・昭公七年》:“天子经略,诸侯正封。”“落渠”,言因经界为沟渠也。参见郭沫若著作编辑出版委员会. 郭沫若全集:历史编　第七卷　管子集校(三)[M]. 北京:人民出版社,1984。

⑩《考工记・匠人》中描述了一个类似的沟洫系统:“匠人为沟洫,耜广五寸,二耜为耦。一耦之伐,广尺,深尺,谓之甽。田首倍之,广二尺,深二尺,谓之遂。九夫为井,井间广四尺,深四尺,谓之沟。方十里为成,成间广八尺,深八尺,谓之洫。方百里为同,同间广二寻,深二仞,谓之浍。专达于川,各载其名。”虽然具体名称不同,但是与农田土地利用形态相统一、形成层级体系的模式在本质上是相同的,而且《匠人》中还指出了不同层级的渠道的广深,也是一个由小到大、一一对应的层级系统。

⑪ 应当考虑到城市的整个地形及其拓展,这一点要比过去做得更彻底,不仅要运用常规的分布图和示意图,而且要运用等高线图,并且条件允许的话,甚至还要运用立体模型。土壤、地质、气候、降水、风向等分布图比较容易获得,如果没有的话,要根据现有资料编制。参见帕特里克・盖迪斯. 进化中的城市　城市规划与城市研究导论[M]. 李浩,等,译. 北京:中国建筑工业出版社,2012。

⑫《世本・作篇》:“鲧作城郭。”《吕氏春秋・君守》:“夏鲧作城。”《初学记》卷二十四《居外部》之《城郭》引《吴越春秋》:“鲧筑城以卫君,造郭以守民,此城郭之始也。”同卷又引《吴越春秋》佚文一段:“尧听四岳之言,用鲧修水。鲧曰:‘帝遭天灾,厥黎不康。’乃筑城造郭,以为固国。”《通志》:“尧封鲧为崇伯,使之治水,乃兴徒役,作九仞之城。”

参考文献

[1] 毛亨. 毛诗正义[M]. 郑玄,笺. 孔颖达,疏. 北京:北京大学出版社,1999.

[2] 朱熹. 诗集传[M]. 赵长征,点校. 北京:中华书局,2017.

[3] 赵士孝.《易传》阴阳思想的来源[J]. 哲学研究,1996(8):70-78.

[4] 关长龙. 阴阳宅图经[M]//关长龙. 中华礼藏・礼术卷・堪舆之属:第一册. 杭州:浙江大学出版社,2016.

[5] 郭璐.《管子・乘马》国土规划和城邑规划思想研究[J]. 城市规划,2019,43(1):75-81.

图片来源

图 1 源自：中国画像石全集编辑委员会. 中国画像石全集 1：山东汉画像石[M]. 济南：山东美术出版社，2000.

图 2 源自：郭璐.《管子·乘马》国土规划和城邑规划思想研究[J]. 城市规划，2019，43(1)：75－81.

图 3 源自：侯仁之. 历史地理学的视野[M]. 北京：三联书店，2009.

图 4、图 5 源自：笔者绘制.

从历史制度主义借鉴中国规划史的理论研究方法：
有限理性、路径依赖与关键节点

侯　丽

Title：A Historical Institutionalism Approach to Chinese Planning Historic Studies：Bounded Rationality, Path Dependency and Critical Junctures

Author：Hou Li

摘　要　本文梳理了当前中国规划研究尤其是规划史研究所面临的核心研究问题和研究方法适用性的困境，提出借鉴新制度主义政治学的研究方法，包括路径依赖、有限理性，以及关键节点的相关概念，用于研究当代中国城市规划体系的演进与变革，从而提高规划理论研究水平，提高研究的诠释能力，并对当下行业发展产生影响。

关键词　新制度主义；历史制度主义；路径依赖；规划史

Abstract：The article sorts out the core problems and dilemmas in the applicability of research methods facing current urban planning research in China，especially planning history research，and proposes to draw on the research methods of new institutionalist political science，including path dependency，bounded rationality，and critical junctures. It is used to study the evolution and change of the contemporary Chinese urban planning system，so as to improve the level of theoretical planning research，improve the interpretation ability of research，and influence the development of the industry at present.

Keywords：New Institutionalism；Historical Institutionalism；Path Dependency；Planning History

作者简介

侯　丽，同济大学建筑与城市规划学院教授，中国城市规划学会城市规划历史与理论学术委员会委员

在建成环境塑造和促进国民社会经济发展方面，中国规划正在发挥着越来越重要的作用，然而当代中国城市规划的发展对世界有何理论上的启示和贡献？随着与国际交流的日益频繁，中国城市规划对自我评价的自信与困惑之双重性始终存在：一方面是令世界瞩目的实践能力和现实影响；另一方面是正因其对国家和社会发展发挥着越来越重要的作用，现实需要应对的问题往往层出不穷，令人应接不暇，所谓问题引领对策，抑或“开放倒逼改革”，规划革新常常处于一种“刻不容缓”的状态，从社会—经济环境到其理论、方法、内容再到制度体系都在发生着快速变化，缺乏足够的理论总结。

就科学研究的方法论而言，将中国城市规划及其发展作为研究对象。一直以来国内外规划学界缺乏有效的理论研究工具，简单的记录、归纳、演绎仍是基本的研究方法，缺少诠释的力量和剖析的深度，随着近些年来国内的规划历史与理论研究日益繁荣，这一问题显得尤其严重。规划作为一种交叉学科，需要从相关学科的成熟理论和最新突破中汲取养分。整体而言，这种多学科交叉对于城市研究的贡献要大于规划研究[1]。一方面，多学科知识的引入有助于规划师更好地理解城市，并使得规划学界在城市研究领域越来越活跃，但对于实践应用性的城乡规划学科核心内涵而言，贡献度不高。另一方面，正是这种多学科的特质，给寻找规划历史与理论研究的框架方法带来困惑。城乡规划学在国家科学管理上隶属于自然科学工科门类，但其与社会管理和经济发展的紧密联系使得我们很难以科学史的研究范式去审视规划学的发展；传统的艺术史，尤其是建筑史，强调从古典到现代的发展主线、不同艺术流派发展、个体行为贡献及其相互之间的影响；而现代规划发展历程较短，与国家和政府行为密切相关，尤其当规划从近代走向当代之后，个人主义色彩更进一步淡化，技术或流派的差异逐渐弥合，更多地成为一项日常行政事务和职业行为[2]，艺术史的研究方法有着明显的不适应性。

在社会科学当中，自中国市场化改革以来经济学尤其受到规划界的重视，成为对规划影响较大的主流学科之一。以土地使用规划为例，它经历了从完成国家生产力布局到追求符合市场经济规律，以及更进一步认识到需约束市场缺陷、保障公共利益的不同阶段[3-5]，也就是说，涉猎了从福利经济学、发展经济学，到公共经济学和制度经济学的不同领域。近些年来，制度经济学和公共经济学的重要概念，如产权、交易成本、博弈、联盟，被广泛应用到规划研究当中[6-8]。经济学方法为规划学科带来了严密性和逻辑性的同时，也暴露了规划这一“技术工具理性”常常在经济上的“不理性”。理性假设是经济学迄今为止最基础、最有效的分析工具，即个体偏好决定目标设定，追求个人利益最大化是对任何过程进行策略性分析的基本原理。而我们的经历和许多实证研究可以证明，规划过程和结果常常偏离这一假设，不完全理性的存在显而易见[9-10]。有过从业经验的规划师们知道，城乡规划策略和技术的选择通常是基于有限的个体经验，寻找那些身边现成的、已知的、最醒目的样板——包括从众心理，而不是在规划说明书中所表演的多方案优选的结果；更何况在中国高速城市化发展和运动式管理的机制特征下，很多决定都是在短期内仓促完成，根本没有时间进行全面的评估。改革开放40年，中国城市发展与规划的资源充足，规划在中国特色社会主义体制下借助政府力量居于相对强势的地位，规划职能管理部门和规划机构、规划院校总体面临的是规模扩大、机会增加、投资增长，即使有决策失误，所带来的成本和教训都不具备颠覆性，甚至可能建成环境的反馈仍然基本是正面的，带来规划强大的幻象。以控制性详细规划为例，尽管规划界对其不断反思，但无论是现代主义影响造成城市空间的乏味与空旷，还是确定容积率的随机武断，抑或用地分类的僵化，在此指导下的城市开发仍能应对实施（当然不乏调整），且取得了惊人的现实成效。这是中国规划师既骄傲又心虚的重要原因。中国城市“一年一小变”“三年一大变”，40年来新城新区拔地而起，该如何建立中国规划与建造结果的合理的因果关系？

从普遍意义上说，人类理性具有局限性，认知偏见无所不在，环境限制、公地悲剧和有限理性已经为社会科学所充分认识。如城市规划的周期性扩张冲动在当代中国规划史中反复出现，即使规划师们自我评价是城市公共利益的守护者和部门中正直的技术官僚，出于行业利益、认知惰性和结构性关系决定，规划行业常常被批评为开发过热或扩张过快的罪魁祸首之一，而中央政府职能部门则常常扮演自上而下的职业道德约束的角色，在历史的多个时期提出类似"反四过"的收紧政策。为解释这一现象，西方城市政治学中的政体理论、企业家(经营)主义模型被广泛应用于城市研究和规划研究领域[11-12]，中国的地方政府与开发商、业主和规划行业无疑在某种程度上符合其中的诸多特征。但是，近些年来，规划学界开始重新审视这些政经模型的适用性，指出西方新自由主义倾向的"城市增长联盟"、追求(土地)财政收入最大化不能完全代表地方政府在规划上的决策模式[13]。政治学领域的研究也说明国内生产总值(GDP)和财政增长是中国地方政府所追求的，但不是唯一的目标，经济至上的说法过于狭隘，执行中央政府的政策意志、传达地方民意在中央—地方关系当中同样占据了重要地位[14]。并且，中国的地方政府之间也存在着较大的差异性，空间区位的远近和政治地位的差异都对规划决策有所影响，例如笔者与研究生在对上海和温州在20世纪80年代控制性详细规划实践进行比较研究的过程中发现，上海虹桥新区和浦东新区规划体现了更强的中央政府意志，以及更长期的战略发展考量，与温州旧改中浮现的土地财政模式呈现出明显的差异。

社会学研究在规划中的引入目前较多聚焦于微观层面的决策行为，尚未试图回答宏大的、跨越历史时期的重大问题。而且不得不指出的是，尤其是在社区规划领域近两年兴起的方法论研究上应用所谓参与式规划、合作式规划，并积极实践，但都不言而喻地回避了我国规划制度中仍然极其强烈的自上而下、在国家力量约束框架下有限参与的现实。

1　新制度主义的政治学视角

制度主义的最大贡献在于以制度作为影响人物行为模式的研究方法和出发点，提供一个分析制度影响和制度变迁的宏观框架。所谓新制度主义发展到今天，其影响力已经超越了单一学科，遍及经济学、政治学、社会学乃至整个社会科学的分析路径。不同流派和学科的制度研究共同建构了新制度主义庞杂的理论体系，它们之间尚存在相互矛盾和冲突的地方。

关心集体选择和组织结构问题的规划学，在制度主义理论兴起的早期就开始应用其重新评价、修正、调整或者重构的规划理论[15-16]。它对国内规划领域的影响，主要在制度经济学的产权、交易成本和公共选择方向[17-21]。如在规划研究领域率先应用制度经济学理论工具的亚历山大(Alexander)所指出[22]，当前规划理论对新制度主义的应用，主要致力于解答规划中的三个基本问题：我们为什么需要规划？规划在何处发生？可以如何规划？国内对于这一理论的关注和应用也基本聚焦在如上范畴。

产权和交易成本理论是新制度经济学框架之下重要的理论分支，其前提假设是产权界定是市场经济的前提，明确的产权界定会促进资源分配的效益最大化，制度存在的价值在于降低交易成本，从而激励经济发展。也就是说，制度作为具有高度理性的社会角色的产物，其目的是作为一种工具协调集体行动、促成合作、将社会福利最大化。这里的制度具有中性特征，不会对权力架构和利益关系产生影响。当制度陷于低效时，就应被更高效的制度替代。如上所述，借助这一理论工具可以对开发控制的经济效益和成本进行评估，并引导优化规划制度的思考，也就是说，规划应该怎么做；但它并不善于回答我们当前的规划制度是怎么来的，为什么会这样，它与国家—社会—市场真实的结构性关系如何。

我们必须意识到制度经济学理论代表的是一种理想目标，而非现实状态，20 世纪经济学家科斯的这一基本论断带有古典经济学的影子，即基于个体行为的理性假设。该假设是否经得起推敲当然不是本文所能讨论的范围——例如个体行为是否能做到完全理性、个体理性能否集合成集体理性等。从经验判断，我们即可以得出，一个制度的产生不可能排除历史的影响和现实的妥协。以近 10 年来住房和城乡建设部、国土资源部与发展和改革委员会所编制的规划体系之间不协调甚至相互博弈的情况为例，“多规合一”的试点工作一直在推行，但各部门所推出的改革方案基本上是以各自规划体系为主体的整合，政出多门的情况难以发生根本性改变。改革的推进通常会阻力重重，这是由制度天然的惰性造成的，而这种惰性从理论上如何解释呢？新成立的自然资源部是会在既有制度约束下，平衡多部门、多层级政府及社会需求和利益，提出“适合时宜的整合方案”，还是创立一套替代型的新范式？通常而言，前者的可能性更大，为什么这么说？

如果把规划体系看作对城乡空间使用的一系列制度与规范的话，试图理解其演变路径和机制、文本与现实的差异以及背后的理论阐释的话，可以将视线投向制度主义在政治学上的发展。政治学领域的“新”制度主义研究，已经为国际比较研究和制度的历史演进提供了较为成熟的理论框架，在实证研究上取得了一系列令人印象深刻的研究成果，并且在近一两年开始受到规划界的关注[23-24]。依据霍尔（Hall）和泰勒（Taylor）[25]最有影响力的一篇总结文章，政治学领域借鉴制度经济学的发展主要分为三个流派：理性选择制度主义（Rational-Choice Institutionalism）、社会学制度主义（Sociological Institutionalism）和历史制度主义（Historical Institutionalism）①。当然，标签式的分类之下总有例外，但有利于我们更好地理解这一领域的主要观点。理性选择与制度经济学的交易成本、产权界定具有密切的姻亲关系，在此不再赘述。

社会学制度主义将制度的概念扩大为更为宽泛的、任何文化的或者规范性的框架（或者说“结构”），这些广义的“制度”不仅影响个体行为，而且塑造着个人对现实情境的理解和认知。因此，社会学制度主义进一步远离了“理性选择”论，从社会规范、传统、合法性等多方面去理解在制度规范下的个人行动及其含义。因为人具有天然的认知局限，“制度”的存在协助人进行决策时往往是求助于那些既定的、习惯的法则，而不是单纯地就手中掌握的信息做出理性判断。因为这些认知心理学上的特征，决策者被视为有限理性的，现代制度和组织的建立通常都是适应既有的规范、为已然开展的工作正名化的，即所谓制度的同构主义（Institutional Isomorphism），制度安排的合法性首先在于符合更大的社会结构，而不是提高效率[26]。一方面，社会学制度主义关注制度框架（或者说社会结构）对人们认知的影响，并且指出，表面的规则变化相对容易，而其背后的认知演进则往往严重滞后。另一方面，强调制度行动者的主观作用也带来了研究政策学习的新视角，如凯瑟琳娜·霍尔辛格（Katharina Holzinger）等人指出发达国家的环境政策在 1970 年到 2000 年期间有很大程度的趋同[27]，除了地理的接近，与组织间合作促进了跨国理念传递有关；如果两个国家的经济交往密切，那么政策间的相互学习和模仿就会使得政策趋同[28-29]。帕齐·希利（Patsy Healey）在西方规划理论界较早运用社会学制度主义框架去理解和规范城市规划的运作架构和其中的权力关系，提出城市规划可以成为一个将新的规范和概念制度化的理想平台，从而合作规划(Collaborative Planning)不仅仅是建立共识，而且可以塑造新的地方文化、创立新的公共领域[30-31]。

历史制度主义不言而喻，强调历史在制度变迁中的重要性。它在政治学研究中的兴起，源于对国家制度历史演进的国际比较，通过对跨国性政策差异的考察来发现既定的制度如何构成政治生活中的互动关系，即为什么各个国家在面临相似的压力和挑战的情况下，会制定出差异极大的公共政策？例如卡赞斯坦(Katzenstein)研究提出，发达工业国家美、英、法、日等国在经历了同样的石油危机之后，国家与社会之所以会走向截然不同的发展方向，源于联结国家与社会政策网络的结构性差异[32]；伊莫加特(Immergut)通过比较法国、瑞典和瑞士的医疗政策，发现政治制度中存在“否决点”，即一套制度之中的脆弱之处，一旦反对力量发现这一否决点在制度体系中的位置，就可以轻易阻挠政策的革新；而制度所塑造的权力关系整体平衡状况的变化，可以使得否决点在某处出现、消失或者改变位置[33]。早期最有影响力的研究成果来自哈佛大学政治学系的彼得·霍尔(Peter Hall)教授，他提出要理解英法两国在战后国家干预政策发展上的差异[34]，即为什么英国逐渐转向凯恩斯主义而法国实行了国家计划引导下的经济增长模式，这在于早期两国工业革命开展方式以及时间早晚的差异：英国作为工业革命的先发地，其经济增长模式主要是小工厂—小银行式的民间经济逐渐增长的模式，国家的介入比较少；而法国在工业革命的时候，大工厂和大银行已经出现，因此法国在后来比较容易地走上通过国家计划来控制和干预经济的道路。里斯米尔(Rithmire)[35]采用相似的研究视角，对同是东北老工业城市的大连和哈尔滨进行了比较研究，发现由于改革开放次序的先后，两个最初相似的城市产生了不同的发展战略和土地控制模式：更早被确定为沿海开放城市的大连是一种“土地权整合”，走向全球化的策略带来以开发区和新区为主的扩张性的土地开发模式，新经济活动与旧经济体在空间上相互隔离，地方政府成为使用、占有和分配土地的强有力的仲裁者，城市发展因而带有更强的自上而下规划控制的痕迹；而哈尔滨则偏向于“土地权细分”，改革在资源匮乏和维护稳定的氛围中启动，为了获得企业对国企改革和城市规划的合作，地方政府将经济和土地控制权下放给企业，从而形成与政府相对的更加多元的利益群体——政府一旦进行土地细分，在土地产权尚且模糊的制度环境下，很难重申控制权，其城市景观相较大连呈现出更为杂糅的情形。

历史制度主义不但强调前一个阶段的政策选择对后一个阶段政策制定的重要影响，而且借鉴并且发展了制度经济学中的“路径依赖”概念[20]，指出制度具有自我增强倾向，即一国一旦进入某种制度模式之后，沿着同一条路深入下去的可能性会增大，即使其现实效率从表面上来看已然低下，但从过程评判，基于“报酬递增”原理，并由于学习效应、协同效应、适应性预期和退出成本的增大，制度改变会越来越困难，被迫锁定在既定道路之上。这里一个知名的例子就是全键盘(QWERTY 键盘)的设计。当代键盘这种奇特的字母顺序设计不是为了左右手的方便，而是人为减慢打字人的速度，以避免最早的机械打字机卡住。进入电子计算机时代后，曾经有无数次改革尝试引入更高效的键盘设计模式但一直没有成功，因为这个世界上的大多数人都已习惯了这一方式，并且与老式键盘相联系的利益太多[36]。

历史制度主义强调制度发展的路径依赖特征，但并不因此而得出制度发展的“宿命论”。

制度变迁被视为制度存续的“正常时期”和制度断裂的“关键性节点”(Critical Juncture)。正常时期的制度变迁遵循路径依赖规律，制度与环境保持着某种平衡；但当各种政治力量的冲突达到一定程度，就会进入制度的断裂时期，新制度的出现成为可能，例如新的社会经济背景的发展使得原本不那么重要的制度突然变得重要，出现了新的行动者、新观念，制度本身的内在冲突溢出制度之外，等等[37]。因为制度内部对变革的天然阻力，这种决定性的变化通常来自于外力，而不是内生的。相对于经济领域，政治家政治生命的有限性决定了他们常常短视，主导长时段政治进程和行为的能力相对有限，从而使得政治制度的改变更为困难；因为存在未来不可知的竞争，出于自我保护和限制竞争对手的目的，政治制度的设计者会自然设置对未来制度改变的障碍。如杨大利[38]从认知与制度变迁的角度，将20世纪70年代中后期农村家庭承包责任制的出现与“大跃进”和因此造成的严重国民经济困难联系起来，这一教训改变了从上至下对农业集体化的信仰和地方政府的行为模式，但这种认知和行为的转变、博弈并最终反映到制度上经历了漫长的20年时间。

综上，这一领域在近几年来的理论与实证研究发展，为我们研究与理解中国城市规划的发展演进提供了理论工具和研究启示，无论是将中国城市规划置于国家宏观计划和治理的体系之内，验证国家与社会、国家与市场的关系变迁，还是考察城市规划行业内部的认识论与方法论发展，有限理性、社会认知特性、路径依赖、制度的存续与断裂，都可以是适宜的切入点。

2 几个研究问题的提出

2.1 规划史料的获取与辨识

尽管本文着眼于寻找具有诠释力量的研究方法，但不得不指出的是，研究当代中国规划史，首先面临的仍然是史料的发掘问题，即如何丰富我们规划史研究的第一手资料？

大多数中央和地方档案涉密、对外开放程度有限。以笔者的经历，只有上海、北京和浙江等少数地方较好地遵循了《中华人民共和国档案法》第十九条“国家档案馆保管的档案，一般应当自形成之日起满三十年向社会开放”以及“涉及国家安全或重大利益以及其他到期不宜开放的档案向社会开放的期限，可以多于三十年”。例如，在广州市档案馆的城市建设类档案中，20世纪50年代的档案尚未对外开放。在规划史相关档案中，国家档案(尤其是中国城市规划设计研究院保留的档案)的完整性要高于大多数的地方档案(起步晚、完整性差)。而回忆录聚焦于重大事件、重要人物、重点城市，容易获得的是所谓“王侯将相、才子佳人”史，要按照当代史的社会学趋向撰写民众的历史、底层的历史，寻找“沉默的大多数”的声音和“从未建成的空间”十分困难，在很大程度上要依赖个体的收藏和回忆，史料的发现有着极大的偶然性，这对需要如期毕业的研究生选择这一领域的题目造成了额外的困难。

规划历史研究的第一手资料匮乏，即使找到了也往往是分散的、片段的和片面的，易于导致历史叙事的失真；或者研究人不加辨识地接受既有的材料和观点，没有意识到这其中所隐含的偏见和主观性。鉴于完整历史叙事的困难，很多规划研究喜欢走以论代史的“捷径”，事实不详而结论和认识层出不穷的论文并不鲜见。材料和事实的苍白、叙事的单薄，使得中国规划史领域的研究虽然逐渐增多，但有影响力的成果寥寥无几，历史研究对当下行业发展的启示更是稀有，从而存在规划史研究仅在小圈子内自我循环的危险。

2.2 规划制度的延续与断裂

因果关系的建立始终是具有广义的社会科学性质研究的最大难点，更不用说对宏大的跨越历史时期的重大事件建立起结构因果链，并寻找一个复杂的整体之中的结构及其要素间的复合关系。任何一国规划体系的形成与演进，其特定时刻、特定地区影响变量的集合，可能并不具有必然性，但这种特定时空的集合变量，毫无疑问会影响其后期的发展动态。

中国城市规划是世界上少有的同时存活于计划经济和市场经济体制的连续的规划制度，并且其地位和作用不但没有随着市场化改革被削弱，反而得到了增强。在国家直接固定投资计划有所消退之时，物质空间规划取而代之，土地与空间资源成为国家引导市场、配置资源的重要手段；而中国规划界强大的自组织力量，行业内部紧密的社会网络联系，普遍良好的教育水平，专业价值观的共识，与时俱进的学科变革与发展，也有助于捍卫行业地位，在40年的改革开放中抓住机会、繁荣生长。

本文另一尝试提出的问题是，中国规划体系是否在社会主义市场经济体制改革期间发生了如科学史当中所说的范式转移(Paradigm Shift)[39]，即科学范畴中根本假设是否发生了改变？

传统意义下市场经济中的城市规划，是采取规则指导土地的使用，控制城市的发展，以保证公共利益和公共福祉不受侵害，即约束性的角色[所谓管制型国家(Regulatory State)]；这一角色在20世纪70年代末至80年代初西方资本主义世界转向“新自由主义”时发生了潜移默化的转变，规划的目标变为促进城市的发展，“城市是创造财富的机器，规划的首要目标肯定是给机器加油”[2]。其产生的结果，是约束性机制的本底、与新生成的促增长工具性的缝合。恰逢这一西方规划行业发展的转折点，中国重新与西方市场经济体接轨，中国的城市规划在改革开放初期从遵循计划经济的国民经济计划要求，即在空间上落实自上而下层级分明的资源分配，到配合市场的开放与体制改革，以规划为工具吸引外来投资，转型顺理成章，其背后的逻辑思想并没有发生根本性的转变：以编制终极目标的空间想象吸引资源调配(差别在于从自上而下转向自外而内)；与土地使用者共同协商做出用地决策以促进发展，即合作性高于约束性(Collaborative vs Regulative)。从改革开放初期的合作、招商、促增长转向后期更加严密的制度建设和规范性管理，与西方的发展路径恰恰相反，这一点恐怕是赋予中国规划中国特征的重要因素。

2.3 制度改革与专业发展的错配

将视线从当代拉向近代，与大多数发展中国家相同，中国城市规划的起源是一种西方的舶来品，城市规划作为现代市政管理工具被引入之后，随着历史的演进，经历了多次制度变革与知识结构的重构，而基于西方的知识体系和源于本土的城市问题与制度架构拼合抑或拼贴，不但造成了一些水土不服，而且在不同的知识体系之间、专业认知与制度架构之间，存在着矛盾与冲突之处。什么样的城市问题决定了什么样的城市规划。中国城市化既是服从于世界共同的发展趋势，也是在本地尺度上浮现的复杂现象。城市集合了丰富的社会过程，这个过程随着时间的发展会产生不同的问题和挑战。具有中国特色的城市规划应运而生。

尽管中国规划行业的规模不断扩大，规划师作为一个整体在社会中发挥着重要的影响力，规划学科已经建立起独立的（或者说难以被替代的）专业知识体系，但为何我们在国家宏观制度改革中越来越显得被动？这里路径依赖与制度存续理念是否有助于解释？

改革开放40年来，规划行业的规模虽然不断扩大，城市规划在国家宏观层面的重大空间决策贡献却不多，体系发展追随制度改革，作为国家工具有着不适应性，相较而言，更适合于服务地方层面。这是否与我们的教育体系、认知方式包括行业价值观基于我们的市政技术工具传统有关？尽管自20世纪80年代以来中国规划界不断引介和讨论规划的政治属性和社会属性，但相信大多数规划师，包括在政府中工作的规划师的自我内心定位仍然是技术专家的角色，并基于（或借力于）这一角色参与政治博弈和社会服务。例如控制性详细规划在市场化改革中的兴起代表了城市政府在城市发展中逐步起到主导的作用，围绕城市土地建立起横跨政治和经济领域的综合市场，它既是地方经济的经营者，也是政府—市场关系的中间人、公共利益的捍卫者；而总体规划由于横亘于中央与地方，既有自上而下权力的制衡，又有专业规范的约束，还要体现地方发展意愿，因而面临更多的矛盾与冲突。

如上所提出的较为发散的研究问题，期待通过更多关注规划体系演进的制度政治学特征而有所收获，如制度的惯性和继承性、体系演进过程的偶然性。要深刻理解中国规划的理论特征，既要关注既定的制度结构和有关规范对规划的约束，同时应将规划行业及其主要行动者看作具有自我反思能力的个体，行业和学科发展的过程与制度约束、观念变迁、文化模式的影响存在着丰富的互动关系。期待这一领域中更多好的研究成果的涌现。

［本文受国家自然科学基金面上项目“历史制度主义视角下中国特色城市规划体系的演进与变革”(51778427)资助］

注释

① 也有学者提出了更多的流派，有7个或15个不等。这些新制度主义的各个流派都强调政治制度在社会生活中的重要地位和作用，但在分析视角和基本方法上并不完全一致。

参考文献

［1］孙施文. 中国城乡规划学科发展的历史与展望[J]. 城市规划，2016，40(12)：106－112.
［2］HALL P. Cities of tomorrow：an intellectual history of urban planning and design in the twentieth century[M]. Oxford：Wiley-Blackwell Publishers，2002.
［3］王富海. 从规划体系到规划制度：深圳城市规划历程剖析[J]. 城市规划，2000(1)：28－33.
［4］HSING Y T. The great urban transformation：politics of land and property in China[M]. Oxford：Oxford University Press，2010.
［5］张京祥，罗震东. 中国当代城乡规划思潮[M]. 南京：东南大学出版社，2013.
［6］赵燕菁. 制度经济学视角下的城市规划（下）[J]. 城市规划，2005(7)：17－27.
［7］TEITZ M B. Planning and the new institutionalism[M]//VERMA N. Institutions and planning. Oxford：Elsevier，2007.
［8］桑劲. 西方城市规划中的交易成本与产权治理研究综述[J]. 城市规划学刊，2011(1)：98－104.
［9］邹兵，陈宏军. 敢问路在何方：由一个案例透视深圳法定图则的困境与出路[J]. 城市规划，2003(2)：

61 - 67,96.
[10] FORESTER J. Dealing with differences:dramas of mediating public disputes[M]. Oxford:Oxford University Press,2009.
[11] 何丹. 城市政体模型及其对中国城市发展研究的启示[J]. 城市规划,2003(11):13 - 18.
[12] 赵燕菁. 城市规划职业的经济学思考[J]. 城市发展研究,2013,20(2):1 - 11,28.
[13] WU F L. Planning centrality,market instruments:governing Chinese urban transformation under state entrepreneurism[J]. Urban studies,2018,55(7):1383 - 1399.
[14] CHUNG J H. Centrifugal empire:central-local relations in China[M]. New York:Columbia University Press,2016.
[15] HEALEY P. The new institutionalism and the transformative goals of planning[M]// VERMA N. Institutions and planning. Oxford:Elservier,2007.
[16] 周江评,廖宇航. 新制度主义和规划理论的结合:前沿研究及其讨论[J]. 城市规划学刊,2009(2):56 - 62.
[17] 朱介鸣. 模糊产权下的中国城市发展[J]. 城市规划汇刊,2001(6):22 - 25.
[18] 田莉. 我国控制性详细规划的困惑与出路:一个新制度经济学的产权分析视角[J]. 城市规划,2007(1):16 - 20.
[19] 周建军. 转型期中国城市规划管理职能研究[D]. 上海: 同济大学,2008.
[20] 冯立. 以新制度经济学及产权理论解读城市规划[J]. 上海城市规划,2009(3):8 - 12.
[21] 邹兵. 增量规划向存量规划转型:理论解析与实践应对[J]. 城市规划学刊,2015(5):12 - 19.
[22] ALEXANDER E R. A transaction cost theory of planning[J]. Journal of the American planning association,1992,58(2):190 - 200.
[23] TAYLOR Z. Rethinking planning culture:a new institutionalist approach[J]. Town planning review,2013,84(6):683 - 702.
[24] SORENSEN A. Taking path dependence seriously:an historical institutionalist research agenda in planning history[J]. Planning perspectives,2015,30(1):17 - 38.
[25] HALL P A,TAYLOR R C. Political science and the three new institutionalism[J]. Political studies,1996,44(5):936 - 957.
[26] MAHONEY J,THELEN K A. Explaining institutional change: ambiguity, agency, and power[M]. Cambridge:Cambridge University Press,2010.
[27] HOLZINGER K,KNILL C,SOMMERER T. Environmental policy convergence:the impact of international harmonization,transnational communication,and regulatory competition[J]. International organization,2008,62(4):553 - 587.
[28] CAO X. Global networks and domestic policy convergence:a network explanation of policy changes[J]. World politics,2012,64(3):375 - 425.
[29] JENSEN N M,LINDSTADT R. Leaning right and learning from the left:diffusion of corporate tax policy across borders[J]. Comparative political studies,2012,45(3):283 - 311.
[30] HEALEY P. Institutionalist analysis,communicative planning,and shaping places[J]. Journal of planning education and research,1999,19(2):111 - 121.
[31] HEALEY P. The new institutionalism and the transformative goals of planning[M]//VERMA N. Institutions and planning. Oxford:Elsevier,2007.
[32] KATZENSTEIN P J. Between power and plenty:foreign economic policies of advanced industrial states [M]. Madison:University of Wisconsin Press,1978.

[33] IMMERGUT E M. The rule of game: the logic of health policy-making in France, Switzerland and Sweden[M]//STEINME S, THELEN K, LONGSTRETH F. Structuring politics: historical institutionalism in comparative analysis. New York: Cambridge University Press, 1992.
[34] HALL P A. Governing the economy: the politics of the state intervention in Britain and France[M]. Oxford: Oxford University Press, 1986.
[35] RITHMIRE M. Land bargains and Chinese capitalism: the politics of property rights under reform [M]. Cambridge: Cambridge University Press, 2015.
[36] DAVID P. Clio and the economics of QWERTY[J]. American economic review, 1985, 75(2): 332 - 337.
[37] PIERSON P. Increasing returns, path dependence, and the study of politics[J]. American political science review, 2000, 94(2): 251 - 267.
[38] YANG D L. Calamity and reform in China: state, rural society, and institutional change since the great leap forward[M]. Stanford: Stanford University Press, 1996.
[39] KUHN T S. The structure of scientific revolutions[M]. Chicago: University of Chicago Press, 1962.

日记对规划史研究的独特价值：
试以“张友良日记”为例

李　浩

Title：The Unique Value of Diary to the Research of Planning History：An Example of Zhang Youliang Diary

Author：Li Hao

摘　要　以张友良先生保存的5本20世纪50年代的日记为解析对象，阐述了日记对城市规划史研究的独特价值，主要包括与其他史料互为印证的佐证价值、为官方档案补充背景信息的完善价值、提供一系列重要专题活动记录等直接的史料价值、记载重要历史人物活动的特色史料价值等。此外，日记还具有记录城市规划工作者日常生活并展现其精神风貌的专业之外的价值。更为重要的是，通过对日记系统性记述的全方位了解，可以在整体上呈现出城市规划工作的历史境域，对规划史研究具有突出的贡献。

关键词　城市规划史；城市史；日记；当代中国

Abstract：Taking the five 1950s diaries preserved by Mr. Zhang Youliang as the analytical object，this paper expounds the unique value of the diaries to the study of the history of urban planning. These values mainly include the value of corroboration with other historical materials，the perfect value of supplementing background information for official archives，the value of direct historical materials such as a series of important thematic activities，and the value of special historical materials recording the activities of important historical figures. In addition，diaries also have the value of recording the daily lives of urban planners and showing their spiritual outlook. More importantly，through a comprehensive understanding of the diary system，we can present the historical context of urban planning work as a whole，and make outstanding contributions to the study of planning history.

Keywords：Urban Planning History；Urban History；Diary；Contemporary China

作者简介

李　浩，北京建筑大学教授，中国城市规划学会城市规划历史与理论学术委员会委员

1　引言

对于历史研究而言，史料的重要性是不言而

喻的，甚至有“史学便是史料学”等著名主张①。史料有档案、口述、日记和实物等多种不同类型，其中，日记系当事人亲身经历的记述，较其他史料更为真实，且由于当日记录具有较高的准确性，因而日记历来为史家所重视。譬如，曾国藩的日记(《曾文正公手书日记》)是洋务运动及太平天国史研究不可或缺的珍贵史料，《蒋介石日记》对于中国近代史研究的重要价值更是不容小觑。近年来，以《梁漱溟日记》《郑振铎日记》和《梅贻琦西南联大日记》等为代表，图书出版界也掀起一股日记出版的小高潮。

但是，对于规划史研究而言，日记还是一个几乎尚未涉足过的史料类型。就中国当代城市规划史来讲，最为珍贵的莫过于时间较为久远的新中国成立初期的一些工作日记，可由于城市规划工作的保密性较强、工作日记记录完毕后多须上交，后来又经历“反右”和“文化大革命”等社会动荡及其他各种原因，规划前辈的日记大多早已遗失或销毁。然而，令人感到惊喜的是，近年来在对规划前辈的访谈及赴各地查档的过程中，发现了不少前辈早年的日记(图1)②，这些日记为规划史研究提供了极为珍贵的史料支撑。本文试就张友良先生保存的部分日记做一初步的专门探讨，期望引起同行的关注和讨论。

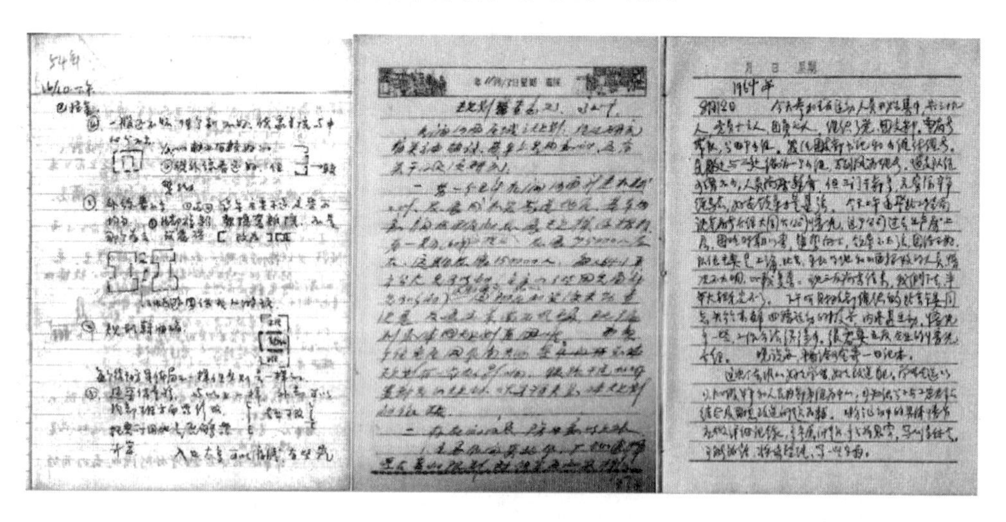

图1　部分规划前辈的日记

2　“张友良日记”概况

2.1　张友良先生简历

张友良先生于1931年8月出生，上海人，1953年8月从同济大学建筑系都市建筑与经营专业毕业后分配来京，在中央人民政府建筑工程部城市建设局(该局成立于1953年3月)工作，是新中国最早一批参加城市规划工作的技术人员之一。1954年10月中央城市设计院(中国城市规划设计研究院的前身)成立，张友良先生转入该院，后于1962年调入中国建筑科学研究院建筑展览馆工作，1970—1977年在河南省许昌市设计室工作，1978年起在杭州大学(1998年与浙江大学合并)任教，1992年退休[1]。

2017年10月起，笔者与浙江大学傅舒兰副教授合作开展杭州规划前辈访谈，与张友良先生(以下简称张先生)有过较频繁的接触,切身感受到张先生的认真、细致和温文尔雅。尤令笔者吃惊的是,张先生完好地保存了早年参加城市规划工作时的许多照片和物品,比如截至目前所发现的唯一一张关于苏联专家巴拉金的照片,正是张先生所保存的(图 2);而张先生所保存的参加大同规划的纪念册(图 3)和城市建设部(城市设计院)的工作证(图 4)等,笔者在拜访其他前辈时均未曾见到过。不仅如此,张先生还有坚持记日记的习惯,迄今保存的日记有数十本之多(图 5)。

图 2 张友良先生保存的相册

注:右上角系苏联专家巴拉金(右 2)正在指导工作的照片。

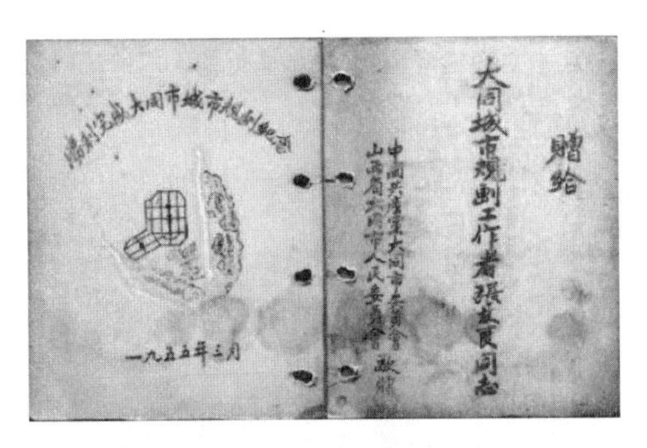

图 3 张友良先生所保存的参加大同规划工作留念册的封面(右)及封底(左)

图 4 张友良先生所保存的工作证的封面(上)及内文(下)

图 5 张友良先生保存的部分日记

2.2 本文研究的日记对象

笔者关于规划史研究的重点目前仍在新中国成立初期,因此对张先生日记的兴趣暂聚焦于 20 世纪 50 年代。在张先生的大力支持下,目前已查找到并交笔者加以复制的日记共有 5 本(图 6)。其中 1 本系“大事记”性质,记录了张先生自 1953 年 8 月 31 日从同济大学毕业离沪赴京至 1975 年 3 月在河南许昌工作期间的一些重要经历和事件。另外 4 本则属于详细记事,除了 1 本是 1955—1958 年听取一些重要报告(如 1955 年 7 月李富春副总理关于

“一五”计划的报告)的记录之外,另外 3 本则是日常工作和生活的记录:其一是 1956 年 3 月 24 日至 11 月 19 日的日记,其二是 1956 年 11 月 20 日至 1957 年 5 月 21 日的日记,其三是 1957 年 12 月 13 日至 24 日的日记(图 6 中 5 本日记依从左到右、从上到下排序)。本文的讨论即基于这 5 本日记而展开,以下简称张友良日记。

图 6　本文研究对象:张友良先生的 5 本日记(封面)

2.3 “张友良日记”的几个特点

仔细阅读后可知,张先生的日记体现出以下几个鲜明的特点:

(1) “工作”性质。一般人记日记,通常以个人经历,特别是一些私事乃至一些复杂的情感表述为主。在张先生的日记中,虽然也有一些私事(如张先生的儿子“驰出生,重 7 斤”,日期在 1970 年 11 月 5 日),但绝大多数都是“工作”性质的记录,这使得其日记与当年的规划工作有着密切的联系,同时也因这些日记私密性较弱而为规划史研究提供了便利的条件。

(2) 系统性。张先生的日记,既有纲要性质的历年大事记,又有详细的每日记述。就每日记述而言,又大致做到了日日连续记述,较少中断(个别休息日或旅途中等未做记事),体现出相当的系统性。

(3) 规范性。张先生的日记,文字精练且概述较多,基本上做到了对每日工作和生活的概要性描述。以第 3 本日记(1956 年 3 月自北京赴上海出差)正文首页(图 7)的前两次记录为例:

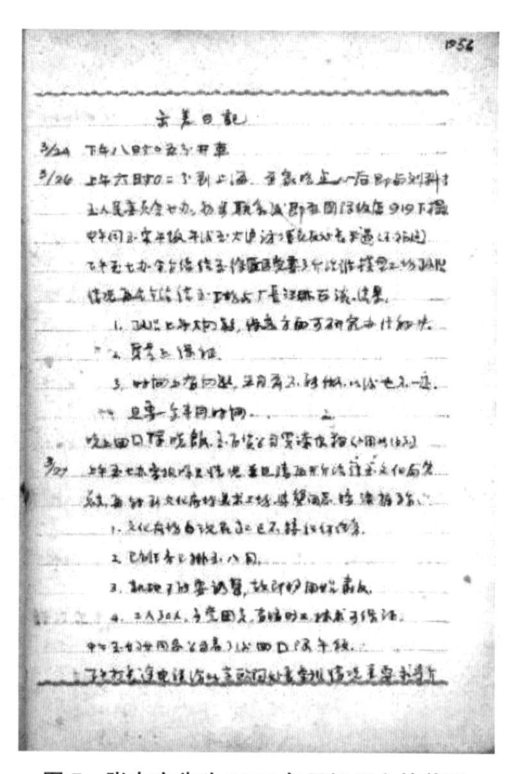

图 7　张友良先生 1956 年日记正文的首页

> 3/24[3 月 24 日]　下午八时零五分开车。
>
> 3/26[3 月 26 日]　上午六时零二分到上海,至家吃点心后,即与刘[学海]科长至人民委员会七办,初步联系后即至国际饭店 919 下榻。中午同至家[吃]午饭,午后至大沪访,未遇冯良友处长(至福建)。下午至七办拿介绍信,至徐汇区党委了解治淮模型工场政治情况,再拿介绍信至工场[厂],与厂长汪琳面谈,结果:
>
> 1. 政治上无大问题,保密方面可研究办法解决。
>
> 2. 质量上[有]保证。
>
> 3. 时间上有问题,五月前不能做,以后也不一定。且要一个半月时间。

晚上回国际[饭店吃]晚饭，至百货公司买漆皮箱(小周[周干峙]的，16元)。

短短几行文字，清楚地记载了张先生乘火车自北京至上海的详细起止时间，到上海后第一天工作的基本经过，并分项记述了工作洽谈的结果，同时也记述了早、中、晚三餐的情况及一个生活性的事件——买漆皮箱，甚至连其购买原因和价格也有明确记载。

正是由于“张友良日记”的“工作”性质、系统性和规范性，为规划史研究提供了前提和可能。

3 “张友良日记”对规划史研究的独特价值

3.1 佐证价值：与档案以及其他前辈口述等互为支撑

第一次看到张先生那本大事记性质的日记时，笔者一下子就被首页的一条记事给震惊了——“11.4[11月4日]　巴拉金专家及波波夫(莫斯科建筑师)到，提意见”(图8)。笔者为什么对这个日期印象深刻？因为在西安市档案馆查档时，笔者曾看到过这次会议记录的档案文件[2]，这是1953年11月4日晚上的一次座谈会，参加会议的有“西安[市城市建设局]李[廷弼]局长、建筑[工程]部[城市建设局]孙[敬文]局长、国家计划[委员]会[城市建设计划局规划处]蓝[田]处长、诸工作同志、苏联专家巴拉金、[和]波波夫”，会议日程首先是由李廷弼局长说明座谈会意义，接着“周干峙同志：介绍[西安]规划艺术布局，及提问题”，然后是苏联专家巴拉金和波波夫先后发言，与会领导一起讨论。赴西安查档时，笔者还参与了《周干峙选集》的编选工作，因此对周干峙先生印象深刻，这份档案清楚地表明了周干峙先生在当年西安市规划工作中担任着关键角色——汇报规划的人员，亦即技术骨干，而这又是发生在周干峙先生于1953年3月调到建筑工程部城市建设局工作仅仅半年之后。

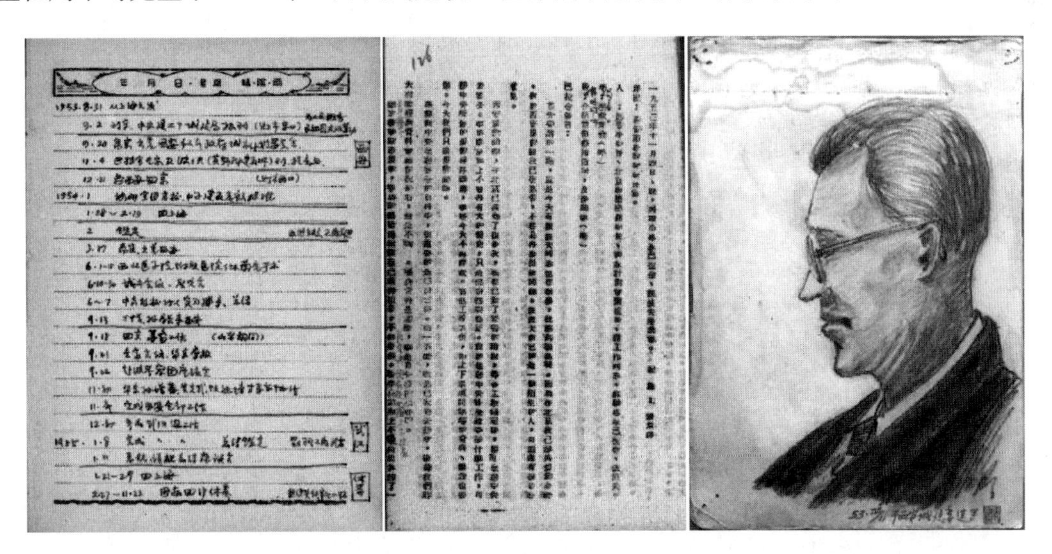

图8　“张友良日记”中关于1953年11月4日座谈会的记录页(左图第4行)、该座谈会谈话记录的档案正文首页(中，现存西安市档案馆)及张先生在座谈会上为苏联专家巴拉金所画速写(右)

不仅如此，在笔者向张先生报告这一认识后，张先生再次整理有关物品时，竟又找出了许多早年的画作，其中一张 1953 年的速写，日期正是 11 月 4 日（见图 8 右图，右下角注有“53. Ⅳ/11 于西安城建委[西安市城市建设局]速写”），而速写中的人物则正是巴拉金！在新中国成立初期来华援助城市规划工作的苏联专家中，巴拉金是最为重要的专家之一，但是关于他的影像资料则极其少见，张先生的这张速写可谓极其珍贵！张先生的日记、西安市档案馆的档案以及张先生的速写，形成了互为印证的关系。

西安规划是张先生于 1953 年参加工作后出差所参与的第一个规划项目，同行人员还有胡开华、魏士衡和徐钜洲等 20 余人。据魏士衡先生回忆③，去西安出差的时间大概有 100 天。在“张友良日记”中则详细记录了出差的具体时间：“9.20　离京出差[至]西安市人民政府城市计划委员会”“12.21　离西安回京”，再加上旅途时间等，有 100 天左右，与魏士衡先生的说法完全一致。

“张友良日记”与其他史料形成印证关系的例子不胜枚举，它既对后者形成了支撑，同时，也反过来印证了张先生日记的准确性和可靠性。

3.2　完善价值：为官方档案补充提供大量鲜活的背景信息

由于城市规划的政府工作属性，规划史研究需要以官方档案为主要史料来源，然而，官方档案对有关历史信息的提供往往是十分有限的。譬如笔者在上海查档时，曾看到苏联专家巴拉金于 1956 年 5 月 2 日在上海市城市规划工作座谈会上的一份谈话记录[3]，时任城市建设部城市规划设计局副局长的王文克一同参加了座谈会，但是对于这次座谈会因何召开、巴拉金在上海工作的具体时间和大致经过等却无从得知。对此，“张友良日记”则提供了相当鲜活的背景信息。

在巴拉金这次上海之行时，张先生在上海的出差尚未结束。张先生 1956 年 4 月 23 日的日记记载着：“欧阳[之真]处长来长途电话，作了如下指示：李玮然明日下午出发，所要材料可带来……王[文克副]局长五月中旬来上海”；3 天后“4/26 [4 月 26 日]　上午六时半，李玮然到，住 718 室。李[玮然]带来包头总图及地形图……又带来欧阳之真处长信一封……王[文克副]局长五月上旬来沪。徐钜洲今晚来沪”。此后几日的日记，更是详细记载了巴拉金此行的一些细节：

> 4/28[4 月 28 日]　上午巴拉金专家、王文克付[副]局长、徐钜洲到沪，住沧州饭店……晚徐钜洲送图来，但王[文克副]局长与专家在 15 楼吃饭后至法国总会参加舞会，未接见我们。据徐钜洲说，要我们明天上午去会[汇]报。小周[周干峙]要陪去杭州，专家至杭[州]、宁[南京]、济[南]等地后，将于 5 月底回莫斯科……
>
> 4/29[4 月 29 日]　上午与万[列风]、周[干峙]至沧州饭店，正值赵祖康局长、侯[后奕斋副]局长等在向巴拉金专家、王[文克副]局长汇报上海规划，并即将坐车出发踏勘市区，同行者有钟耀华、周镜江等，小周[周干峙]被王[文克副]局长叫去(并陪同至杭州)……
>
> 5/3[5 月 3 日]　五点起，送小周到车站，赵祖康、陈植等局长、主任亦来送王文克[副]局长、巴拉金专家上杭州。徐钜洲不肯留下照相机，原因是[从]杭州回南京时[在]上海站不出站……
>
> 5/8[5 月 8 日]　上午小周[周干峙]来，巴拉金专家、王[文克副]局长至苏州，小周[周干峙]即打长途电话至南京城[市]建[设]委[员会通知有关事宜]……

就巴拉金去上海的时间而言，“张友良日记”所提供的信息不尽一致，起初是“五月中旬”，后来是“五月上旬”，最后实际则是 1956 年 4 月 28 日上午到上海。同年 4 月 28 日的日记表明，巴拉金巡回工作的城市主要是上海、杭州、南京和济南，然而 5 月 8 日的日记则记载，巴拉金又去了苏州。这些记载不尽一致，其原因有两个方面：一方面在于工作计划需要根据实际情况有所调整；另一方面在 20 世纪 50 年代的时代背景下，出于保密等因素的考虑，有关人员在通知有关情况时可能特意做了一些误差处理。巴拉金的这次巡回之行，是他在中国工作的最后经历，因而有着特别的历史意义，而正是“张友良日记”所提供的宝贵信息，使相关研究鲜活和生动起来。

再举一例。在我国“一五”计划时期的城市规划工作中，除了苏联专家的技术援助之外，还有波兰、保加利亚等国家的专家学者来华交流，譬如波兰专家萨伦巴即于 1957 年 9 月前后来华，在北京、杭州和上海等地指导开展区域规划工作，并于 1957 年 12 月连续举办过 7 次讲座。经过多方努力，笔者搜集到了其中 6 次讲座的记录，唯独第 3 次讲座的记录查找不到。在倍感困惑之时，笔者看到了张友良先生以“城市规划讲课”为标题的这本日记，其内容正是 1957 年 12 月 13 日至 24 日期间听取萨伦巴讲课的笔记，这是一篇特殊的专题性日记(其中也包括听课期间其他一些工作和生活的记录)。“张友良日记”清楚地记载了萨伦巴每次讲座的时间、题目及主要内容，12 月 18 日的第 3 次讲座即“中国城市人口的计算原则”(图 9 左图)④。由此，笔者也找到了萨伦巴第 3 次讲座记录的官方版本(图 9 右图)，这份档案的封面上缺少其他几次讲座的档案封面上有的关于讲座次数的明显标识，但其内容与“张友良日记”的确是吻合的。

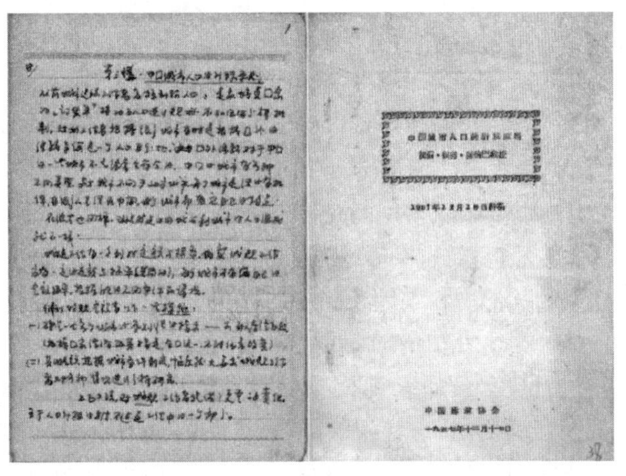

图 9　“张友良日记”中关于 1957 年 12 月 18 日萨伦巴讲座的记录页(左)以及该次讲座的档案文件(右，现存于中国城市规划设计研究院图书馆)

不仅如此，通过阅读“张友良日记”，笔者进一步发现了官方档案所欠缺的内容，比如这次讲座的地点是“南河沿政协文化俱乐部礼堂”，而讲座的主持人正是梁思成先生，在第一讲开始前和第七讲结束时，梁思成先生均有发言(图 10)，“张友良日记”对前者的记载是：

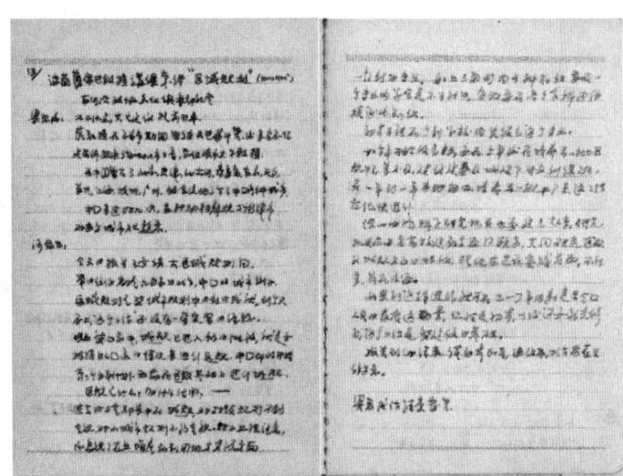

图 10　关于梁思成先生主持 1957 年 12 月萨伦巴讲座的记录：张友良先生“城市规划讲课”日记正文首页(左)和尾页(右)

> 不到九点，[梁思成]先生建议提前“开车”。萨[伦巴]教授在战争期间曾被关过集中营，后来与另一位建筑师担任 Sterson[Stettin，什切青]市市长，并任该市大学教授。[萨教授]在中国曾去了北京、天津、北戴河、秦皇岛、南京、无锡、苏州、上海、杭州、广州，较系统地了解了中

国各种城市。[他]来过中国好几次，并即[将帮]助朝鲜规划新津市，对东方城市很熟悉。

结合其他史料判断，萨伦巴的这几次讲座，梁思成先生是以中国建筑学会副理事长的身份主持的。在前一年(1956年)，中国建筑学会于6月20日曾派出以周荣鑫(建筑工程部副部长、中国建筑学会理事长)为团长、梁思成为副团长的12人代表团，赴波兰进行了为期一个月的访问，并在波兰举办了中国建筑展览会；1956年9月21日，波兰建筑师代表团一行12人来华访问，并举办了波兰建筑展览会[4]。在张先生1956年的日记中也有一条相关记载："9/8[9月8日]，下午至中山堂，听梁思成的波兰访问报告。"1957年萨伦巴的中国之行，可以视作中波文化交流的继续。

3.3 直接的、不可替代性的史料供给：一系列重要专题活动的详细记录

如果说以上两个方面只是"张友良日记"相对其他主体性史料而言的辅助性价值，那么，"张友良日记"还具有十分重要的直接的史料价值——对于某些重要的历史活动与事件，官方档案和其他史料均缺乏相应的记载，"张友良日记"就成为规划史研究主要的、不可替代的史料依据。据笔者初步学习体会，"张友良日记"在这一方面的史料价值至少包括如下四个主题：

(1) 关于1957年的"反四过"运动。与1960年的"三年不搞城市规划"(第九次全国计划工作会议提出)一样，1957年的"反四过"运动也是对中国当代城市规划发展影响十分深远的重大历史事件之一，但对于这一历史事件，除了官方发布的一些政策文件和调查报告之外，尚鲜见有关具体活动情况的记录。张先生1957年的日记表明，早在全国性运动发生(以1957年5月24日《人民日报》头版刊发《城市建设必须符合节约原则》为主要标志)之前(3月28日)，中央城市设计院(中国城市规划设计研究院的前身)已经召集院内各单位的负责人、工程师和组长们，专门开过一次"四过"座谈会，会议由鹿渠清院长主持，一级工程师程世抚先生分项详细谈了对"四过"现象的认识，并提出了一系列建议，城市设计院史克宁副院长做了点评和小结。这些，在"张友良日记"中均有详细记载。

不仅如此，在"四过"座谈会之后不久(1957年4月19日)，张先生即接到通知——跟随部领导(傅雨田，部长助理，全国人民代表)到西安等地检查"四过"。接到通知的第二天(1957年4月20日)，就开始了紧张的准备工作，程世抚先生再次进行过"四过"精神的传达。1957年4月23日，张先生陪同傅雨田部长助理，与中共中央委员、水利部党组书记李葆华等领导一起，首先赴河南省三门峡市参加了三门峡水库的开工典礼；典礼结束后，李葆华书记等回京，张先生又陪同傅雨田部长助理于4月27日乘火车去西安，于次日起正式开始"四过"检查，检查工作直到5月21日结束。在"四过"检查期间(共24天)，每天的工作安排及研究讨论情况在"张友良日记"中均有详细记载。无疑，"张友良日记"是研究"反四过"问题的珍贵史料。

(2) 关于苏联专家对上海等市规划工作的技术援助。1956年10月29日至11月18日，作为工作组成员之一，张先生曾陪同城市设计院的苏联专家(建筑专家库维尔金、工程专家马霍夫、电力专家扎巴洛夫斯基和建筑专家玛娜霍娃)到上海(图11)、苏州、无锡和杭州实地考察，并对城市规划工作进行指导，"张友良日记"中对此次调研活动的记录达121页之多。笔者在上海和杭州有关档案部门查档时，并未发现这一批次专家技术援助活动的档案资料，因此，"张友良日记"就具有了特殊的史料价值。不仅如此，与官方档案中通常只对苏联专家的发言进行记录和整理有所不同，"张友良日记"中对许多规划人员的汇报和讨论情况(如上海有关人员于1956年10月31日、11月1日和2日的三次汇报)也有详细记录，这

对规划史研究也是十分有利和难得的。再就“张友良日记”中所手绘的一些规划草图而言，其本身更是极其珍贵且极具艺术价值的规划史料(图 12)。

(3) 关于小区规划的早期实践和探索。在新中国成立初期的规划活动中，由于量大面广、与群众关系密切等原因，与工业区建设相配套的工人住宅区的规划是详细规划阶段的主要工作内容，而苏联“小区规划”概念的引入又是这一时期住宅区规划在技术层面的鲜明特色。1956 年 12 月 11 日，张先生接到通知，由他具体负责咸阳小区规划，该小区主要为国棉七厂、八厂及印染厂和纺织厂职工居住，用地面积为 64.9 hm^2，并计划在 1957 年修建 18 万 m^2(建筑面积)。在“张友良日记”中，详细记录了前期在北京准备期间所开展的有关规划设计、向苏联专家汇报和请示，以及出差期间(1957 年 1 月 23 日至 2 月 28

图 11　中央城市设计院工作组在上海期间的一张留影(1956 年 10 月底)

注：前排左起为高殿珠(左 1，苏联专家马霍夫的专职翻译)、李蕴华(女，左 2，城市设计院副院长)、张友良(左 3)、汪定曾女儿(右 2)、赵晴川(女，右 1)；后排左起为谭璟(左 1)、韩振华(左 2，苏联专家库维尔金的专职翻译)、扎巴罗夫斯基(左 3，苏联电力专家)、龚长贵(右 4)、库维尔金(右 3，苏联建筑专家)、后奕斋(右 2，上海市规划管理局副局长)、汪定曾(右 1，上海市规划管理局总建筑师)。因年代久远，后排左 4 人员身份不详，故此处未做说明。

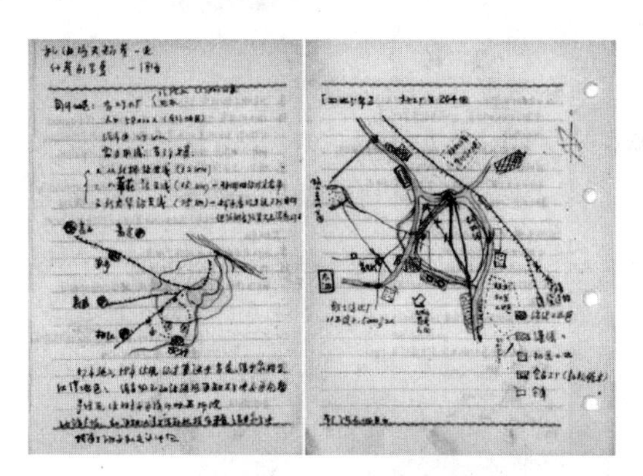

(a)上海规划和无锡规划示意图

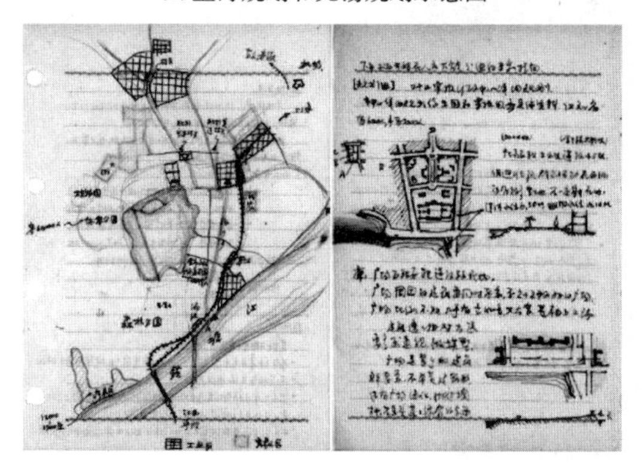

(b)杭州规划示意图和浙江省行政中心区划规划示意图

图 12　“张友良日记”中的部分插图页

日)现场踏勘、对小区规划进行深化研究和具体设计等每日工作事项。值得一提的是,在"张友良日记"中,还记录有苏联专家萨里舍夫关于小区规划的授课,玛娜霍娃对咸阳小区规划的评价,其他规划小组(如侯马组)的小区规划工作,以及张先生本人在出差结束前赴洛阳涧西居住小区实地考察等相关情况,这些都是研究20世纪50年代我国小区规划实践探索情况的珍贵史料。

(4) 关于20世纪50年代的规划展览及模型制作。当前,中国各级城市大力建设的规划展览馆,已成为向公众宣传城市规划的重要窗口乃至城市的名片和旅游景点。实际上在60多年前,城市规划方面就有不少展览活动,那么,在当时的技术水平和经济条件下,规划展览是如何组织的?规划模型是如何制作的?它们反映出城市规划工作的哪些技术特点?这都是我们今天所难以想象的。而在"张友良日记"中,1956年长达3个月(3月24日至6月27日)的出差,其任务正是规划展览的模型制作。张先生回京后,也参与过不少在京的规划展览工作,如1956年11月为配合全国城市建设工作会议而组织的规划展览等,在日记中均有较详细的记载。就张先生个人而言,后来很长一段时间内的主要业务工作正是规划展览,且迄今仍保存着当年规划展览的许多照片(图13至图15)。"张友良日记"中有关规划展览和模型制作的内容,是我们管窥20世纪50年代的城市规划与技术的独特视角。

图13 北京人民大会堂设计模型:张先生保存的规划展览照片(1958年)

图14 天安门广场规划模型:张先生保存的规划展览照片(1958年)

图15 举办城市规划展览的活动现场(1958年)

3.4 特色史料的供给：一大批重要人物历史活动片段的记录

人是城市规划工作的主体，关于历史人物的研究是史学领域最富吸引力的内容之一。在“张友良日记”中，也记录了一批数量可观的重要人物的历史活动片段。其中，除了上文提到的梁思成先生和程世抚先生之外，出现频率最高的当属“小周”——日后的城乡建设环境保护部副部长、中国科学院院士、中国工程院院士周干峙先生，而吴良镛、齐康、金经昌和董鉴泓先生等诸多规划大家也均有不同频次的记载。兹举几例：

关于吴良镛先生有3次记载。一次是1956年12月4日，在配合全国城市建设工作会议而举办的规划展览快结束时，“王[文克副]局长吩咐：上午还等水院[给排水设计院]、[城市建设]部等[的苏联]专家来参观，有6位专家及专家工作科十几位同来。王[文克副]局长亦参加讲解。院内各组讲解员今天不来。下午结束。正收图时，清华[大学]吴良镛及陈[程]应铨教授来。后面还有一批，但因未办手续，故挡驾”。另一次是1957年3月15日，苏联专家萨里舍夫讲授“小区的规划与修建问题”，讲课结束时吴良镛先生提问：“小城市交通问题不大，小区规划方法是否适用？”萨里舍夫的回答是：“小区对大城市有直接意义，在小城市如人不多，交通不复杂，投资不大，则可用街坊形式修建。3层10—15 hm^2，2层7 hm^2。大城市有时也可修成街坊形式，主要看规划条件。”还有一次是1957年4月3日：“上午清华[大学]吴良镛、吕俊华来，向他们汇报了咸阳小区方案比较情况，并听取小吴工[吴良镛]的意见。”

20世纪50年代齐康先生曾在中央城市设计院进修，2016年11月接受笔者拜访时，他曾回忆早年与夏宗玗先生等参与侯马规划并撰写小区规划研究论文的经历[5]，但一些具体时间则记不清楚了。而“张友良日记”则提供出齐康先生早年在中央城市设计院进修的一些线索：1956年11月19日，“晚八时十六分到京。北京天气很冷，已下过雪，坐[了一]部来接开城市建设局长会议的[人的]大车回院，陆树言已回，齐康出差到侯马未回”；1957年1月2日，“李济宪、任端阳在[12月]31日回京，留下齐康一人与小组在3日再回”；1957年1月7日，“西安市老桂等十人来院座谈侯马小区问题，上午李济宪、齐康等作介绍，下午小周[周干峙]、车[维元]等与他们继续讨论”；1957年1月16日，“晚，帮齐康考虑侯马铁东小区”；1957年1月17日，“下午讨论咸阳小区，程世抚和谭璟、齐康、小周[周干峙]等参加，着重对分区和单调问题上[进行]讨论。晚，看电影‘[《]当机立断’[》]”。

张先生毕业于同济大学，与母校金经昌、董鉴泓等老师自然相当熟悉，日记中也有相关记载。1956年4月20日(张先生在上海出差期间)，“中午至同济[大学]，找金[经昌]先生抄波兰建筑展览会上规划程序及关系二表。中饭在李耀群家(116号)吃，张松山亦在……晚上在金[经昌]先生家吃饺子，金[经昌]先生晚上要放幻灯，故忙得很”；5月26日，“上午与周[干峙]至同济[大学]，找金[经昌]先生、董[鉴泓]先生洽谈买讲义[事宜]，据称‘建筑设计讲义’旧的没有、新的正编印，以后可给寄来”。后来金经昌先生到北京出差时[1956年9月9日(周日)]，“上午装天线。午后全海来，将花色字给他后，同至动物园走了一下午。本来晚上买好展览馆‘[《]王朝末日’[》]电影票，但因与许保春约好去看金经昌，故只能退掉。晚饭在商场吃烤羊肉，至百万庄遇许[保春]，告汪季琦[已]约金[经昌]，故我们改期，正[是]硬伤”。

关于董鉴泓先生(图16)，日记中还有另外一些记载。1956年4月9日，“上午至同济[大学]，都四[都市建设与经营专业四年级学生]正发毕业设计[任务书]。据董[鉴泓老师]、邓[述平老师]谈，此次至北京实习收获很大，后在郑州实习同学因工作分散，各人所得不相同。何德铭已至杭州、绍兴等地。都四[都市建设与经营专业四年级学生]并[只]有史玉雪等三人考留苏[预备]班”。这里提及的“至北京实习”,即同济大学都市建设与经营专业四年级学生在中央城市设计院的毕业实习,而张先生于1956年3月1日至9日曾担任“同济[大学]都[市]建[设与经营专业]四年级毕业实习辅导”。日记中记载的史玉雪先生,正是规划界著名的女专家之一,她在1984—1988年曾任上海市城市规划管理局局长。

图16　同济大学1953届部分同学回母校参加90周年校庆时与恩师的合影(1997年5月)

注:前排左起为罗小未(女)、李德华、董鉴泓;后排左起为臧庆生、张友良、孙栋家、包海涵。

在此之后,1956年11月22日,“同济[大学]邓[述平老师]、董[鉴泓老师]二人来京,联系实习事[宜]”;11月25日(周日),“上午回院,与小周[周干峙]、沈远翔、吴焕家,西安曹旭、老马等,到王府井买东西,顺便送小麻雀托带的衣包到小羊毛胡同。下午回院,车太挤,在外面吃饭,等小周[周干峙]不到,就一人先到陈寿良[樑]处,问得[展览用]幕布已借得151尺,放到西郊宾馆。找[西安来京的]李[廷弼]局长、[何]家成、李江山,后又找邓[述平]、董[鉴泓]二位先生”;次日(11月26日)正准备规划展览事宜时,“王文克[副]局长在4点半来会场……并到院看了出国图纸的绘制,同济[大学]邓[述平]、董[鉴泓]等三人也来看”。

3.5　专业之外的价值:新中国第一代城市规划工作者日常生活及精神风貌的展现

在“张友良日记”中,除了专业工作方面的记事以外,还有多频次日常生活性的记事,这对于了解新中国第一代城市规划工作者的日常生活状况是极其珍贵的。在此特举两个例子。一次是1956年国庆节的前一天,张先生在该日记事旁特别标注了“难忘的时刻”:

> 9/30[9月30日]　今日与[10月]3日对调,名[号]称照常上班,其实等于3日多放一天[假]。上午大扫除,中饭提前[至]十时半开饭,原因是[为]欢迎印尼苏加诺总统。我院[中央城市设计院]编了队在院门口列队欢迎,从十一时半站起,到三点半才来,等了四个钟头。可是,出乎意外[料]的是,毛主席亲自陪着苏加诺总统站在敞篷车上向群众鼓掌示意,这时什么都忘了,连苏加诺总统是个什么样儿都没看清楚,一股[个]劲儿在人群后面跟着汽车跑,想多看几眼咱们最敬爱的领袖。虽然我知道可能不准拍照,可是由于太想念了,太敬爱了,也太尊重毛主席[了],所以还是照了一张。可惜太激动了,被人撞了一下,没照好。
>
> [在]毛主席的后面[的]汽车里,还有党和政府其他负责人。

60多年前,规划人员是怎么过春节的?这可能是大家很感兴趣的事。1957年春节时,张先生正在咸阳搞小区规划,且看其从除夕到初五的日记:

> 1/30[1月30日]　上午考虑修改小区[规划],我画了二个方案,一个把中心选到防疫站地位,一个仍在中间。第二季度不再变动。
>
> 中午五人到馆子聚餐,吃得尚不差,价很高,一条鱼1.57元,一只蒸鸡2.0元,十多两酒1.7元,四菜一汤一凉盘共计9.07元,每人1.82元。12两酒把五人喝得昏头昏脑,以致裴志坚本来想下午回西安,也改至明天回去了。

五人家庭委员会定明天第一个起来的放炮，举行团拜，交换礼物，然后到首长家去拜年。

晚上，张市长、市委张书记及陈科长、老贾、老王等请我们去座谈，吃糖。到九点回宿舍，以后又打麻将，打乒乓。

1/31[1月31日]　大年初一，晨七时半起，放鞭炮，吵醒了市府全体人等。以后交换礼物，我拿到一份南糖，五包糖果，还是[和]大伙儿一块吃完。

上大街，买礼物，碰到老王。先到陈科长家拜年，[他家有]四个孩子，每人[给]一件玩具。以后又到老贾家，老贾夫妇还未起身，坐了一刻。又到建设银行张市长、市委书记家[拜年]。回宿舍已二点，睡了一会。

晚上，市里请看秦腔"[《]麻疯女"[》]，很不坏，至11点始结束。

2/1[2月1日]　昨晚睡[得]迟，今晨起[得]晚，跑步到车站。近郊车到西安八点十五分的已开出，只能等到十一点半，到西安已十二点。四人至裴家，吃饺子，申、刘、孙等三人当晚即回咸阳。我先到水厂苏工程师与任工处拜年，后又到市府李局长处。晚，苏工送我人民大厦的电影票，是"[《]欢乐歌舞"[》]"[《]广场杂技"[》]"[《]画家齐白石"[》]和"[《]盗名窃誉"[》]四个，从6:30—10:00。散戏后即在大厦洗澡，回市府睡觉，睡傅正熙床。

2/2[2月2日]　小杨、小高请客吃饭。又辞了李局长，到老桂家，姚家珞与小孩都[生]病，故一人到水厂吃饭，李局长与爱人、小孩亦来。下午到老曹家，小杨、小高又在。饭后到五四剧院，苏工请看毛世来的"[《]梅玉配"[》]，笑疼肚子。晚回水厂，睡任工处。

2/3[2月3日]　预定今天去汤峪温泉洗澡，但建设局二局长临时有事不去，故一人到光明[电影院]看了电影"[《]恭贺新禧"[》]。后到老曹家坐了一会，即坐6:30市郊车回咸阳。

2/4[2月4日]　上午讨论工作计划，定本星期决定规划及工程草图……

在"张友良日记"中，除了这里记载的秦腔和电影之外，还有大量关于当年看电影、话剧演出或球赛等的记载，且不乏一些个人的观感或评价，这是我们观察早年规划工作者文化娱乐活动的一个重要视角。此外，"张友良日记"中还有许多关于一些物品(如乒乓球拍、录音机、制作模型的材料)和消费(如吃饭、旅店住宿及乘火车或飞机等)的价格的记录，也是十分有趣的。

在当年大规模建设的背景下，规划人员的工作和生活还有十分紧张的一面，加班加点工作自是常事，且在工作之余，还有许多政治或自学活动，"张友良日记"中有许多相关记载。尤令笔者触动的是，"张友良日记"中还有这样两处记载："4.3[1957年4月3日]　祖母病故来电，因有任务，不能回家"；"1963.2.5[1963年2月5日]　父亲病故来电，因有任务，不能回去"(图17)！2018年8月9日，笔者曾当面向张先生汇报阅读日记的心得体会，谈及此事，张先生不禁潸然泪下。新中国第一代城市规划工作者就是如此，即便是生命中最重要的亲人离去，也丝毫不能影响到工作！！！

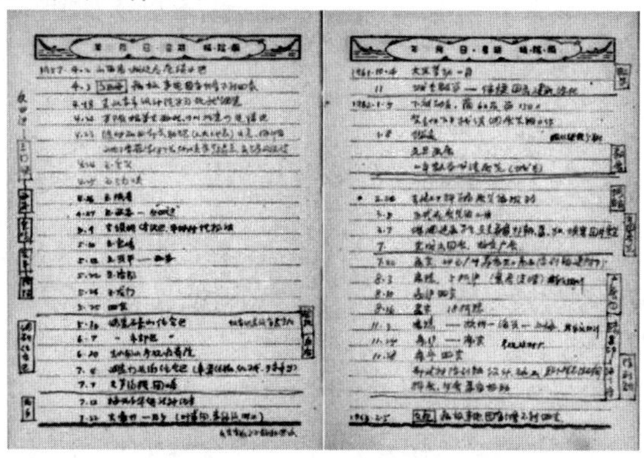

图17　"张友良日记"中关于祖母逝世(左图第2行)和父亲逝世(右图最下面一行)的记录

3.6　整体价值：20 世纪 50 年代城市规划工作历史场景的呈现

除了上述几方面的价值以外，“张友良日记”还有另一方面可能也是最为重要的价值，这就是：通读几本日记下来，如同看过一场又一场的电影，关于中华人民共和国成立初期的时代背景以及城市规划工作者的工作和生活情景，便不再遥远，不再陌生，亦即城市规划工作历史场景的呈现。人们常说，后来人研究前辈人的历史往往很难，因为其未曾经历过前辈人的那个时代，对于那个时代的社会背景、技术条件、人物关系乃至语言模式等都缺乏理解。而“张友良日记”就可以弥补这方面的遗憾，可以使作为晚生小辈的规划史研究者，能够与前辈规划工作者似乎处于同一时代和同一情景。借用陈寅恪先生的话：“所谓真了解者，必神游冥想，与立说之古人，处于同一境界，而对于其持论所以不得不如是之苦心孤诣，表一种之同情。”[⑤] 日记的这一价值，恐怕也是它较其他类型的史料而更独树一帜之处。篇幅所限，不予赘述。

4　小结

以上是笔者阅读“张友良日记”初步的一些心得体会，更深入的认识尚有待相关专题研究的进一步开展，但也足以得出这样一个结论：对于规划史研究而言，日记有着多方面的独特价值，是规划史研究者应当加以重视并积极运用的重要史料类型。当然，历时越久的日记，其搜集的难度越大，能否搜集到并加以运用，有时更需要一点运气。然而，历时不是特别久远的日记，其搜集则是相当容易的，甚至可以说是举手之劳，特别是对于正在兴起的以“改革开放 40 年”为主题的相关规划史研究工作而言，更是如此。

另外，相较于官方档案资料搜集的困难，日记是通过拜访规划前辈便可较容易搜集到的一种史料类型，并且这样的机会对每一位研究者（包括广大学生在内）都是平等的。当然，个别前辈的日记，可能由于其较强的私密性而难以为规划史研究工作进行整体性的研究和利用，但是，以必要的职业道德为前提，在规划前辈的支持和配合下，适当遴选其中的部分内容加以研究利用，则是完全可能的。

还要指出的是，由于日记的重要性尚未引起足够的重视等原因，一些前辈特别是经历过一些重大规划事件或重大规划项目的前辈的日记，存在着随时泯灭的可能。某些前辈猝然离世后，其家属或许不能认识到前辈保存的一些资料的重要价值，很可能会将其付之一炬；即便是作为废旧资料售出，由于日记文件的随意性，甚至过于凌乱等原因，日记文件也很难会像正式印刷品那样被收购者所赏识，进而流通到规划史研究者的手中。这将是极大的不幸。因为，和其他史料一样，日记也是我们城市规划行业极为宝贵并应加以抢救的文化遗产。

［本文受国家自然科学基金面上资助项目“城乡规划理论思想的源起、流变及实践响应机制研究——八大重点新工业城市多轮总体规划的实证”(51478439)，住房和城乡建设部科学技术计划项目“中国当代城市规划科学史(第二期)”(2017－R2－005)资助。本文经城市规划历史与理论学术委员会推荐授权已发表于《城市发展研究》2019 年第 2 期］

注释

① 1928 年，傅斯年在《历史语言研究所工作之旨趣》一文中提出，“近代的历史学，只是史料学……我们只是要把材料整理好，则事实自然显明了”。1930 年，蔡元培在为《明清史料档案》所作序言中曰：“史学本是史料学，坚实的事实，只能得之于最下层的史料中。”

② 左图为沈馥芸(女)先生 1954 年 10 月 16 日的日记(沈先生提供)，记载的是苏联专家巴拉金对包头市规划工作的指导意见。沈馥芸先生于 1925 年出生，当时在包头市规划局工作，是“一五”计划时期包头市规划的主要完成人之一。中图为李浩先生 1954 年 11 月 13 日的日记(现存洛阳市档案馆)，记载的是国家建设委员会组织的洛阳市规划审查会议上的有关意见，该记录与 1954 年 12 月 17 日国家建设委员会的正式批复形成印证关系。李浩先生于 1920 年出生，时任中共洛阳市委副书记兼城市建设委员会主任。右图为沈远翔先生 1964 年 8 月 12 日的日记(沈远翔先生提供)。沈远翔先生于 1932 年出生，当时在国家计划委员会城市规划研究院工作。

③ 2015 年 10 月 9 日魏士衡先生与笔者的谈话。

④ 萨伦巴前 2 讲分别为“大区域规划”和“小范围区域规划”，后 4 讲分别为“城市道路网规划问题”“城市改建与扩建问题”“中国南北部的绿化问题”和“城市与农村规划的方法问题”。

⑤ 1930 年 6 月，陈寅恪先生为冯友兰先生所著《中国哲学史》(上册)所写的审查报告。

参考文献

[1] 李浩，傅舒兰. 张友良先生访谈录[Z]. 北京：中国城市规划设计研究院，2018.

[2] 西安市人民政府城市建设委员会. 苏联专家巴拉金与波波夫同志座谈有关西安市规划问题的发言记录[Z]. 西安：西安市档案馆，1953.

[3] 佚名. 上海市城市规划工作座谈会记录[Z]. 上海：上海市城市规划设计研究院档案室，1956.

[4] 中国建筑学会，《建筑学报》杂志社. 中国建筑学会六十年：1953—2013[M]. 北京：中国建筑工业出版社，2013.

[5] 李浩. 城・事・人：城市规划前辈访谈录(第五辑)[M]. 北京：中国建筑工业出版社，2017.

图片来源

图 1 源自：笔者摄制.

图 2 源自：张友良提供.

图 3 源自：笔者摄制.

图 4 源自：张友良提供.

图 5 源自：傅舒兰摄制.

图 6 至图 10 源自：笔者摄制.

图 11 源自：张友良提供.

图 12 源自：笔者摄制.

图 13 至图 16 源自：张友良提供.

图 17 源自：笔者摄制.

周干峙先生对规划史研究的关注、参与及主要学术观点：参与《周干峙选集》编选工作的体会

徐美静

Title：Zhou Ganzhi's Attention, Participation and Main Academic Views on the Study of Planning History：Experience of Participating in the Compilation and Selection of *Selected Works of Zhou Ganzhi*

Author：Xu Meijing

摘　要　周干峙先生是全面经历新中国城市规划发展事业历程且从未间断的为数不多的人员，他在重点关注规划管理和现实问题的同时，对规划史研究也有所关注和参与，其主要学术观点有：尊崇《管子》"因地制宜"灵活的规划思想；城市是历史的城市，要根据主客观条件综合认识；城市建设者要懂历史，明白城市规划史研究的意义。

关键词　中国当代城市规划；城市史；规划思想；人物史

Abstract：Zhou Ganzhi is one of the few people who have experienced the whole process of new China's urban development. While focusing on planning management and practical problems, he also payed attention to and participated in the research on planning history. His academic views can be summarized as follows：Firstly, he respected thought in *Guan Zi* that urban planning should be adapted to local conditions. Secondly, he believed that cities were constantly developing, and the subjective and objective conditions should be comprehensively analyzed to understand the city at a certain historical stage. Thirdly, he believed that urban builders should learn more about history and understand the significance of urban planning history research.

Keywords：Contemporary Urban Planning in China；Urban History；Thoughts on Planning；Character Research

1　引言

城市规划是一门实践性学科，并且具有经验科学的特征，具有丰富规划实践经历的规划前辈们的经历、感悟与反思是我们认识城市规划科学的一个重要途径。周干峙先生于 1951 年 12 月从清华大学建筑系毕业，在之后的数十年间一直坚守在城市规划的工作岗位上，较完整地经历了新中国城市规划事业发展的历史进程，吴良镛先生

作者简介

徐美静，中国城市规划设计研究院，科研助理

评价周干峙先生“是位十分难得的全程参与并比较清楚地了解新中国成立以来城市规划发展整个过程的人……”[1]另外，周干峙先生在相当长的一段时期担任规划行业的主要领导职务，并且在学术上他也是极具权威性的专家，因此对周干峙先生城市规划学术思想的研究是中国当代城市规划研究的一个重要领域。

2014年3月14日周干峙先生逝世后，家属将其生前保存的资料(共计500余箱)，分批捐赠给中国城市规划设计研究院。此后，杨保军院长指示开展《周干峙选集》(以下简称《选集》)的编选工作，并明确《选集》的重要定位，笔者有幸参与《选集》编选的工作当中。周干峙先生(以下简称周先生)的资料浩如烟海，《选集》整理工作可谓极为繁琐，随着工作的不断推进以及每日与周先生手稿的大量接触，逐渐了解和认识了一位规划前辈的经历甚至是心路历程。目前《选集》编选工作已完成初稿①。

周先生数十年来的工作经历使他积累了翔实的规划资料，这些资料可以说是立足城市规划专业，全方位思考相关问题，政治、经济、社会、文化与专业技术统筹，规划编制、实施、管理及法制化建设整合，哲学思想、理论、方法与建设实践并重，系统工程地认识、解析及改进城市规划工作的独特文献。周先生曾提到开展系统的规划史研究是一项十分困难的工作，作为一名对规划史研究感兴趣的青年学者，我对周干峙先生保存资料的关注首先便是规划史研究这一主题，在整理资料的过程当中发现周先生的文稿中与规划史研究工作密切相关的有大量的篇幅，其中不少成果都未曾发表，甚至不为人知。本人是历史专业毕业，对城市规划专业的理解、认识还正在学习的过程中，怀着对周先生的崇敬之意，尝试就他对城市规划史研究方面的关注、参与和学术成果，进行简单的梳理和粗浅的探讨，虽力求避免望文生义和曲解周先生本来的意思，理解和表达错误之处在所难免，在此期望各方面的批评指正。

2 周干峙先生对规划史研究的关注和参与

《选集》编选“目标”和“定位”要求在当前可能的工作条件下，尽可能全面、系统地收录了周先生的相关文献。资料来源以周先生保存的资料为主，另外还从周先生秘书、好友保存的相关资料以及网络检索(如中国知网)获得，共整理出15 000余篇文稿，扣除一些因内容重复或相似、内容残缺、学术价值不高或不宜公开的文稿，经遴选拟编入《选集》(初稿)的文稿共计1 148篇。从规划史研究的角度审视，至少有23篇与规划史研究密切相关(表1)。

表1 周先生关注与参与规划史研究的部分文稿一览表

序号	文稿标题	时间	备注
1	同济大学董鉴泓同志申报教授职称的鉴定意见*	1983年12月13日	对同济大学董鉴泓先生申报教授职称的鉴定意见，高度肯定了董鉴泓先生在规划史研究方面的学术成就
2	对《当代中国的城市建设》初稿成果的评价意见*	1986年前后+	发言提纲，肯定《当代中国的城市建设》的价值和意义，提出进一步整理、充实和提高的进度要求
3	辉煌的中国城市建设史	1981年4月25日	讲座稿，系统梳理我国古代城市建设历史，周先生时任天津市规划局局长(挂职锻炼性质)

续表 1

序号	文稿标题	时间	备注
4	我国城市规划工作的回顾*	1978 年 7 月 30 日	一次讲话稿，原标题“在政工组讲”，文稿内容有缺失，只保留“我国城市规划的简单历史”部分
5	对我国计划经济时期城市规划工作的评价*	1978 年 4 月 4 日后+	中共中央批转第三次全国城市工作会议《关于加强城市建设工作的意见》(中发〔1978〕13号)后周先生对城建部门某份城市规划工作总结材料所写的评价意见
6	发展城市的文明，建设文明的城市——谈谈我国城市规划的优秀传统	1982 年 2 月 9 日	周先生在城市规划和管理学习班(天津)上的讲座稿，对我国古代、近代以及新中国成立以后的城市发展历史进行了系统梳理
7	回顾与展望——1989 年新年贺词*	1989 年 1 月 1 日	对新中国成立 40 年来城市规划工作进行简单回顾，载《城市规划动态》(1989 年第 1 期)
8	在努力攀登先进水平的城市规划道路上前进——深圳特区城市规划十年回顾	1990 年 8 月	载《深圳城市规划》(深圳市城市规划委员会、深圳市建设局主编，海天出版社 1990 年 8 月出版)
9	适应新的历史发展需要，努力提高我国城市规划设计水平	1990 年 12 月 12 日	在中国城市规划学会学术年会(什邡)上的报告，主要内容载于 1991 年第 2 期《城市规划》
10	走我国自己的城乡现代化发展道路——学习《万里文选》的体会	1996 年 5 月	周先生(时任全国政协副秘书长)为全国市长研究班提供的参阅资料，该文后载于 1996 年第 4 期《城市发展研究》。1999 年中国城市规划学会组织编写《五十年回眸——新中国的城市规划》一书时，周先生在文前增加的一段内容，即根据该增补稿整理
11	中国城市传统理念初析	1997 年 6 月 18 日	在“美中城市规划理念交流会”(华盛顿)上的主题发言，载于 1997 年第 6 期《城市规划》
12	西安首轮城市总体规划回忆	2005 年 8 月 24 日	应西安市城市规划委员会的邀请，周先生关于“一五”计划时期西安市规划工作的回忆，由冯利芳访问、整理，原载于《城市规划面对面——2005 城市规划年会论文集(上)》，《城市发展研究》2014 年第 3 期予以转载(转载时略有修改)，此为《城市发展研究》转载稿
13	在“国际视角下的中国城市规划三十年”研讨会上的致辞*	2008 年 11 月	为改革开放 30 年来城市规划总结工作提供了新的思路和要求
14	深圳规划的历史经验	2010 年 4 月	应邀为深圳市规划和国土资源委员会编著的《与改革开放同步的城市规划实践——深圳城市规划十五年》一书撰写的序言，载于 2010 年第 4 期《城市发展研究》(发表时略有删改)

续表 1

序号	文稿标题	时间	备注
15	中国城市规划建设三十年的回顾和展望	2011 年 1 月 8 日	在香港大学城市研究及城市规划中心成立 30 周年大会上的讲话，根据周先生实际讲稿整理
16	新中国城市规划与建设的历史回顾*	2013 年 8 月 27 日和 9 月 13 日	在 2013 年 8 月 27 日和 9 月 13 日接受全国政协《纵横》杂志访谈时的口述文章，载于《纵横》2014 年第 1 期、第 2 期，原标题为“为了城市的春天：亲历新中国城市规划与建设”
17	继承与发展——走向二十一世纪的中国城市	1997 年 10 月	在“21 世纪的城市”国际学术会议（北京）上的报告
18	城市发展中的复杂性问题和一些复杂的实际问题	2003 年 10 月 11 日	演讲稿，由内容推测应为在市长研究班的一次授课
19	《林志群文集》序言	2005 年 4 月 11 日	载《林志群文集》（2005 年 12 月正式出版）
20	对《林志群文集》学术价值的认识*	2005 年前后+	由内容推测是周先生对《林志群文集》学术价值的认识
21	中国历史城市的基本理念和特征	1998 年 4 月	在中国—欧洲历史城市市长国际会议上的报告
22	读《老子》的启示*	2003 年+	与傅熹年先生探讨《老子》版本问题
23	深圳城市规划建设的历史与未来	1999 年 10 月	节选自 1999 年第 5 期《世界建筑导报》，原标题为“深圳城市建设的历史与未来——周干峙、王炬、胡开华访谈录”

注：标题后有＊者，该标题系《周干峙选集》编者所加或修改；时间后有＋者，该时间系《周干峙选集》编者根据文稿内容推测。

通过对文稿进行梳理，我们发现周先生早在 20 世纪 80 年代就从不同的角度关注着规划史研究。首先吸引我们的是周先生于 1983 年 12 月 13 日给城市规划史研究的前辈董鉴泓先生写的一篇鉴定意见（图 1）。在鉴定意见中，周先生指出董鉴泓先生对唐长安、宋汴京

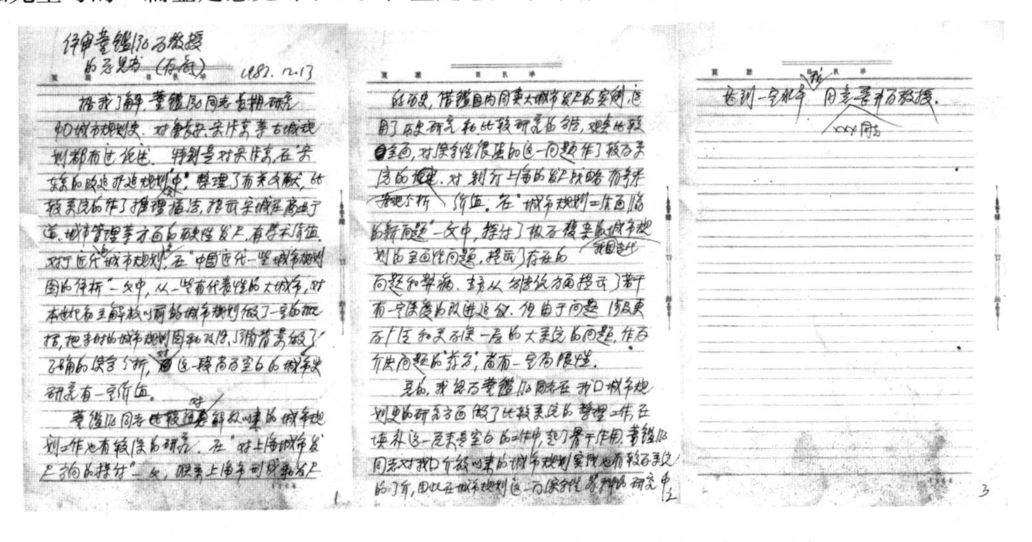

评审董鉴泓为教授的意见书（存底） 1983.12.13

据我了解，董鉴泓同志长期研究中国城市规划史，对唐长安、宋汴京等古城规划都有过论述，特别是对宋汴京，在“宋东京的改造扩建规划中”整理了有关文献，比较系统的作了推理描述，指示宋城在商业街道、城市管理等方面的新的发展，有学术价值。对于近代城市规划，在“中国近代一些城市规划图的评析”一文中，从一些有代表性的大城市，对本世纪前半叶以前的城市规划做了一定的概括，把当时的城市规划图和政治、经济背景做了正确的综合分析，对这一段尚为空白的城市史研究有一定价值。

董鉴泓同志对解放以来的城市规划工作也有较深的研究，在“对上海城市发展方向的探讨”一文，联系上海市的现状和发展的历史，借鉴国内外大城市发展的实例，运用了历史研究和比较研究的方法，观点比较全面，对探讨性很强的这一问题作了较为系统的论述，对制订上海的发展战略有参考价值。在“城市规划工作面临的新问题”一文中，探讨了我国当代极为复杂的城市规划的全面性问题，提示了存在的问题和弊病，并从多方面提示了若干有一定深度的改进建议。但由于问题涉及更为广泛和更为深一层的大环境的问题，作为解决问题的办法，尚有一定局限性。

总的，我认为董鉴泓同志在我国城市规划史的研究方面做了比较系统的整理工作，在填补这一历史空白的工作中，起了骨干作用。董鉴泓同志对我国解放以来的城市规划实践也有较为系统的了解，因此在城市规划这一综合性学科的研究中起到一定作用，同意晋升为教授。

xxx 同志

图 1 《同济大学董鉴泓同志申报教授职称的鉴定意见》手稿

等古城都有过论述，尤其《宋东京(开封)的改建扩建规划》一文对“宋汴京”做了“系统的推理描绘，指出宋城在商业街道、城市管理等方面的历史性发展，有学术价值”。另外还强调董鉴泓先生对我国近代城市规划史的研究是做了“填补空白”的学术贡献。因为处在当时的社会时段，人们的兴趣多集中在研究有深厚文化底蕴的古代都城，而对近代城市史研究往往关注不够。董鉴泓先生从一些有代表性的大城市入手，对20世纪初到新中国成立前这一历史时段的城市规划做了一定的概括，对当时的城市规划图和政治、经济背景做了正确的综合分析。董鉴泓先生对新中国成立以来的城市规划工作也有较深入的研究。周先生认为《对上海城市发展方向的探讨》一文“联系上海市形成和发展的历史，借鉴国内同类大城市发展的实例，运用了历史研究和比较研究的方法，观点比较全面，对综合性很强的这一问题做了较为系统的宏观分析。对制定上海的发展战略有参考价值”。综上，可以发现周先生对董鉴泓先生的对古代、近代以及新中国成立以后的城市规划历史研究成果都有所关注和探讨，并且也给予了“在填补这一原来是空白的工作中，起了骨干作用”的高度评价。

其次就中国的城市规划工作而言，《当代中国的城市建设》(1984年前后启动，1990出版)一书可谓是最为权威的著作之一。在整理周先生文稿中，我们发现周先生非常关注《当代中国的城市建设》的编辑工作，在该书尚在讨论阶段时便对其提出过评价意见，在意见中他感到这项工作的重要，认为“对今后工作有指导意义”，也提出“总结经验，正确估价，理出头绪，帮助预测，走中国式的城市建设的道路”的要求。

在《选集》编选资料的整理工作中，我们发现周先生对规划史不仅是有所关注，而且也在身体力行地开展一些规划史研究工作。这些工作可以分为以下几个方面：

第一，对中国古代城市规划思想观念进行梳理和总结。周先生十分重视对古籍文献的挖掘，例如，他在读《老子》一书时，发现建筑学经典之句“埏埴以为器，当其无，有器之用，凿户牖以为室，当其无，有室之用”[2]在不同版本中是有不同理解的，为此他专门向傅熹年先生请教(图2)，得知对于如何标点有不同的意见。再进一步阅读《老子》第十一章后，对文中举的三例“三十辐共一毂”“埏埴以为器”“凿户牖以为室”[2]进行综合分析后发现只有把“无用”点在一起才讲得通，从哲学观点看，这样解释也更严密。引用全一点，理解就会更深刻一点，周先生为此很受启发。除《老子》外，周先生对《周礼·考工记》《管子》《商君书》《史记》《吕氏春秋》等古籍中的城市营造思想都进行过分析和研究。在对古籍文献挖掘的基础上，周先生又写作了《中国历史城市的基本理念和特征》一文，对影响中国古代城市发展的基本观念进行了概括和总结。

第二，周先生对中国古代、近代以及新中国成立以后的城市建设历史都进行过系统的研究。在周先生早年的文稿当中，有一篇《辉煌的中国城市建设史》(以下简称《辉煌》)(图3)，这篇文章由于未曾发表的缘故几乎不为人知，经考证，这篇文章是1981年4月25日的讲课材料。《辉煌》一文共36页，全文手写，周先生参照董鉴泓先生的划分方法，将我国古代城市的形成和发展划分为七个时期并结合各时期典型例子加以叙述。另外在同时期还有一篇文章《发展城市的文明，建设文明的城市——谈谈我国城市规划的优秀传统》，这是周先生于1982年2月9日在城市规划和管理学习班(天津)上的讲座稿，这篇文章在《辉煌》一文的基础上，增加了我国近现代主要是新中国成立后城市建设的情况。这两篇文章都作于周先生担任天津市规划局局长(挂职锻炼性质)时期，并且都是讲座稿，可见周先生在从事规划管理工作的时候，城市规划建设的历史问题引起了他极大的兴趣和重视。“回顾”规划有重要意

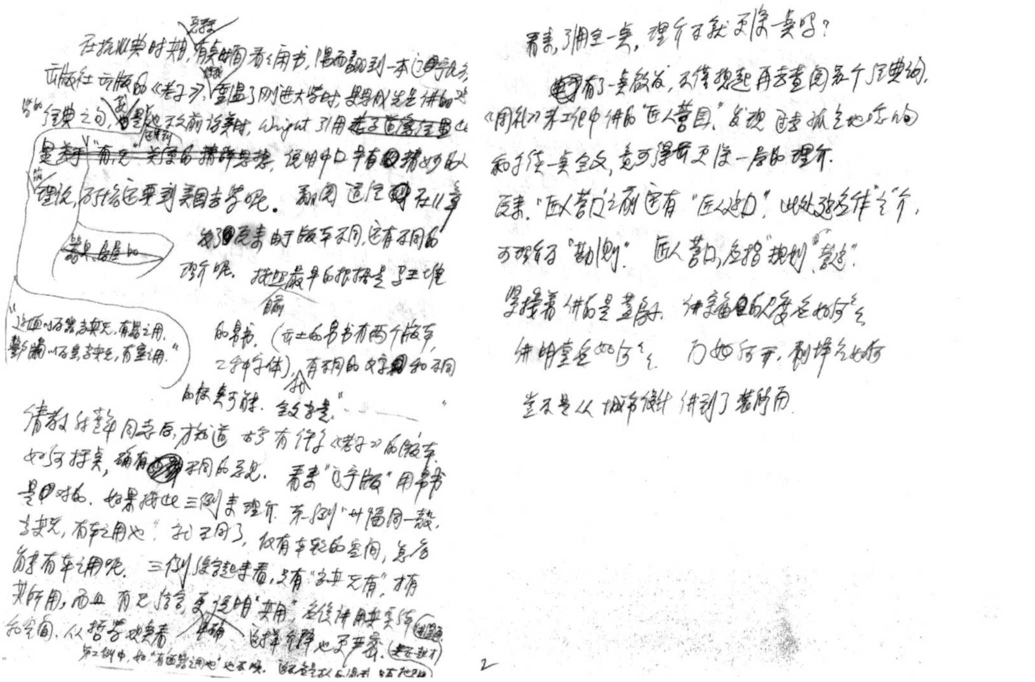

[illegible]

图 2 《读〈老子〉的启示》手稿

义，除了专门撰写文章叙述城市规划建设历史以外，周先生还在不同的时间、不同的场合以不同的形式回顾了我国城市规划工作的历史，例如《我国城市规划工作的回顾》《回顾与展望——1989年新年贺词》《中国城市规划建设三十年的回顾与展望》《新中国城市规划与建设的历史回顾》等。

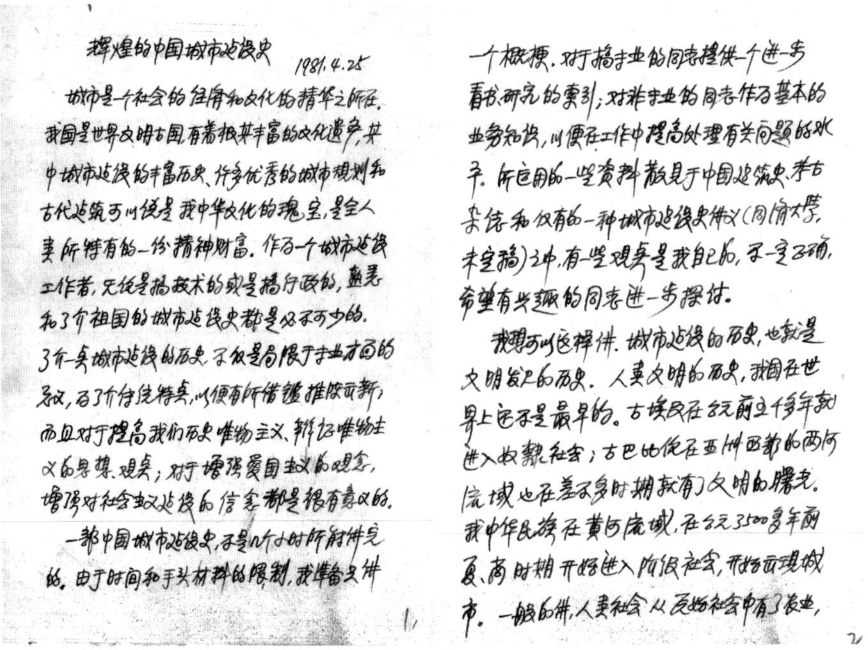

辉煌的中国城市建设史

1981.4.25

城市是一个社会的经济和文化的精华之所在。我国是世界文明古国，有着极其丰富的文化遗产，其中城市建设的丰富历史、许多优秀的城市规划和古代建筑可以说是我中华文化的瑰宝，是全人类所特有的一份精神财富。作为一个城市建设工作者，无论是搞技术的或是搞行政的，熟悉和了解祖国的城市建设史都是必不可少的。了解一点城市建设的历史，不仅是局限于专业方面的意义，为了了解传统特点，以便有所借鉴，推陈出新，而且对于提高我们历史唯物主义、辩证唯物主义的思想、观点；对于增强爱国主义的观念，增强对社会主义建设的信念都是很有意义的。

一部中国城市建设史，不是几个小时所能讲完的。由于时间和手头材料的限制，我准备只讲

1

一个概梗，对于搞专业的同志提供一个进一步看书、研究的索引；对非专业的同志作为基本的业务知识，以便在工作中提高处理有关问题的水平。所运用的一些资料散见于中国建筑史、考古实德和仅有的一种城市建设史讲义（同济大学，未定稿）之中，有一些观点是我自己的，不一定正确，希望有兴趣的同志进一步探讨。

我想可以这样讲，城市建设的历史，也就是文明发展的历史。人类文明的历史，我国在世界上还不是最早的。古埃及在公元前五千多年就进入奴隶社会；古巴比伦在亚洲西部的两河流域也在差不多时期就有了文明的曙光。我中华民族在黄河流域，在公元3500多年前夏、商时期开始进入阶级社会，开始出现城市。一般的讲，人类社会从原始社会中有了农业，

2

图 3 《辉煌的中国城市建设史》手稿第 1—2 页

第三，总结典型城市深圳、西安的规划历史。周先生从深圳特区规划伊始就参与了其中的规划与管理工作，可以说是深圳历史的见证人。为此他通过多次著文及参与访谈来回顾深圳的城市规划历史，例如《在努力攀登先进水平的城市规划道路上前进——深圳特区城市规划十年回顾》《深圳规划的历史经验》《深圳城市规划建设的历史与未来》等。另外周先生对他亲历的"一五"计划时期的西安总体规划的编制工作也做了总结，例如《西安首轮城市总体规划回忆》。

3 周干峙先生在城市规划史研究方面的主要学术观点

3.1 城市是历史的城市

周先生在《攀枝花开四十年：1965—2005》[3]的序言中提出，"城市总是历史的城市，古国千年，多少都城并不和今天的城市吻合，我们不能因此而责怪古人不智，而只能检查我们今天是否还有点无知，更何况一切建设还有精神的因素"。一个城市的城市规划是建设城市和管理城市的总蓝图，周先生曾多次强调城市规划工作的复杂性和困难性。城市内容包含广泛，一个城市的设计也不是一两个人可以完成的。城市规划包罗万象，从学科上就与社会学、经济学、地理学、生态学、历史学等多个学科在研究内容上有交叉关系，所以它不是短期的工作，也不是少数人的工作。从工作上讲，规划的政策性、技术性都比较强；从学科上讲，它古老而又年青，既有综合性又有专业性，至今还是发展中的并不完全成熟的科学。为此，周先生对一些重大的历史事实进行多次说明，例如"三年不搞城市规划"，他强调："城市规划从重视来讲，倒是以前受到重视，我倒觉得现在差一点，恰恰是这样，不是越来越重视，是一开始就重视，但对它的科学性的认识不够，出了问题都以为是城市规划出了问题。"

3.2 城市规划既要遵守"礼制"又要"因地制宜"

周先生十分推崇春秋时代管仲的城市规划思想，并且他在很多场合都做过系统的讨论。在城市建设方面管子主张从客观实际情况出发，要考虑到地形、水源、自然资源等条件，不拘泥于形式，有一种朴素的唯物主义观点。《管子・八观》称："夫国城大而田野浅狭者，其野不足以养其民。城域大而人民寡者，其民不足以守其城。"《管子・权修》称："地之守在城，城之守在兵，兵之守在人，人之守在粟。故地不辟，则城不固。"这些讲的就是不要搞大城市的空架子，用现在的话来说就是主张以农业为基础。《管子・乘马》又称："凡立国都，非于大山之下，必于广川之上。高毋近旱，而水用足；下毋近水，而沟防省。因天材，就地利，故城郭不必中规矩，道路不必中准绳。"这说的是要选择地形地势，城市既要接近水源，又要能防洪防涝，而且要力求适用，不搞形式主义。《管子・八观》还说："山林虽广，草木虽美，禁发必有时；国虽充盈，金玉虽多，宫室必有度。"管仲认为，"台榭相望者，亡国之庑也"。这是反对铺张浪费，主张勤俭建设。

周先生认为还有另一派，就是《周礼・考工记》，很早就订下了规划城市的规范。如"匠人营国，方九里，旁三门。国中九经九纬，经涂九轨。左祖右社，面朝后市，市朝一夫"。《周礼・考工记》这部书可能出自后人手笔，但基本上表述了周礼的思想。周礼规定，王城方九里，而诸侯的都城最大则不准超过王城的三分之一；"九经九纬"是指纵横的道路，"经涂九轨”是指道路宽度，一轨约八尺（1 尺≈0.33 m），帝王都城路宽九轨，诸侯都城路宽就只准七轨；还有，宗庙必在宫城之左，社稷（供农作物之神的地方）必在宫城之右，市井则在宫城之后。这些都是以后历代儒家所遵守的城市规划制度。

从中国规划史研究的角度来讲，在周先生之前同行研究的兴趣角度侧重《周礼·考工记》，而周先生对管仲的关注和研究，引发了中国古代城市规划思想研究另一个脉络的兴起。比如重庆建筑大学博士生龙彬《管仲城市营建思想及其历史贡献探析》一文以及戴吾三先生写的《论〈管子〉的城市规划和建设思想》一文，都对管子的城市营建思想进行了深入的剖析。

3.3 作为城市建设者要懂历史，要认识城市建设发展历史的意义

周先生曾多次强调要认识城市建设发展历史的意义，在他早期的文章《辉煌》中开篇就鲜明地指出，“作为一个城市建设工作者，无论是搞技术的或是搞行政的，熟悉和了解祖国的城市建设史都是必不可少的。了解一点城市建设的历史，不仅是局限于专业方面的意义，为了解传统观点，以便有所借鉴推陈出新；而且对于提高我们历史唯物主义、辩证唯物主义的思想、观点，对于增强爱国主义的观念，增强对社会主义建设的信念都是很有意义的”。后来他又对《苏州城建大事记》这本书所做的城市建设历史总结表示肯定，认为“把历史上建设的成功经验和失败教训都写了进去，是件好事”，并且“希望搞建设的同志要多读一点历史，多懂一点历史”。2005 年 4 月，周先生在《林志群文集》的序言中再一次强调：“古人讲‘以史为鉴’，真是不知过去，就不会真知现在；不知过去和现在，也不大可能知道未来。为了未来，一定得懂得历史，历史总是有用的。”

以上是对周先生在城市规划历史方面的学术思想所做的部分粗浅的分析，但在《选集》编选的工作过程中，我们发现周先生的学术思想是很系统的，具有整体性、统筹性以及战略性的特点。“亦官亦学，亦宏亦细”“系统、融贯”，这是周先生的自我总结。他的学术思想一方面来源于他数十年间参与新中国城市规划工作决策和实践的经历，另一方面来源于他的好学精神。他认为“（不局限于专业）到处有课堂”，他喜欢交谈研究，喜欢“串门”展开讨论，听取各种各样的意见，并且“每谈深入，辄有所悟，真可以学而无倦”。他曾说：“多年来，最大的快乐是有所认识，只要有所发现，生活最大的愉快、最好的解乏，是事有所成，只要事情办成，疲劳消除一半。”

在《选集》编选过程中，我们深刻体会到，在周先生的工作中，始终贯穿着一种求知求真的科学精神，这种精神尤其值得我们反思。

4 结语

2005 年 12 月周先生为其已故好友，也是他的大学同学林志群先生准备文集出版，他亲力亲为，撰写文集和序言，后来谈到对出版这本文集的看法时，他谈道：“学者的文集，代表了学者其人、其业、其思想。已故学者文集，又往往多了一层纪念的意义。其真正的意义都在于让人们了解过去，有所认知，更好地对待未来。”这段话对于如今开展的《选集》编选工作也同样适用，期盼《选集》能够早日出版，也期待着更多的人从事规划前辈学术的整理，为学科建设助力。

[感谢李浩教授的指导]

注释

① 参见《周干峙选集》(初稿,共13卷)。

参考文献

[1] 邹德慈,等.新中国城市规划发展史研究:总报告及大事件[M].北京:中国建筑工业出版社,2014.
[2] 汤漳平,王朝华.老子[M].北京:中华书局,2014.
[3] 鲍世行,陈加耘.攀枝花开四十年:1965—2005[M].北京:中国建筑工业出版社,2005.

图表来源

图1至图3源自:周干峙先生保存资料,中国城市规划设计研究院收藏.
表1源自:笔者绘制.

第二部分　近现代城市规划

PART TWO　MODERN URBAN PLANNING

近代城市规划建设中的土地开发与管理(1849—1929年)：基于青岛胶州湾与香港新界租借地比较研究

刘　一　李百浩

Title: The System of Land Development and Management in Modern Urban Planning and Construction (1849 - 1929): A Comparative Study Based on the Leased Territory of Qingdao Jiaozhou Bay and New Territories of Hong Kong

Author: Liu Yi　Li Baihao

作者简介

刘　一，东南大学建筑学院，硕士生

李百浩，东南大学建筑学院教授，中国城市规划学会城市规划历史与理论学术委员会副主任委员兼秘书长

摘　要　近代西方列强打破了清末传统的地权结构，同时引入西方城市规划思想和城市建设管理制度，中国的城市发展自沿海开埠起向近代化转变，而这一切转变发生的关键要素之一就是土地制度的巨变。本文主要研究与近代城市规划建设直接相关的土地开发与管理制度，以具有典型代表性的青岛胶州湾租借地与香港新界租借地为例，二者在传统土地契约的基础上，整合当地土地产权，施行新的土地制度，并且与城市规划建设相结合，实现殖民当局的城市发展意图。由于青岛胶州湾土地实行政府照价收买、优先购买、土地市有、涨价归公，首创的土地增值税利于对土地市场进行调控，殖民当局能够把握城市规划建设的主动权；而香港新界推行自由经济政策，土地实行公有为本、私有为用、市场自由、法制制约，市场调控下的土地有偿转让难免产生土地投机现象，殖民当局城市规划建设可实施性受到土地市场的制约。

关键词　近代城市规划史；租借地；土地制度；土地增值税；土地拍卖

Abstract: Introducing western urban planning thoughts and urban construction management system, western powers broke the structure of traditional land rights in the late Qing dynasty. Since the opening of coastal ports, China's urban development has been transformed into modernization, and the great change of land system is the key factor of the modernization in China. This article main research is about the land development and management system which directly related to modern urban planning and construction. Taking the typical representative of the leased territory of New Territories of Hong Kong and Jiaozhou bay of Qingdao for example, both of them, integrated of local land property rights and implemented the new land system on the basis of traditional land contract as well as combing with urban planning and construction to realize the colonial authority's intention of city development. The government can purchase in priority and the initial price in Jiaozhou bay of Qingdao. The land owned the land and the

land price returned to the public when it rised. The colonial government founded the land value-added tax which was conducive to the regulation of the land market for the purpose of seizing the initiative in urban planning and construction by colonial authorities. However, as the New Territories of Hong Kong implemented a free economic policy, the land was subject to public ownership and the land was for private use as well as the free market was regulated by law. The compensated transfer of land under market control inevitably led to land speculation, and the enforceability of the colonial authorities' urban planning and construction was restricted by the land market.
Keywords: Modern Urban Planning; The Leased Territory; Land System; Land Value Added Tax; Land Auction

1 引言

实现城市规划意图,需要通过城市建设管理制度、形成合法的城市建设计划,而自城市规划的制定到建设计划的落实均需要政府财政的支持,城市土地运营是政府收益的最主要来源。实现城市的优化发展应考虑城市土地开发模式的选择,城市土地开发与管理制度的制定,不断进行政府、市场、公众各方利益关系的协调。

殖民当局向清政府强行租借土地,是为了建立具有良好区位和海洋资源优势的军事基地。殖民当局与清政府签订租借条约,根据条约应承认清政府发给原居民的土地契约,在征用原居民的土地时需要支付费用,不需要向清政府交纳地税。借地年限一般为 25 年或 99 年,行政长官多由殖民当局任命,同时攫取当地的司法权力。

2 清末土地制度背景

2.1 清末传统地权结构

中国传统社会经济是小农经济,"普天之下莫非王土",皇帝是土地的实际拥有者。"祖产的所有被认为对于血统的整合和地方社会的构建有着特定的含义,地域或者宗教组织同样可以拥有财产,并且可以参与土地交易。拥有财产的实体的合并可以发生在各种背景之下,包括市场管理、水利组织或者慈善事业。"[1]

(1)"一田两主"土地所有权关系

清朝存在一种土地的"所有权",即"一田两主"[1]。土地权分为"田面"和"田根"。田根的所有者收租和交纳土地税,同时田面的所有者管理土地,可转让与不可转让的产权共存在于一块土地上,而且这些权利之间没有明确的划分。土地所有权可以通过两种形式的"卖"进行转让:"活卖"是一种可以赎回的卖出行为,在一个设定好的年限之后,卖方可以按原价买回;"绝卖"是将业主的权利进行转让。

(2)土地"永佃"制度

在传统土地交易契约中,田面和田根所有者之间的交易协议表达术语使用了"永佃"① 一词。承租人,被描述为"佃人",接受了租佃权以进行开荒和耕种土地。在租佃契约中有一项

“永久性”条款，鼓励租佃权和田面权的所有者投资于土地，通常此后不会由地主也就是田根所有者收回(图1)。

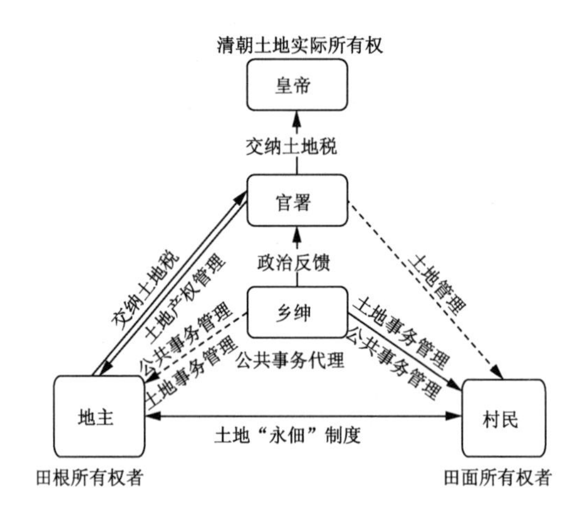

图1　清末土地制度下的社会关系

2.2　清末传统土地制度下的社会特征

(1) 土地契约稳固地方社会关系

农村社会背景的土地交易是借贷、联姻和领土等长期关系的一部分，土地交易趋向于发生在有限的已经建立了长期关系的群体中。契约被用来寄托制止或者阻止社会变化的希望，代价是降低了他们的佃户开垦和改良土地的激励机制，各方签订的大多数土地契约只体现出多样化关系的小部分，土地交易作为经济的一部分，牢固嵌入到这些社会关系之中[1]。

(2) 地方县署对土地进行产权产籍管理

清末国家机构相对较小，为了征收赋税，地方县署对土地进行产权产籍管理，“县署组织丈量土地、编制钱粮串簿、发‘执业田单’，土地分块出卖时需‘劈单’，即将原单割裂分执”[2]。

(3) 民间团体和乡绅阶层主导地方公共建设

“道路建设、水利工程、慈善事业、消防等属于公共职能的范畴通常由社会团体完成，其中起主导作用的包括慈善机构、同乡团体、同业团体等。”[3]除了民间机构，乡绅②在市政建设等社会公共事务中起到核心作用。

3　胶州湾租借地城市规划建设中的土地开发与管理

1897年，德国武装占领胶州湾，翌年迫使清政府签订中德《胶澳租借条约》，德国对青岛进行“模范殖民”并确立将其发展成军事商业中心的战略目标。

3.1　胶州湾租借地城市土地制度

单威廉(Willian Schramieier)③根据香港、广州和上海多年的生活经验，为避免产生因“土地投机”现象造成的城市发展问题，策划并主导胶州土地法规的制定④。“保证由城市发展和公共投资带来的效益为公众所共享，而不是仅流入少数人腰包”，旨在“防止当地的中国居民日后抬高土地价格，同时也为了防止外来的投机商乘机购买土地以图垄断之利，给殖民当局造成被动”[4]（表1、表2）。

表1 胶州湾租借地城市土地规章、条例

时间	目的	规章、条例
1897年11月末	土地收购	“暂定优先购地法”⑤
1898年2月10日		购地准则⑥
1898年8月22日		《澳胶租地合同》
1898年9月2日		《置买田地章程》
		“胶州地区土地取得命令”
1899年1月	土地管理	《青岛地税章程》
1900年11月19日		“保护区内法律关系之皇家命令”
1902年4月15日		《中华商务公局章程》⑦
1902年12月		“建立土地薄登记之敇令”
1904年5月	土地交易管理	“胶州地区内中国民众间转移土地之命令”
1904年5月5日		《田地易主章程》⑧
1906年12月31日		“胶州地区内中国民众间转移土地之命令”
		“逾期未建筑土地暂不实施加征土地税命令”

表2 胶州湾租借地土地机构

时间	土地机构
1899年	地政局
1907年	专设土地登记局
1907年6月	地政局与土地登记局合并为帝国土地登记局
1910年10月	专设土地估价局

3.2 胶州湾租借地土地开发程序

（1）德国从清政府手中收购土地，“照价收买”禁止当地自由买卖土地

殖民当局首先发布禁止财产转移文告，即“占领期间，非经总督之许可，禁止任何财产转移”“政府对胶州湾所有土地享有优先购买权，在尚未征购以前，任何土地转移或用途变更均须政府批准”[5]。

德国人根据租地条约划定所得土地，再综合评判土质优劣，将土地划分为三个等级，再按照德军占领以前的“时兴地价”定价征收。同意出售者可提交地契至衙门登记，核定等级并签约，立即付给全部地价。

（2）重新进行土地测量、地籍登记

德国胶澳当局征购到建设城区的土地后，参照旧地籍册，按公有地、私有地、民有地分别新建土地产籍册[6]。

(3) 依据城市规划进行土地划分、拍卖

德国殖民当局整体进行土地测量，制作青岛港的建设规划与城市整体规划发展图，首先考虑城市公共基础设施的建设以及城市公共空间体系的架构，提前预留了城市街道、广场、码头、公共场所和防御工事等用地后，把其余土地结合现状以及规划条件分成若干小块有计划地向私人拍卖[6]。

(4) 进行土地储备和土地增值税调控

胶州湾租借地为了防止土地投机现象的发生，推出全世界第一个土地增值税，规定增值税率为土地所涨价格的1/3。由于殖民当局具有优先购买权，而且可以照原价购买，因此可收取百分之百的增值。同时胶州土地法规规定土地归为市有，由政府统筹安排，实现土地储备制下的土地使用权的再分配[4](图 2)。

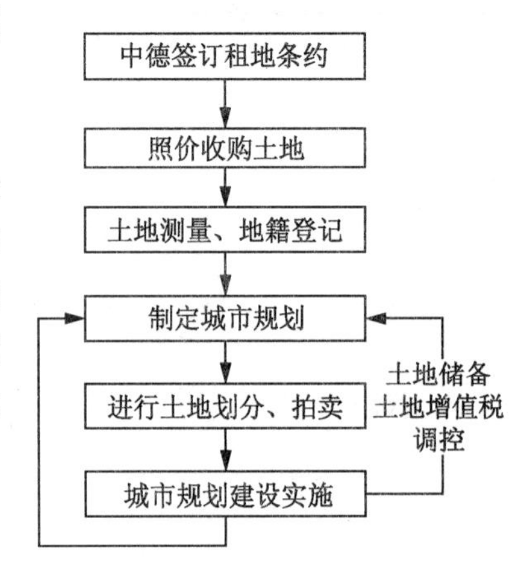

图 2　胶州湾土地开发程序

3.3　土地增值税利于殖民当局把控城市建设发展

土地政策具有“照价收买、优先购买、土地市有、涨价归公”[6-7]的特点，利于殖民当局把控城市整体建设发展。

在涨价高的地方，政府既可以“照价收买”，又可以“优先购买”，利用土地增值税进行土地市场调控，收取的百分百增值再投入到城市规划建设中，就可以把握住城市建设的主动权。将土地划分为城市土地与农业用地，分别征收地税。另外，“任何不加改良的土地，政府可以按原卖价的一半收买，1903 年改为，不加改良的土地，增加每年所纳赋税，1906 年正式施行，效果相当明显。土地的利用不遵照原来购买时的目的，将原来 6%的税改为 9%；如果这样的增加税率施行 3 年，再增为 12%；每隔 3 年增加 3%，一直增加到每年税率 24%为止。土地有了改良或建筑，上述税率仍缩减至 6%”⑨。

3.4　土地制度保障下的胶州湾城市规划建设

(1) 土地制度保证殖民当局对城市整体规划的把控

租借地中的殖民当局在城市规划建设(表 3)中占据主导地位。从城市的区域定位出发确定城市性质，通过港口、铁路的建设和合理的城市布局把控城市整体的规划和建设。在公共设施建设过程中，可以协调土地产权和公共利益之间的矛盾，而不是被过高的土地价格以及私人地产势力制约。

表 3　胶州湾租借地的城市规划建设

时间	组织、机构	规划建设
1897—1898 年夏	测绘分遣队	完成整个未来城区的绘图工作
1898 年	德国海军港务测量部	成立青岛候测组
1898 年 9 月 2 日	德胶澳总督	自由港开放之际，公布了未来青岛的“建设规划”
1898 年 9 月 22 日	德胶澳总督	青岛建设规划的补充公告，规定了“各城区性质”
1899 年 3 月	德胶澳总督	“胶州湾内港口方案”

续表 3

时间	组织、机构	规划建设
1899 年	德国国会/德华铁路公司	青岛港口和胶济铁路的建设
1900 年	德胶澳总督	《德属之境分为内外两界章程》，划内界、外界，并划定九区，分欧洲人区和中国人区
	德胶澳总督	《青岛城市规划》
1899—1900 年 12 月	德国海军港务测量部	整个保护区的陆地和海上测绘完成
1910 年	德胶澳总督	重新编制《青岛市区扩展规划》，取消华欧分区

(2) 土地增值税保证城市建设持续的财政支持

财政收入的增加保障了城市建设资金充足，城市基础设施、市区所有公共建筑由政府出资建设，私人建设活动则是在政府制定的有关法规的限制条件内由政府监督完成。

(3) 土地制度确保殖民当局对城市公共空间的主动权

总督府根据优先购买权，不仅仅依赖出售土地的收入就能够廉价购得土地，因此，在建设城市时不仅能够实现规划中的宽阔大街、小建筑群和低容积率，而且可以建设相当数量的公共绿地设施(图 3)。

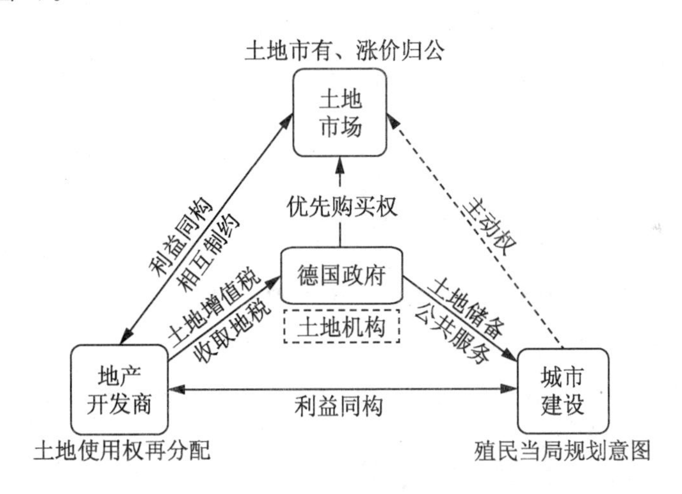

图 3　胶州湾城市规划建设中的土地开发与管理

4　新界租借地城市规划建设中的土地开发与管理

1842 年，英国强迫清政府签订《南京条约》强占香港后，英国王室将整个香港岛的土地占为己有，清末传统地权结构被打破，香港岛原居民的土地业权全部被否定。1860 年签订的《北京条约》规定将界址街以南的九龙半岛割让给英国，土地也变为“官地”。

1898 年签订的《展拓香港界址专条》强行租借新界的地区，英国对土地的业权为 99 年，根据条约英国承认清政府发给新界原居民的土地契约，在征用新界原居民的土地时需要支付费用，形成与香港岛、九龙半岛既有联系又有区别的土地制度[8](表 4)。

表 4　新界租借地城市土地规章、条例

时间	目的	规章、条例	内容
1841 年 5 月 1 日	土地交易管理	“土地批租方针”[10]	确定土地租用制度的原则;成立委员会勘测土地,成立土地法院解决有关土地所有权纠纷
1844 年 2 月 28 日		《土地注册条例》[11]	授权港英政府成立土地注册处,要求所有的土地交易要在土地办公室注册
1886 年 7 月 12 日		《土地拍卖条例》	修订有关公开拍卖土地的法律,将土地进行公开拍卖,价高者得
		《购买契据条例》	就有关购买契据的登记及效力与其抵押及没收等地产管理事项做出规定
1898 年	土地收购	《展拓香港界址专条》	强行租借新界地区,英国对土地的业权为 99 年
1899 年		《1899 年新界田土法庭条例》	将新界土地收归港英政府产业
1900 年		《1900 年新界田土法庭条例》[12]	将新界土地收归港英政府产业
1900 年 11 月 14 日		《收回土地条例》	以便收回须作公共用途的港英政府土地
1901 年 7 月 1 日	土地管理	《法律修订及改革(综合)条例》	就土地抵押、土地、财产民债权转移契约之订立等问题做出规定
1910 年 10 月 28 日		《新界条例》	新界土地归属港英政府即土地事宜的司法管辖权

4.1　新界租借地自由经济政策导向下的土地有偿转让制度

英国推行自由经济政策,一方面,全港土地所有权属于英国并受港英政府管理,具有公共属性;另一方面,土地使用权经过租用过程,在市场上可以有偿自由转让,具有私有属性,符合市场经济规律。

因新界租借地的土地制度延续了香港被殖民式统治时的土地制度,因此梳理其土地制度的脉络要从香港被殖民时期开始。

4.2　新界租借地土地开发程序

(1) 土地测量

为建立征收地税的基础,由英籍测量师纽纶和雅安于 1899 年[11] 展开土地测量及登记工作,这成为新界土地记录的基础。

(2) 现状地权记录、收编《集体官契》

殖民当局统一完成土地测量后,要求原土地所有人以红契或白契为凭证,凭测量的土地绘制图认领所拥有的土地。如果土地认领结果无人反对,土地的所有权便记录在案;无人认领的土地,即归港英政府所有。同一土地测量图内经认领的土地及业主资料,全部被收编于一本《集体官契》内,香港总督在 1905 年 3 月签批。《集体官契》,成为新界地区最早的土地业权记录[9]。

(3) 向公众统一租赁土地

香港土地政策的基础是土地租用制度，港英政府代表英国拥有土地的权属，可以支配土地的使用权力⑬，以批租的形式进行拍卖，价高者得。

(4) 土地获得后的租期(期间有两次变更)

租期开始为 75 年，1848 年延长至 924 年，后于 1898 年改回 75 年。

(5) 土地收益

对土地收取差饷⑭和地租⑮进行土地收益，期间由于租期变更两者有所不同。通过拍卖获得土地租约后可以享有来自土地的收益，也可在市场上出售土地的使用权，或出售整个获批的使用权，或者可以将土地再进行划分，将使用权出售给不同的人。租约期满土地重新归政府所有，政府通过土地租期得以分享城市和经济发展所导致的地价上涨的利益[1]。

(6) 城市规划建设前考虑土地补偿

对城市公共设施或公共空间进行规划建设时，政府需考虑土地产权以及土地批租年限估算所要赔付的补偿金额。考虑投入产出的经济效益，规划部门尽量利用即将到期的地段，以减轻收地的财政支出。

(7) 进行土地储备调控

土地储备制度在一定程度上可以解决财政收入及集权控制资源的问题，利用法律制度制约市场经济(图 4)。

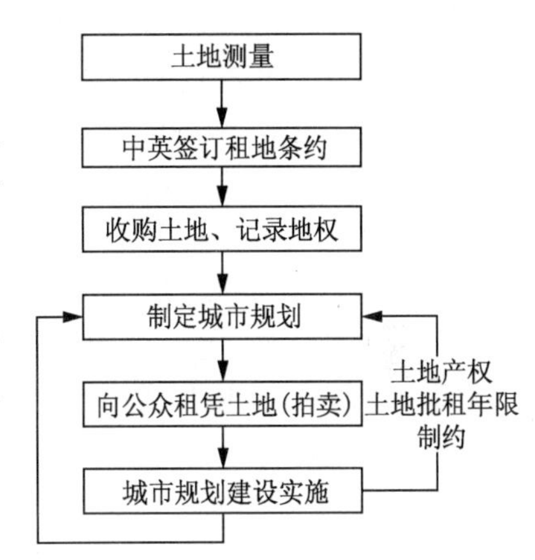

图 4 新界土地开发程序

4.3 香港新界单一方面土地收益制约城市规划建设

土地政策具有“公有为本、私有为用、市场自由、法制制约”[9]的特点，殖民当局的土地财政收入主要来源于以下几个方面：

(1) 首次拍卖或竞标

首次拍卖所得为殖民当局土地财政收入的主要部分。其特点是“批租土地”，以法律制约土地开发性质。《批租契约》中规定，港英政府通过批地契约⑯的形式把土地批租给业主：“无论用何种契约形式，其中都会注明有关土地物业的间编号、面积和坐落地点的年期、土地用途和其他发展规划的批地条款。任何人都不得违反批地条款。如因客观环境改变使得原先的某些批地条款已变得难以遵循了，需要改变用途，必须向港府[港英政府]申请更改条款，经批准后，还要缴纳补价。”[9]

(2) 征收土地年租金

政府通过土地税收获得主要的财政来源，获取土地出让金⑰，是香港地税制的基础。

(3) 修改租约

“1848 年，香港总督提议把租期从 75 年延长至 999 年，随后，所有的 75 年租约都延长为 999 年，且不收取任何费用。”⑱在随后的 50 年中，香港的所有土地租约，除九龙半岛的一些地块外，都是 999 年租期[10]。

(4) 续租期

1898 年港英政府意识到租期过长导致政府无法与承租人一同获得土地升值的收益，而改为 75 年可再续租 75 年，只要求承租人在租期期满后支付按新标准制定的租金，租金标准由工务局制定[8](期间有差饷和地租的变化)。

4.4 殖民当局主导城市规划建设与市场土地经济相互制衡

(1) 土地使用权有偿转让使土地资源高效利用

土地使用权有偿转让，是香港土地制度的核心。通过将租借地的土地转化为可以自由买卖的商品，形成房地产一二级市场，土地市场得以快速发展。"价高者得"的批租方式，充分发挥了市场机制对土地资源的配置作用，最有经济实力的经营者购得土地，使香港稀少的土地资源被有效开发，市场经济得以飞速发展[9]，但若土地法控制力度不高，没有中间制度和机构的协调管理，容易产生土地投机现象，导致大量土地被大财团所控(图 5)。

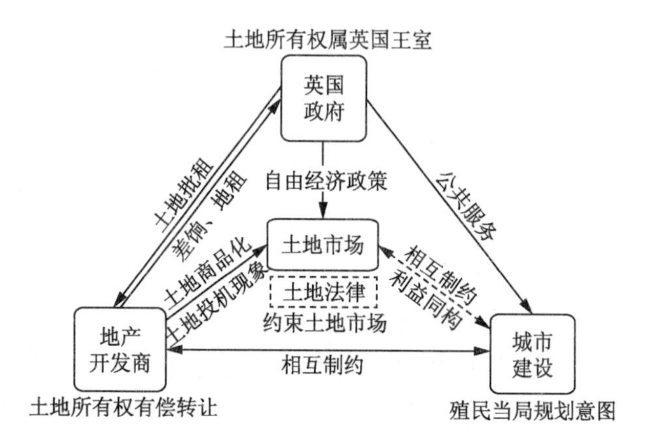

图 5 新界城市规划建设中的土地开发与管理

(2) 城市规划建设落实受土地制度制约

规划前先进行总测量和勘测土地工作，再进行规划建设(表 5)。香港自开埠初期及每次扩界时都先进行土地勘测工作，在测绘的基础上进行城市规划，但规划的可实施性受现状土地产权及土地[8]租期的制约，港英政府不得不尽可能减少成本，土地市场与港英政府权力相互制衡。

表 5 新界租借地的城市规划建设

时间	组织、机构	规划建设
1899 年 4 月	工务司	提议在新界修建大埔道，由尖沙咀经沙田至大埔终至深圳，全长 25 mile(1 mile≈1 609.344 m)，成为贯通新界东与九龙的主要道路
1899 年	英籍测量师纽纶和雅安	展开土地测量
1902 年 12 月	港英政府	新界大埔道修建完成
1901—1904 年	港英政府	在油麻地填海，进行方格网道路规划
1903 年	港英政府	对全港土地展开地籍测量
1905 年	港英政府	正式建设九广铁路
1911—1919 年	港英政府	修建青山公路，新界继大埔公路之后修建联系九龙与新界的第二条公路

(3) 城市公共空间体系优先架构

英国的租借地殖民当局注重当地人文环境特色，规划时合理利用土地。规划过程中在城市中预留土地进行公共空间规划以及公共设施建设，如广场、法院、学校、图书馆、公共绿地等。利用城郊接合处的现状绿化带特色，规划多个郊野公园，整体形成大型绿化体系[11]。虽然土地市场受土地法的制约，但由于土地投机现象的存在，公共空间与私人地产产生矛盾，公共空间受私人地产侵占，殖民当局规划落实力度也受到土地市场的制约。

5 结论

(1) 胶州湾和新界租借地城市土地开发和管理制度的影响

对比威海卫、广州湾、旅大租借地，胶州湾和新界租借地较好地实现了殖民当局的城市建设意图，城市土地政策体系与城市规划实施相结合，使得土地收益能够支持城市公共设施与空间建设开发，从而把握城市整体建设规划的主动权。

胶州湾租借地的土地制度产生深远的影响，其世界首创的土地增值税影响了后来的西方城市土地制度改革，孙中山借鉴了“土地市有、涨价归公”，在南京土地改革时，提出“土地公有，涨价归公”的土地改革思路。国民政府在建立上海特别市后，借鉴了胶州湾租借地所实行的土地政策，其原则有一项“土地权移转须经政府许可……政府于土地权之移转，认为于国计民生有妨碍时，可以罅及取消之”⑲，将土地决定权把握在政府手中(图 6)。

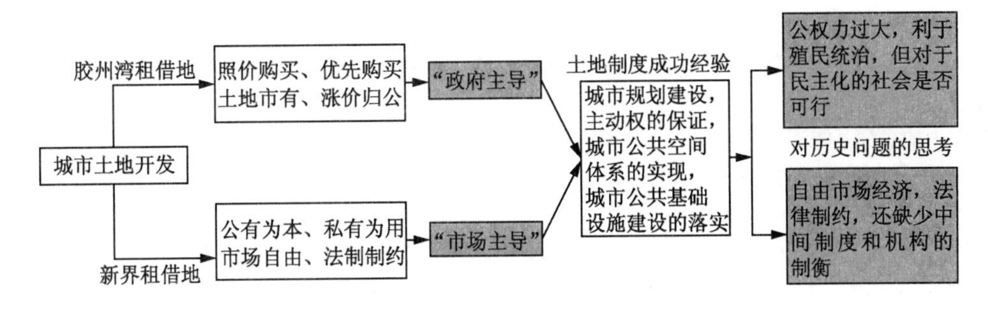

图 6　租借地城市规划与土地制度

(2) 胶州湾和新界租借地城市土地开发和管理制度比较的意义

青岛胶州湾租借地建立时，青岛“土地制度”的制定者单威廉，思考香港土地拍卖、时限租借和地产税的应用体系所导致的香港城市发展问题，确保提升政府在城市建设中的主动权。香港新界租借地由于推行自由经济政策，土地名义上公有，实则基本上为市场化运作，缺乏中间层面的制度介入与管理，“市内土地，各地主皆得任便投机，对于地价多方操纵，致使市政府之建设计划往往受其阻止，不能实行，殊为可惜”⑳。土地投机造成人口集聚，高密度的居住情况导致大量不符合卫生标准的住房建设，引起大量疫病的传播。社会不公现象显著，土地和社会财富被财团把控，香港居民不满港英政府财团做地产买卖以及“高利率”经营出租房屋的生意。

青岛胶州湾租借地为避免上述问题，采取殖民当局主导调控土地，若进行城市公共设施建设，政府可以在涨价高的地块具有优先购买权，并且可以按照原价购买土地获取百分百的增值利润。而其余涨价地块通过收取增值税，避免土地投机现象。对于租借地城市来说，胶州湾的土地制度保证政府对土地市场的调控，获得城市建设发展的主动权，但其根本目的是为了实现殖民当局的城市发展意图。随着城市的发展，市民的民主意识增强，政府的公权力过大，为权衡市场、社会和政府三者的关系，还需要中间机构进行调节和制衡，以保证城市可持续发展。

注释

① “永佃”一词在1733年由上水廖氏发给大庵山的钟式家族的著名契约中表述。可参见苏基朗，马若孟.近代中国的条约港经济：制度变迁与经济表现的实证研究[M].成一农，田欢，译.杭州：浙江大学出版社，2013。

② 乡绅是中国明清时期具有一种“非正式权力”的重要而特殊的社会阶层，他们既为“居乡之士”，是“一群特殊的会读书的人物”而被乡民所崇敬，同时作为当地人与乡民有着地方性知识上的共识。他们又为“在野之官”，拥有着国家所赋予的法定特权。可参见徐祖澜.乡绅之治与国家权力：以明清时期中国乡村社会为背景[J].法学家，2010(6)：111-127。

③ 单威廉受德国外交部派遣来中国学习汉文化近3年，后任德国驻广州、上海领事馆翻译官，从1897年12月至1909年在德国占领青岛办事处任翻译官。参阅马维立.单威廉与青岛土地法[M].金山，译.青岛：青岛出版社，2010：10-20。

④ 可参见1908年10月16日上海新闻。

⑤ 地主只准售地给德国政府，对于所购土地，德海军令一次性付给地主补偿费，其金额为每年应交地税额之两倍。参阅马维立.单威廉与青岛土地法[M].金山，译.青岛：青岛出版社，2010：50-60。

⑥ 采取原先清朝土地契约内容以及价格，按地质优劣，将民地分作三等论价，定价征收，避免了与地主反复洽商地价再出价收购的麻烦。

⑦ 批准设立青岛中华商务公局，同年市区土地收买完毕后，参照旧地籍册，按公有地、私有地、民有地分别新建土地产籍册。

⑧ 规定土地登记基本程序：土地登记前，先经过法务查证；确定买主卖主；确定土地交易的面积及所处的位置；进行逐个地位的现场测绘；对比原有的土地税册；填入土地登记簿；发放土地产权(变更)证书；土地转移登记，制作证书。

⑨ 1911年4月1日，德国政府颁布了统一的“帝国土地增值税”税法，其税率为累进税。

⑩ 1841年，主管殖民事务的第一位英国官员义律上校(Captain Elliot)发布公告，确定了土地批租方针：只向公众租赁而不出售土地；通过公开拍卖授予土地开发权；确定用于拍卖的地块的最低价格；与拍卖中出价最高者签订租约；禁止在未向政府通报的情况下进行任何私人土地交易。

⑪ 条例规定所有新开发建筑用地的使用年限不能超过75年。

⑫ 在1898年6月9日条约所订的租约期内，新界的一切土地均属于港英政府产业，除非其所占有的土地经港英政府发出官批，或由田土法庭核发其他契据。凡于宪法公布所定日期后占有这些土地的居民，便是霸占政府的公地。参阅《香港基本法》第120条及第123条。

⑬ 只有得到英女王签署的“权利证书”，香港总督才能颁发皇室租约向私人分配土地。详见邹涵.1945年前香港近代城市规划历史研究[D].武汉：武汉理工大学，2009：71。

⑭ 差饷，早期又称“警捐”，是香港最早征收的不动产税项。从1845年起开始征收，香港所有地产物业，包括私人物业及公共房屋，均须根据香港《差饷条例》评估差饷。新界地区有不同的规定，该地区的房屋以及丁屋在差饷上是豁免的。详见维基百科之“香港地租”。

⑮ 土地所有者出让一定时期的土地使用权所收取的报偿。根据《香港土地出让制度的启示与建议》，香港早期建城时实行土地批租制度，其实质是政府一次性出让若干年的土地使用权，并一次收取整个出让期限内各个年度地租的贴现值总和，这一总和即土地在出让期限内使用权的报偿，通常被称作“土地出让金”。详见戴双兴.香港土地批租制度及其对大陆土地储备制度的启示[J].亚太经济，2009(2)：117-120。

⑯《批地契约》规定形式：官契、卖地条款、换地条款、更改契约、重批契约、批地条约、延伸契约等。

⑰ 港英政府一次性出让若干年的土地使用权，并一次性收取整个出让期限内各个年度地租的贴现值总和，这一总和即土地在出让期限内使用权的报偿。

⑱ 可参见1963年《香港年鉴》第11页。

⑲ 可参见董修甲.市政研究论文集[C].上海：青年协会书局，1929。

⑳ 可参见《中华民国土地法立法原则》。

参考文献

[1] 苏基朗，马若孟.近代中国的条约港经济：制度变迁与经济表现的实证研究[M].成一农，田欢，译.杭州：浙江大学出版社，2013.

[2] 贾彩彦.近代上海租界土地产权管理思想分析[J].上海财经大学学报，2004，6(5)：46-51.

[3] 孙倩.上海近代城市公共管理制度与空间建设[M].南京：东南大学出版社，2009.

[4] 赵洪玮.德占时期青岛城市发展研究[D].太原：山西大学，2008.

[5] 杨士泰.清末民国土地法制研究[D].北京：中国政法大学，2008.

[6] 李彩.青岛近代城市规划历史研究[D].武汉：武汉理工大学，2005.

[7] 李百浩，李彩.青岛近代城市规划历史研究(1891—1949)[J].城市规划学刊，2005(6)：81-86.

[8] 邱天培.论香港土地开发利用制度及其对内地的启示[D].广州：华南理工大学，2013.

[9] 邹涵.香港近代城市规划与建设的历史研究(1841—1997)[D].武汉：武汉理工大学，2011.

[10] 邹涵.1945年前香港近代城市规划历史研究[D].武汉：武汉理工大学，2009.

[11] 张鹏.都市形态的历史根基：上海公共租界市政发展与都市变迁研究[M].上海：同济大学出版社，2008.

图表来源

图1至图6源自：笔者绘制.

表1至表5源自：笔者整理绘制.

民国时期南京《首都计划》中的飞机场站布局思想溯源

欧阳杰

Title: Tracing the Source of Airport Planning and Layout in Nanjing *Capital Plan* in the Republic of China

Author: Ouyang Jie

摘　要　本文分析了南京《首都计划》中的机场布局规划思想以及与综合分区、交通组织的关联，剖析了美国市政专家欧内斯特·古力治在《首都计划》中的作用及其提出的三种理想机场设计方案，并比较了其与《首都计划》中的飞机总站方案的异同，最后简要论述了该机场布局规划思想对中国近代城市不同程度的影响。

关键词　首都计划；飞机场；飞机总站；布局思想

Abstract: This paper analyzes the idea of airport layout planning in Nanjing *Capital Plan* and its relationship with comprehensive zoning and traffic organization, analyzes the role of American municipal expert Ernest P. Goodrich in the *Capital Plan* and the three ideal airport design schemes put forward by him, and compares the similarities and differences with the plan of airport in the *Capital Plan*. Finally, the influence of the airport layout planning on the modern cities in China is briefly discussed.

Keywords: Capital Plan; Airport; Aircraft Terminal; Layout Thought

1929年底由美国著名建筑师墨菲和市政工程师古力治牵头编制完成的南京《首都计划》是我国具有划时代意义的近代城市规划文件，尤其在我国近代城市规划史中率先以独立的“飞机场站之位置”章节将航空交通方式系统而全面地纳入城市规划之中，在近代交通规划领域更是取得了开创性的突破。

1　《首都计划》中的近代机场规划思想

1.1　规划编制的概况

1928年9月，将南京定为特别市的国民政府成立了专门负责首都规划建设事宜的“建设首都

作者简介

欧阳杰，中国民航大学机场学院，教授

委员会”。同年10月，国民政府国务会议决议由孙科负责首都规划建设事宜，并同意特聘美国的建筑师亨利·吉拉姆·墨菲(Henry Killam Murphy)和市政工程师欧内斯特·古力治(Ernest P. Goodrich)为首都规划和广州黄埔港辟港的设计工程顾问[1]。而后古力治又加聘了欧文·穆勒(Colonel Irving C. Moller)和西奥多·麦克罗斯基(Theodore T. McCroskey)两位美国工程师协助制图和负责工程方面的工作。1928年12月，成立专责国都规划建设的“国都设计技术专员办事处”(1928年12月—1929年12月)，由留美工程师林逸民任处长，同期成立的“国都设计评议会”则负责审核由办事处提交的国都设计事项。1929年3月，国都设计评议会议决的四项条目之一便涉及机场，即“须留多数空地，以备建筑飞机场，为发航空之用”。同年4月，国都设计评议会决定将中央政治区设在中山门东，商业飞机场建设于水西门，军用飞机场建设于中山门，这一时期的机场布局方案尚按照商业和军用两大类分别规划。至1929年12月31日，历时一年多的《首都计划》正式编制完成，并由国民政府对外公布[2]。

1.2 《首都计划》中的机场布局规划方案

在《首都计划》的“飞机场站之位置”章节中，针对美国顾问古力治所提出的美国城市的机场面积配备标准(225 acre/10万人口，1 acre＝4 046.856 m^2)，《首都计划》认为，“虽中美情形不同，我国所需，或远不及此，顾亦不能不保留相当面积以为之备”。该规划预测2000年南京城市人口为200万人，如按照美国标准，飞机场用地合计需要4 500 acre(合18.21 km^2)，而《首都计划》不计浦口飞机场的总机场规划用地面积仅为7.356 km^2。飞机场站的选址布局是按照飞机场和飞机总站在南京城市中进行分类布局之原则的“一主四辅”多机场体系，即规划有1个飞机总站(沙洲北圩)和4个飞机场(红花圩、皇木场、浦口、小营)。这些机场均有不同的分工定位，如将地处中央政治区南端的红花圩飞机场定位为特别飞机场，平时可供政府服务人员使用，战时可供军机就近护卫中央政治区、南京东南部的军营及明故宫北部的铁路总站。而定性为都市飞机场的小营飞机场“目前似尚不宜兴筑，姑录之以备参考耳”①。飞机总站是可容纳多架飞机同时起降的大型机场，且拥有停车场、候机室、维修机库等诸多设施。《首都计划》认为“顾考诸最近世界大城市，除飞机场而外，莫不设有飞机总站，其大可容多数飞机同时起降”。从用地、区位、避免妨碍商业发展、机场净空限制等角度综合考虑，最终提议将飞机总站布局在水西门外西南隅的空旷地段(图1)。另外《首都计划》还提议通航城市之间最好每隔20多km设置一个250 m见方的“飞机意外升降场”(即“备降机场”)。在场址用地方面，《首都计划》提出预留的方形飞行场地面积至少为600 m见方，其长边方向应与南京东北向的主导风向一致，圆形飞行场地的直径采用600 m(表1)。

1.3 《首都计划》中的机场布局规划实施方案

《首都计划》估算训政时期的6年内所需的飞机场建设费用约为20万元，占总预算费用的比例仅为0.39%，是各项建设开支中最少的。然而《首都计划》仅估算地势略低的沙洲北圩飞机总站筑堤及设备抽水管的费用，便需约37.5万元，而每年的维持费用及还贷利息还需约4.5万元，为此提出分6期逐步建设飞机总站的计划。根据《首都计划》的实施程序，计划在1931年“改良水陆飞机场”，在1932年“建筑飞机总站之第一扇形地”。建设飞机场的款项拟由国民政府发行公债来筹集，并指定由特种国家税项下拨还。

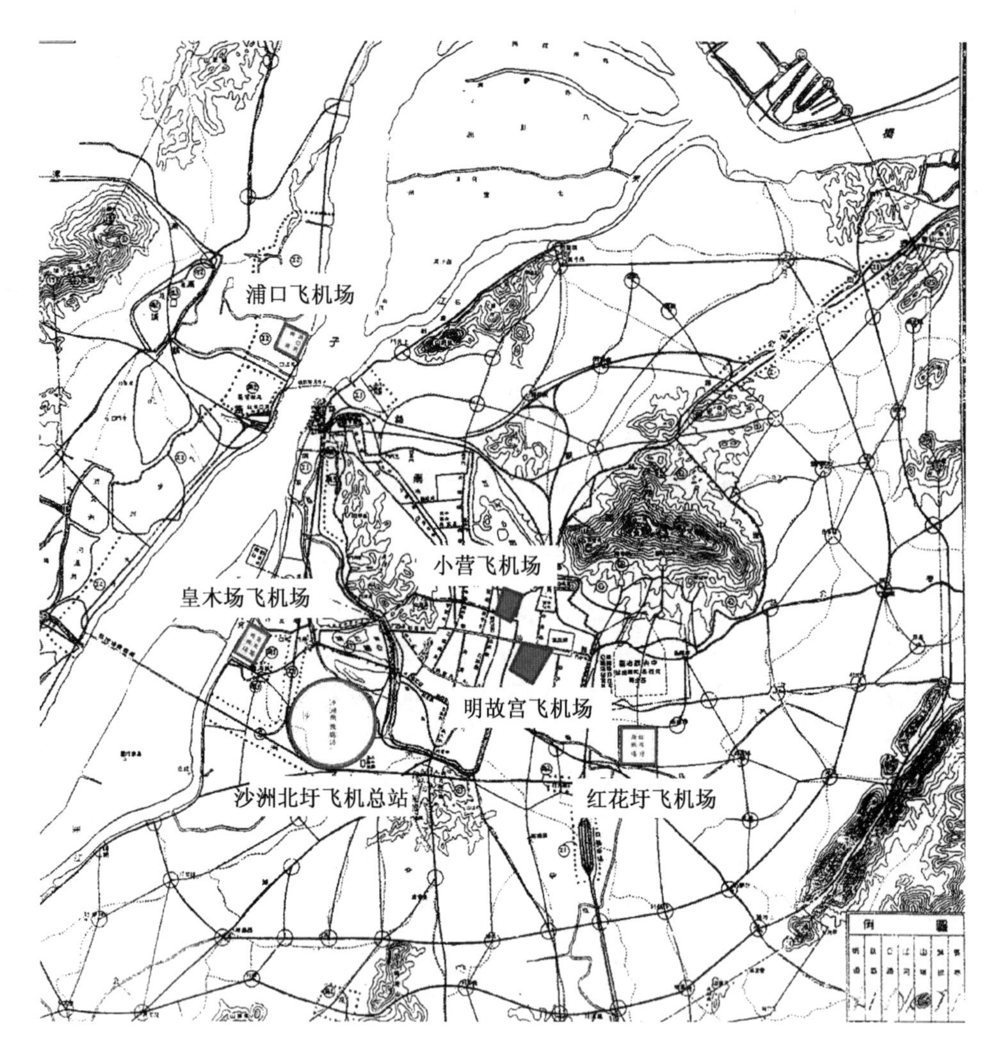

图 1 《首都计划》中的飞机场布局规划图

表 1 《首都计划》中的飞机场布局方案

飞机场名称	位置	机场性质	区位条件	场址形状	占地面积（km²）
沙洲北圩飞机总站	水西门外西南隅的旷地	飞机总站	距南门约 3.6 km，距铁路总站约 8.5 km；距中央政治区约 10.5 km	直径为 2 500 m 的圆形场地	4.628
红花圩飞机场	中央政治区以南	特别飞机场	距中央政治区南部 0.7 km，距第一期政府建筑 2.5 km，距铁路总站不过 5 km	长宽约为 1 200 m、1 000 m 的长方形场地	0.999
皇木场飞机场	夹江东岸地段	水陆飞机场	位于夹江东岸，水路交通便利；地处水西门西边，陆路交通便利	长宽约为 1 300 m、600 m 的矩形场地（用地面积约为 1 000 亩，1 亩≈666.7 m²）	0.944

续表 1

飞机场名称	位置	机场性质	区位条件	场址形状	占地面积（km^2）
浦口飞机场	浦口老江口以北的临江地段	水陆飞机场	该地段控制长江，得天然之形势	小型方形场地	—
小营飞机场	中央军校西部陆军操场	都市飞机场	西接中央大学，东连中央陆军学校，北指覆舟山	长宽约为 550 m、475 m 的矩形场地，规划为圆形场地	0.785

对于飞机场场址的征地问题，《首都计划》先后提出两种方案：一是针对沙洲北圩飞机总站这一庞大规模的场址用地，提出因该地段地价低廉，建议预先征地圈用，为避免闲置，可暂时辟为简易公园及其他非永久性建筑物，或者出租土地，招人耕种；而在“实施之程序”中，则提出拟建的街道、公园、飞机场等公共建筑物场址的征地方案，即在未收买前，现有房屋继续使用，业主可利用空地作为种植之用，将来需要征地时，依据 1930 年公布规划时的市价收买。根据当时的时局和资金筹措情况，显然后一种做法更为现实。

2 《首都计划》中的机场布局思想的关联分析

2.1 《首都计划》中的机场布局思想

《首都计划》根据城市规划法规制度拟定了“首都分区条例草案”章节，按照该草案的区域划分，民国首都南京按照现代城市功能划分为中央政治区、市行政区、公园区、商业区（2 种）、住宅区（3 种）和工业区（2 种）六大功能区。其中商业区分为第一商业区（小规模商肆）和第二商业区（大规模商场）两类；住宅区分为第一住宅区（不相连住宅）、第二住宅区（平排或联居住宅）和第三住宅区（公寓）；工业区分为第一工业区（无烟尘、臭味、噪音、振动的“普通工业区”）和第二工业区（对生活环境影响较大的“笨重滋扰工业区”）。飞机场布局则纳入公园区的功能分区之中，并与其他各功能区密切关联。《首都计划》将最核心的功能区——“中央政治区”拟设置在紫金山南麓，为之配套的特别飞机场——红花圩飞机场则在其正南部的城外进行布局，其占地规模仅次于飞机总站，该机场地处南京市中心（城墙东面）的东南角，具有拱卫中央政治区和铁路总站的军用机场性质。《首都计划》以长江为界，规划江南片为第一工业区，江北片为第二工业区，并分别在两岸布置了水陆两用机场。其中皇木场水陆两用机场不仅为其北面及夹江对岸的江心洲北面的第一工业区（城厢外西面与夹江地段）提供服务，而且为其南部新河镇的第三住宅区（公寓）、东部的第二商业区提供商业航空服务。《首都计划》将长江以北的浦口港规划为铁路与航运的枢纽，并在浦口港北部的第二工业区内配建了浦口水陆飞机场，以减少工业生产对浦口市民的工作和生活所造成的干扰。沙洲北圩飞机总站被定位为服务于全市的航空枢纽，用地庞大，周边交通四通八达，仅西北部毗邻第一工业区和工人住宅区，以预留足够的发展用地。

2.2 《首都计划》的飞机场布局与道路交通的关联

区位交通条件是飞机场选址的重要条件，需要考虑与主要服务功能区的交通便利情况。

《首都计划》除将小营飞机场布局在南京城内之外，沙洲北圩、红花圩和皇木场三个飞机场场址都布局在与南京水西门、江东门、光华门等城门接近的西南、东郊外，方便进出南京城，并均规划有市郊公路与之衔接。位于江东门南部的沙洲北圩飞机总站场址有 2 条公路干线(东西向越江隧道和南北向干线)、1 条公路支线及 1 条铁路线与周边连接；皇木场和浦口水陆两用机场则都考虑了陆路交通和水路交通的便利；而红花圩飞机场与贯通中央政治区、直达中山陵的南北向公路干线直接相连。在实施程序方面，为与 1931 年“改良水陆飞机场”计划配套，在水西门至新河镇的简易公路基础上，计划建设水西门经江东门至皇木场飞机场以及夹江岸的道路，长 5.5 km；同时在 1930—1931 年计划配套新建或拓宽水西门至大中桥、水西门至鼓楼的 2 条城内道路，确保城市道路与市郊公路的衔接，以方便该地段的机场、码头以及工业区、住宅区和商业区的开发建设。

3 《首都计划》机场布局思想的历史地位及其影响力

在《首都计划》之前，民国时期的南京先后编制了《南京新建设计划》(1919 年)、《南京北城区发展计划》(1920 年)、《南京市政计划》(1926 年)、《首都大计划》(前后三稿，1928 年 2 月至 10 月)，但这些城市规划均未涉及机场规划建设内容。《首都计划》是近代中国第一部系统性的城市规划文件，其中的“飞机场站之位置”章节同样是中国近代城市规划中第一次系统完成的有关机场布局的专题规划，并首次将其置于与道路交通、铁路交通及水运交通并驾齐驱的地位。在全面借鉴美国当时最新的机场规划设计思想的基础上，《首都计划》首创了中国近代机场布局规划的应用实践，并提出了全新的飞机总站设计方案。

《首都计划》对中国近代城市规划产生了深远的影响，其中的机场布局思想也对上海、广州、天津、北京等地的近代城市规划产生了或多或少，或直接或间接的影响。由于上海与南京两地的城市规划技术人员及主管官员相互交叉任职，几乎同期启动规划编制，其规划影响最为直接。1929 年 12 月，由上海特别市中心区域建设委员会编制完成的《上海市市中心区域计划概要》仅提出在新中心行政区以东、黄浦江以西、虬江码头以南的空地规划“东机场”，而 1930 年 5 月制定的《大上海计划目录草案》则在第四编的交通运输计划中列有“第五节 飞机场站”的专门章节，这与《首都计划》中的“飞机场站之位置”章节设置有异曲同工之感。同年梁思成、张锐合作编制的《天津特别市物质建设方案》“航空场站”章节则直接借鉴了《首都计划》的“飞机场站之位置”章节内容。值得一提的是 1941 年由伪华北政务委员会建设总署公布的《北京都市计划大纲》也采用“一市四场”的多机场体系，其布局方案、机场图例等方面可看出受到《首都计划》中机场布局思想影响的痕迹。

受制于专业人士认知的不足，《首都计划》之后的其他绝大部分近代城市规划中的机场规划内容均未达到如此详尽而系统，如 1932 年 8 月出台的《广州市城市设计概要草案》中的“飞机场计划”仅提及在河南琶洲塔以东及市西北部牛角围以北的地方建设飞机场。抗战时期，由于机场的军用功能突出，且机场布局建设隶属于国民政府航空委员会主管，以致机场规划普遍未纳入国统区各城市规划之中，连 1939 年 6 月 8 日国民政府公布的《都市计划法》都未涉及机场布局的内容，这一缺失现象持续至抗战胜利后的近代城市规划才予以改观。

4 美国市政工程师古力治在编制《首都计划》过程中的作用

4.1 古力治在编制《首都计划》过程中的历史作用

1929年初，美国市政专家古力治应邀到中国参与编制南京《首都计划》及其浦口港设计。同年3月，墨菲、古力治和穆勒到广州协助编制广州市城市规划和黄埔港开埠计划。古力治于1929年6月离华，直接从事编制《首都计划》顾问工作仅3个月，尽管合同期是至1929年12月。但《首都计划》仍可谓是由建筑师墨菲和市政工程师古力治共同领衔编制的，正如1930年建筑师梁思成与市政工程师张锐共同编制《天津特别市物质建设方案》时的合作关系。从参编技术团队的分工来看，建筑师墨菲关注中国民族主义思潮与欧美西式建筑风格的结合，负责总体架构，以及中央政治区、市行政区、住宅区等规划设计内容；而毕业于密歇根大学土木工程专业、身为市政工程师的古力治更为注重技术的先进性，他主导了以港口开发计划、飞机场站选址为主的交通规划内容（图2）。1930年的美国《城市规划季刊》杂志称古力治负责了《首都计划》中的中央政治区的选址、350 mile（1 mile≈1 609.344 m）长的城市道路和500 mile长的市郊公路布局、主要火车站和机场的选址以及预留未来工业发展场地[3]。就身份头衔和行业影响而言，古力治是1917年成立的美国城市规划协会的创始会员和美国都市计划运动的主要人物，曾任纽约、辛辛那提等市的规划顾问，也是美国交通工程师协会的首任会长，其在美国城市规划界的知名度远在墨菲之上；就从事的专业领域而言，古力治以设计港口而著称，从1907年起就协助设计了哥伦比亚的波哥大港、智利的瓦尔帕莱索港和菲律宾港口，以及美国洛杉矶、波特兰、纽瓦克、布鲁克林等地的港口，同时对机场也有前瞻性研究；从专业背景的角度来看，古力治既是著名的市政专家，也是城市规划师和交通工程师。总的来说，古力治在编制《首都计划》的过程中主导了交通规划内容，其作用和影响并不逊于墨菲，正如"《首都计划》序"开明宗义所述："国民政府以是特聘美人茂菲（即墨菲）、古力治两君为顾问，使主其事。"[2]

图2 《首都计划》前期调研小组在水西门段城墙上考察的现场照片(右为莫愁湖)

注：右一为古力治；右二为墨菲。

南京《首都计划》内容丰富，交通相关章节尤为重点突出，仅道路交通便涉及"道路系统之规划，路面、市郊公路计划，水道之改良，公园及林荫大道"等章节，对外交通有"铁路与车站、港口计划、飞机场站之位置"完整的海陆空交通规划，另还有"交通之管理"和"市内交通之设备"等分项规划。在全部的28项计划中，有关交通的专项规划便有10项，这在我国近代城市规划编制体例中极为罕见，显然与古力治的交通专家背景是密不可分的。

《首都计划》中的机场布局思想无疑来源于美国顾问古力治。作为交通专家，古力治对当时新兴的机场规划有着专门的研究。早在1928年3月，古力治便在美国的《全国市政评论》(*National Municipal Review*)发表过《城市规划中的机场因素》一文②，认为机场应与城市商务中心足够近；多条进场交通线路；紧急备降场，必须至少有 2 700 ft(1 ft=0.304 8 m)的跑道长度[4]。他还提出“估计美国城市需要飞机场之面积，谓每 10 万人口应有飞机场 225 acre”[2]。另外，《复旦土木工程学会会刊》的《飞机场之设计与建筑》一文曾引用了《美国建筑》杂志(1929 年 5 月号)刊发的古力治绘制的插图，该图精心收集了欧洲各国 105 个飞机场的用地面积大小及形状图(图 3)。

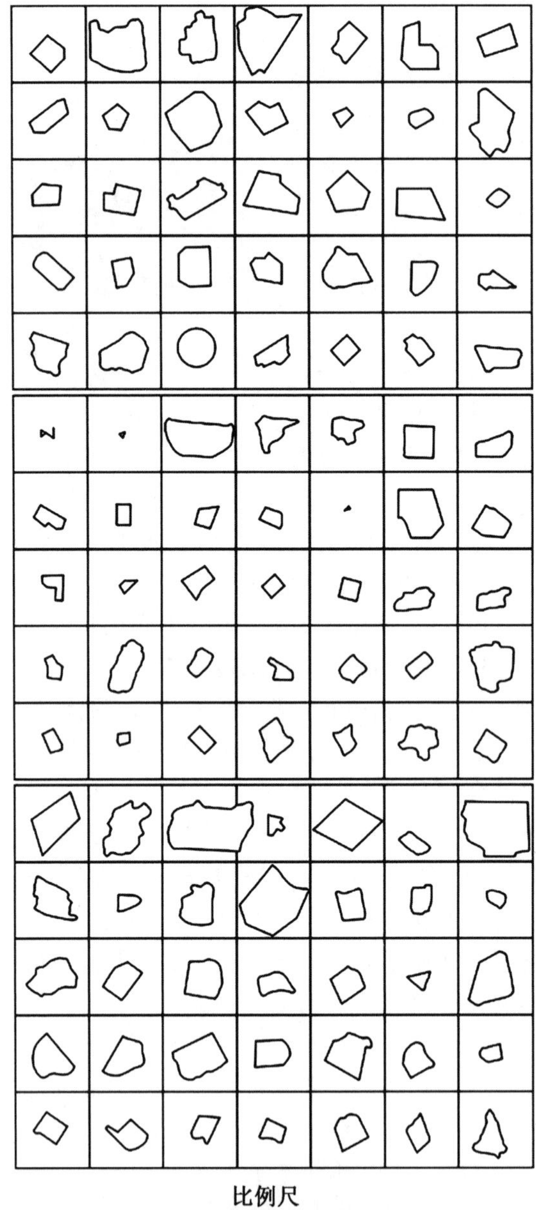

图 3　美国市政专家古力治绘制的欧洲机场面积比较图

4.2 古力治在《首都计划》中提出的机场总站方案

(1) 理想机场设计方案

美国市政专家古力治于 1928 年在担任纽约顾问工程师期间曾提出过三个圆形场地的机场设计方案，这些机场方案有共性之处，如在中心圆区域都设置商店、候机室、机库、旅馆及其他建筑；中心圆外围区域为圆环形的飞机起降区；飞机起降区域的外围边缘则为环形道路。这三个方案的跑道构型和分期建设计划又有所不同，各具特色(图 4)。其中方案一是采用直径为 7 500 ft、用地近 1 000 acre 的圆形场地，其平行的实线和虚线将飞行场地划分为 22 条进港道和 22 条出港道，可满足 44 架飞机以任意方向同时起飞和着陆；方案二的机场可按照 8 个扇区分 8 期进行建设，每个扇形的建设单元为 125 acre，拥有 8 条全长为2 500 ft 的跑道，各条跑道按照 45°的夹角对应着相应的风向；方案三的机场则包括 4 个可分期实施的基本单元(如虚线所示)，它们之间由类似于方案二的 4 个其他单元(如实线所示)所分隔，这两类单元相互重叠，如考虑跑道的布局，这种双单元建设模式在某种程度上比方案二更具有灵活性[4]。

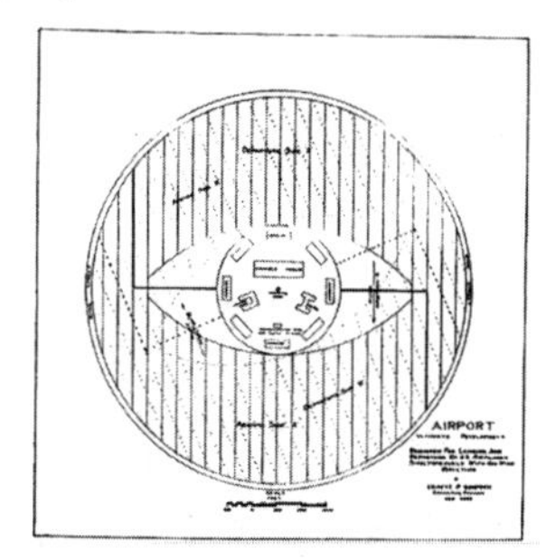

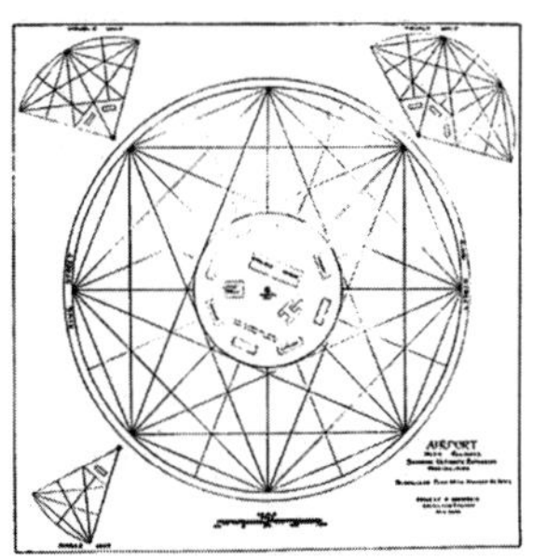

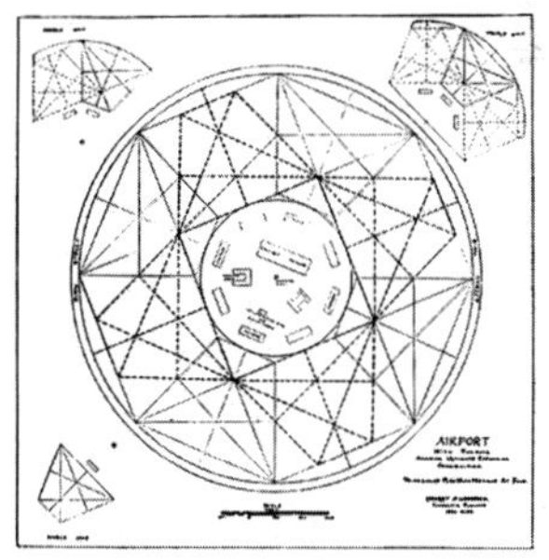

图 4　古力治提出的三个理想机场设计方案图

(2)《首都计划》中的机场总站方案

《首都计划》中推荐的沙洲北圩飞机总站方案与古力治提出的方案二相近，该总站规划为直径为 2 500 m 的圆形场面，其一半可用作背着机场中心点而起飞的出站机场，另一半可用作向着中心点着陆的入站机场(图 5)。机场可分 6 期逐步实施，每期按圆心角为 60°的扇形用地进行分期扩建，其半径为 1 250 m，按照扇形用地中的跑道适宜性和安全性需求，跑道最短距离为 1 082.5 m③。与上述理想方案不同，《首都计划》中的机场设计方案大幅度压缩了中心圆的半径，以避免中心圆区域内的建筑物成为飞机起降的障碍物，从这一角度来看，《首都计划》的飞机总站方案更具有先进性。考虑到南京的普通风向多为东、东北及北三向，其中东北向是南京全年盛行风向，飞机总站首期启动的扇形场地为面向东北方向布局。

5　《首都计划》中的机场规划方案的实施

1930 年 4 月 16 日，在召开“首都建设委员会第一次全体大会”之际，孙科作为提案人提出“第二类　关于首都交通水利港埠之规划事项”议案，其中第 4 分项为“规定飞机场站之位置案”，提案认为“首都为党政中枢，航空事业不久必将大盛，拟请依照国都设计技术专员办事处所拟定飞机场站之地址将所需用之地段预为保留收用”[5]。该议案后交第二组审议，但

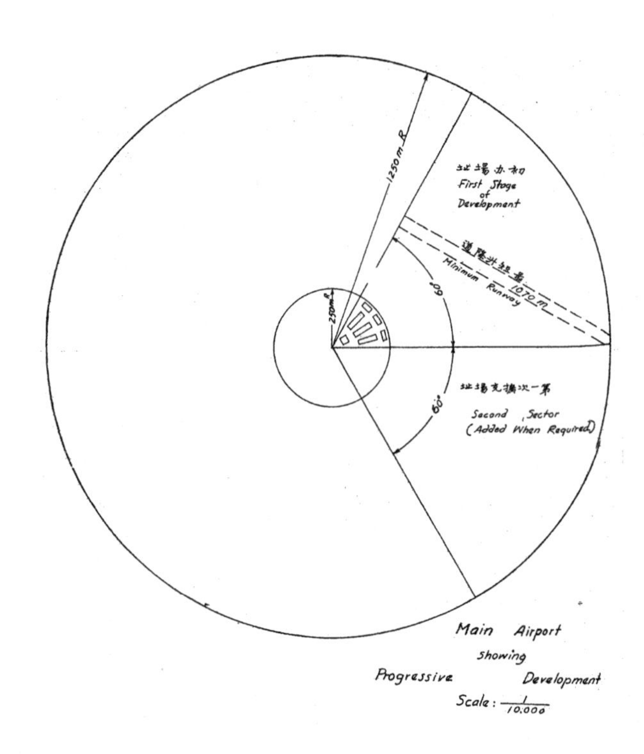

图 5　南京《首都计划》的飞机场站规划图

终未予以推动实施。毕竟《首都计划》不仅仅是规划技术文件，也涉及蒋介石主导的国民政府、刘纪文市长追随的南京市政府与孙科主导的国都设计技术专员办事处之间的三方政治角力，而机场布局更是涉及国民政府军政部（主管军用机场）、交通部（主管民用机场）等相关部委立场权益和意见，影响因素尤为复杂[6]。在雄心勃勃的规划和内忧外困的现实之间的反复权衡之中，民国首都的规划建设决策往往更倾向于务实。例如，《首都计划》力荐在紫金山南麓设立中央政治区，该计划考虑到明故宫飞机场的空间发展受限和用地狭小，不能满足未来安全运行的需求，又因毗邻商业区而影响周边地区的规划建设，为此《首都计划》提议废弃该机场，拟将整个明故宫遗址规划为"商业区及建筑旅馆、戏院、百货店等最宜之处"[2]，而在明故宫之北新建火车总站，商业区和火车总站两者相得益彰。而南京市政府则提议在明故宫遗址设立中央政治区，最终国民政府也认同该方案，并着手推动实施，同时保留明故宫飞机场[7]。

《首都计划》技术思想的先进性既受制于内忧外困的时局环境，也无法弥补现实的建设资金捉襟见肘的窘迫，相比之下《首都计划》整个交通规划的建设显得规模尤其庞大，交通设施规划甚为超前。古力治在谈及南京浦口港规划时信心满满："我们并不关心他们如何为这项工作提供资金，我们感兴趣的当然是事业的成功。但我知道天津还在用 10 年或是 20 年前制定的规划来改善现在的港口。"[3]该计划对中国近代航空业的发展同样很乐观，认为"南京为国都所在之地，航空事业，不久必将大盛"。虽然南京的机场布局规模比照美国的标准进行了下调，但仍过于理想和过度超前。为此国民政府又组织编制了更加务实的《首都计划的调整计划》（1930—1937 年），其中对外交通规划在实施中基本被予以否决，规划明故宫地区为中央政治区，并保留了明故宫飞机场。1934 年国民政府航空委员会又将大校场军队训练靶场改建为军用机场，并设立航空学校。

1929 年初，为办理邮运航空，国民政府铁道部长兼特设中国航空公司理事长孙科组织技术人员踏勘航空站场址，最初勘定通济门外的红圩地方旷地一块，其面积为 72.2 万 m^2。场址四至范围是，东至祥瑞巷，南至过大桥，西至杨家圩，北至海林村。同年 4 月 29 日，孙科委派交通部航政司航空科科长李景枞和军政部航空署朱立三勘察《首都计划》中的皇木场、红花圩预留场址，他们踏勘后认为这些地方作为飞行场站离城较远，应保留明故宫飞机场航空站。同年 10 月 1 日，交通部、军政部航空署、中国航空公司专员在交通部邮政司会商水陆飞机场选址事宜，中国航空公司认为新河皇木场（今南京上新河）一带交通不便，建议在下关附近择地另筑[8]。1930 年 8 月，在南京下关三汊河设水上民用机场，但因此段地域偏僻且夏季江水泛滥，水上机场浮码头于 1931 年 11 月 16 日移至挹江门外中山北路尽端的江边。最终《首都计划》提出的“一主四辅”机场布局方案仅皇木场场址基本落地实施。

6 结论

《首都计划》可谓是在近代中国城市规划历史中具有里程碑意义的规划文件，而其“飞机场站之位置”章节的结构内容之完整性、理论方法之先进性在整个近代中国城市规划史中更是绝无仅有的，其机场布局思想对后续的中国近代城市规划有着直接的借鉴作用，对现代城市中的机场布局理论及应用至今仍有启发意义。

［本文受国家自然科学基金项目“基于行业视野下的近代机场建筑形制研究”(51778615)、教育部人文社会科学研究规划基金项目“机场地区‘港产城’一体化发展模式研究”(15YJAZH053)资助］

注释

① 林逸民在 1929 年 12 月 31 日上报的《呈首都建设委员会文》中提出“飞机场共设四处”（即沙洲北圩、红花圩、皇木场和小营），合计用地面积为 7.356 km^2，未列入浦口飞机场。

② 《首都计划》中第 147 页说的古力治曾在《美国市政评论报》发文，疑是指《全国市政评论》杂志。

③ 《首都计划》中第 153 页的第四十五图“飞机总站逐渐发展之程序图”标识为 1 070 m，准确值应为 1 082.5 m。

参考文献

[1] 郭世杰. 民国《首都计划》的国际背景研究[J]. 工程研究：跨学科视野中的工程，2010，2(1)：74 - 81.
[2] 吕陈，石永洪. 近现代南京城市规划与实践研究：基于 1927—2012 年南京重大城市规划与建设事件的分析[J]. 现代城市研究，2014(1)：34 - 41.
[3] CODY J W. Building in China：Henry K. Murphy's “adaptive architecture”，1914—1935[M]. Seattle：University of Washington Press，2001.
[4] GOODRICH E P. Airport as a factor in city planning[J]. Supplement to national municipal review，1928，3(3)：181.
[5] 首都建设委员会. 首都建设委员会第一次全体大会特刊[M]. 南京：首都计划编委会，1930.
[6] 秦孝仪. 革命文献 第 91—93 辑 抗战前国家建设史料：首都建设 1—3 [M]. 台北：文物供应社，1982.
[7] 王俊雄. 国民政府时期南京首都计划之研究[D]. 台南：台湾成功大学，2002.
[8] 南京市地方志编纂委员会. 南京交通志[M]. 深圳：海天出版社，1994.

图表来源

图 1 源自：笔者根据《首都计划》中“首都市郊公路暨分区图”改绘（注：第三十五图“南京林荫大道系统图”中的小营飞机场规划为“圆形”场地）.

图 2 源自：凤凰网江苏站.

图 3 源自：吴华甫，杨哲明. 飞机场之设计与建筑[J]. 复旦大学土木工程学会会刊，1934(2)：33－41.

图 4 源自：GOODRICH E P. Airport as a factor in city planning[J]. Supplement to national municipal review，1928，3(3)：181.

图 5 源自：(民国)国都设计技术专员办事处. 首都计划[M]. 南京：南京出版社，2006.

表 1 源自：笔者根据(民国)国都设计技术专员办事处. 首都计划[M]. 南京：南京出版社，2006 中有关机场内容整理.

苏州城市空间的近代化及其特征研究

傅舒兰　孙国卿

Title: Study on the Modernization of Urban Space and Its Characteristics in Suzhou

Author: Fu Shulan　Sun Guoqing

摘　要　本文是在选取1745—1949年10张历史地图及相应的历史志书与近代报刊的基础上，对苏州城市空间近代化的整体过程做了较为细致和全面的考察。考察主要抽取该时空内变化最为显著的城墙（城门）、近代马路、铁路等四个要素作为对象展开分析，并在此基础上进一步总结其近代化发展特征，讨论其对苏州现代城市形成发展的作用与影响。

关键词　苏州；近代化；城市空间；历史

Abstract: Based on 10 historical maps from 1745 to 1949, and relevant historical books and modern newspapers, this paper makes a detailed and comprehensive examination of the overall process of the spatial urban modernization in Suzhou. The survey mainly selects four elements that have the most significant changes in time and space as objects and analyzes them, including the city wall (city gate), modern roads, railways and so on. Then its development characteristics of modernization can be further summarized and its role and influence on the formation and development of modern cities in Suzhou can be discussed.

Keywords: Suzhou; Modernization; Urban Space; History

1　研究综述与方法设定

苏州作为中国江南地区重要的历史城市，是各类城市相关研究的主要关注对象之一。其保存较好的古代都城形态、相对丰富的历史地图以及志书图录，不仅使其成为中国古代江南城市研究的重要对象，而且塑造了大众认知中鲜明的城墙环绕、水道纵横、河街并行等古城意象。同时，苏州城内还留有许多古典私家园林，它也是景观造园学关注的重要城市之一。这些突出的古代城市空间特征，使人往往忽视了苏州实际所经历

作者简介

傅舒兰，浙江大学建筑工程学院副教授，中国城市规划学会城市规划历史与理论学术委员会委员

孙国卿，浙江大学建筑工程学院，硕士生

的诸多城市近代化改造，并在历史城市保护过程中忽视其具有近代化特征的城市形态要素。

整理目前已有的关于苏州城市近代化的研究可以发现，既有研究主要集中在城市史、建筑史以及形态学研究领域。从时间跨度来看，多从1895年签订《马关条约》开设租界开始；从关注点来看，多偏重于城市近代化的历史叙事、城市建设相关历史大事件的解析（包括重要近代建筑、规划方案、参与人物团体等）、现存近代建筑遗存的普查和保护情况等。早期的相关研究所涉及的研究面较广，具体来看，其中形成框架的有在形态学基础上进行历史分期、阐述分期特征通史类研究中所覆盖的近代部分内容[1]；有围绕苏州近代化建设过程中的道路、文庙和国家性等具体要点，展开近代观念思想演变讨论的城市史研究[2]；有基于近代城市功能、空间、生活方式及管理模式的变化等内容，讨论苏州城市化意义与成就的城市史研究[3]；有从日本在苏州所做的租界、学校等建设规划，拓展至相关团体、住宅地规划等的一系列建筑史研究[4-7]；有从《苏州工务计划设想》提出的历史背景、关键人物介绍以及规划方案内容等要素入手，介绍规划方案实施情况的城建相关历史事件解析[8]；其他还有根据近代苏州城市商业游憩区的形成背景和空间布局，探讨现代商业游憩区布局影响因素的旅游文化类研究[9]。

2010年以来，出现了不少针对特殊切入点深入挖掘或针对现存近代建筑遗存保护利用的论文。如从与租界、铁路、近代建筑三个切入点相关的历史记载入手，试图阐释空间变化[10]；分析近代民居建筑的风格、工艺以及细部特征[11]，近代商店业态分布、风格特征与立面造型[12]，考察重要规划方案《苏州工务计划设想》的历史背景、思想来源及其影响[13]，讨论现存近代工业街区更新策略[14]等论文。其他还有一些收集整理类的书籍（例如柳士英这类重要人物的相关史料[15]、普查归类市区现存近代建筑[16]、涵盖介绍现存近代历史建筑保护情况[17]）陆续出版。

这些既有研究，虽然从时间跨度上来看大致涵盖了近代各时期苏州城市发展的基本情况，但仍缺乏对1895年以前、1937年日军占领苏州城后、1945年二战后这些时期的具体分析和特征梳理。同时，也少有基于大量历史地图，在分析、抽取、重绘等基础工作上对苏州城市空间近代化的整体过程和特征要素予以全面考察的工作，存在先入为主选取要素而未能把握近代化总体方向以及在未厘清城市实际变化情况下展开规划影响评述等问题。

针对以上情况，本文试图在系统梳理相关历史地图的基础上，对苏州城市空间近代化的整体过程和变化特征予以较为全面、客观的考察，并在考察基础上对其近代化影响做进一步的讨论。

本文首先考察梳理以《苏州古城地图集》为主收集的从1745年到1949年共10幅地图。通过对同一时期地图内容的比对，依照所载信息充分、相对准确的原则，选取8个时间节点（1880年、1906年、1914年、1921年、1927年、1931年、1938年、1940年）前后共10幅（表1）作为基本地图，对地图中所记录的苏州城（城墙环绕部分）及城外市街化地区进行了同一底图上的重绘。在重绘过程中，结合近代报刊、地方志和城建大事记等历史文献（表1），对所绘内容的准确性进行了核实。

表 1 研究中所使用的资料

编号	资料清单	类别
1	《姑苏城图》,1745 年	地图
2	《苏州城图》,1880 年	
3	《苏州城图》,1895—1906 年	
4	《新测苏州城厢明细全图》,1914 年	
5	《最新苏州城厢明细全图》,1921 年	
6	《最新苏州市全图》,1927 年	
7	《苏州新地图》,1931 年	
8	《最新苏州地图》,1938 年	
9	《吴县城厢图》,1940 年	
10	《最新苏州地图》,1949 年	
11	《申报》,1896—1949 年部分	报纸
12	《图书画报》,1898 年部分	
13	《民国日报》,1919 年部分	
14	《苏州市志》,1995 年	地方志及城建大事记史料
15	《吴县志》,1994 年	
16	《苏州市交通志》,1994 年	
17	《京杭运河志(苏南段)》,2009 年	
18	《苏州城建大事记》,1999 年	
19	《苏州洋关史料(1896—1945)》, 1991 年	
20	《苏州市政筹备处半年汇刊:民国十六年七月至十二月》,1928 年	

2 各时间节点城市地图及其空间特征

2.1 1745 年的地图及所见空间特征

由于这一时期京杭运河苏州段自山塘河、胥江到达护城河,后折而向南前往杭州[①],而阊门地处山塘河、上塘河、护城河多条河流交汇处,对外交通便利,城外阊门至胥门沿线出现了较大规模的成片建设活动,分布有东山庙、监堂、金泽会馆、三山会馆等建筑,众多的会馆也侧面反映了这一时期城外商业的繁盛。

从 1745 年的地图(图 1)可以看出,这一时期城内分布有衙署、寺庙、道观、会馆、府学等建筑,建设活动呈现中心集聚的特征,城南和城北均分布有较大面积的园地。苏州城内驻有苏州府、长洲县、元和县与吴县四套行政机构,其中苏州府、按察司、布政司、财帛司、抚院、吴县署集中布置在城西胥门以北,长洲县署布置在城南文庙以北,元和县署布置在皇废基区域。总的来说，城西是明清时期的苏州城市行政中心。明清时期苏州城市空间的另一个特征是寺庙、道观遍布全城且数量众多，文庙位于城南偏中部的位置，在城市中占据着重要的地位；在城市的四个方位分布有北禅寺、南禅寺、东禅寺、西禅寺，此外，阊门内有泰伯庙、宝林寺、周王庙，盘门内有瑞光寺、开元寺，通向葑门的河流沿线分布有报恩寺、天后宫、报功祠，通向娄门的水路有相王庙、圆通寺、定慧寺。以上可以看出这些寺庙大多靠近各城门或者连接各城门的街道和河道的位置。

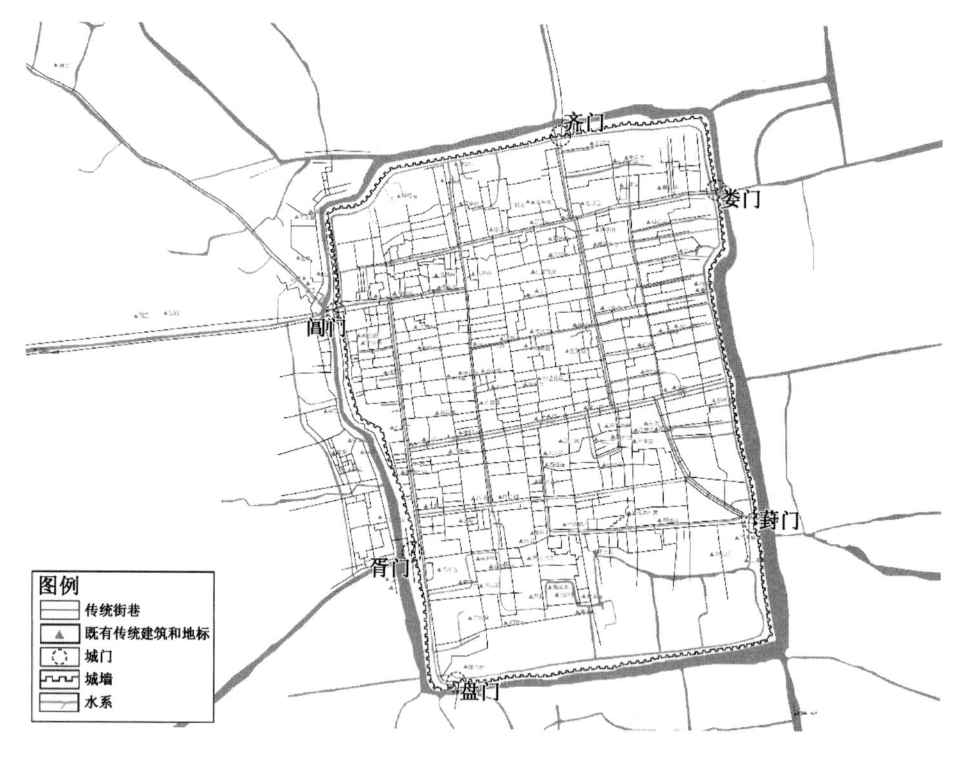

图 1　1745 年《姑苏城图》

2.2　1880 年的地图及所见空间特征

清末太平天国运动使得苏州城内外遭到战火焚毁，阊门内外原本繁华的商业区变成废墟[②]，城外建设规模缩减。

从 1880 年的地图(图 2)可以看出，这一时期的城内建筑及街巷的空间布局主要延续 1745 年的地图所呈现的特征。苏州城作为府城以及长元吴三县的政府驻地，城西胥门以北仍然集聚了众多的行政机构，且变动不大，因此，城西仍然是明清时期的苏州城市行政中心。城内的寺庙、道观数量也有了进一步的增长，新出现的传统的寺庙、道观建筑主要分布在各城门以及连接各城门的道路和河流附近，城墙内的环城河流沿线新出现了龙兴寺，胥门内新出现了解察庙，通向葑门的道路和河流沿线新出现了昭忠祠、羊王庙，城中观前街及皇废基区域新出现了道城隍庙、元邑武庙等。

此外，1880 年的地图中所出现的近代建筑呈现在非城市中心点状分布的特征，即在城东葑门以北的天赐庄出现了耶稣教堂及“美国洋房”，这是清末苏州地图上第一次出现近代建筑。

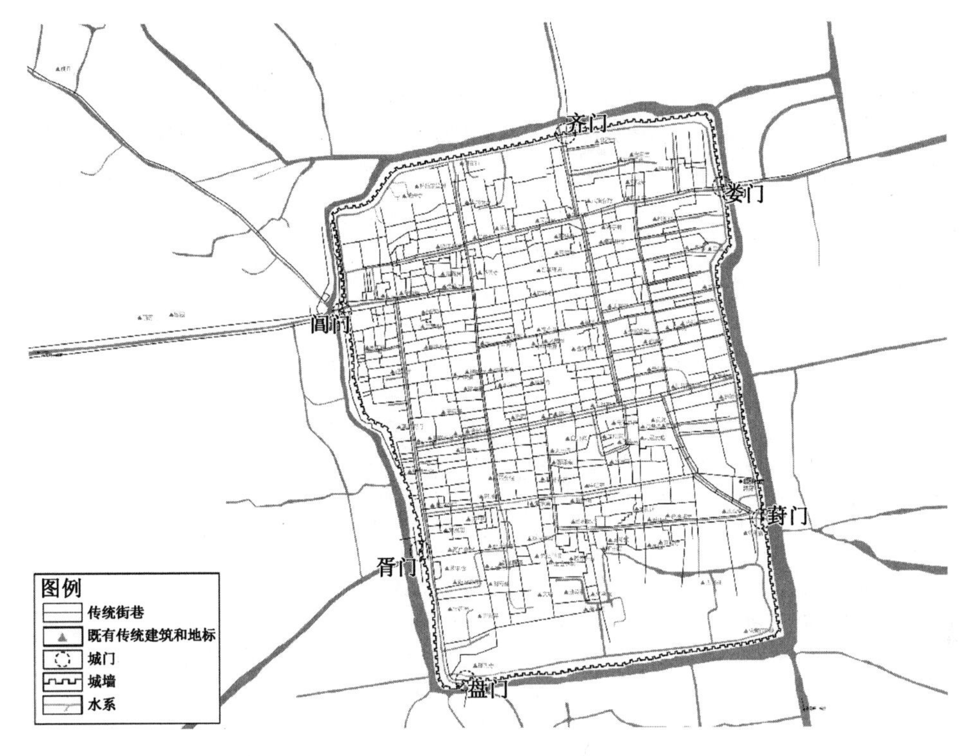

图 2　1880 年《苏州城图》

2.3　1906 年的地图及所见空间特征

甲午战争后,《马关条约》将苏州作为通商口岸,在《苏州日本租界章程》[18]以及《苏州通商场订定租地章程》[19]的指导下,城外出现了大规模的近代化建设,城南马路呈现网络化的特征,并沿护城河线性延伸至阊门附近(图 3)。日本租界内建成一条横贯东西的大道,同时筑有七条南北向的小路与这条大路垂直相通,构成租界内的交通网络③。公共通商场内,沿运河的道路与三条东西向马路已筑好④。近代建筑围绕城外马路建设展开,城南青旸地附近出现了苏纶纱厂、苏经丝厂等近代企业以及洋关⑤、马路工程处等管理机构。此外,沪宁铁路上海至无锡段通车⑥并从城北穿过,车站位于城北钱万里桥附近。

城内近代建筑数量增加且呈现向心布局的趋势,就带有教会性质的近代建筑而言,城南葑门附近的天赐庄在原有耶稣教堂和“美国洋房”周边新建了博习书院、博习医院,并对原有耶稣教堂进行改建;城南园地周边新建了耶稣教堂和“美国洋房”;城北娄门内以及观前街以北也新建设了天主教堂和耶稣教堂。由此可见,这类近代建筑的空间分布相对分散,不再局限在偏僻的城东天赐庄和城南园地,并逐渐靠近城市中心。此外,围绕着最早的教堂,附属于教会的书院、医院也逐步建立起来。就官办性质的近代建筑而言,城西阊门内新建了电报局,空间布局上靠近城外马路以及城内的行政中心。

2.4　1914 年的地图及所见空间特征

城外的近代化范围进一步扩展,路网趋于完善(图 4),其中,公共通商场第三条东西向马路建成,且建设了一条南北向马路⑦;因铁路通车而修建站前马路,自火车站接至阊门;为吸引

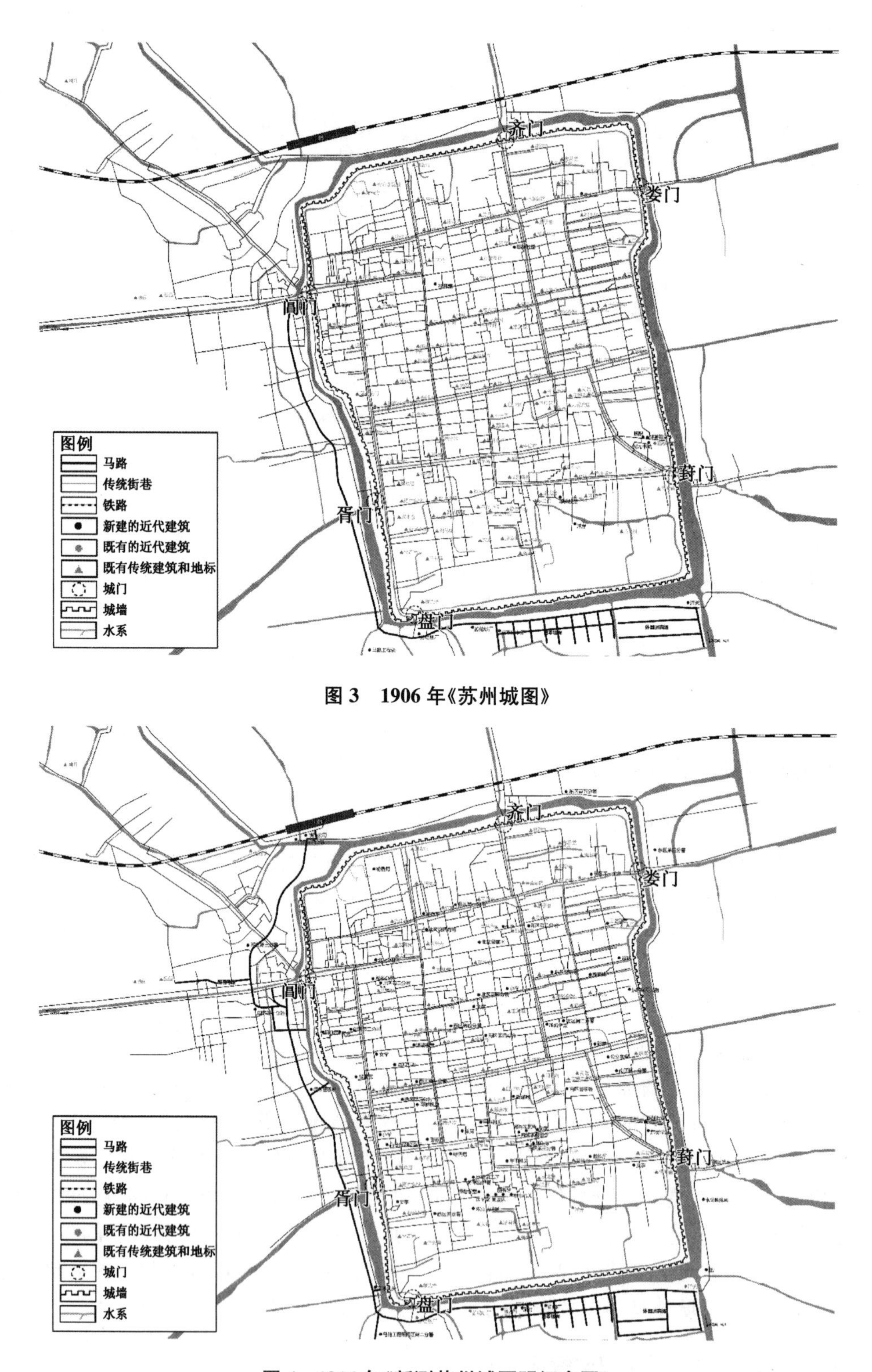

图 3　1906 年《苏州城图》

图 4　1914 年《新测苏州城厢明细全图》

游客游览留园，连接阊门和留园的马路建成[8]。近代建筑的数量进一步增加，且围绕城外马路沿线分布，日本租界较为集中地布置了报关行、日本邮局、旅社和纽扣厂[9]；火车站至青旸地马路沿线以及各城门附近的警察署及分署设置较为分散，铁路公司则围绕铁路站点进行设置。

中华民国成立后，新旧政权发生更替，苏州不再作为江苏省省会，机构设置、社会性质、治理方式、社会思潮均发生了较大的改变，从而导致大量建筑功能发生变化，城内近代建筑的数量剧烈增加。由于城市共分为阊、胥、盘、东、南、西、北七区，警察署及分署也按照分区散布于全城。新式学校大量出现，小学、女学、新式学堂类型繁多且分布于全城，医学堂、师范学堂在城南文庙以北相对集中布置，东吴学堂、公立学堂、鸿城学堂、工艺学堂分散布置在城东葑门至娄门间，法政学堂则位于城西阊门内。道尹署、县知事署、高等审判检察厅、警察厅等行政机构集中分布于城西胥门内，城西仍然是城市行政中心。图书馆、测量队、农业试验场、电话局、印刷局、政邮局等分布在城南皇废基以南至文庙以北的区域，城东娄门南侧较为偏僻的地方出现了监狱。

2.5 1921 年的地图及所见空间特征

该时期城外的近代化建设活动主要体现在马路沿线警署、工厂、具有商业功能的近代建筑的增加，而马路建设趋于稳定，未出现新修建的马路(图 5)。警署及分署的位置发生了调整，其中阊区警署和分所的调整最明显：第一个特征是分布范围扩大，从原先的火车站至盘门的分布范围扩大到虎丘至公共通商场，阊一分所布置在城外西北方向的虎丘附近，阊九分所布置在城外东南方向的公共通商场附近；第二个特征是阊区警署的位置发生了变化，从原先布置在阊门至胥门间变为更加靠近阊门。此外，火车站至阊门这一段站前马路沿线出现了饭店和旅社；阊门至盘门的马路沿线新出现了电灯公司、火柴厂、火柴分厂等一批近代企业；城南日本租界新开办了石料厂[10]。

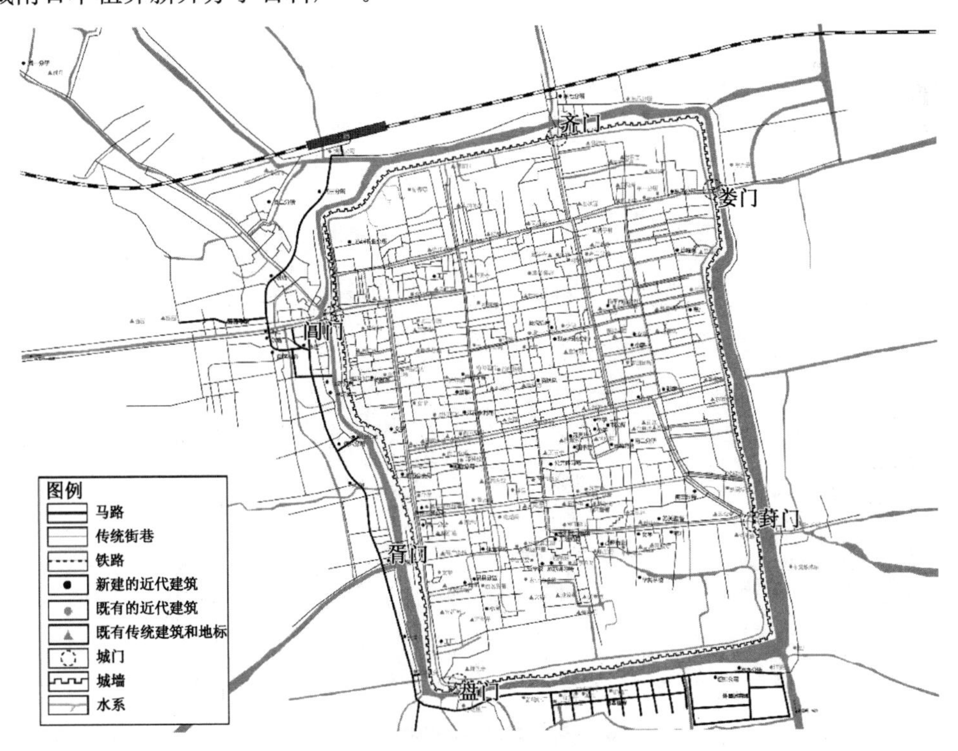

图 5 1921 年《最新苏州城厢明细全图》

城内的近代化建设活动主要体现在学堂、市民公社、具有工厂功能的近代建筑的增加，这些近代建筑分布于全城，而诸如公共体育场、图书馆这类公共建筑则总体呈现向城市中心集聚的特征。其中，专业学校的数量增加，但是大多是在既有建筑的基础上设立的，如在原城南医学堂的基础上出现了工业学校，在原城西法政学堂的基础上出现了职业技校，在原辎重营的基础上出现了女子职业技校，在城南原美国洋房的基础上出现了华英学校。各种类型的教育场所遍布全城，总体呈现分区分散布局的特征，城西阊门内、城东娄门内开始零散地出现幼稚园，盘门和胥门内布置有小学。但是，城中学校分布相对集中，皇废基区域布置有小学和中学，观前街以东地区布置有小学、女学和新学。

观前市民公社、临平市民公社、道养市民公社等民众自治组织出现，且结合所在街道划定片区设置。城内出现近代工业企业且呈现出靠近城门布局的特征，城南盘门内出现了省立丝织模范工厂，葑门内以及娄门以南出现了布厂，城西阊门内出现了省立第二工厂。此外，城南皇废基集中建设了公共体育场、图书馆、习艺所、小学、中学、市公所、县教育会等以文体、教育、行政为主要功能的公共建筑。

2.6 1927 年的地图及所见空间特征

这一时期按照《市组织法》[11]的设市标准可以将苏州设立为普通市，因此自 1927 年苏州筹备设市后近代化建设活动增加明显。城外的近代化建设活动主要体现在马路沿线警署、医院、工厂等近代建筑的增加，但没有出现新的马路建设活动(图 6)。城外警署及分署的数量和分布位置发生变化，就警署及分署而言，原虎丘西侧的阊一分所改设在靠近城市的虎丘

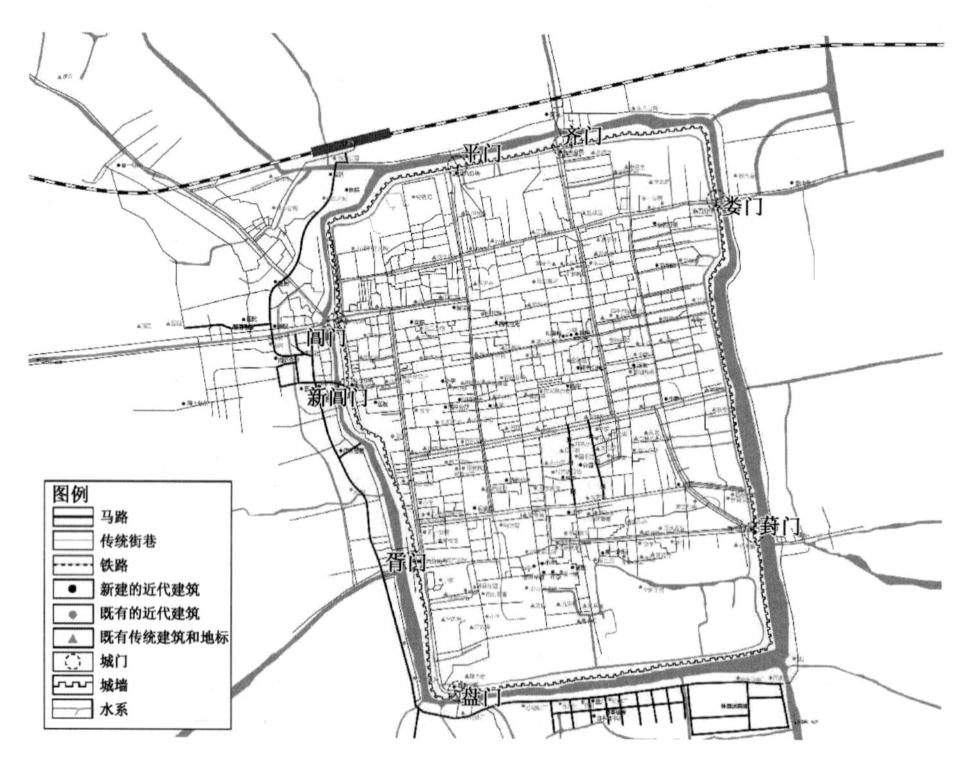

图 6 1927 年《最新苏州市全图》

东侧，阊区警署从原先靠近阊门改设在阊门和胥门之间。由于阊门以内增辟了新阊门，因此于新阊门外设立了阊六分所。此外，火车站至阊门这一段站前马路沿线出现了医院。在城南日租界中，日领事署搬迁至租界内的东西向马路以南[12]，且在青旸地马路沿线新出现了瑞丰丝厂[13]。与城外马路建设活动放缓不同的是，新阊门和平门得以增辟，并在两处增辟的城门外新建设了桥梁。

城内开始在城市中心的位置出现马路建设活动，但是城内的马路未与城外已建成的马路形成接续。此外，就近代建筑而言，除原有的警署、学校的位置和数量发生变化外，还出现了诸如公园、报馆、西式住宅这类新的功能。其中，新修建的五卅路和公园路马路建设活动位于皇废基区域，即既有公共建筑相对集中的城市中心。对于近代建筑，各城门附近均设立了警署分所，城内观前街区域和城南园地附近也增设了警署分所，城内警署及分所的空间布局趋于稳定；学校数量的增长与类型的变化并存，新出现的小学位于新阊门内和文庙以北地区，总的来看，城南文庙附近各种类型的学校分布相对集中。此外，城内新出现了医院、报馆、公园，其中医院的分布较为分散，分别位于阊门内、观前街以北和以东地区；报馆位于阊门内；公园位于皇废基区域。

2.7 1931 年的地图及所见空间特征

城外的马路进一步延伸，近代建筑围绕马路沿线进一步增加(图 7)。具体而言，马路已由留园延伸至虎丘，自此，从火车站出发，经阊门闹市直达城外主要旅游景点的马路建成。阊门以西沿留园马路和上塘河新出现了一些耶稣教堂、旅社和医院；城西胥门外马路沿线新出现了水汽厂；城南日本租界内新出现了两处工厂和一处旅馆；城南青旸地马路以北新出现了两处派出所。

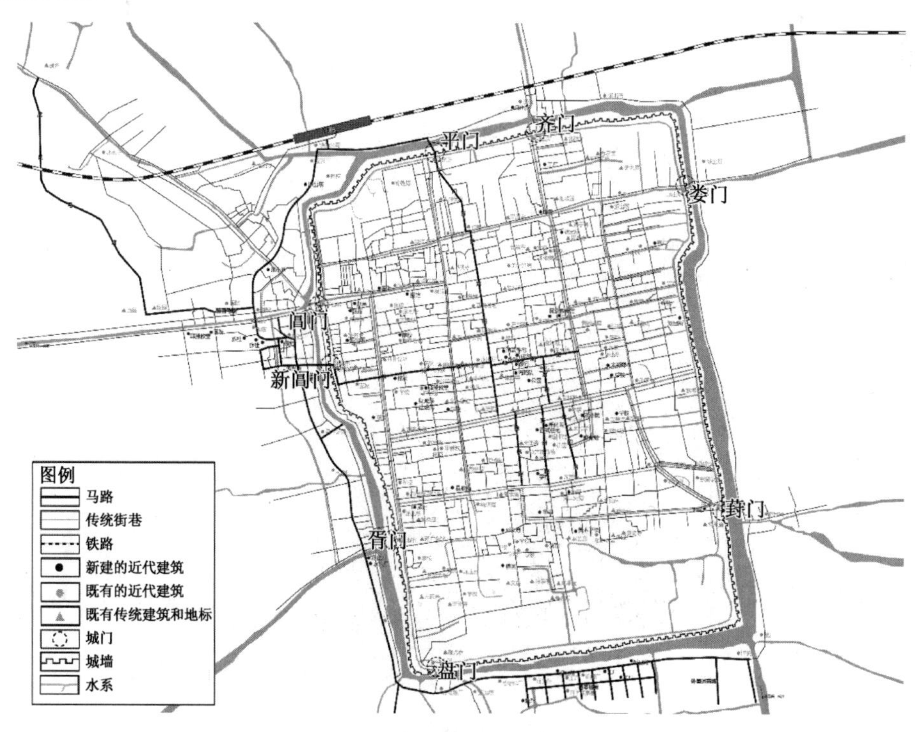

图 7 1931 年《苏州新地图》

随着新阊门和平门开放，城内的近代化建设活动增加，围绕城市中心开展的马路建设以及街巷拓宽增加，并与两处增辟的城门接续；城内近代建筑的功能不断丰富，新的具有商业功能的近代建筑在观前街区域以及阊门内集聚。就城内马路的建设而言，将城市中心的观前街区域拓宽建造了观前街和宫巷，皇废基区域填没河道新修筑了锦帆路⑭。城市中心通过马路与两处增辟的城门及城外马路接续，城内外经火车站、平门、平门路、护龙街、景德路、新阊门、阊门的环状马路形成。其中，建设平门路、拓宽护龙街与景德路，这些马路建设活动基本延续了《苏州工务计划设想》中改造干路的第一步和第二步设想；而改造观前街，则是受到《苏 州工务计划设想》中优先拆除繁盛区域过街障碍物思想的影响⑮。

就城内近代建筑的建设而言，城市中心的观前街区域新出现了银行、旅社、公园等近代建筑，商业、金融、休闲功能进一步集聚；护龙街沿线开始出现了西式住宅的集聚。行政机构职能进一步细分且位置发生变化，原先观前街以西县知事署所在位置改建为财政局和建设局，原先城西胥门内公安局所在位置改建为县政府，而公安局则在原先城西胥门内水警教练所所在位置上加以改建，但总的来说，城西仍然集聚了大量的行政管理机构。

此外，阊门内银行、邮局、报馆、医院等近代建筑增加，开始出现商业金融设施集聚的现象。新阊门和胥门内均新出现了旅社，齐门内和娄门内均新出现了工厂，邮局的数量增加，这些近代建筑呈现沿通向城门的街道布置的特征。

2.8　1938 年的地图及所见空间特征

该时期城外的近代化建设活动主要由马路和铁路建设两部分组成，即从城西通往外埠的三条长途马路以及从城北火车站引出的城东铁路支线（图 8）。从城西通往外埠的苏嘉路、

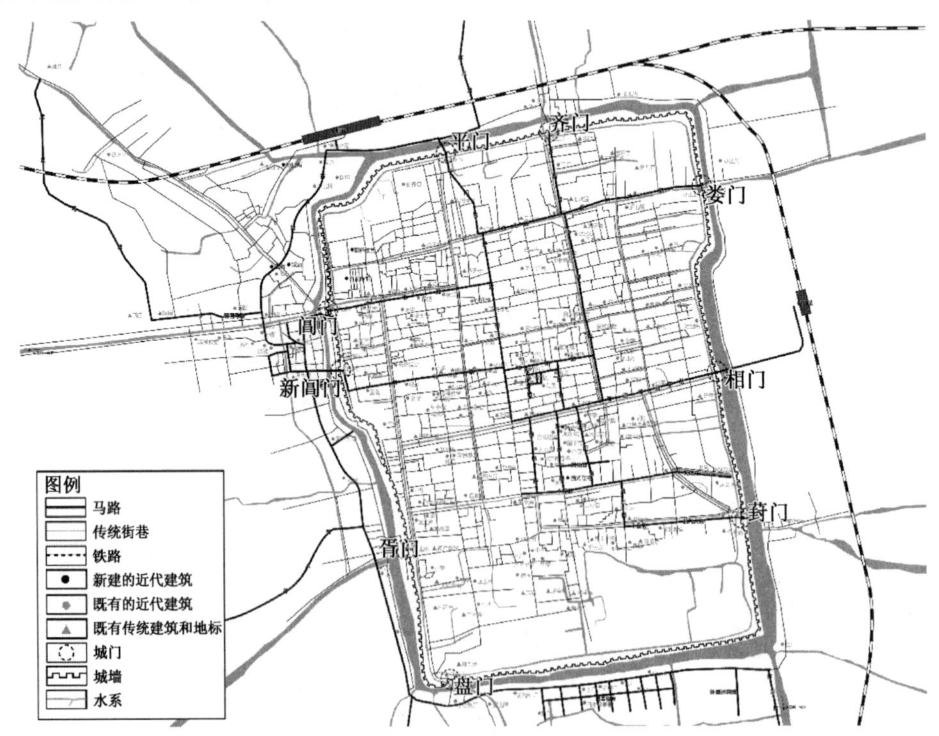

图 8　1938 年《最新苏州地图》

苏常路、苏木路[16]这三条长途马路已由城外马路分别向南、北、西三个方向延伸，连接周边的嘉兴、常熟、木渎等县乡；从城北火车站引出的铁路支线，则是因为《淞沪停战协定》规定中国军队调动不能经过上海，导致中国军队调动无法经由已建成的京沪、沪杭铁路前往杭州，两条铁路被人为割断[17]。因此，经沪宁铁路苏州站向东修筑苏嘉铁路沟通嘉兴、杭州，并在苏州城东设相门车站[18]，自此，苏州城区拥有两处火车站，城北苏州站连接沪宁铁路，通向上海、无锡、南京等地，城东相门车站连接苏嘉铁路，通向吴江、嘉兴、杭州等地。而对于城外的近代建筑，仅城外火车站至阊门马路沿线派出所、医院、饭店三类各新出现一处。

受到《苏州工务计划设想》的引导，城内的主要街巷已改造完成，并结合苏嘉铁路站点的设置新建了沟通城市中心与车站的站前马路，但近代建筑的变动不大。其中，十梓街、凤凰街、天赐庄、护龙街、临顿路、齐门路等城内骨干道路已可通行车辆[19]，而改造东西中市、临顿路、齐门路、十梓街、天赐庄、三元坊，基本延续了《苏州工务计划设想》中改造干路的第三步和第四步设想[20]。由于苏嘉铁路相门车站的设立，城东增辟相门并修建马路连接相门车站和观前街区域[21]。对于城内的近代建筑，城市中心的皇废基区域进行了较为集中的西式住宅建设[22]，阊门内新出现了一处教堂，其余均保持不变。

2.9 1940 年的地图及所见空间特征

受到日军占领苏州城的影响，城外的近代建筑缩减，原先阊门外集聚的各种具有商业功能的近代建筑消失；城内许多近代建筑功能发生变化并呈现军事侵略的特征，但是城内的路网仍在原有的基础上进行完善(图 9)。就马路建设而言，城南皇废基区域的五卅路向南延伸经乌鹊桥巷，护龙街南延经三元坊，且两条路与蛇门路交汇；城西胥门入城道路改造完成，

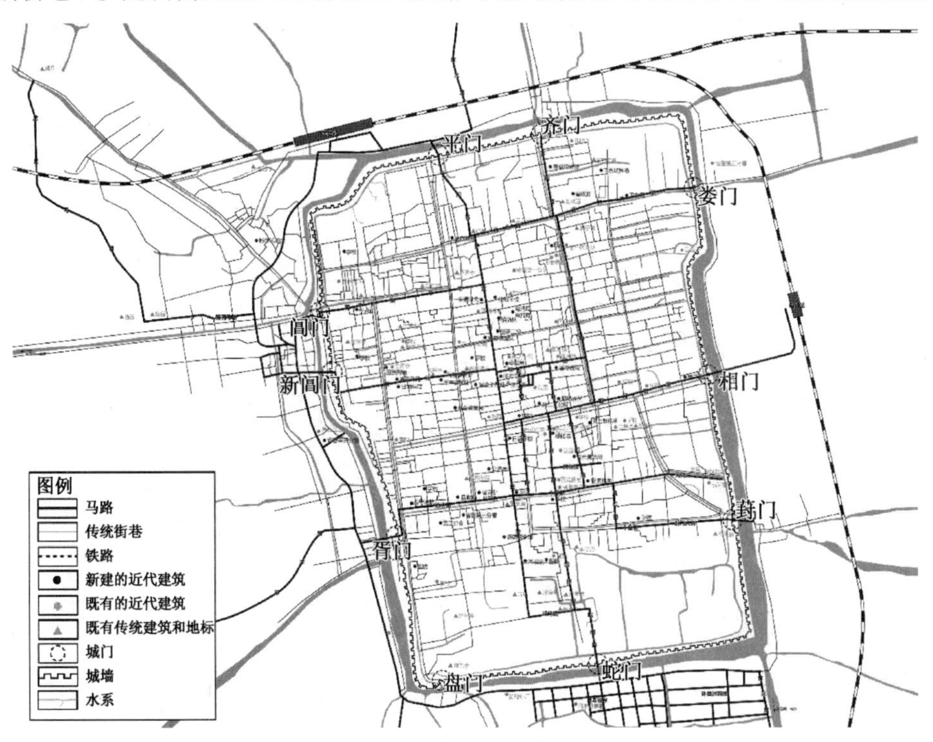

图 9　1940 年《吴县城厢图》

旧时胥门以北增辟新胥门使得城外马路可通过新增辟的胥门直达道前街、卫前街；城南增辟蛇门并修筑蛇门路，加强了城内与日本租界的直接联系；城市中心的观前街区域拓宽邵磨针巷直达北局，经横巷、阔巷接至锦帆路[23]。其中，拓宽道前街、卫前街，以及改造观前街区域的街道，则体现了在日军占领苏州城期间，《苏州工务计划设想》中改造干路、拆除过街障碍物的思想仍然得到了一定程度的延续。

就近代建筑的建设而言，各类近代建筑的数量大幅缩减，功能布局也出现了较大的调整，主要呈现以下特征：第一，在城西胥门内道前街沿线，具有行政功能的近代建筑增加，包括县政府、省党部、高等法院、省警第三分署；第二，城西新阊门内景德路沿线建筑功能突出日伪政府省会功能以及明显的军事侵略色彩，包括日领事馆、船舶登记处、学产保护处、省警务处、省会工程处和省警察局；第三，贯穿苏州城南北的护龙街沿线建筑倾向于维护日伪政府治安的功能，包括绥靖司令部、警察侦缉队、警察二分(所)、消防队、安清分会、地方法院；第四，城市中心的观前街区域和皇废基区域的近代建筑功能相对混杂，以行政、邮政、学校为主，观前街沿线新出现了戒烟局、省专税局、邮政总局、学校、耶稣教堂和第二区公所，皇废基区域新出现了日语学校、感化院、省测绘所、警士教练所、特务机关和医院。此外，城内外交通相对便利的园地上出现了各种类型的试验场，包括阊门外的稻作试验场、齐门内的蚕桑取缔所和工艺试验场。

2.10　1949 年的地图及所见空间特征

由于抗战胜利后民国政府接管苏州，着手战后重建与恢复工作，但不久便发生了国共内战，战后重建与恢复工作一度停滞，这一时期城外近代化建设活动恢复主要体现在派出所、饭店等近代建筑的再次出现，城南日本租界和公共通商场内原有殖民性质的建筑消失，以及城东苏嘉铁路的破坏(图 10)。具体而言，火车站至阊门马路沿线出现了饭店、邮局、旅社、医

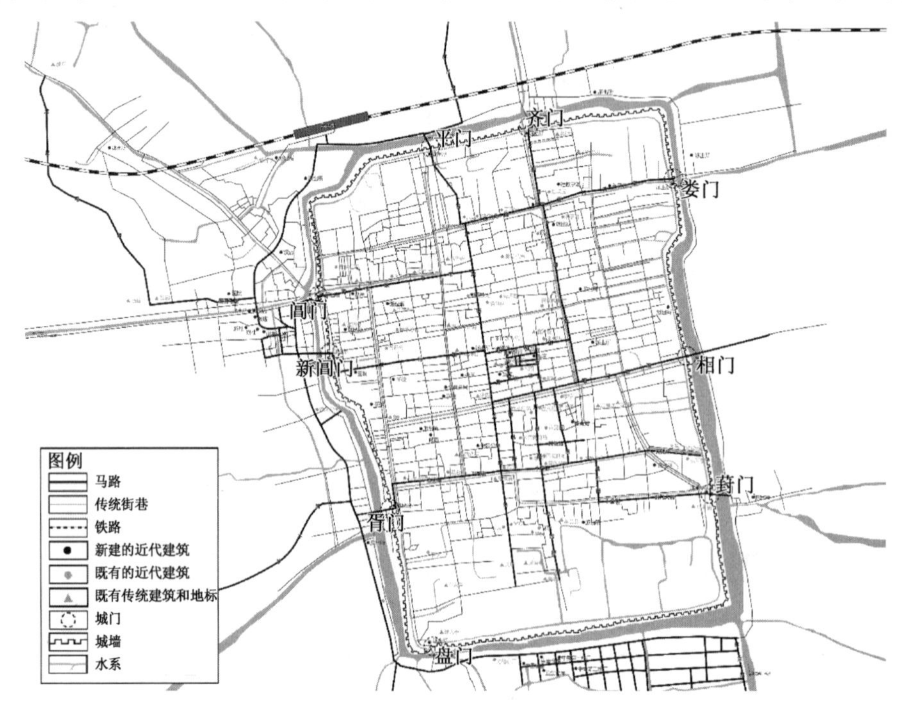

图 10　1949 年《最新苏州地图》

院等近代建筑,公共服务功能的建筑再次在阊门外集聚;随着国民政府接管日本租界,原有的日领事署以及日资工厂均被没收,部分改作中蚕公司的厂房、仓库及员工宿舍[24];抗战前修建的苏嘉铁路被破坏,但战后未能及时修复[25]。

城内的近代化建设活动主要体现在城中观前街区域路网的进一步完善,以及派出所、邮局、学校等近代建筑的数量增加。其中,抗战时期日伪政府改造了观前街区域的大井巷、第一天门、珍珠巷和富仁坊,使得观前街区域的马路系统更加完善[26];派出所遍布全城,城北派出所分布比城南密集,且主要城门仍然设有派出所。城内的银行、饭店等近代建筑主要集中在观前街区域,新出现的学校除一处位于城南文庙附近外,其余均集中在观前街以西地区。战前阊门和齐门内的邮局重新出现,且在胥门内和城北护龙街沿线新增两处。此外,随着日本租界的消失,城南通向原日本租界的蛇门已被凝塞。

3　空间变化的四要素及其影响作用情况

以上基于地图重绘与空间特征分析的整理,提示了不同时期影响苏州城市空间变化的要素,按出现时间早晚依次为近代建筑、近代马路、铁路、城墙(城门)四个方面。以下围绕这四个主要影响因素,对其在苏州城市空间近代化过程中产生的作用与影响做进一步梳理和讨论。

3.1　近代建筑

苏州城市空间近代化最早可以回溯到城内外近代建筑的出现,而非城南马路的建设。早期在苏州立足的传教者由城东渐及城中[27],带有教会性质的近代建筑最早位于城东葑门内,位置相对偏僻。而太平天国运动清政府收复苏州后,苏州城内首先出现了具有官办军事功能的苏州洋炮局,虽然不久后洋炮局便迁出苏州城,但是这成为城内第一处官办的近代建筑[28]。随后城内外的近代建筑各自独立发展,城内带有教会性质的教堂、医院、“洋房”等近代建筑的数量逐渐增多,空间分布逐渐由城墙附近向城市中心扩展。随着城外日本租界和公共通商场的建设,城外开始在城南青旸地附近出现了近代企业和管理机构。

中华民国成立后,城内原有衙署发生较大的变动,新的行政机构大都在原有的衙署位置上建立,新式学堂开始出现并且遍布全城;城外马路沿线开始出现警署及分所,日本租界内的工厂、店铺及管理机构也逐步设立。随着新政权趋于稳固,城外警署的数量增加,管辖范围进一步扩大,城外马路沿线的工厂数量也在逐渐增加。此外,城内原有学堂的功能发生变化,一些公共建筑呈现明显的向城市中心集聚的特征。

苏州筹备设市后,近代建筑的数量增加,类型也更加丰富。城市中心的皇废基区域以及护龙街沿线进行了西式住宅的建设探索,而具有商业、金融、休闲功能的近代建筑在城市中心的观前街区域集聚,其作为城市商业中心得以巩固;相比之下,阊门内外具有商业、金融、邮电功能的近代建筑也出现了一定规模的集聚,太平天国时期被破坏的阊门商业中心在一定程度上得到了恢复。但是,阊门地区商业中心的出现并非代表商业中心从观前街区域转移至阊门地区,而是呈现出观前街、阊门两处商业中心并存的局面。

日军占领苏州城后,城内外的近代建筑未再出现大规模的增长,城内主要马路沿线新出现的近代建筑呈现军事殖民的特征,阊门地区具有商业、金融、邮电功能的近代建筑消失,稍有恢复的阊门商业中心再次受到破坏，但在商业总体呈现萎缩的背景下，观前地区仍然集聚了全城各种具有商业、邮电以及管理功能的近代建筑，仍作为全城的商业中心。

抗战胜利后，各种近代建筑陆续恢复至战前水平，阊门地区的商业中心也得以恢复，逐步延续观前、阊门两处商业中心并存的局面。

总的来说，警署及分所的设置最先打破城内外近代建筑的分隔，部分片区警署及分所的管辖范围不仅包含城内空间，而且包含城外的市街化地区。因此，可以发现近代建筑对加强城内外的联系产生了一定的影响，在一定程度上可以说是后期通过增辟城门来加强城内外联系的萌芽。此外，近代公共建筑大部分在既有传统建筑的基础上进行更新改造，以及观前街区域自近代以来始终作为城市商业中心，使得原有的城市结构特征没有发生改变。

3.2 近代马路

甲午战争后，受到《马关条约》签订的影响，苏州城南青旸地首先开始了马路建设，成为苏州近代马路建设的起点。首条马路建成后迅速延伸至盘门、胥门、阊门、火车站以及留园，并连接租界和公共通商场的马路，苏州城市空间近代化的进程明显加快，所涉及的近代化空间迅速扩展，但主要集中在城外。

中华民国成立后，没有出现新的马路建设活动，仅对已建成的环城马路进行多次修整[29]。

苏州筹备设市后，城外马路从留园延伸至虎丘，城内既有街巷开始着手改造或拓宽。最初，城内近代马路的建设在城市中心的皇废基区域孤立展开，与城外已建成的马路没有形成接续。随着入城通道的增加，城外马路最早可连通城市中心的观前街区域，城市中心的观前街区域和皇废基区域的街巷改造也在这一时期同步进行，沟通城内外的路网初步形成。至抗战前，十梓街、凤凰街、天赐庄、护龙街、临顿路、齐门路等城内的骨干道路先后动工修筑[30]，沟通城内外的路网进一步完善。此外，从城西通往外埠的长途马路数量增加，成为苏州对外联系的主要方式之一。1927年《苏州工务计划设想》中提出的干路改造的推行步骤，在这一时期的道路建设活动中得到了较好的延续。

日军占领苏州城后，从城西通往外埠的长途马路及桥梁处于不断破坏和维修的过程中，而城内的马路路网则在原有的基础上进一步完善。抗战后从城西通往外埠的苏常路是日军军事调动及物资运输的重要通道，从而它经历了一个不断受到中国军队破坏、不断进行维修的反复过程[31]。而城内战前尚未完工的几条主干道路，于日军占领后填平供军用及少量民用车辆通行[19]。此外，这一时期的城内近代马路建设，主要集中在城市中心观前街区域的路网进一步完善，以及增加城市中心与城南日本租界的联系通道。这一时期城内的马路改造活动，在一定程度上也是对《苏州工务计划设想》中干路改造步骤的延续。

抗战胜利后，未出现新的马路建设活动，主要是对战时受到破坏的马路进行维修。城外主要的维修活动为三条从城西通往外埠的长途马路[32]，城内主要的维修活动集中在城南战前尚未完工的几条主干道路[26]。

总的来说，对于先行建设的近代马路，其带来的最直接的影响便是近代建筑在马路沿线的集聚；对于先行建设的近代建筑，近代马路改造则是优先向重要近代建筑集中的城市中心延伸。此外，近代城内的马路建设大多在既有街巷的基础上予以拓宽和改造，这使得原有的城市结构特征得以保存并巩固。

3.3 铁路

甲午战争后，沪宁铁路上海至无锡段首先通车，铁路线路在城北沿护城河穿过，并在苏州城西北的钱万里桥以北设置站点。随着铁路的通车，连接车站和阊门的站前马路得以修筑，并与清末已建成的青旸地至阊门的马路相接。因此，无论是对外以水运交通为主的明清时期主要的水运码头的位置，还是沪宁铁路修建后站前路的延伸方向，均位于阊门附近。此外，从车站至阊门的站前路修建后，阊门至留园的马路得以修筑，乘火车来苏州旅游的游客可通过马路到达城外的留园、西园等景点，从而促进了当时的旅游发展。

中华民国成立后，不管是铁路线路和站点，还是围绕铁路进行的近代化建设活动，均未出现太大的变化，仅车站至阊门的站前路沿线新出现了少量以管理功能为主的近代建筑。随着新政权趋于稳固，车站至阊门的站前路沿线出现了具有商业功能的近代建筑，由火车站入城的交通需求随之增加，而受到单一入城通道的限制，出现了增加火车站至城内的入城通道的尝试。

苏州筹备设市后，城市近代化建设和改造的方向呈现出以火车站为中心向四周展开的特征。城外留园马路延伸至虎丘，将城外西北地区的重要景点串联起来；城内的近代化改造方向总体上也从西北向东南方向扩展，最先增辟的城门为靠近火车站的金门、新阊门和平门，较早地开展城内改造和拓宽的街道是靠近火车站的景德路和护龙街。至抗战前，受到《淞沪停战协定》中关于中国军队军事调动的制约，苏嘉铁路得以修筑，该铁路自沪宁铁路苏州站起从城东穿过，并在城东设立相门车站。因此，从相门车站到城市中心的站前路得以修筑，城市发展方向有了向东拓展的趋势。

日军占领苏州城后，两条铁路处于不断破坏和维修的过程中，且苏嘉铁路在抗战胜利前被拆毁。而这一时期，未出现围绕铁路展开的近代化建设活动。

抗战胜利后，城东苏嘉铁路由于不是国内铁路主要干线以及当时轨料极度缺乏等原因，战后提出的修建计划一度被搁置[25]。

总的来说，铁路站点的设置最先影响的是站前马路的建设；之后又影响到管理、商业等功能的近代建筑在站前马路集聚；而随着站前马路交通压力的增加，从而又影响到入城通道的建设。此外，由于铁路线路和站点均位于城外，对城内原有的风貌格局影响较小，因此原有的古代城市结构特征没有被破坏。

3.4 城墙(城门)

近代苏州城墙和城门的改造活动起始于中华民国成立后，早期城门的增辟与凝塞、跨越护城河的桥梁建设、停工与改造活动反复开展。由于早期火车只可以通过阊门进入城内，受到日益增长的交通压力，增辟新的城门便利通行[33]的观点得到认可，原先具备军事防御价值的城墙被视为阻碍城市交通的因素之一[34]，因此城墙和城门的改造活动最早围绕城北火车站附近出现。1922 年阊门南侧横马路的南新桥首先建成并于次年决定改造[35]。1924 年金门增辟完工后曾一度反复关闭和重启[36]，1926 年又在金门以南[37]增辟新阊门。平门自 1924 年动工后反复关闭和重启[38]，门外贝润生资助修建的梅村桥[39]（又称平门桥）动工后也随之反复停工和复工。

苏州筹备设市后，火车站通向城市中心所需增辟的城门得以确立，不再反复重辟；旧有城门的套城也着手拆除。最先确立的是城北火车站附近的新阊门及平门两处城门，两处城门开放后马路从城北火车站连通至城市中心；随着城东苏嘉铁路相门车站的设立，城东新辟相门将车站与城市中心联系起来。此外，这一时期自阊门起开始着手拆除套城，但是城墙的主体结构仍然得以保留。

日军占领苏州城后，伴随着城南主干道路网的初步完工，原有胥门以北增辟新胥门，车辆经新胥门进入城内的流线更为顺畅。此外，城南增辟门洞并命名为蛇门，城市中心与日本租界的联系更加密切。

抗战胜利后，除城南增辟的蛇门门洞被凝塞外，其他城墙和城门较日军占领苏州城时的状态没有发生变化。

总的来说，近代苏州城墙和城门的改造方式较为温和，未采取全面拆除城墙的手段应对交通问题，而是采取增辟城门、拆除旧城门套城的方法。城墙和城门的改造活动直接影响了近代城内马路的改造，但又维持了古代苏州城的结构特征。

4　苏州城市空间近代化的总体特征

基于以上各时间节点的地图重绘、特征分析与变化影响要素梳理，可以进一步对苏州城市空间近代化的总体特征进行提炼，讨论其对苏州城市发展所产生的影响。

苏州城市空间的近代化，起始于清末非城市中心的教堂、官设洋炮局等近代建筑的点状建设，并因盘门外开设日租界和公共通商场，出现了以马路为主的近代化城区建设，进而推进到连接租界到阊门外闹市的城外近代化道路网改造，配合铁路站点选址和站前道路建设的延伸和完善。到 20 世纪 20 年代初期，基本完成了连接城外北侧铁路城站（铁路）到西侧阊门外（既有交通枢纽）再到南侧租界通商场的近代化道路网络；同时城内的点状近代建筑建设也从非中心区域拓展到主要街道两侧与城市中心的观前街区域。

此后，随着 1927 年《苏州工务计划设想》的推出，开始了对城市整体的近代化改造。实施从城市中心标志性公共建筑前（玄妙观）的道路改造开始，同时在加强城外既成道路网与城内街道沟通的意图下，陆续完成从城北、城西通往中心区的干道改修，配合进行了城门的增辟和改造，还进一步建设了从城西通往外埠的长途马路。到 20 世纪 30 年代后期，除进一步完成城市中心区主要近代建筑沿线的道路改造以及增强城西、城北与中心区的道路网联系外，还在 1936 年铁路增设城东支线（开辟城东新站）的影响下，进一步将既成道路网向东侧城外推进。可以说，到 1937 年日军占领前，基本完成了城市中心区的道路近代化改造，并完成了城市中心通过主要城门与城外北、西、东三个方向的联系。城市道路网络与城南外租界通商场的联系，直到日占之后才得以推进。

回顾整体的近代化改造过程，除了城外租界通商场、铁路与站前区域以及沟通北、西、南三个方向既成街区的城墙外环路，没有其他新开辟的近代街区或道路网络。虽然到 1940 年前后，苏州从整体上完成了苏州城市骨架空间的近代化改造，包括城市中心区道路、中心区到城外各个方向的联系干道，以及全城范围内新建的大量近代公共建筑与住宅，但是这些建设和改造均是在不改变城市整体格局基础上进行的。比如城内道路近代化，均是在原有传统街巷的基础上进行的改铺和设施新增，新建的建筑物也并没有巨大到改变周围既存的街巷肌理。相比同时期上海、杭州等地由近代化建设导致的局部肌理改变、城市中心转移、整体骨架重构等影响，苏州的近代化改造，反而是在巩固和强调传统城市中心区和交通枢纽点（阊门外闹市）的基础上进行的。再加上城内诸多成片未触及近代化改造的传统街巷，即便在近代化改造后，苏州城市空间的总体意象并没有产生巨大的改变。

因此，可以总结性提出，虽然苏州在城市空间近代化过程中，围绕城外租界通商场与铁路的开辟、城内近代公共建筑与西式住宅等展开了构建新空间意象的探索，但整体结构上通过加强联系干道和首先进行中心区道路更新的做法，反而进一步巩固和强调传统城市的空间结构特征。而这种空间近代化的整体特征，对苏州在后期建设发展中持续保留传统城市格局和空间意象起到了极为重要的作用。

［本文经城市规划历史与理论学术委员会推荐授权已发表于《城市发展研究》2019 年第 11 期］

注释

① “原苏州市区段的运河是经上塘河至阊门、胥门、盘门、觅渡桥南下吴江的。明末清初曾因上塘河河窄水浅而改道从枫桥至横塘，然后至胥江东行至护城河（即古运河），由此古胥江更为繁忙。”可参见江苏省交通厅航道局，江苏省航道协会. 京杭运河志（苏南段）[M]. 北京：人民交通出版社，2009。

② “明清以来依托运河而发展起来的西半城毁于兵燹，阊门商业区焦土一片。”可参见王铁崖. 苏州日本租界章程[M]//王铁崖. 中外旧约章汇编：第一册. 北京：三联书店，1957。

③ “1903 年日本驻苏州领事二口美久在租界内建成一条横贯东西的大道，同时筑有七条南北向的小路与这条大道垂直贯通，构成租界内的交通网络。”可参见徐云. 苏州日租界述略[J]. 苏州大学学报（哲学社会科学报），1995(3)：107 - 112。

④ “在共同租界，一条沿运河的道路已筑成。另有三条道路与它平行。有三条横马路已筑好，另一条还未完成。”可参见客纳格. 海关十年报告 · 苏州（1896—1901）[M]//陆允昌. 苏州洋关史料（1896—1945）. 南京：南京大学出版社，1991。

⑤ “光绪二十二年（1896 年）九月，苏州海关成立……拨充葑门外觅渡桥西塊一片土地为苏州永久官址。”可参见苏州市城市建设博物馆. 苏州城市建设大事记[M]. 上海：上海科学技术文献出版社，1999。

⑥ “昨为沪宁铁路行苏锡一段开车兴礼之期，本埠中外官绅及公司洋员等均于上午至车站稍憩……”可参见《申报》1906 年 7 月 17 日第 3 版《沪宁铁路举行沪锡段开车典礼》。

⑦ 参照内政部方域司《吴县城图》可以看出日本租界形态没有发生变化，通商场存在新的道路建设。

⑧ “今更由阊门筑一马路直通至园，车水马龙，游者益众。”可参见 1910 年《图书画报》之《苏州留园》第一册，第四十九号。

⑨ “清宣统三年（1911 年），日商桥本高三郎在苏州盘门外日租界青阳地开设桥本纽扣商行。”可参见《苏州民族工商业之最史料辑录之二（近代篇）》。

⑩ 可参见日本外务省通商局. 苏杭事情[Z]. 东京：外务省通商局，1921（日本国立国会图书馆藏）。

⑪《市组织法》规定人口为 20 万到 100 万的城市可设普通市。

⑫ “光绪三十四年（1908 年）日本领事馆在租界进口处……现馆址建于民国十四年（1925 年）。”可参见苏州市房产交易管理中心. 苏州近代建筑考[M]. 苏州：苏州大学出版社，2016。

⑬ “特别是 1925 年 6 月建成的日资在中国经营的三大丝厂之一的日华蚕丝株式会社瑞丰厂……”可参见徐云. 苏州日租界述略[J]. 苏州大学学报（哲学社会科学版），1995(3)：107 - 112。

⑭ “1931 年填锦帆泾，筑锦帆路。该路南接十梓街，北至干将路。”可参见苏州市城市建设博物馆. 苏州城市建设大事记[M]. 上海：上海科学技术文献出版社，1999。

⑮《苏州市政筹备处半年汇刊：民国十六年七月至十二月》中记载：“第一步贯通南北之计划若能推行无阻，当以整理观前街、纠正新阊门交通横达第四干路为第二步……凡过街障碍物其有妨碍交通者，皆应一律

拆除。现分三期进行，先从繁盛区域着手，次及于次繁盛区域，最后及于陋街偏巷。”

⑯“苏嘉公路……民国二十二年(1933年)6月15日通车；苏虞公路……民国二十四年(1935年)6月通车；苏福公路，民国二十四年(1935年)8月通车。”可参见苏州市交通史(志)编纂委员会.苏州市交通志[M].上海:上海科学技术文献出版社,1994。

⑰“经淞沪战争之教训政府乃有重修苏嘉铁路之议，由京沪沪杭铁路局主持其事。二十三年春间，开始察(查)勘；去年春间，工事开始；今年四月，全线轨道枕木；敷设竣事，前月秒则车站房屋一切完成。”可参见《申报》1936年7月16日第2版《时评・苏嘉铁路前途之观察》。

⑱“苏嘉路共长七四点四四公里、其有桥梁涵洞计九十九、建费约三百万元、共八站、为吴县・(苏州)相门・吴江・八坼・平望・盛泽・王江泾・嘉兴。”可参见《申报》1936年7月16日第3版《苏嘉铁路昨日通车》。

⑲“护龙街十梓街临顿路葑门大街这几条干路，战前已拓宽重造，尚未完工，现在因军用车往来频繁，已勉强的填平了一些。”可参见《申报》1938年10月27日第4版《苏州沦陷以后的衣食住行》。

⑳“此后当自东大街、东西中市出阊门……此为第三步；又自齐门大街、临顿路、西汇……自十梓街经过天赐庄，自古市巷直接姚家角，当依次实现至三元坊、南之三元坊凤凰街带城桥……此为最后之开拓。”可参见苏州市政筹备处.苏州市政筹备处半年汇刊:民国十六年七月至十二月[M].苏州:苏州市政筹备处,1928。

㉑“为苏嘉铁路而新辟之相门、各项工程、经积极进行、渐次竣工”，可参见《申报》1936年11月8日第2版《新华大桥将开工》。

㉒参照民国时期城市中心复原图，详见箕浦永子.中華民国期蘇州における都市改造と住宅地開発に関する研究[J].都市計画論文集,2008,43(3):151-156。

㉓“1940年11月，拓宽邵磨针巷(北局经横巷、阔巷接通锦帆路)。”可参见苏州市城市建设博物馆.苏州城市建设大事记[M].上海:上海科学技术文献出版社,1999。

㉔参照《苏州青旸地前日租界内敌伪产业接管概括图》，档案号为I23-005-0088-019，苏州市档案馆藏。

㉕“吴参议会前曾呈省转交部要求修复苏嘉铁路，兹得交部覆州电称:以现时抢修国内各主要干线轨料，极度缺乏，修复苏嘉路，目前尚无法举办。”可参见《申报》1947年10月9日第2版《苏嘉路修复有待》。

㉖“1944年1月，大井巷、第一天门、珍珠巷和富仁坊四条道路整修工程和观前街至太监弄间道路拓宽工程同时竣工……1947年，整修十梓街、严衙前、凤凰街、天赐庄四条道路。”可参见苏州市城市建设博物馆.苏州城市建设大事记[M].上海:上海科学技术文献出版社,1999。

㉗“同治二年(1863年)长老会教士史密德来苏州传道，从城东渐及城中，是最早在苏州立足传道者。”可参见高雷.苏州的基督教传播与教堂建筑简史[M]//张复合.中国近代建筑研究与保护.北京:清华大学出版社,1999。

㉘“1863年12月，苏州被清军攻陷，李鸿章移驻守城中，马格里等也把松江的上海洋炮局迁至苏州，占用了原太平军纳王所住的王府……”可参见夏东元.洋务运动史[M].上海:华东师范大学出版社,1992。

㉙“葑门觅渡桥一带马路年久失修，现经苏关税务司罗祝谢，函请阊区警署兼马路工程处袁季梅，速为修理，以便交通，现由袁警正转呈警厅核示矣。”可参见《民国日报》1919年4月3日第7版《税司请修葑门马路》。

㉚可参见《申报》1937年7月2日第3版《开工拓宽各干区》；《申报》1937年7月11日第3版《动工改建四城门》。

㉛“苏州通讯、驻苏日军、因东北乡时有华方流动部队发现、且苏常公路、常遭破坏、陆上交通屡受阻隔”，可参见《申报》1940年4月26日第2版《苏州日军强征民夫筑路意在防范华军》。

㉜可参见《申报》1945年7月17日第1版《苏常公路准备复修》；《申报》1946年2月22日第1版《苏州抢修苏木公路桥梁》；《申报》1946年4月26日第1版《苏嘉公路定期通车》。

㉝“苏州市公所因便利人力车出城起见在阊门南童梓门筑桥直达横马路兹定于十五日开工。”可参见《申

报》1922 年 2 月 11 日第 3 版《童梓门筑桥开工》。

㉞“本市旧式城门六处皆有套城，阻碍交通，殊感不便，现已决定先自阊门起依次一律除。”可参见苏州市政筹备处. 苏州市政筹备处半年汇刊：民国十六年七月至十二月[M]. 苏州：苏州市政筹备处，1928。

㉟“门外横马路新建之南新桥两面桥堍壁立人力车上下殊为危险商会会董江锦洲潘萃青等先后函请市公所将桥堍拆卸重建。”可参见《申报》1923 年 1 月 9 日第 2 版《南新桥决定改造》。

㊱可参见《申报》1924 年 7 月 14 日第 3 版《金门公社提议填没两河浜》；《申报》1925 年 1 月 11 日第 2 版《重启金门以便交通申报》。

㊲“在金门南侧、今景德桥东堍北侧 1926 年还曾开过一个新阊门。”可参见施晓平. 苏州城门城墙那些事[M]. 苏州：古吴轩出版社，2015。

㊳“阊胥门交界处南新桥堍新开辟之金门，建筑城门及马路并水门汀沟渠等，业均工程告竣，行人车马可出入无阻。”可参见《申报》1924 年 7 月 19 日第 7 版《金门开辟工程告竣》。

㊴“城北新辟平门本甚冷落，未辟以前人迹稀见，邑绅贝润生在平门内曾价购官地一二十亩……出资独建钢骨水门汀桥一座，估价三万五千元，已与工头议定即日开工。”可参见《申报》1924 年 7 月 1 日第 3 版《贝绅出资建平门桥》。

参考文献

[1] 陈泳. 城市空间：形态、类型与意义：苏州古城结构形态演化研究[M]. 南京：东南大学出版社，2006.

[2] CARROLL P J. Between heaven and modernity: reconstructing Suzhou, 1895 - 1937[M]. Stanford: Stanford University Press, 2006.

[3] 方旭红. 集聚・分化・整合：1927—1937 年苏州城市化研究[D]. 苏州：苏州大学，2005.

[4] 箕浦永子. 中華民国期蘇州における都市改造と住宅地開発に関する研究[J]. 都市計画論文集，2008，43(3)：151 - 156.

[5] 箕浦永子. 鐘淵紡績株式会社の紡績工場設置計画にみる蘇州日本租界の土地租借交渉[J]. 学術講演梗概集. F - 2，建築歴史・意匠，2011(7)：603 - 604.

[6] 箕浦永子. 戦前期における蘇州日本尋常高等小学校の建設[J]. 日本建築学会技術報告集，2015，21(48)：849 - 852.

[7] 箕浦永子. 近代中国の都市再編事業と民間の役割に関する研究：中華民国期蘇州の社会公共事業と商会の活動を通して[J]. 都市計画論文集，2015，50(3)：1226 - 1231.

[8] 陈泳. 柳士英与苏州近代城建规划[J]. 新建筑，2005(6)：57 - 60.

[9] 黄云. 论苏州近代城市商业游憩区(1895—1937)[D]. 苏州：苏州大学，2006.

[10] 秦猛猛. 近代苏州城市空间演变研究(1895—1937)[D]. 苏州：苏州大学，2010.

[11] 黄隽茜. 苏州民国民居建筑研究[D]. 苏州：苏州大学，2010.

[12] 刘春羽. 苏州民国时期商店立面造型研究[D]. 无锡：江南大学，2016.

[13] 周谟一佳.《苏州工务计划设想》评析研究[D]. 武汉：武汉理工大学，2013.

[14] 陈泳. 近代工业街区的进化：从“苏纶厂”到“苏纶场”[J]. 建筑学报，2015(7)：98 - 103.

[15] 黄元炤. 柳士英[M]. 北京：中国建筑工业出版社，2015.

[16] 苏州市房产交易管理中心. 苏州近代建筑考[M]. 苏州：苏州大学出版社，2016.

[17] 周云，史建华. 苏州古城控保建筑的保护与利用[M]. 南京：东南大学出版社，2010.

[18] 王铁崖. 苏州日本租界章程[M]//王铁崖. 中外旧约章汇编：第一册. 北京：三联书店，1957.

[19] 王铁崖. 苏州通商场订定租地章程[M]//王铁崖. 中外旧约章汇编：第一册. 北京：三联书店，1957.

图表来源

图 1 源自：笔者参照张英霖. 苏州古城地图[M]. 苏州：古吴轩出版社，2004 所载的 1745 年《姑苏城图》改绘.

图 2 源自:笔者参照张英霖. 苏州古城地图[M]. 苏州:古吴轩出版社,2004 所载的 1880 年《苏州城图》改绘.
图 3 源自:笔者参照张英霖. 苏州古城地图[M]. 苏州:古吴轩出版社,2004 所载的 1906 年《苏州城图》改绘.
图 4 源自:笔者参照张英霖. 苏州古城地图[M]. 苏州:古吴轩出版社,2004 所载的 1914 年《新测苏州城厢明细全图》改绘.
图 5 源自:笔者参照张英霖. 苏州古城地图[M]. 苏州:古吴轩出版社,2004 所载的 1921 年《最新测苏州城厢明细全图》改绘.
图 6 源自:笔者参照张英霖. 苏州古城地图[M]. 苏州:古吴轩出版社,2004 所载的 1927 年《最新苏州市全图》改绘.
图 7 源自:笔者参照张英霖. 苏州古城地图[M]. 苏州:古吴轩出版社,2004 所载的 1931 年《苏州新地图》改绘.
图 8 源自:笔者参照张英霖. 苏州古城地图[M]. 苏州:古吴轩出版社,2004 所载的 1938 年《最新苏州地图》改绘.
图 9 源自:笔者参照张英霖. 苏州古城地图[M]. 苏州:古吴轩出版社,2004 所载的 1940 年《吴县城厢图》改绘.
图 10 源自:笔者参照张英霖. 苏州古城地图[M]. 苏州:古吴轩出版社,2004 所载的 1949 年《最新苏州地图》改绘.
表 1 源自:笔者绘制.

战争与文明刻画的哈尔滨近代城市规划历史典型特征

张　璐　赵志庆

Title：The Typical Characteristics of Harbin's Modern Urban Planning History Depicted by the War and Civilization

Author：Zhang Lu　Zhao Zhiqing

摘　要　战争和文明是推动城市规划历程前进的强大动力，哈尔滨正是由于中东铁路的修筑这一历史背景而改变了发展轨迹。本文以近代时间轴为序，通过不同时期、不同国家规划图纸的判研，比对不同视角文献记录和解读历史空间存续关系，提出哈尔滨规划历史具有如下典型特征："文明形态变迁中的空间风貌""西方规划思潮和城市治理方式影响的宏观城市轴线和微观街区情态""融合的中西建筑文化""路权导向的不同城市性质"。并且探讨了在文化遗产保护意识转型的新时代文明中，哈尔滨如何传习规划历史的经典印记。

关键词　中东铁路；哈尔滨；城市规划历史；特征

Abstract: War and civilization are the powerful forces to promote the advancement of urban planning. Harbin changed its development trace just because the historic background: construction of Chinese Eastern Railway. Following the modern timeline, the planning drawings in different periods from different countries are analyzed, the literature records from different views are compared and the existential relationship of historic spaces is interpreted. Then the typical Harbin's planning characteristics are discussed as follows: spatial features during the changes of cultural morphology, macro urban axis and micro block spirit affected by western planning thoughts and city governance ways, integrated Chinese and western architectural cultures and various city nature oriented by road right. The author has also explored the classic imprints to pass the planning history for Harbin under the new era civilization when the conservation consciousness of cultural heritages is transforming.

Keywords: Chinese Eastern Railway; Harbin; Urban Planning History; Characteristics

作者简介

张　璐，哈尔滨工业大学建筑学院，博士生

赵志庆，哈尔滨工业大学建筑学院教授，中国城市规划学会城市规划历史与理论学术委员会委员

1　战争与文明助动下的哈尔滨

在历史进程中，不同文明形态曾多次以战争

和侵略作为最有力的途径进行交锋。哈尔滨以“城市”的身份出现是源于沙俄帝国对“西伯利亚大铁路”东部线——“中东铁路”的修筑，始于其控制远东地区、掠夺我国东北资源的主要意图。“战争和侵略”的词汇组合潜伏着“破坏”之因，而“中东铁路”在当时是人口和大宗资源输送的最快载体，在特殊的历史机缘下，这一“工业文明”的代表性交通工具在辅助战事的同时也令原本隔绝的文明形态在铁路沿线的空间中加以强势链接。“哈尔滨”作为中东铁路的轴心城市，首当其冲地接受着与文明交锋相伴的人口迁徙、路权更迭、科技革新和思潮变革等一系列“秩序”变化，而空间秩序的重建则是文明演进在哈尔滨这座城市中延续至今的历史印记。

通过对不同时期、不同国家所编制的城市规划设计图纸的判研，不同视角文献的记录比对以及对城市历史空间存续关系的解读，研究者可认定和识别在战争与文明的助推作用下，哈尔滨近代城市规划历史发展中的一些显著特征。

2 哈尔滨近代城市规划历史的典型特征

2.1 城市性质:“渔猎文明+农业文明”集镇向“工业文明”城市的过渡

“哈尔滨”作为地名正式出现于官方记录是1864年在黑龙江将军衙门档案中(图1)，其满语为“扁状的岛屿”，在满语方言中发音为“harbin tun”(哈尔滨屯)[1-2]，人民依托滚滚遥源长白山脉的松花江和清末才开禁放垦的丰厚土壤充分地享受着渔猎、农业文明时代的悠然生活(图2)。当时的社会组织形式是村屯聚落，以田家烧锅①和傅家店②(图3)为核心聚落的代表。

图1　清同治四年(1865年)黑龙江将军衙门档案关于哈尔滨的记载

图2　19世纪末哈尔滨的渔村风光

图3　19世纪末的傅家店

1895 年 8 月，俄国政府单方面决定西伯利亚铁路经过中国领土，考察队溯松花江考察，绘制松花江两岸目测图（图 4），附图已明确标出了哈尔滨江段的 73 个村屯，另有清兵哨所、渡口、船口、网场、烧锅等标记。就其航道所带来的商贸优势，捕鱼贩卖、农具作坊、油坊、粉坊、药铺、商铺、当铺等业态已十分繁荣，渔民、农民、手艺人拥有的物质生产技巧激发了商业买卖往来，作坊式的管理经营方式使空间分散的聚落有了繁盛的街市形态。至中东铁路修筑前，这一地区有 20 多条街道形成，已成长为半农半渔的“渡口型”集镇[3]。

在 1903 年出版的《癸卯旅行记》中，有一处钱单士厘③女士途经哈尔滨期间的见闻记录：“烧锅者，满洲境上一大生业……锅主既营此大业，每扼要筑垣，如城如隍，以防外侮。垣中亦有街市，群奉锅主为长，俨有自治风气。垣周大者二三十里，视江浙小县邑，有过之无不及。”这里是对“田家烧锅村庄”（位置见图 4 右下）景致风貌（图 5、图 6）的生动描绘。

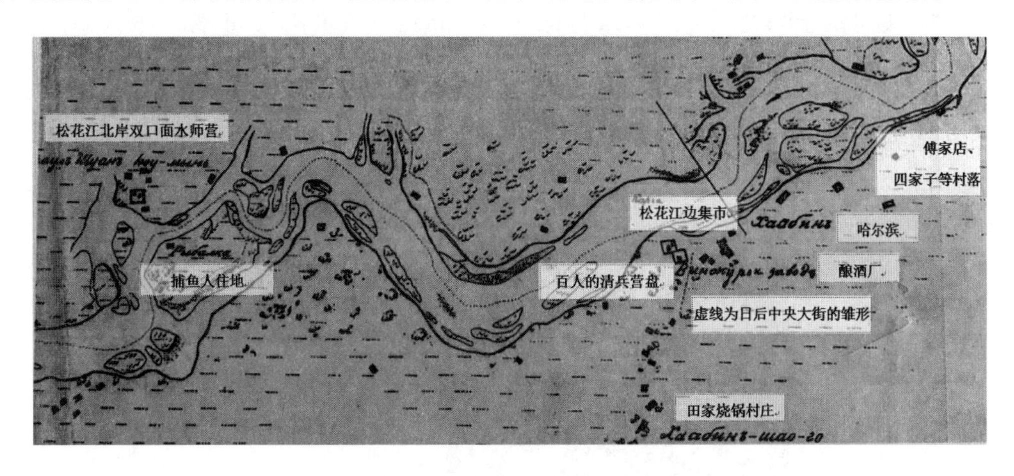

图 4　松花江两岸目测图

图 5　田家烧锅镇的街道

图 6　1898 年田家烧锅正门

1901 年，中东铁路全线贯通，“工业文明”的代表性交通工具——火车驶入了哈尔滨。靠近航道和远离政治中心的一隅偏安恰成为当初清政府令俄方放弃伯都讷（今吉林扶余市）而择地哈尔滨成为中东铁路枢纽的必要条件，种种历史性机遇令哈尔滨在“流域文明”和“路桥文明”的双重作用下成长，一座以俄式风格为风貌基调的城市迅速崛起。

帝国的野心最初在空间上体现的是以“中东铁路附属地”为名的圈地划界（图 7），于是城市规划活动的范围被界定。该空间范畴中插入中东铁路路线的T形结构，分割出南岗、道里、道外这三大历史城区的雏形，外加现香坊区（时称“旧哈尔滨”）的发源地——原田家烧锅的周边区域，形成四区分立的城市格局，以便于区域分工和管理，并借助地势确定了各区主干道路布局，重要的行政、教育、医疗设施开始沿主干路建设。

上述四区作为哈尔滨“城市”身份的起步区开始围绕铁路铺陈空间。对城市核心区的占据以及铁路自身的隔绝性在给这座城市带来工业文明气息的同时也给空间发展施加了约束力，令日后的规划者在解决重要历史文化街区的保护更新和疏导城区间交通这两大问题上不得不重新着墨。

而此时，田家烧锅的酒肆繁华之景早已灭迹于庚子事变中俄军队镇压义和团的战火，烧锅的32厮房舍被中东铁路工程局买下作为指挥驻地。1898年沙俄在哈尔滨购下的大宗土地之上，城市建设已初具规模，《癸卯旅行记》对于“新城”（现南岗区，旧称秦家岗）132方华里（约3 300 hm^2，33 km^2）土地营建的记载是：“以己意划界，不顾土宜；以己意给价，不问产主”；“已建石屋三百所，尚兴筑不已，盖将以为东方之彼得堡也”（图8）。钱单士厘这位颇具学识的晚清女性，以游历十余国家的国际视角直言哈尔滨土地被强征、大兴建设的时局和对空间面貌的感知。书中称其为“东方之彼得堡”，这与哈尔滨自19世纪20年代起风靡的别号“东方小巴黎”“东方莫斯科”见解一致，该风情已与昔日的“渔村”之貌有天翻地覆的改变。

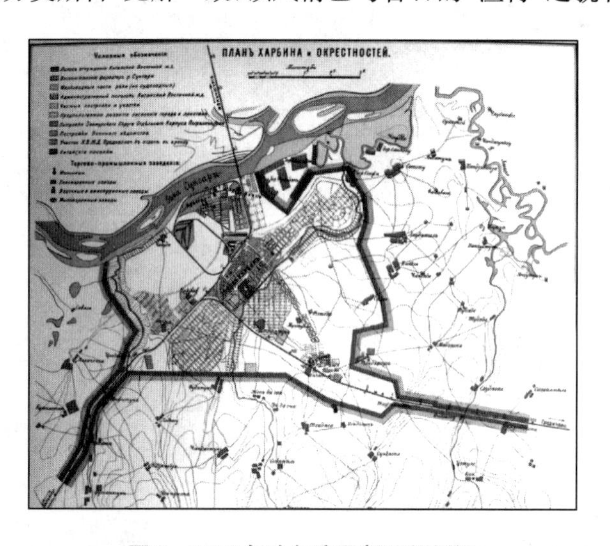

图7 1902年哈尔滨及郊区规划图

图8 1903年建设中的新城

2.2 规划理念:西方城市规划思潮的影响和城市治理方式的实践

区别于“九经九纬、经涂九轨”的传统城郭轴线和“曲径通幽”的古典造园意境,新的规划思维通过经典的“田园城市”等理论模型(图 9)在“新城”的空间中得以实践。“弧形放射与棋盘式结合的道路走向”(图 10)、“以宗教建筑为城市制高点和轴线交汇点”(图 11、图 12)、“花园式住宅的院落景观”(图 13、图 14)……工业文明最初不仅带来了交通方式的巨变,而且带来了具有西方王权思维痕迹的规划表达。

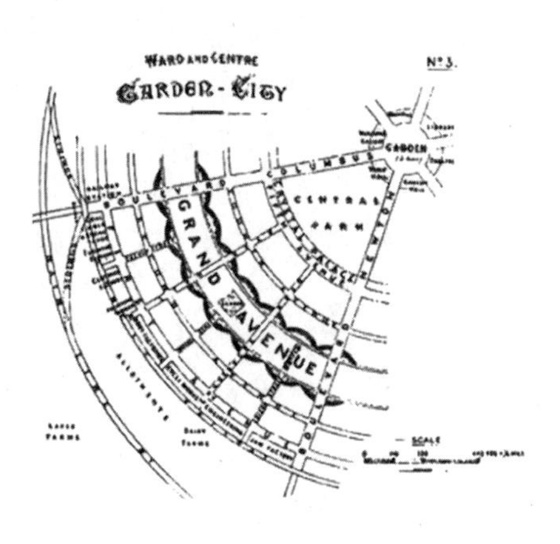

图 9 霍尔德田园城市理论模型

公园绿地的体系化建设除了装饰道路轴线的强化作用外,实质上也振奋了建筑环境的活力,大型公园、绿地的环射交织显得城市一片田园生机,这是对上帝视角的观照。行人视野中则是十字架高耸的洋葱头教堂,有明亮橱窗的气派沿街商铺、宽阔开放的林荫大道和前设壮观广场的火车站(图 15),与这些丰富的新型空间层次一起而来的还有宗教信仰、生活方式等新文化形式的融入。

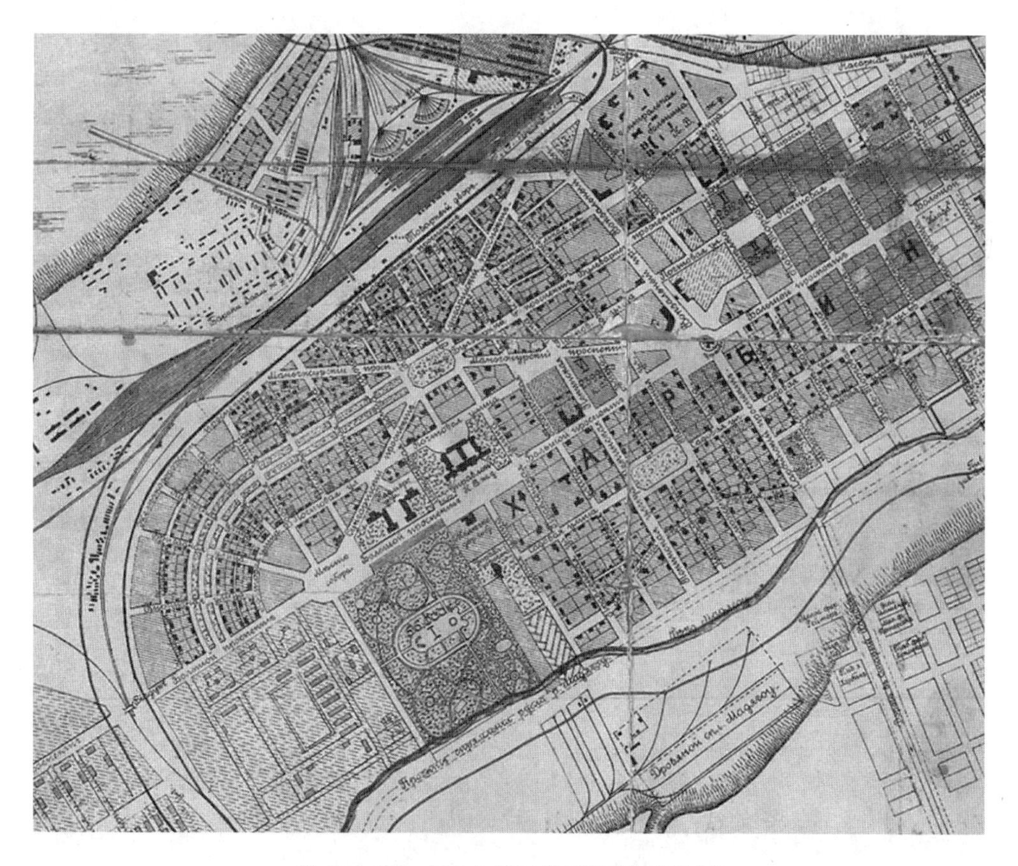

图 10 1906 年哈尔滨及郊区规划图(局部)

图 11　由秦家岗火车站前广场视向圣尼古拉大教堂

图 12　由南向北鸟瞰位于五轴交叉口的圣尼古拉大教堂

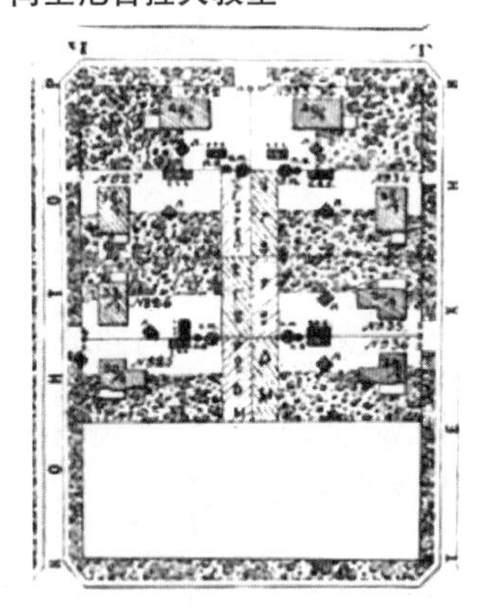

图 13　铁路职工住宅的院落规划（中东铁路管理局东侧）

图 14　中东铁路会办公馆图

图 15　丰富的空间层次

在日俄战争(1905 年)失败后,《朴茨茅斯条约》(1905 年 9 月)令沙俄将南满的权力让渡日本,并约定了哈尔滨等 16 个城镇的通商开埠。早期的移民多为中东铁路的职工和造城的劳工,而开埠的盛事则导致了哈市人口结构的转变,如奔赴盛会一般,世界各国的商人、企业家、冒险家、流浪汉汇集于哈,人口骤增至 25 万人(其中傅家甸有 15 万人)。哈市多元文化的繁荣始于此时期,交通、人口、贸易的膨胀为哈尔滨日后成为国际性商埠奠定了基础。

为调整铁路附属地布局,修订了哈尔滨及郊区规划图(1906 年)④(图 16 左),江北船坞⑤被纳入附属地范围,按用地功能划分为行政用地、军事用地、兵营、私人用地、公园等,且划定埠头区(今道里区)、新城区(今南岗区)共计 7.82 km^2 为商埠(图 17 左),归"哈尔滨自治公议会"管理。就埠头区地势平坦的特点和地价高涨的趋势,道路划分以直线网格为主,布置密集的横街与直街垂直相交,扩大沿街立面,以吸引更多外国中小资本和私人来从事商业经营(图 16 右)。

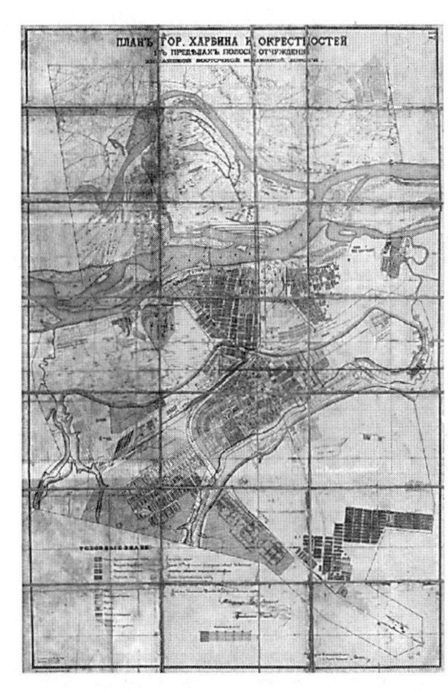

图 16　哈尔滨及郊区规划图(1906 年)(左)和埠头区街区局部图(右)

随着各国资本竞相涌入,外国开始设立商会组织,以保护本国工商业者的利益,各国领事馆也纷纷建立,曾先后有 33 个国家的超过 16 万名的侨民聚集于此,19 个国家在此设领事馆。具现代意义的工商企业、电信、文教卫生等社会事业逐步建立,道路和市政工程建设日趋完善,哈尔滨演变为东北最大的贸易城市,其近代城市的雏形已经形成。埠头区的"中央大街",其商贸繁华的盛景蜚声国际,时称"远东第一街"(图 17)。

城市治理也卓见成效,在 1903—1916 年,经"哈尔滨自治公议会"发布的法案[4]有 36 个,涉及道路整备、垃圾搬运、建筑规则、房屋番号、地价税收、马车运营、物价管理等多个方面。

2.3　建筑表征:中、西建筑文化的智慧交辉

20 世纪 20 年代,毗邻中东铁路附属地,在滨江县管辖下的傅家甸,文明的交融在建筑空间上充分表达。傅家甸的城镇化建设始于 1909 年,至 1916 年,从道外头道街到十六道街,

图 17　中央大街 1

傅家甸街道两侧已经全部建起房屋。1916 年 8 月，基于傅家甸人口几乎占到全市的 1/3，人满为患，滨江县政府则东拓四家子地方，将原有 68 000 余方丈(约 75.48 hm^2)荒地分级三等作价堪放，另拨留县衙署、局所、学校、公园、市场街基。这里既汇聚了一批精明干练、有胆有识的民族工商业精英开商铺、办实业、置地盖房，也有天南海北、三教九流的小贩、戏子、手艺人、娼妓讨生活。

鱼龙混杂的市井民风，吃苦耐劳、思想开放的意识土壤催生出“中华巴洛克”式的建筑文化结晶(图 18)。建筑采用中式手法，白灰勾勒清水砖墙、雕花围檐。前店后宅的四合院外立面还生出奇思妙想：将中国结挂在科林斯柱式上，用葡萄装饰着女儿墙山花。牡丹、蝙蝠和罗马柱[5]共同结合在中西方文明热烈交汇的时空中，并未令人有丝毫的违和感，反而一派热闹喜人。

图 18　傅家甸“中华巴洛克”建筑

这些建筑的建造者并不像昔日负责新市街和埠头区建设的“列夫捷耶夫工程师”和“希尔科夫公爵”一样拥有正统建筑教育背景，只是一些本地工匠，但他们凭借的是代代流传的构造技巧和现学现用的匠心独运。两国的建设者在营造家园的热情上是没有区别的。冲突是战争分子挑起的事端，而对于不同文明背景下的人民大众，则是未掺杂任何国别之见的接纳和融合，双方的努力使得这时的哈尔滨不仅成为日后俄罗斯人怀念的“心目中的理想城市”，而且成为本土人民采撷异国建筑文化，并将之延续保护的“开放包容之城”。

2.4　政治影响：路权更迭中城市性质的不同导向

1) 俄侨的理想家园

1917 年，俄国爆发“二月革命”和“十月革命”，推翻了沙皇政权、临时资产阶级政府，建立了红色政权。大批白俄贵族、官员、学者、艺术家、音乐家、建筑师、东正教士、难民等乘中东铁路车次避难至哈尔滨，具有更高文化素养的移民群体出现在哈尔滨并发挥他们在哈建设家园的热情，大批的私人宅邸开始修建。

为解决移民的安置问题和铁路员工、市民的建房需求，中东铁路管理局进行了“纳哈罗夫卡村”“沙曼屯”“沃斯特罗乌莫夫村”[6]的规划(图 19)。为在自治市区之外再辟商埠用地，适应工商业发展的需要，还编制了八区、顾乡屯、马家沟的分区规划。这些区域的规划和动工实施填补了城市原始四区之间的空白地带。

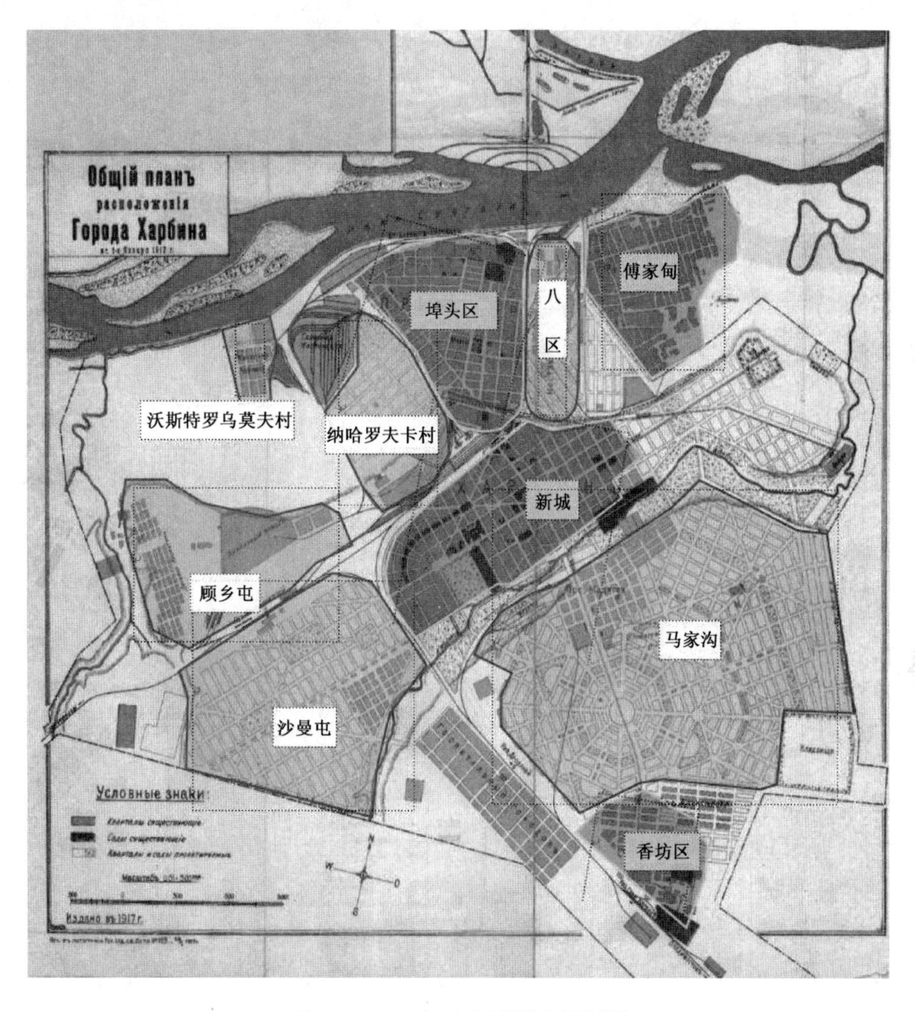

图 19　1917 年哈尔滨城市规划图

为解决侨民教育问题，1917 年至 1923 年间教育文化设施的建设加大，相继开办了小学、中学、工业、高等经济法律、病护等学校，苏俄报业也达 50 余家。1920 年，“哈尔滨自治公议会和董事会”开始筹划招商承办电气事业，创建有轨电车，中外资本家纷纷投标。1927 年 10 月，有轨电车一期通车⑥。由此，行人礼让往来，马车、汽车、有轨电车避让交错，火车轰鸣穿过的景象共同出现在哈尔滨的主要城区中(图 20)。

从 1916 年到 1923 年苏俄内战结束，在哈俄侨由 3.4 万余人增至 15.5 万人，一度超过了哈尔滨本土居民人数，哈尔滨成了中国最大的俄侨聚居中心、理想生存之地，“东方莫斯科”因此得名。

图 20　埠头区街景(民国出版的明信片)

2）奉系政府的利权收回之城

（1）利权收回与城市行政体制的建立

1920 年,中华民国总统命令在铁路沿线地区成立“东省特别行政区”,接管哈尔滨及铁路沿线的市政权,并相继收回了设警、外交、行政、司法等权力。1923 年 3 月,设置了“东省特别区行政长官公署”[7],驻哈尔滨埠头区,统管中东铁路附属地行政,该公署下设政务厅、市政管理局、地亩管理局、警察管理局和教育管理局等,初步实现了行政机构和行政职能的统一,为国民政府在中东铁路沿线地区行使国家主权发挥了积极的作用。1924 年的《奉俄协定》后,中苏“共管”中东铁路,苏联乘机瓦解“白俄残余”并停用中、苏国籍以外的员工,导致哈尔滨俄侨人口的巨大波动⑦。1926 年 3 月,“东省特别区市政管理局”解散市会⑧,9 月,“哈尔滨特别市”成立,组建参议会和市政局,自此,沙俄非法夺取达 28 年之久的哈尔滨市区的行政权力被全部收回。

（2）对外贸易节点

1923 年编制的东省特别区哈尔滨规划全图是由张作霖聘请俄国人作为主要人员规划设计的,延续了功能分区的俄国规划理念,推动了商业的蓬勃发展,并在 1926 年⑨对哈尔滨进行了行政分区的调整[8]。至 1927 年,哈尔滨发展为“北满”最大的商品市场和物资集散地,推动了哈尔滨的近代化进程。

（3）民族主义的建设体现

1929 年,张学良为夺回中东铁路路权引发“中东路事件”,但最终东北军战败,中东铁路依旧为“中苏合办”,实际仍由苏联单独控制。但这一时期的利权回收,促进了哈尔滨人民民族意识的觉醒,普育中学⑩、极乐寺⑪、文庙⑫等一批本土建筑(图 21)在重要地段(新城的大直街)落成,具有与帝国主义的精神文化相抗争、振奋民族精神的重大意义。

图 21　普育中学(左)、极乐寺(中)、文庙(右)

3）日本计画的大哈尔滨都邑

1931 年,九一八事变后,哈尔滨沦为敌占区。基于沙俄王权主义城市规划的建设基础,日本把加强港湾、工业和军事设施作为首要建设重点，将哈尔滨的城市性质定位为“北满重镇”和“经济据点”。特别地，是由日本关东军特务部组织关东军、伪满政府、满铁共同商讨哈尔滨的都市规划，并积极制定全局性规划，由关东军司令部来进行规划的审议、决定，其战略意图不言而喻。

1931 年 11 月，马家沟军用飞机场落成使用，破坏了 1917 年原沙俄管控时代在马家沟地区谋划的十条道路放射同心圆结构。1932 年 5 月，开始在《大哈尔滨都市计画概要》规划的“母市”(规划城区)周边构筑城防工事 30 余处。1933 年，日本欲将哈尔滨进一步发展为侵华的后勤补给基地，抛出了“大哈尔滨计划”，伪满政府和哈尔滨特别市从日本特聘土地经营和城市规划专家为顾问来实施此计划，将原东省特别区哈尔滨特别市、东省特别区市政管理局哈尔滨市、吉林省滨江市和滨江县及江北黑龙江省松浦市辖区五合为一，归立为“哈尔滨特别市”。至 1938 年，哈尔滨城市规划内的所有土地都收为市有土地，实行市街用地全面公有化。

这一期间，日本对教育设施的设立也十分重视，从 1933 年至 1945 年，见于《哈尔滨历史编年(1763—1949)》中的新建、升级、撤并、改制的学校有 75 所，同时还进行神社、桥梁、堤防工程的修筑以及大型公园绿地的整备和建设[13](图 22)。从 1941 年后，太平洋战争爆发，到 1945 年日本战败，城市建设才逐步放缓。

图 22　江畔公园风貌

路权掌控者都曾就哈尔滨的城市性质进行过大尺度的宏伟规划，如沙俄对马家沟地区的皇权式规划，本地政府的滨江城市建设规划[以傅家甸为中心的太平桥、三棵树一带约 150 余万方丈(约 1 665 hm^2，16.65 km^2)土地辟为商埠地]，日本的卫星城设想，但规划的历史持续性受国际时局动荡、战争的影响，其组织机构、规划用地、建设经费都难以落实，始终呈进行、中断、扭转的发展规律。

3　历史空间特征的存续

今日，哈尔滨的战事不在，和平到来，这些经年累月、几经风雨保留下来的城市规划历史特征依然是大众心目中最值得关注的城市记忆[9]。将 1932 年哈尔滨地图的核心区与 2016 年哈尔滨市区卫星图相比照，空间肌理有较高的历史沿袭一致性(图 23、图 24)。无论是历史城区、街区、建筑、绿地、广场，还是功能分区、道路轴线、街巷尺度、视廊等空间关系，对其进行良性保护与积极利用恰能反馈出一种对历史文化伦理的尊重，这是当今时代应有的道德精神与价值态度。

图 23　1932 年哈尔滨地图(局部)

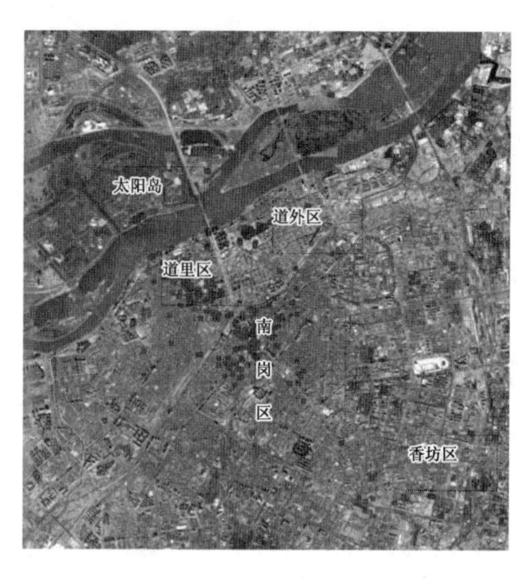

图 24　2016 年哈尔滨市区的中东铁路建筑遗存（深色方块表示）

3.1　历史街区的保护利用

哈尔滨历史街区的保护规划现状分为改造为商业步行街区、打造成主题商业街区、划为旅游景区、待开发利用四种。

(1) 中央大街被改造为商业步行街区。1997 年 6 月，昔日埠头区的中央大街经过历时 10 个月的综合整治改造后，正式开通为商业步行街，因街区尺度宜人、商业氛围浓郁、建筑风貌独特，成为中国独一无二的艺术大街，被各国游客喜爱，被称为“建筑艺术博物馆”，是助力哈尔滨旅游经济发展和城市特色塑造的王牌历史街区(图 25)。

图 25　中央大街 2

(2) 老道外历史街区的分期运作。2012 年，被称为“中华巴洛克历史街区”的一期、二期工程完工，基本保留了院落形态和部分装饰，但老哈埠的市井世情风致不再。隔街相对的同时期街区——哈埠传统集市街区的招商尚在进行中，更新活化成效有待时间考证(图 26)。

图 26　老道外历史街区

（3）江北太阳岛私家别墅群成为5A级风景区的旅游名片。“俄罗斯风情小镇”在历史上是中东铁路职员的避暑疗养地，现在是太阳岛5A级风景区的重要景点之一。太阳岛5A级风景区的主体景观部分由19世纪20年代左右俄、法、德侨民建造的20余栋俄式别墅组成，与“小镇”俄罗斯文化主题游览和体验活动相得益彰（图27）。

图27 俄罗斯风情小镇

（4）花园街区的困境。花园街区曾作为中东铁路职员住宅区，自2011年10月动迁计划启动，因其特殊的区位、历史价值和开发利益之间难以平衡，项目一直搁浅，未来如何发展仍是哈尔滨城市规划历史的一大难题（图28）。

图28 花园街区

3.2 历史建筑的转型

哈尔滨历史建筑的保护规划分为六种主要方式：原形制不变、延续行政办公使用功能；修缮后转为开放参观；扩建后延续原商业功能；民宅装修后改造为餐厅；拆除后仿原貌扩建，延续原使用功能；拆除后另选址复建。

（1）中东铁路管理局，其功能、样式延续百年。自1946年东北民主联军接管哈尔滨后，在原中东铁路管理局旧址成立了哈尔滨铁路局，昔日百姓口中的“大石头房”其铁路机构办公场所的使用功能一直延续至今，2013年更被评为全国重点文物保护单位（图29）。

图29 哈尔滨铁路局

（2）圣·索菲亚教堂，从信仰空间到建筑艺术殿堂。1997年，教堂内部被辟为哈尔滨市建筑艺术广场。2000年，哈尔滨市人民政府组织扩建了哈尔滨市建筑艺术广场、中心休闲广场及城市建设规划展示馆建设工程，这是哈尔滨最具标志性的建筑之一（图30）。

图 30　圣·索菲亚教堂

(3) 秋林洋行,从百年老字号到秋林公司。1953 年中国国营秋林公司建立,为适应市场经济需求,先后进行了四次扩建改造,1978—1981 年按原建筑风格增建为四层,最近一次是在 1995 年,其营业面积不断扩大,经营业态不断出新,但“秋林”的名字一直未变(图 31)。

图 31　秋林公司

(4) 中东铁路管理局局长私邸,民间活化历史建筑的有益尝试。20 世纪 90 年代,该建筑已经由铁路公房变更为个人私产,归属 3 户,分别于 2013 年、2015 年、2018 年重新装修后,作为咖啡厅、西餐厅和中华老字号餐厅经营,保存状况良好(图 32)。

图 32　联发街 78 号

(5) 哈尔滨火车站,三代形象。因铁路运输压力的不断攀升,哈尔滨火车站历经 1899 年、1960 年和 2017 年的三次筹建,建筑外貌亦经历了一个轮回。作为繁华市区的门户形象,极具视觉冲击力的新艺术运动建筑风格已成为城市符号,在多地被复制运用(图 33)。

图 33　哈尔滨火车站

(6) 圣·尼古拉教堂,灭迹于转盘道。该教堂于 1966 年拆除,原址成为绿地和交通岛;2010 年在伏尔加庄园成功复建了教堂;关于其在原址的重建问题,一直被不断提议和讨论之中(图 34)。

图 34　圣·尼古拉教堂

3.3　科技实现历史桥梁的再生

历史桥梁的保护则更多地运用了现代建造技术进行修缮改造。

(1) 松花江铁路大桥。2015 年随着"松花江特大桥"建成,百年"松花江铁路大桥"完成了火车通行的历史使命,并于 2017 年改造完工,成为联系松花江两岸的步行景观桥(图 35)。

图 35　松花江步行景观桥

(2) 霁虹桥。霁虹桥位于道里与南岗两区的分界点,是哈尔滨桥梁史上第一座真正意义上的立交桥。2017 年哈尔滨火车站铁路电气化改造工程正式开工,为配合高铁通行净空高度,实行霁虹桥原址改造,2018 年 10 月 22 日改造完成后正式通车(图 36)。

图 36　霁虹桥

4 结语

战争与文明的交辉掩盖不住规划历史的精彩纷呈，由古至今的点点刻画描绘出不同年代和国别的人民对于生存之地的美好期望。文明并没有高低之别，若中东铁路未经过哈尔滨，那么哈尔滨的城市规划历史定将是另一幅景象。

本文未将这段已发生的历史做传统的分期研究、划定严格的时间阶段，但侧重于梳理在不同文明语境中，哈尔滨城市规划历史的延续与流变。哈尔滨近代规划历史发展链条的特殊性在于，其是以西方霸权威胁和文明示范的双重压力[10]为关键启动因素，以路权更迭（也是陆权扩张、政权演变）中城市功能性质和居民（移民与本土居民）情感寄托的空间落实表达为重要节点，规划思潮的流动性和开放性为其支撑性秩序，城市文化价值的存续认定是其持续动力。到今日，走过了一段从初始清廷的无力主动而为，到民国的移植融合，最终走向破除羁绊、自我孕育的生长轨迹。

［本文受国家自然科学基金面上项目“基于无人机遥感与AI深度学习的中东铁路城镇风貌特色规划范式研究”(51878205)资助］

注释

① 酒坊，现香坊区安阜大街一带。

② 客店、食摊、大车店，1908 年 1 月，“傅家店”改称“傅家甸”，现道外区一带。

③ 近代女作家、翻译家、旅行家、启蒙学者。其夫钱恂，是维新派的知名人士、清朝著名的外交家，光绪年间，先后出任过清政府驻日本和欧洲各国使节。

④ 该图是对 1902 年哈尔滨及郊区规划图的修编。

⑤ 现太阳岛公园一带。

⑥ 共两条线路 8 km 轨道，开启了从西马家沟电车厂（今南岗区文明街）到埠头区警察街（今道里区友谊路）和喇嘛台（今南岗区博物馆广场）再到铁路局（今南岗区西大直街哈尔滨铁路局）的电气化道路。

⑦ 1924 年底，哈尔滨全境人口减少了 9.72 万人。

⑧ 沙俄管理的“哈尔滨市自治公议会”和“董事会”。

⑨ 1926 年 6 月 17 日，《哈尔滨特别市自治试办章程》公布实施，将埠头区、新市街划为“哈尔滨特别市”管辖区域，其余马家沟、老哈尔滨（今香坊）、新安埠（偏脸子）、八区、顾乡、正阳河等仍归“东省特别区市政管理局”管辖，称“东省特别区哈尔滨市”。

⑩ 1923 年创建。

⑪ 1923 年始建，位于东大直街尽头，为老哈尔滨龙脉所在地。

⑫ 1926 年建，1929 年落成，碑文为张学良撰写，以凝练的语言记述了在东北半殖民地化危机日益加深的背景下，修建哈尔滨文庙的重要意义。

⑬ 王兆屯苗圃（公园和植物园）、八站公园（体育公园）、马家花园、松花江畔公园。

参考文献

[1] 纪凤辉. 哈尔滨地名由来与哈尔滨城史纪元[J]. 学习与探索，1993(2)：126－131.
[2] 李述笑. 哈尔滨历史编年(1763—1949)[M]. 哈尔滨：黑龙江人民出版社，2013.
[3]《哈尔滨》课题组. 哈尔滨[M]. 北京：当代中国出版社，2007.

[4] 越沢明. 哈尔滨的城市规划(1898—1945)[M]. 王希亮,译. 李述笑,校. 哈尔滨:哈尔滨出版社,2014.
[5] 刘松茯. 哈尔滨城市建筑的现代转型与模式探析:1898—1949[M]. 北京:中国建筑工业出版社,2003.
[6] 克拉金. 哈尔滨:俄罗斯人心中的理想城市[M]. 张琦,路立新,译. 李述笑,校. 哈尔滨:哈尔滨出版社,2007.
[7] 赵志庆,王清恋,张璐. 哈尔滨历史空间形成与特征解析(1898—1945 年)[J]. 城市建筑,2016(31):54-57.
[8] 王骏,李百浩. 沈阳近代城市规划历史研究[M]. 济南:山东人民出版社,2017.
[9] 吕飞,康雯,罗晶晶. 文化线路视野下东北地区工业遗产保护与利用[J]. 中国名城,2016(8):58-64.
[10] 陈勤,李刚,齐佩芳. 中国现代化史纲(上卷):无法告别的革命[M]. 南宁:广西人民出版社. 1998.

图片来源

图 1 源自:李述笑. 哈尔滨历史编年(1763—1949)[M]. 哈尔滨:黑龙江人民出版社,2013.

图 2、图 3 源自:李述笑. 哈尔滨旧影[M]. 北京:人民美术出版社, 2000.

图 4 源自:哈尔滨市建设委员会,哈尔滨市人民政府城市建设综合开发办公室,哈尔滨市城建档案馆. 哈尔滨城市建设[Z]. 哈尔滨:哈尔滨市建设委员会,1995.

图 5、图 6 源自:李述笑. 哈尔滨旧影[M]. 北京:人民美术出版社,2000.

图 7、图 8 源自:哈尔滨市城市规划局,哈尔滨市城市规划学会. 哈尔滨印 · 象(上)(1897—1949)[M]. 北京:中国建筑工业出版社,2005.

图 9 源自:埃比尼泽 · 霍华德. 明日的田园城市[M]. 金经元,译. 北京:商务印书馆,2010.

图 10 源自:哈尔滨市城市规划局,哈尔滨市城市规划学会. 哈尔滨印 · 象(上)(1897—1949)[M]. 北京:中国建筑工业出版社,2005.

图 11 至图 14 源自:渡桥的新浪博客.

图 15 源自:李述笑. 哈尔滨旧影[M]. 北京:人民美术出版社,2000.

图 16 源自:哈尔滨市城市规划局,哈尔滨市城市规划学会. 哈尔滨印 · 象(上)(1897—1949)[M]. 北京:中国建筑工业出版社,2005.

图 17 源自:新浪博客.

图 18 源自:昵图网.

图 19 源自:哈尔滨市城市规划局,哈尔滨市城市规划学会. 哈尔滨印 · 象(上)(1897—1949)[M]. 北京:中国建筑工业出版社,2005.

图 20 源自:新浪博客.

图 21 源自:7788 收藏网;新浪博客.

图 22 源自:蜂鸟网论坛;网易博客.

图 23 源自:哈尔滨市城市规划局,哈尔滨市城市规划学会. 哈尔滨印 · 象(上)(1897—1949)[M]. 北京:中国建筑工业出版社,2005.

图 24 源自:笔者绘制.

图 25 源自:新浪博客;华声论坛.

图 26 源自:新浪博客;第二人生网;中东铁路(黑龙江段)总体保护规划数据库.

图 27 至图 36 源自:中东铁路(黑龙江段)总体保护规划数据库.

港口功能转型影响下的港城空间演变特征：以吴淞为例

姜　浩

Title：The Spatial Evolution Characteristics of Port Cities Under the Influence of Port Functional Transformation：A Case Study of Wusong

Author：Jiang Hao

摘　要　吴淞位于上海市北部，地处长江与黄浦江交汇的吴淞口，是水路进入上海的门户。历史上吴淞的港口功能不断变迁，而港口功能的转变最终反映到了吴淞城市空间的演变之中。本文在收集了历史上涉及吴淞港口和城市发展的各种史料的基础上，研究港口功能转型影响下的城市空间演变过程与特征，并探究其动力机制，发现规划是近代以来吴淞港口功能转型的主导因素。吴淞从一个江边渔村发展成为一个综合性的新城，其城市空间表现出了极强的向港性特征。自主开埠之前，吴淞因其地理位置而以渔港和军港的形式初步发展；自主开埠后，在中外对抗下以商港为主导，港口空间和城市功能进一步扩展；1949年以来，工业化导致吴淞港及城市空间迅速扩张，一个工业性质的卫星城初具规模；2000年之后，吴淞港转型为国际邮轮港，吴淞城市空间走向更加复合化的阶段。

关键词　城市史；港口功能转型；空间结构；吴淞

Abstract：Wusong, located in the intersection of the Yangtze River and Huangpu River, is the gateway to Shanghai by water. Historically, the functions of Wusong Port have been changing constantly, and port functional transformation have finally been reflected in the evolution of Wusong's urban space. Based on the collection of various historical materials concerning the development of Wusong Port and the city, the author tries to review the process of developing Wusong Port in the twentieth century and analyses the evolution process and characteristics of urban space under the influence of port functional transformation. Its dynamic mechanism is also explored. It is found that urban planning was the dominant factor of Wusong port function transformation since modern times. Wusong has developed from a riverside fishing village to a comprehensive new city, and its urban space shows a strong harbour-oriented character. Before Wusong opened its port independently, Wusong developed in the form of fishing port and military port because of its geographical position;

作者简介

姜　浩，同济大学建筑与城市规划学院，硕士生

after that, it was dominated by commercial port under the confrontation between China and Western Powers, and its space and urban functions were further expanded; since 1949, industrialization had led to the rapid expansion of Wusong Port and urban space, an industrial satellite city had begun to take shape; since 2000, Wusong Port had been transformed into an international cruise port, and Wusong's urban space had become more complex.

Keywords: Urban History; Port Functional Transformation; Urban Spatial Structure; Wusong

1 引言

作为不同文化和不同环境在陆地和海洋边界上的交流中心，港口城市长期以来一直被地理学家、经济学家、社会学家和历史学家所关注[1]。港城关系研究方面的成果已相当丰富，但是目前研究多着眼于港口经济与城市经济间的互动，对于港城空间关系，则更加关注港口与城市之间的空间关系，而对于港口同城市内部空间变迁之间的互动研究尚属少见。虽然港口在不同城市对城市空间的塑造不同方面有深浅侧重，但港口的发展最终会直接反映到城市的空间组织上[2]。王缉宪针对中国港口发展的实际情况提出，中国主要港口普遍呈现的空间演变事实上是在构筑一系列以港口为核心的新城[3]。近年来，港口外迁的趋势愈加明显，港口新城不断出现，在这种情况下，从港口与城市空间关系进行研究，对当前港口城市建设发展不仅非常重要，而且十分迫切。

城市空间结构演变的内在机制在于城市结构形态不断适应变化着的城市时代的要求，即由"功能—结构"的矛盾推动城市结构形态的孕育、产生和发展[4]。在港口城市发展历程中，港口和城市无论是互惠还是互损都是紧密相连的，而其在各个历史挑战时期总是出现，并且各个时期所呈现的特征有所不同。港口功能的动态变化通常都伴随着港口形态的变化，并引起港口与城市联系的变化，从而进一步作用于港口城市的内部空间结构和格局；同时港口城市的空间变迁亦会反作用于港口的发展。因此从历史的角度探究港城空间层面的互动关系有助于更好地理解城市空间结构的变化。

同以港口经济为主要动力驱动型的西方港城空间发展模式不同，吴淞港城空间的变迁在很大程度上是制度变迁影响下的结果。早有学者意识到地方政府角色的变化对于城市发展及城市空间演化的深远影响[5]。因此本文主要研究地方政府主导下的港城发展，尤其是政府是如何通过规划这一手段实现其意图的。

吴淞，原是吴淞江出海口附近地区的泛称。本文所指的吴淞港，是指原吴淞区（1988 年与宝山县合并为宝山区）范围内的港口。对于吴淞港本身而言，它包括码头、航道等的分布，以及其内部结构和整体格局的形成和变迁。此外，本次针对吴淞港的研究并不纠结于其物理边界而是将其作为城市融入全球航运网络的门户节点。

本文试图通过"复原"吴淞地区已经变化或消失的当初赖以发展的各种自然和人文的因素，从实证的角度解释港口发展与港口城市空间变迁之间的互动关系。需要指出的是，港口城市的发展面临的问题异常复杂，在不同的政治、经济、社会背景下所面临的问题及发展路径也不同，不同港城空间的发展差异性较大，本文研究的目的不在于总结港城空间发展的某种范式，而在于为理解城市空间变迁提供一个新的视角。当然，吴淞依托港口发展的历程可以理解为以港口为核心塑造的一个新城，这对理解如今港口外迁趋势下的港口卫星城的发展具有一定的借鉴意义。

2 港口功能变迁的历史进程

历史上吴淞虽然控江临海，水上交通运输条件极佳，但是由于清廷采取海禁闭关政策，一直未能发展成为一个沿海的大型港口城市。19 世纪 70 年代之后，黄浦江航道淤积和上海港贸易增长的矛盾，促使西方国家试图将租界范围扩大至吴淞，清政府为维护国家主权，于 1898 年在吴淞自主开埠，开始了吴淞近代化的历程。

从港口功能来看，吴淞港遵循“渔港（明清）→渔港＋军港（1840—1898 年）→商港（1898—1949 年）→工业港（1949—2000 年）→国际邮轮港（21 世纪）”发展的历史进程，吴淞港口区位也随着港口功能的变迁而不断变化。在鸦片战争之前，由于长江口渔场的存在，大量渔户鱼行在蕴藻浜河口聚集，形成了“十家三酒店，一日两潮鲜”的渔港集市，吴淞渔市盛况历久不衰，一直持续到 1956 年私营工商业社会主义改造。在鸦片战争之后，清政府由于海防的要求在吴淞口修筑炮台，并设置了吴淞营、提镇行辕，吴淞港的军事功能得到提升。1898 年吴淞第一次开埠之后，在黄浦江畔吴淞镇和炮台湾形成了集中的货物中转的水陆码头。新中国成立之后，在张华浜和军工路先后建成了两个大型的集装箱码头，1990 年又在长江南岸建成宝山码头，吴淞发展成为一个工业港口。21 世纪以来随着工业的外迁，吴淞港的主导功能开始转变为国际邮轮港（图 1）。

3 城市规划在港城空间发展中的作用

吴淞港口的演变是一个多种因素共同作用的动态过程。有学者提出港口功能的演变是由内外因素共同推动的，其中内部因素主要基于系统自身的发展规律，外部因素主要包括经济因素、技术因素、区位因素等[6]。尽管在港口城市相关研究中，制度、政策、文化等因素时常被忽略[7]，但是与西方国家港口城市以港口经济作为主要动力推动的港城发展模式不同，中国港口城市空间结构演变受到了更大的政策变化影响[8]。纵观吴淞百年发展历史，制度因素起到了关键的作用，地方政府及港口当局为了达到城市发展的目的，通过各种政策手段促进港城发展。由于吴淞港的管理部门在大部分时间都只是地方政府的一个机构，因此港口管理部门同城市规划部门是伙伴关系，规划部门直接参与港口的规划之中，而港口当局也参与城市规划的编制。历史上，吴淞的港口规划更多的是在城市规划中得到体现，城市发展与港口发展之间体现了良好的协同关系。

3.1 近现代吴淞港城规划演变历程

吴淞地处长江、黄浦江和蕴藻浜三江交汇之处，是水路进入上海市区的咽喉之地，因优越的水上运输条件而被视为开发宝地[9]。清末，清政府为维护国家主权，同时谋求经济发展，在吴淞实行自主开埠，开始有计划地依托港口进行城市建设。早期的吴淞港口规划都带有比较明显的民族主义色彩，统治者们试图将吴淞发展成一个可以同上海租界竞争的商埠，但这些规划在吴淞均未得到彻底的实施，仅仅进行了一些初步的市政建设。二战之后，上海

图 1　吴淞港功能及区位变化图

都市计划委员会编制了《大上海都市计划》，试图在吴淞蕴藻浜建立大型挖入式港口，并在周边发展工业，后因国民党发动内战而未得以实施。该计划虽未实施，但是在吴淞建立大型港口和发展工业的思想却得以延续，20 世纪 50 年代的上海总体规划开始将吴淞作为上海工业性质的卫星城发展，吴淞开始逐步发展成为一个大型的郊区工业基地，吴淞港区(张华浜集装箱码头和军工路集装箱码头)也成为上海港的中心。20 世纪 80 年代之后，随着航运技术的进步和船舶大型化的趋势，吴淞港的航运条件已经不能满足航运需要，规划中的上海港开始离开黄浦江，吴淞也不再是规划的重点(表 1)。

表 1　吴淞港口和城市规划的历史分期表

历史分期	规划文件	部门机构/个人	时间	主要内容
商港规划阶段（1898—1945 年）	《吴淞开埠计划概略》	张謇	1923 年	吴淞口谈家浜向西至剪淞桥作为海轮码头，剪淞桥以西作为江轮码头，附近设仓储
	《上海市商港区域计划草案说明书》	上海市中心区域建设委员会	1930 年	在吴淞开辟新商港，在新商港和上海租界之间建立新的市中心
	《上海新都市建设计划》	日伪复兴局	1938 年	在吴淞建立大港口，开挖蕴藻浜，建立工业地带
工业港规划阶段（1946—1986 年）	《大上海港建设计划》	上海港务整理委员会	1946 年	上海港逐步集中于吴淞，在吴淞建立大型挖入式港池，作为远洋水陆客运联运站
	《上海港口五年建设计划概要》	上海港务整立委员会工务组	1947 年	
	《上海港口的初步研究报告》	上海市都市委员会	1948 年	
	《吴淞港口计划研究报告》	上海市都市委员会	1948 年	
	《大上海都市计划》一稿、二稿、三稿	上海市都市计划委员会	1946—1949 年	
	《上海市发展方向图（草案）》	上海市市政建设委员会	1951 年	在蕴藻浜和黄浦江交界处规划挖入式港池备用地
	上海市总图规划示意图	苏联专家穆欣指导	1953 年	在张华浜和吴淞一带建立水陆联运的货物装卸区
	《上海港规划（1962 年）简要报告（草案）》	上海港务局	1958 年	在张华浜布置 20 个万吨泊位，并在港区设置铁路专用线，组织铁路联运
	《关于上海港张华浜建港设计任务书的报告》	上海市人民委员会	1958 年	
	上海区域规划示意草图、上海城市总体规划草图	上海市规划局	1959 年	将张华浜作为远洋水陆联运码头
	《吴淞—蕴藻浜总体规划》	上海市城市建设局	1959 年	在吴淞建立以钢铁、港口为主的吴淞蕴藻浜工业区
	《吴淞区城市总体规划》	吴淞区城市建设办公室	1983 年	吴淞区是以钢铁和外贸港口为主的卫星城，开辟宝山装卸作业区，新建国际客运站
客运港规划阶段	《新建吴淞客运码头方案》	上海市港务局和规划局	1979 年	利用吴淞苗圃地段建设国际客运站
	《上海城市总体规划方案》	上海市规划局	1986 年	规划在黄浦江以外建设新港区，筹建吴淞客运港

3.2 吴淞商港规划

在上海开埠初期，英国驻沪领事巴富尔曾擅自将吴淞划为"洋船停泊区"。1876年，英商又私自在吴淞修筑了一条连接到上海的铁路，后被清政府赎回拆毁。此后西方国家纷纷要求将租界扩展到吴淞地区，但是清廷出于维护国家主权的需要，屡次拒绝了列强的要求。1880年之后，吴淞口被允许作为驳船转载的停泊地，但是停泊地与货栈尚有一定的距离，运输费用较大。到了19世纪晚期，受民族主义的影响，有识之士开始意识到可以通过开发吴淞从而达到制衡租界甚至超过租界的目的。

两江总督刘坤一向清政府奏请将吴淞自动辟为商埠，清政府很快批准了刘坤一的请求。1898年，吴淞开始成为有别于上海租界的自开商埠。为了防止西方国家势力的渗透，清政府还拟定了《吴淞开埠租界买地亩章程》，规定外国人在吴淞不能购买土地，只能租用，且一年一租。吴淞港优越的地理条件和淞沪铁路的通车，使得当时国人乐观地认为吴淞港将成为新的海港，但是吴淞港却并未如预期发展。清政府在吴淞开埠的目的是将吴淞发展成为与上海竞争的口岸，但是上海已经存在的利益集团显然不愿看到这样的情况，吴淞的开埠反倒刺激了租界更加关心如何疏浚黄浦江，并将其写入了《辛丑条约》之中[10]。黄浦江的疏浚使得吴淞港失去了同上海竞争的机会。

吴淞首次开埠未获显著成果，但为吴淞的发展打下了基础。进入民国之后，吴淞地区的工业迅速发展，为吴淞第二次开埠提供了契机。1921年吴淞商埠局成立，张謇出任督办。在勘测调查的基础上，他提出了《吴淞开埠计划概略》，指出"今者海舶吨增，不能入浦，非就吴淞筑港，无以利国际运输"。吴淞商埠局一面沿江筹建公共码头，以利运输，一面谋划城市工厂企业分布。这是吴淞第一份真正现代意义上的城市规划，可惜由于资金短缺及军阀混战，第二次开埠再次搁浅，但是两次开埠为吴淞商港的发展以及吴淞镇的城市发展奠定了基础，尤其是两次开埠所形成的道路格局一直延续到今天。

1927年，上海特别市政府成立，第二年，吴淞被划归上海特别市管辖，自此吴淞港区开始成为上海港的一部分。当时提出中国军事、经济、交通等问题，无不以上海特别市为根据。但此时租界的存在，导致上海特别市政府无法完全掌控上海全市的发展，只能谋求华界地区的发展，并开始正式提出城市规划方案，这就是《大上海都市计划》(图2)。上海的都市计划与建设，在其特别市政府创立伊始，即带有明确的政治意图[11]。

规划确定在吴淞镇以南、殷行镇以北沿江一带江水较深的地区开辟新商港，利用蕴藻浜作为内河船只与江海船舶联运的枢纽，并计划将对江的浦东岸线作为商港区的扩充地带，以完全避开租界的影响。国民政府认为一旦吴淞港建成，"租界一带之码头将尽成废物"。但是吴淞商港的规划过于脱离实际，加之战争的爆发，对于港口的规划和建设也被迫中止。由于这些规划及其实施，20世纪30年代吴淞发展达到鼎盛，成为名副其实的水陆码头。

民族主义影响下的吴淞港口规划将吴淞视为同上海租界对抗的工具，意图通过在吴淞建立一个大型商港来达到民族振兴的目的，其出发点颇有可取之处，但是在具体操作中都因为资金短缺而夭折。这一方面是受困于政府的财政状况，另一方面在具体处理上也值得商榷：这些规划都过于强调同租界的抗衡，而非工商业及港口的内生发展，因此无法同已经高度发展的租界形成联系，这显然是违背经济规律的。吴淞第一次开埠对于租地的处理过于

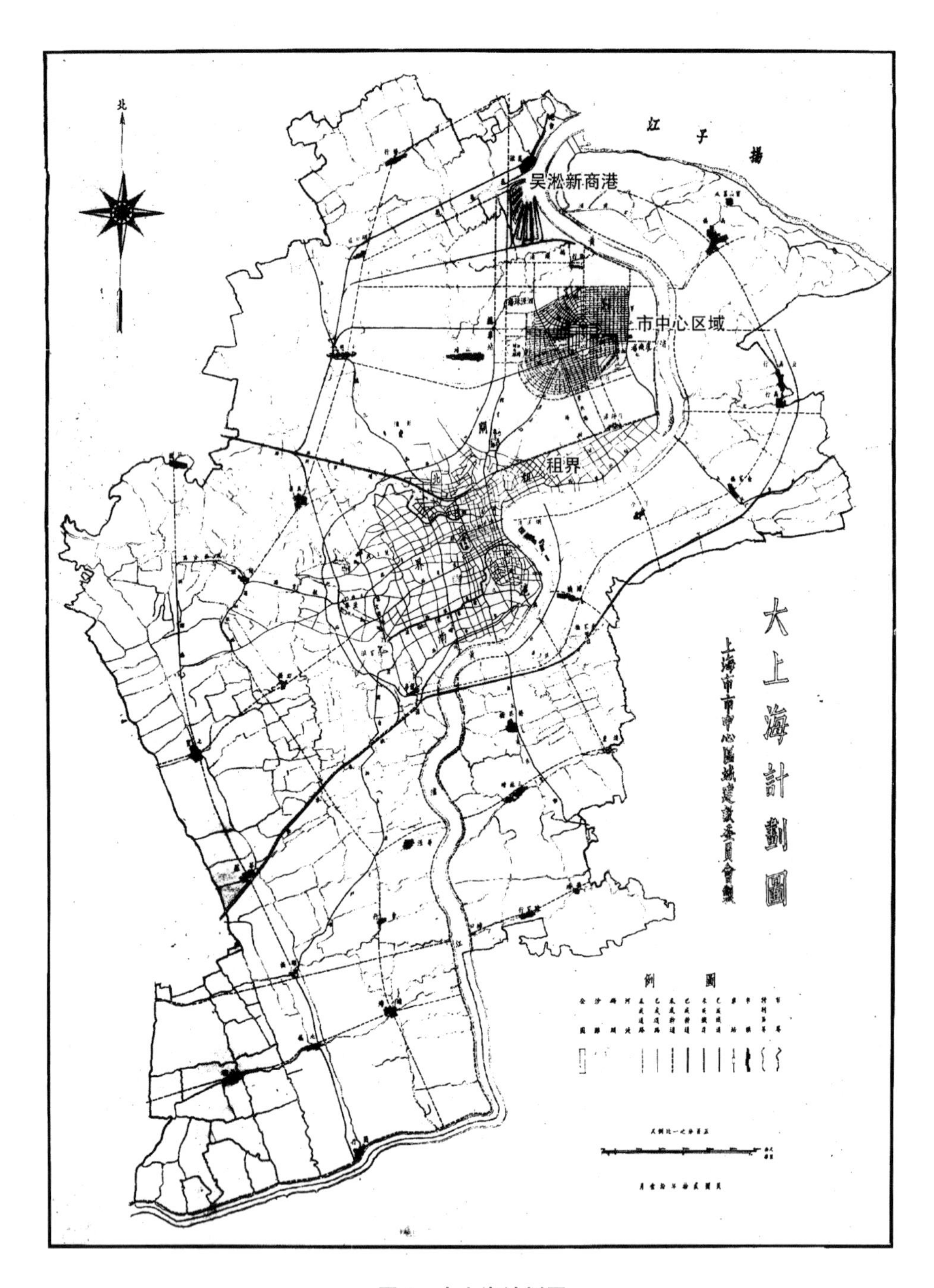

图 2　大上海计划图

僵硬，导致外国资本无利可图，不仅不打算在吴淞进行投资，反而通过各种手段限制吴淞的发展。如在沪宁铁路方案选择中，外商便以种种原因推脱中方关于将沪宁铁路总站转至吴淞的提议。也有学者认为吴淞第一次开埠的失败与总站未能迁移颇有关系[12]。在《大上海都市计划》的实施过程中，则过于注重规划的形象意义，从而将仅有的资金过多地用于行政建筑的修建，最终导致商港计划的搁浅，而市中心区区域发展的基础便在于港口的发展，仅靠一个折中建设的虬江码头，是不可能带动整个新市中心发展的。

3.3 吴淞工业港规划

1946 年 9 月上海港务整理委员会成立后，着手研讨制定《大上海港建设计划》。1947 年 9 月，该委员会下属工务组写成《上海港口五年建设计划概要》。同时，《大上海都市计划》在启动伊始便十分重视港口的规划，相继提出《上海港口的初步研究报告》和《吴淞港口计划研究报告》。

这些规划最终汇总到《大上海都市计划》(图 3)中，认为黄浦江需经常疏浚才能通航，“唯吴淞附近，水深河广，实内河港之理想位置”，吴淞建港，可以避免当时上海港口所有的缺点，因此将上海港口逐步集中于吴淞，在吴淞建设挖入式港池，作为远洋水陆客运联运站。并且，吴淞港建成后占地 19 km^2，每年吞吐量可达 1 亿 t，其中一部分在需要时可以划为自由港，上海市都市计划委员会深信吴淞建港不久就会实现。但遗憾的是这些规划由于国民党发动内战而最终被束之高阁。

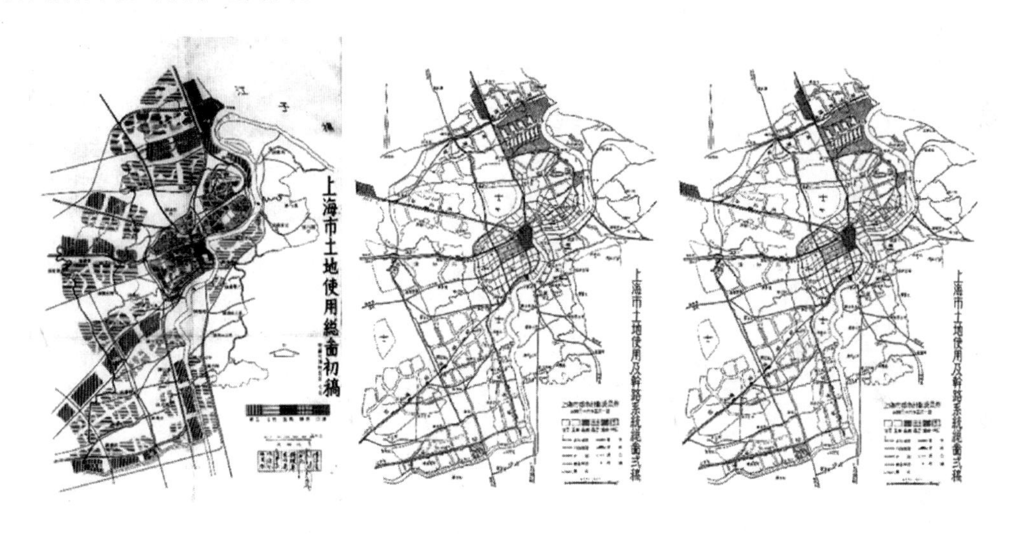

图 3 《大上海都市计划》地使用规划图一至三稿

新中国成立初期，上海被列为工业城市，1956 年国家提出了利用和发展沿海工业以支持内地工业的思路，上海发展工业的思路更加明显。为配合城市发展，上海的港口发展自然也有了强烈的工业港口导向。虽然由于资金有限，上海的港口建设任务主要是恢复原有码头功能和改造简单泊位，但是关于港口的规划却并未停止。《大上海都市计划》所提出的在黄浦江下游的吴淞发展港口的思路得以延续下来，但是建设方式由挖入式变为更加符合当时经济状况的顺岸式。

1955 年之后，上海港货物吞吐量迅速增长，为了满足吴淞蕴藻浜工业区的进出口需求，配合城市发展，改组与调整旧市区工业，逐步在外围建设卫星城镇的方针为迁让市区内部分码头岸线创造了条件，上海港务局编制了《上海港规划(1962 年)简要报告(草案)》，随后上海市人民委员会提出了《关于上海港张华浜建港设计任务书的报告》。规划在张华浜布置 20 个万吨泊位，并在港区设置铁路专用线，该港口规划在 1959 年的上海城市总体规划草图(图 4)中得到体现。1959 年张华浜港区开始建设，此后上海港务局又提出三年建设计划，即 1960—1962 年在张华浜港建 8 个泊位。1973 年，吴淞港区军工路作业区也开工建设，吴淞港开始成为国际集装箱大港。

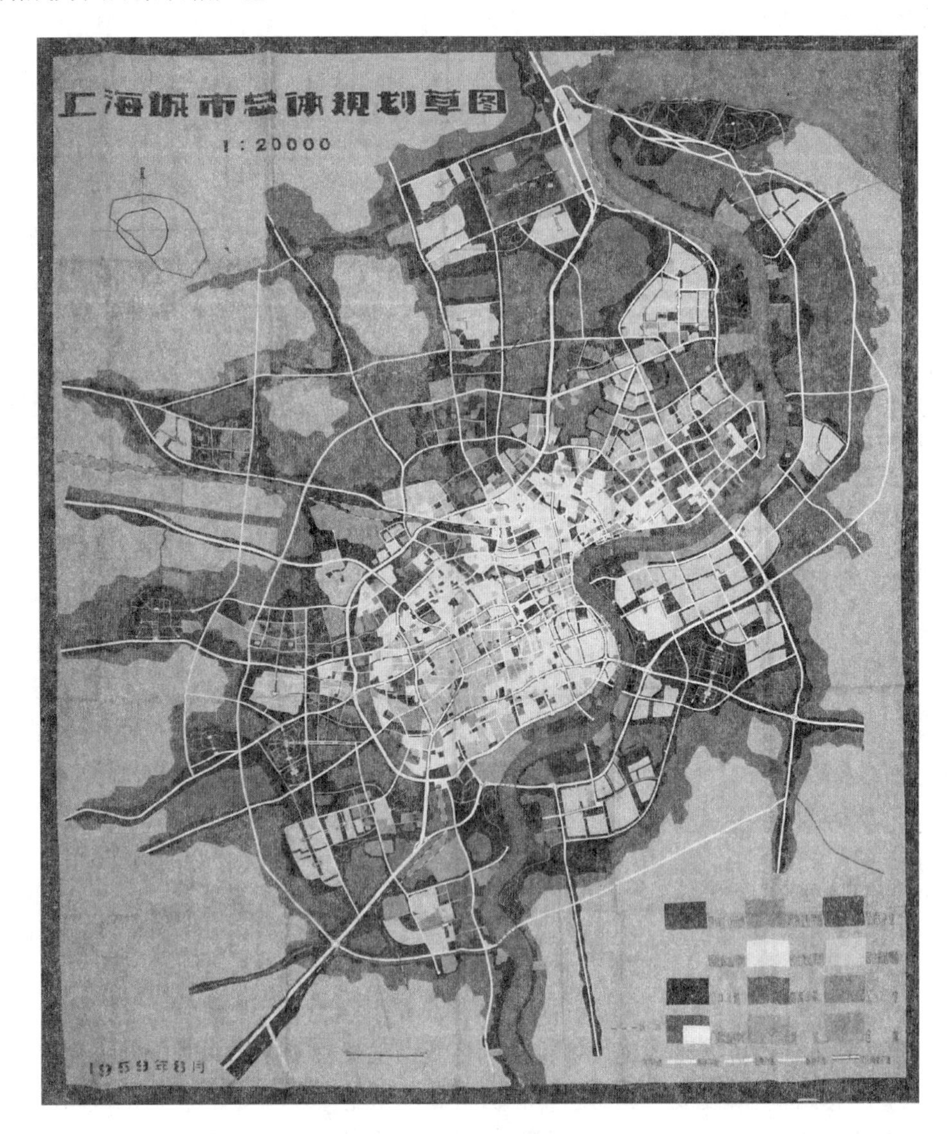

图 4　1959 年上海城市总体规划草图

1973 年周恩来总理发出“三年改变港口面貌”的号召，全国出现了第一次建港高潮。同年国务院港口建设会议提出了编制港口建设“五五”规划和远景设想的要求，上海市成立了建港领导小组，下设建港办公室（又称规划办），挂靠港务局。1974 年 7 月，建港办公室编制上报了《上海港十年发展规划草案》。草案中提出“六五”期间在长江口宝山嘴附近建设新港区，新港区可与九区、军工路联合作业，有利于生产调度。

3.4　客运港规划

1986 年，国务院原则上通过了《上海城市总体规划方案》，该规划提出要积极改善客运设施，筹建吴淞国际客运站便是其中的重要举措之一。此外还提出上海港的根本出路在于辟建新港区。新港区的港址就本市范围内的建港条件而论，仅有长江口南岸的“罗径”“外高桥”和杭州湾的“金山嘴”。此后,吴淞港不再是港口规划的重点。

4 港城互动过程中的城市空间结构演进路径

吴淞港口的功能与区位经历了数次变迁,港口的发展始终引领着城市空间的变迁,港口与城市的发展在各历史时期呈现出不同的特点。港口发展对城市空间的影响主要体现在两个方面:一是城市建成区面积的不断扩展;二是对城市功能区域划分和布局的影响。

总体而言,近现代吴淞的城市空间形态演变主要是一个沿交通轴和水系向北、向东带状生长的过程。笔者通过有形的城市空间演变和无形的港城功能变迁入手,通过有重大意义的城市规划与城市建设时间将近代吴淞城市空间形态演变过程大致分为四个阶段(表 2)。

表 2 吴淞港与吴淞城市历史发展阶段

发展阶段	时间	港口发展	城市发展	城市与港口历史关系分析
港城自由发展阶段	1840 年之前	蕴藻浜沿河的渔港	沿蕴藻浜发展的农村集市	吴淞港与城市处于萌芽时期
	1840—1898 年	蕴藻浜河口的渔港与吴淞口的军港	城市沿蕴藻浜及黄浦江呈带状发展,城市功能较为简单	港口发展促进吴淞由农村向城市化地区转变
商港发展阶段	1898—1949 年	货物中转的水陆码头,商港功能凸显	鱼市兴旺,因渔而商的港口集镇,吴淞两次开埠的市政建设形成了城市空间结构的基础,城市呈组团状的发展态势	以发展商港功能为核心的港城规划引导城市交通组织、产业布局和土地利用模式
工业港发展阶段	1949—2000 年	形成了以上港九区、十区、宝山港区为主的工业港口	城市规模迅速扩张,以张华浜港区为核心,工业区向西、向北拓展,大量工人新村的建设,“复合型”发展的空间组织模式	工业城市的定位促进港口及城市功能的共同转型
客运港发展阶段	2000 年之后	国际邮轮港	工业外迁,城市空间组织亟待优化	—

4.1 港城自由发展阶段

(1) 渔港影响下的城市空间演变

吴淞紧靠长江口渔场,且蕰藻浜口为天然的避风良港,良好的地理优势决定了吴淞渔港的发展。依托吴淞渔港的存在,吴淞在还未成市镇之前就已经是一个繁忙的渔村集市了。上海开埠之后,进出上海的沿海各地和远洋鱼品超过三成在吴淞集散,渔业的发展促使吴淞发展为一个港口集镇。

吴淞的城市空间则是沿着蕴藻浜河岸呈带状发展,形成了由沿河渔港和内侧商住混合集市的带层结构。吴淞第一次开埠之后,外马路(今淞浦路东段)的修筑使这种带层结构得到了强化,形成了外马路和吴淞大街两条主要的商业轴线,其中外马路一带为最重要的渔业交易场所，而吴淞大街则以传统商业服务为主，另外中兴路（今北兴路）、金桂路、同兴路（今同江路）一带也是重要的渔业交易场所。

（2）军港影响下的城市空间演变

吴淞据江海之要冲，历来是兵家必争之地。鸦片战争之后，清政府更加注重海防，吴淞港口的军事功能日益凸显，吴淞港开始向黄浦江河口拓展。在空间组织方面，沿江设置港口、一系列炮台，炮台后侧设水濠防御带，内部则为水师军营和演武厅等军事设施（图5）。

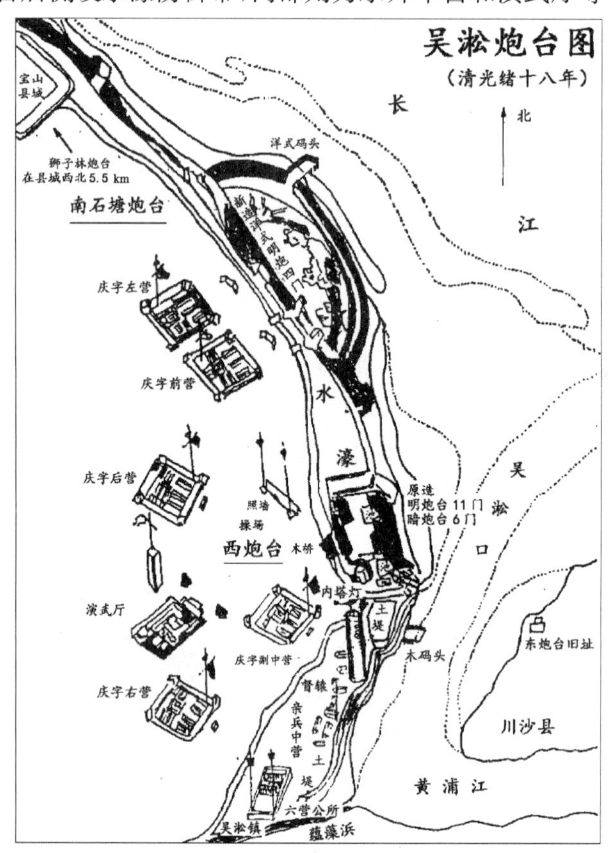

图5　吴淞炮台示意图

4.2　商港发展阶段

清政府宣布在吴淞自主开埠之后在吴淞进行了一些道路修筑，并筑有14座码头，这些码头多分布在黄浦江、蕴藻浜沿岸，由外马路将这些港口串联起来，以便货物集散。1903年6月，淞沪铁路延伸到了炮台湾，沪宁铁路局修建了3座码头，均与火车站相连，进一步加强了货物的运转能力。唯一的原军用东码头也转为民用，吴淞的经济价值上升到主要地位，城市空间发展的“向港性”特征非常明显。但是吴淞港当时还是以货物转驳为主，吴淞城市空间的扩展相对比较缓慢。

商港主导下的吴淞城市空间呈现出明显的组团化特征，主要包括教育区、政治文化区、渔港住宅区以及海关服务区，“两江一浜”的岸线资源得到了充分的利用。除了原有的吴淞镇，海滨地区则为第一次开埠的重点发展地区。经过两次开埠，城市道路体系也逐步完善，形成了通过平行于黄浦江岸的永清路(今淞宝路)联系区域内各个功能组团的格局。淞沪铁路和军工路则成为沟通吴淞与上海市中心的纽带,使得吴淞的商贸功能得以发挥。

吴淞商业格局呈现出非常明显的"由渔而商"的特点,商业及手工业主要为渔业服务。20世纪30年代初,吴淞城市发展达到一个高潮,虽然商业依然主要集中于吴淞镇上,但是规模和数量均有较大幅度的提高。最重要的道路为两条东西向干道——淞兴路和外马路。淞兴路为吴淞镇的传统商业街,店铺鳞次栉比;外马路(今淞浦路东段)则集中了鱼行、木行、竹行、货站和报关行,以方便船商靠岸、就近卸货及报关;其他几条南北向道路两侧也是商铺林立。在商业发展的同时,吴淞早期工业也得以初步发展,早在1907年沪宁铁路局便在张华浜建立了吴淞机厂,1915年浚浦局又在吴淞机厂南侧建立了张华浜修理工厂。一战期间,西方列强忙于战争,民族资本得以发展,1920年左右,在蕴藻浜北岸、吴淞镇以西,大中华纱厂和华丰纱厂相继建立。

就在吴淞商港将要迅速发展之时,两次淞沪战争给吴淞造成了毁灭性的打击,尤其是1937年八一三淞沪会战之后,吴淞镇几乎变为一片废墟,此后虽有所恢复,但速度缓慢。在新中国成立之后的短时间之内,吴淞商业依然集中于吴淞镇,形成了纵横交叉的布局。

4.3 工业港发展阶段

(1) 吴淞钢铁基地的建立

新中国成立之后,行政力量对城市空间的驱动效应迅速突显,吴淞的城市空间以工业用地为主迅速扩张,大规模工业化的建设导致了吴淞商港和渔港功能的逐渐消退,工业港开始成为吴淞港口的主导功能。

1956年起,上海开始有计划地将吴淞发展为市郊工业区。上海第五钢铁厂、上海钢管厂、上海铁合金厂等钢铁骨干企业的兴建与上海第一钢铁厂的扩建,为吴淞建设成为钢铁工业区奠定了基础。1959年上海港第九装卸区在张华浜建成,上海港的重心开始向吴淞转移。这些工业带以张华浜集装箱码头为起点向西拓展,同时为了保证各工业单位生产发展的需要,吴淞地区进行了大规模的道路建设,最终形成了一个由长江路、逸仙路、同济路、泰和路组成的工业带(图6)。1973年,上海港第十装卸区在第九装卸区以南的军工路建成,吴淞港区正式成为上海港的重心。

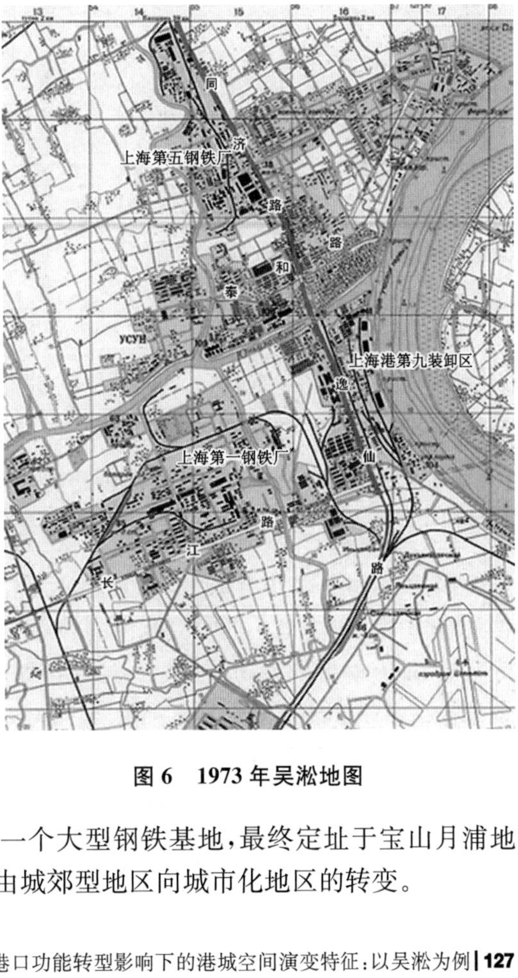

图6 1973年吴淞地图

(2) 工业新城的形成

1977年,冶金工业部决定在沿海地区建设一个大型钢铁基地,最终定址于宝山月浦地区。1978年,宝山钢铁总厂的建设推动了吴淞由城郊型地区向城市化地区的转变。

20 世纪 80 年代，吴淞开始成为上海重点发展的北翼，城市工业迅速发展。工业发展刺激了港口的开发建设，上海港宝山集装箱装卸公司成为国家“七五”计划期间的重点建设项目。该港区位于宝山钢铁总厂东南的长江南岸，是上海港第一个在黄浦江外建造的码头。与此同时，为了服务于这些大中型的工业企业，新的住宅区不断建设，并最终形成了由南向北的四个大型居住区——泗塘居住区、吴淞居住区、宝山居住区和月浦居住区。经过 20 世纪 80—90 年代的持续建设，吴淞最终成为上海市郊的一个功能完善的工业新城。

4.4 客运港发展阶段

21 世纪之后，随着休闲经济的发展，吴淞港转型为国际邮轮港，以满足水上旅游的需求。同时，吴淞人口和产业不断聚集，并且随着钢铁工业的外迁，吴淞逐渐向城市副中心发展，城市功能更加复合，城市空间演变开始以内部功能优化调整为主(表 3)。

表 3 近现代吴淞城市扩展

城市建成区	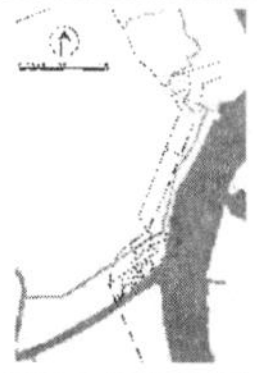	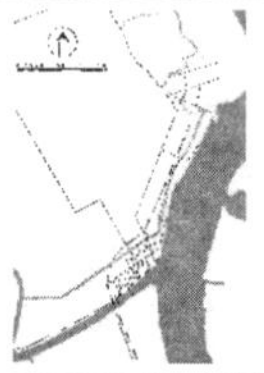				
时间	1915 年	1925 年	1937 年	1949 年	1970 年	1995 年
历史发展	吴淞第一次开埠，部分道路修筑	吴淞第二次开埠，进一步进行市政建设	商港繁荣引导城市空间拓展	抗战结束后吴淞短暂的恢复	工业港导向下的钢铁基地建设	宝山钢铁总厂的建成促使吴淞发展成为工业新城
城区拓展	向北拓展	向北、向西拓展	向西北拓展	城市沿交通线恢复	由工业港向西、向北沿交通线拓展	向西北拓展

5 结语

5.1 制度的缺失是导致港口建设长期落后于规划设想的主要原因

经过对吴淞百年建设历程的梳理不难发现，港口绝非仅拥有良好的自然位置便可以得到发展的，相较于区位优势、经济力量等因素，制度变迁起到了更大的作用。在不同时期，制度所起作用的方面也不同。吴淞港的规划和建设的过程，在很大程度上是外国势力、本国中央政府、地方政府和市场力量相互竞争和博弈的结果。吴淞港规划其实从未得到真正实施，即便是在新中国成立之后，张华浜、军工路、宝山码头建成，与当年的宏伟设想依然相差甚远。并且，吴淞在成为上海港主要港区之后很短的时间内，便随着上海工业和港口的外迁而丧失了这一地位。吴淞港最能发挥其作用的年代为国际航运的万吨级时代，而到了十万吨级的时代，其水深条件已经不足以成为世界级的港口。

新中国成立之前吴淞港被认为是同上海租界竞争的利器，但尽管占据优良的地理位置，却始终未得到充分发展，是因为吴淞港空有规划却未得到制度上的支持。近代民族主义过分强调抗衡，作为外港存在的吴淞若要较快地发展，是无法摆脱“上海因素”的影响的。虽然将吴淞划归上海标志着其走上了“淞沪合一”的道路，但是实际上上海的核心权力当时还是掌握在外人之手，直到新中国成立之后才真正合一。而新中国成立之后，吴淞港一直是上海城市发展尤其是吴淞工业区发展的重要保障，因而通过不同方式直接或者间接地补贴港口的发展，这无疑是上海港发展迅速的原因之一。虽然改革开放前的计划经济和闭关自守的政治经济体制，尤其是外贸的不稳定在一定程度上制约了吴淞港的发展；但是，中国的中央政府不断推出新的政策，上海地方政府也采取了多种变通的手段以适应发展的需求。动态的政策环境是吴淞港的规划得以制定和实施的重要因素。

5.2 港口区位的设定、变化和发展趋势对城市空间布局和格局演变产生直接而深远的影响

吴淞港口的发展始终同城市命运紧密绑定在一起，城市的发展状况和方向均对港口建设产生了较大的反馈特征，港城关系呈现明显的互动特征。在其百年发展历程中，吴淞港的功能与吴淞以及上海城市的发展过程和职能演变相对应。

由渔而商的港口转变促进了吴淞镇的发展与繁荣，军港的存在使得吴淞海滨地区表现出了“带层型”的空间特征，而真正推动吴淞港城市空间大规模拓展的则是吴淞工业港的设置，使吴淞从一个商业重镇转变为一个工业卫星城，此后城市功能不断完善成为今日之综合性城市。港口发展是吴淞近代城市发展的基础，尤其是在近代，吴淞在民族主义推动下进行了早期的基础建设，形成了吴淞城市空间的最初骨架，后期吴淞的城市发展则一直是在这一格局上进行的。

［感谢同济大学建筑与城市规划学院侯丽教授在论文撰写过程中的指导。本文受2017年度国家自然科学基金面上项目“历史制度主义视角下的中国特色城市规划体系演进与变革”（51778427）资助］

参考文献

[1] TAN T Y. Port cities and hinterlands: a comparative study of Singapore and Calcutta[J]. Political geography, 2007, 26(7): 851 - 865.

[2] 万旭东，麦贤敏. 港口在城市空间组织中的作用解析[J]. 规划师，2009，25(4)：56 - 62.

[3] 王缉宪. 中国港口城市的互动与发展[M]. 南京：东南大学出版社，2010.

[4] 石崧. 城市空间结构演变的动力机制分析[J]. 城市规划汇刊，2004(1)：50 - 52.

[5] 张京祥，吴缚龙，马润潮. 体制转型与中国城市空间重构：建立一种空间演化的制度分析框架[J]. 城市规划，2008，32(6)：55 - 60.

[6] 刘桂云，真虹，赵丹. 港口功能的演变机制研究[J]. 浙江学刊，2008(1)：183 - 186.

[7] 王列辉. 国外港口城市空间结构综述[J]. 城市规划，2010，34(11)：55 - 62.

[8] 胡军，孙莉. 制度变迁与中国城市的发展及空间结构的历史演变[J]. 人文地理，2005，20(1)：19 - 23.

[9] 上海市宝山区史志编纂委员会. 吴淞区志[M]. 上海：上海社会科学院出版社，1996.

[10] 武强. 现代化视野下的近代上海港城关系研究(1842—1937)[M]. 北京：科学出版社，2016.

[11] 侯丽，王宜兵.《大上海都市计划1946—1949》：近代中国大都市的现代化愿景与规划实践[J]. 城市规划，2015，39(10)：16 - 23.

[12] 岳钦韬. 中外抗衡与近代上海城市周边铁路路线的形成[J]. 中国历史地理论丛，2015，30(3)：118 - 128.

图表来源

图1源自:笔者绘制.

图2源自:上海市政府秘书处.上海市政概要[M].台北:文海出版社有限公司,1993.

图3源自:上海市城市规划设计研究院.大上海都市计划[M].上海:同济大学出版社,2014.

图4源自:上海市人民委员会,建设工程部.上海城市总体规划草图[Z].北京:中国城市规划设计研究院档案室,档号:1-8.1959.

图5源自:《上海军事志》编纂委员会.上海军事志[M].上海:上海社会科学院出版社,1994.

图6源自:虚拟上海网站.

表1至表3源自:笔者整理绘制.

我国控规体系演进中的当前编制与管控实践：以佛山、珠海为例

张一恒　兰小梅

Title：Current Compilation and Management Practices in the Evolution of China's Control Detailed Planning System：Take Foshan and Zhuhai as an Example

Author：Zhang Yiheng　Lan Xiaomei

摘　要　控制性详细规划（下文简称控规）编制的意义不仅在于对各项规划要求和指标的落实，而且是衔接土地管理和建筑管理的管控文件。我国控规实践已近30年，控规的成果编制和管理体制在不断完善，近年来不断涌现新的发展要求，如存量规划、慢行交通、海绵城市、城市设计、城市更新等，使得控规运行中不断出现新的矛盾和不适应性。本文是在全面深化改革、推进治理体系和治理能力现代化的背景下，以佛山和珠海在2015年以来开展的控规改革的实践为基础，探讨如何进行控规编制与管控创新。全文通过对我国控规发展沿革、现行运行的问题和运行体系的总结归纳，佛山和珠海在改革背景、改革方向和改革亮点等方面的总结和比对分析，体现了类似地区在控规层面可以进行改革的两种方向，以便为我国其他地区的控规改革和实践提供有益经验。

关键词　控制性详细规划；深化改革；规划管理；编制与管控；创新实践；新常态

Abstract：The significance of the Control Detailed Planning is not only the implementation of various planning requirements and indicators，but also the control documents between land management and building management. However regulatory practice for nearly 30 years，compilation of results and management system of control detailed planning are constantly improving，our country city emerging new development requirements，such as stock planning，slow traffic，sponge city，urban design，urban renewal，etc.，that makes the control rules in the operation of the emerging new contradictions and inadaptability. This paper is to discuss how to carry out detailde planning and control innovation in the context of comprehensively deepening reform and promoting modernization of governance system and governance capacity，based on the detailed planning reform carried out in Foshan and Zhuhai since 2015. First summarizing the development of control detailed planning，the problems of current operation and the operation system. Then a summary and comparative analysis of Foshan and Zhuhai in terms of reform background，reform direc-

作者简介

张一恒，珠海市规划设计研究院，工程师

兰小梅，珠海市规划设计研究院，高级工程师

tion and reform highlights was conducted. This reflects two directions in which similar areas can be reformed at the control detailed planning level in order to provide useful experience for the reform and practice of control detailed planning in other areas of China.

Keywords: Control Detailed Planning; Deepening Reform; Planning and Management; Establishment and Control; Innovative Practice; New Normal

1 前言

改革开放实施以来，我国开始由计划经济向市场经济进行转轨，城市用地管理和开发建设方式开始发生变化，土地使用制度由行政划拨转化为有偿使用，原有蓝图式的详细规划无法对城市用地实施有效的引导控制，中国开始步入土地管理的探索时期。1980 年，美国女建筑师协会访华，带来了“区划”概念。1982 年，黄富厢先生参考美国“区划”在上海虹桥首次编制形成土地出让规划，采用用地性质、用地面积、容积率、建筑密度、建筑后退、建筑高度、车辆出入口方位及小汽车停车位 8 项指标对用地建设进行了规划控制，成为中国控规的开河之作[1]。我国的控规实践 30 余年，控规的内容体系和控制重点逐渐完善，大致可分为以下几个时期：

第一阶段(1980—1991 年)：控规成果内容的尝试与探索时期。借鉴“区划”，我国在上海、桂林、广州和温州等各地进行探索，以 1991 年的《城市规划编制办法》为标志，明确了控规的编制内容和要求[2]。本阶段的控规成果和内容主要以地块建筑形态入手，突出局部地块的主要指标控制，成果表达和内容都不完善。

第二阶段(1992—1995 年)：控规引导土地市场化的法定地位确定。从 1992 年建设部推广温州控规实践开始，颁布了《城市国有土地使用权出让转让规划管理办法》，确立了控规对土地出让的权威指导地位。1995 年《城市规划编制办法实施细则》进一步明确了控规的地位、内容与要求，使其逐步走上了规范化的轨道。

第三阶段(1996—2008 年)：控规进入标准化应用阶段。特别是 2006 年《城市规划编制办法》和 2008 年《中华人民共和国城乡规划法》的施行，保证了控规的权威性、严肃性和成果体系的规范性。与此同时，各地对控规的应用开始进行尝试，同时对不适应性做出法制化和管理方面的创新努力，逐步形成了规范性的成果体系①。

第四阶段(2009 年至今)：控规应用逐步成熟化。在适应我国城市不断涌现的发展要求中，如存量规划、慢行交通、海绵城市、城市设计、城市更新等，开始不断出现新的矛盾和不适应性。本阶段控规体现了先行先试、控规集中体现各地编制水平和管理水平的特点。

广东省为落实《中共中央关于全面深化改革若干重大问题的决定》的要求，2015 年底选取佛山市为控规改革试点城市，2016 年珠海市自发尝试进行控规改革，本文以这两个城市的控规改革实践为例进行分析，探讨深化改革背景下的控规编制技术与制度创新，以期为我国其他地区的控规改革和实践提供有益经验。

2　控规运行现状分析

2.1　控规运行问题分析

（1）控制内容大而全，部分控制方式及指标未发挥有效作用

在现行的广东省控规编制中，成果分为三套文件，核心的法定文件控制内容不足，管理文件难以查询，同时缺乏弹性控制和单元控制，单纯以地块控制，控制指标过于明确，降低了规划管理操作的灵活性，造成后期控规调整频繁。同时控规成果大多缺乏专项规划和控规通则指引，编制依据不足，内容复杂累赘。

（2）上位规划的层级和类型过多，分区层面统筹差，导致局部协调整体，出现衔接性不够和微观失调的情况

在控规编制中把过多的精力和讨论放到定位研究、中心体系、高快速路网研究中，弱化了用地管控的核心内容。对上位规划矛盾的协调结果是控规内容不完全符合任何一个上位规划，这种分区层面统筹问题所导致的控规地块局部协调整体，矛盾难以解决，控规编制持续拖延。这种问题集中反映出中间层级的分区规划和专项规划落实度不够，另一层面也是控规支撑性文件编制不足，从而导致专项规划难以落实。

（3）新的规划情况出现，无法在原有的控规编制体系中体现

2017 年 3 月珠海市成为城市设计试点城市，城市设计的要求需要在法定规划体系中体现（图 1）。同时根据《城市设计管理办法》中提到的，在控规阶段，应当编制城市设计。控规中有关城市设计的控制性要求应当纳入建设用地划拨和出让的规划条件，并作为建设工程规划许可的基本要求之一，原有的控规编制内容中城市设计体现的内容不足，因此如何体现城市设计内容，将是控规改革中重点体现的内容。另外地下空间、海绵城市等相关要求在老的控规编制中已无法体现，需要进一步研究探讨如何在控规中进行表达。

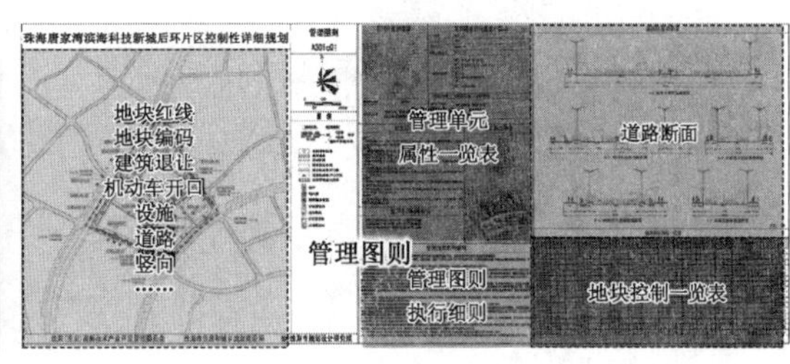

图 1　珠海现行控规图则内容示意图

2.2　我国控规运行体系典型案例分析

控规如何控制，归根到底是分为单元控制和地块控制。由于各个城市发展阶段和现状不一样，各地在控规实践中进行了不一样的调整，在控规运行体系中涉及三类：单元控制和地块控制分开编制、单元控制和地块控制合并编制、直接地块控制。目前我国控规实践较好的城市有厦门、南京、上海、深圳、武汉、北京等。

（1）武汉控规体系——“控规导则＋细则分层”编制和审批

武汉的控规编制体系中采用分层分次编制形式。第一个层级是采用控规导则进行控制，主要是单元控规，划分依据以分规为基础，以控规编制单元（3—5 km^2）为编制范围，主要突出对市、区、居住区级重大设施、绿地、水体、文物、中小学、市政等方面内容的控制，对规划管理单元开发总量进行控制，提出开发强度指引（图 2）。第二个层级是控规细则，细则的法定文件主要包括主导功能和开发总量、五线、公共配套设施和空间景观要求；细则的指导文件主要包括人口控制指标、地块控制指标、开发强度指引、配套公共设施、空间景观指引等内容（图 3）。其中武汉的控规导则层面由市政府批复，控规细则层面只需由规划主管部门审批，这种处理能有效降低控规审批的周期，提高控规时效。

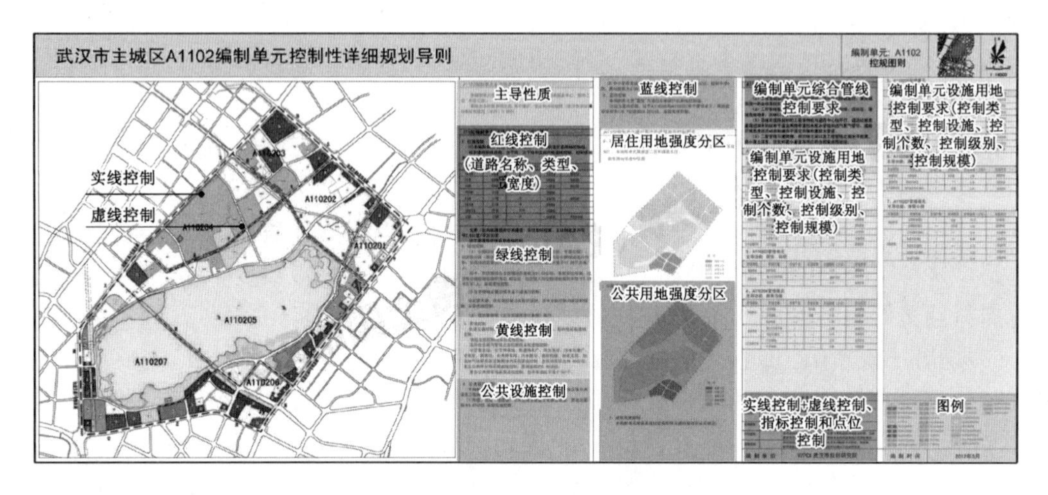

图 2　武汉控规导则控制内容示意图

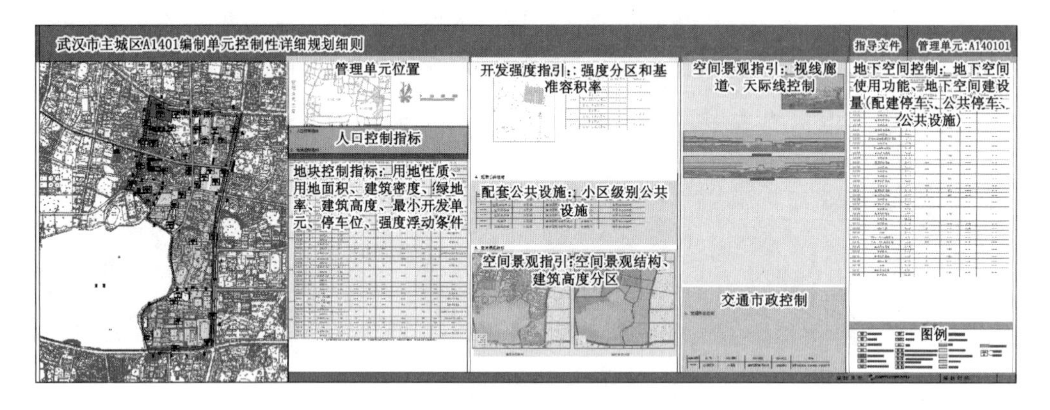

图 3　武汉控规细则控制内容示意图

（2）上海控规体系——“单元＋街坊”精细化管控

上海的控规在“两级政府、三级管理”的行政分级的管理体制背景上推进实施，引入控制性编制单元规划概念，起到承上启下的作用，上承全市总体规划、中心城分区规划，下启控规，是编制控规的重要依据。控规按照地块的重要性，完成不同的控规成果深度和控制要求，结合控制上海成熟老城区建设和引导新区并存开发的城市特点，适合特大城市发展特点的城市规划体系（图 4、图 5）。

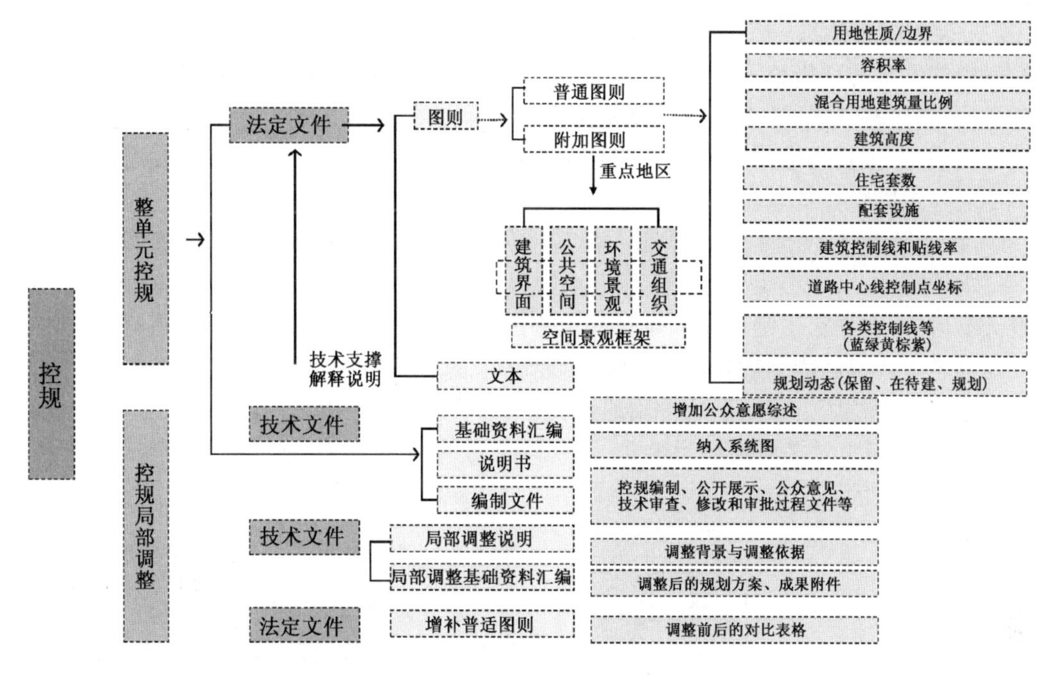

图 4　上海控规成果体系和控制内容示意图

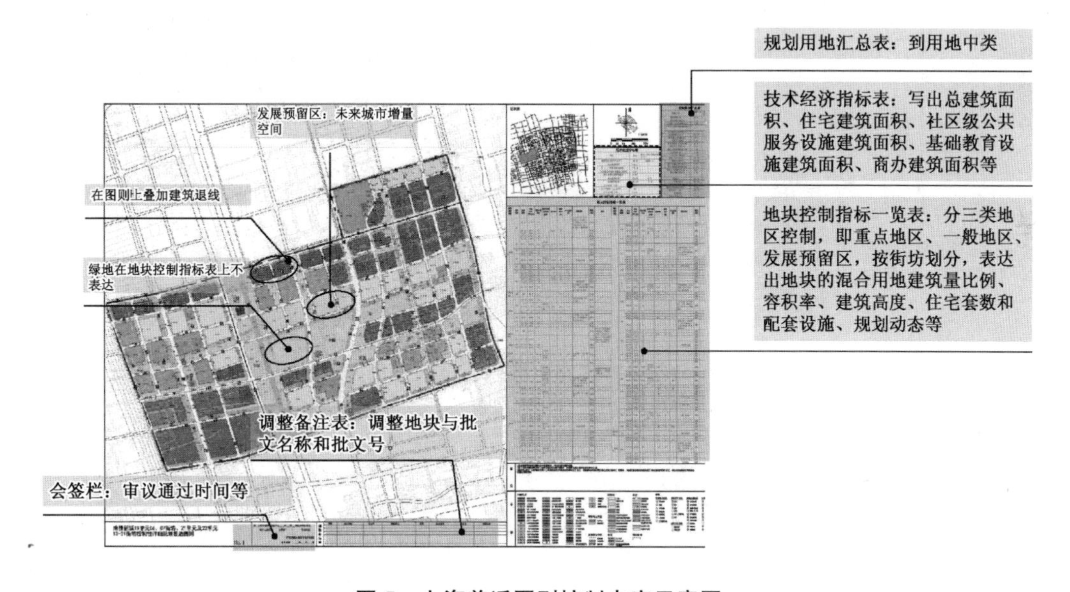

图 5　上海普适图则控制内容示意图

上海在控规管理中有以下特点：

① 分区管理、分类控制。对中心城区和郊区区别控制，同时设立重点地区、一般地区和发展预留区，重点地区会形成城市设计附加图则等内容。

② 管控的精细化。法定图则落实到地块，以地块管控为主，用地管控精细化，地块控制指标中除了基本的控制之外，还控制了住宅套数等内容。

③ 管理基础要求较高。控规成果高度标准化和精细化，利于管理，与上海整个城市的技术水平和管理水平高相关。

（3）深圳控规体系——“法定图则”一张图管控

深圳的法定图则借鉴了美国“分区法”和香港“法定规划”体系的成功经验，针对深圳城市建设快、新区多的现状，法定图则控制到地块指标，主要刚性控制了土地用途（包括道路交通）、开发强度（主要指容积率）、配套设施（包括公共设施和市政设施）三大项（图6、图7）。深圳的法定图则管控特点包括以下三点：

① 管理轻松，技术性强。成果透明性高，操作简单，同时规定编制技术和要求高。

② 刚弹有致，对接更新。地块落实到用地面积、开发强度和配套设施中，单元控制则采用挖天窗形式，在法定图则层面只控制单元主导功能、单元建筑规模、配套设施等，要控制具体用地须进一步编制详细规划，确定单元内地块划分、用地性质及布局、容积率等指标，并按相关程序审批通过后方可用于指导用地开发建设。

③ 单元控制中对接更新单元规划。控规与更新单元规划平行的体制操作，存在不断调整法定图则的诉求。

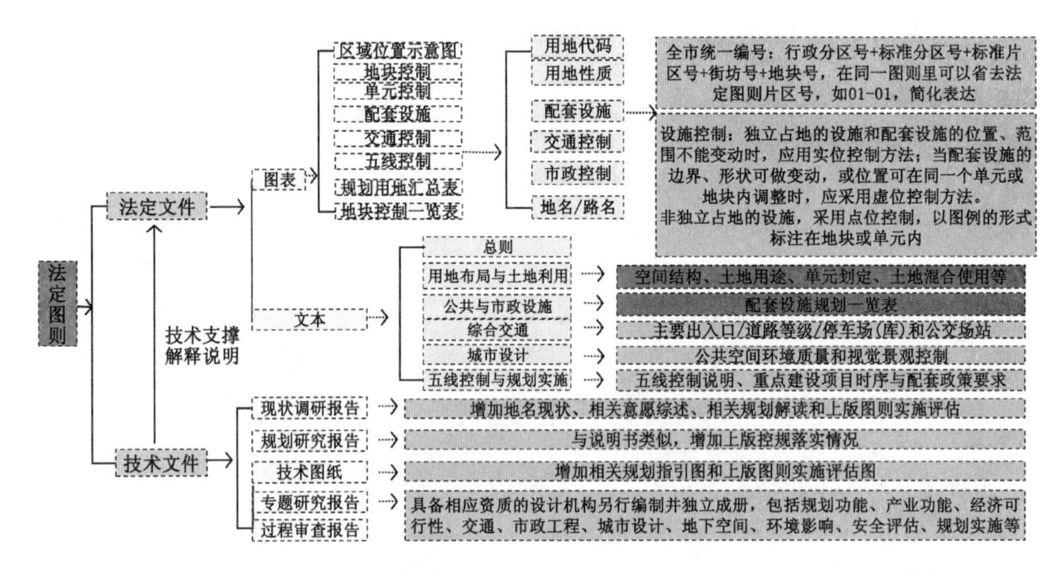

图6　深圳法定图则成果体系和控制内容示意图

3　佛山控规改革特点分析

3.1　改革方向

佛山控规改革主要为解决三个现实背景：其一为解决依法行政问题，提高佛山控规覆盖率[②]；其二是佛山已进入全部存量规划阶段，市场经济下具备由静态覆盖式控规转向动态传导控规的诉求；其三是解决佛山市区规划分权的问题，佛山的区级行政层面较为强势，市级战略性设施和市级层面相关专项规划难以得到有效落实。

根据佛山实际的特点，佛山在控规改革中试图建立分层编制的规划体系，在控规层面将发展底线与公共利益落实至空间、提出单元的基本建设指引，对公共服务、道路交通、市政公用等公益性设施的用地性质细分至小类并提出建设要求；地块控规细则根据土地出让计划、

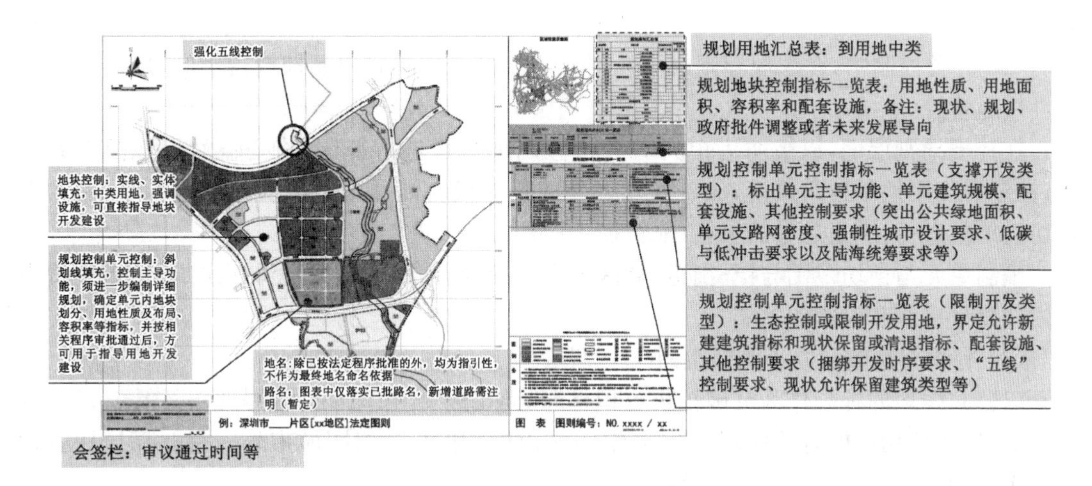

图 7　深圳法定图则表达内容示意图

招商引资计划、年度建设计划以及其他开发需求等要求启动编制，灵活安排用地功能和相应的规划控制指标，以适应市场在资源配置中的决定性作用。同时建立分层审查、审批和调整机制，保障城市统筹管理和各区灵活实施。控规及特定地区细则由市城乡规划行政主管部门主导编制，报市人民政府审批；一般地区细则由区城乡规划行政主管部门主导编制，经市规划部门审查同意后报区人民政府审批（表 1）。

表 1　佛山控规改革体系一览表

时序	范围	层级	控制内容	成果形式	组织编制	审批权
提前编制（实现全覆盖）	以编制单元为单位（3—5 万人，老区 1—3 km^2，新区 3—5 km^2，工业、生态区 3—10 km^2）	控规	1. 单元的主导功能、居住人口、建设总量、公共设施、建设底线 2. 公益性用地：明确功能、面积、容积率、高度等地块指标 3. 经营性用地：明确用地功能和面积，其容量通过单元控制	1. 法定文件：法定文本＋法定图则 2. 技术文件：说明书＋技术图纸＋附件（无管理文件）	市规划局	市政府
置后编制（随项目编制，供土地出让使用）	以街坊为单位（0.5—1.5 万人，居住和商业街坊 30—60 hm^2、工业与物流街坊 60—100 hm^2）	地块开发细则	1. 落实控规单元管控要求 2. 对经营性用地提出具体控制要求：地块划分、用地性质、容积率、建筑密度、绿地率、建筑高度、建筑退线、机动车出入口、设施规模等	1. 法定文件：细分图则（融合文本与图表，定性、定量、定位一体化控制） 2. 技术文件：控规符合性说明＋说明书＋附件	区规划局（特定地区除外）	区政府（特定地区除外）

3.2　改革特点

（1）分层编制和分级审批，将细则审批权下放，有效解决佛山市与区争权问题

通过分层编制，在控规导则层面能简化编制，有效实现控规的全覆盖。将审批权下放给区里，由市场推动细则的编制，根据发展需要逐片编制，有利于减少控规的调整，提高控规的

时效。

(2) 分类控制中，在控规导则层面强调公益性用地控制和单元控制，在细则层面突出经营性用地管控

在控规导则层面，以街坊为单元对经营性用地总量进行控制，将公益性用地落实到地块，控制居住用地的建筑规模，放开商业办公建筑规模。涉及单一地块的控规调整，必须以街坊为单位进行，满足总量的平衡(靠镇街去协调)。

编制单元与街坊范围与镇、街道、社区范围相衔接，细则的实施主体在镇街，镇街负责街坊内建设量平衡和设施的落实。

(3) 容积率调整设立了调整上限

以公共绿地的补公作为突破控规容积率的“天花板”。在保证地块绿地率不低于25%的基础上，当居住用地的容积率超过2.6(组团城市内)和2.3(组团城市外)，每提高居住容积率0.1，增加不少于地块3%的公园绿地。

控规的局部调整必须以街坊为基本范围，控规的维护应当遵循“有增有减、总量控制”的原则，确保规划控制指标在本编制单元内各地块之间的综合平衡。

4 珠海控规改革特点分析

4.1 改革背景

2015年以来，珠海市快速的城市建设及城市更新对规划管理工作及控规编制提出新要求，快速城市化过程中涌现出一系列问题，如重点地区的城市设计、国家海绵城市试点等内容如何在控规中进行体现[③]。同时以上海、深圳、武汉、厦门等为代表的城市已调整及创新规划编制体系。珠海原有的控规体系为延续广东省控规编制体系的内容，已无法有效满足珠海市的城市建设和管理要求。为此，珠海为发挥先行先试作用，开始对本市的控规管理和编制技术提出规范和改进措施，以期达到指导和规范控规组织工作和成果技术编制全过程要求(表2)。

表2 珠海等代表城市控规改革思路一览表

城市	控规编制成果形式	编码形式	控制重点	规划适应性
珠海	1. 技术文件(基础资料汇编/公众参与报告/说明书) 2. 法定文件(法定文本+法定图则) 3. 管理文件(管理文本+管理图则)	编制单元—管理单元—地块	突出强制性指标，用地性质、开发强度、环境与设施	控规委和编审中心
上海	1. 技术文件(基础资料汇编/说明书/编制文件) 2. 法定文件(法定文本+法定图则)	区县—体系—社区—编制单元—街坊—地块	规划集中城市化地区可分为一般地区、重点地区和发展预留区三种编制地区类型，分别适用不同的规划编制深度。强调建筑控制线和贴线率、住宅套数、混合用地建筑量比例	执行试用程序

续表 2

城市	控规编制成果形式	编码形式	控制重点	规划适应性
深圳	技术文件＋法定文件,法定文件包括文本和图表	行政分区号＋标准分区号＋标准片区号＋街坊号＋地块号	分“地块”和“规划控制单元”进行规划控制,“地块”控制按“现状”和“规划”进行区别,对于“规划控制单元”需进一步编制详细规划。规定兼容性用地性质和开放空间	城市规划委员会定期检讨和修订
武汉	控规导则＋控规细则	规划单元—管理单元—地块	城市公共资源公益性公共服务设施和城市的红、黄、蓝、绿、紫五线是核心控制内容	控规导则＋规划咨询
启示	延续三大文件组成内容,建议简化或弱化管理文件,突出法定文件,优化技术文件	编码简洁表达,与行政区划结合划分	法定图则与管理图则结合;编制内容借鉴深圳的“地块”和“规划控制单元”控制以及上海的分区控制,突出核心控制的形式	强化编审程序

4.2 改革方向

(1) 延续广东省控规体系的基础上简化成果体系

珠海控规改革中未突破原有的广东省控规体系,只是在成果表达中进行了简化,主要的方向为取消管理文件、强化法定文件、优化技术文件(图 8)。将管理文本与法定文本合并,原管理图则(按管理单元进行编制)整合形成“管理信息全图”(按编制单元进行编制),纳入技术图纸中,对接法定规划一张图,作为管理部门管理使用。同时,将重点地区的城市设计和地下空间内容纳入附加法定图则,完善法定控制内容(图 9)。

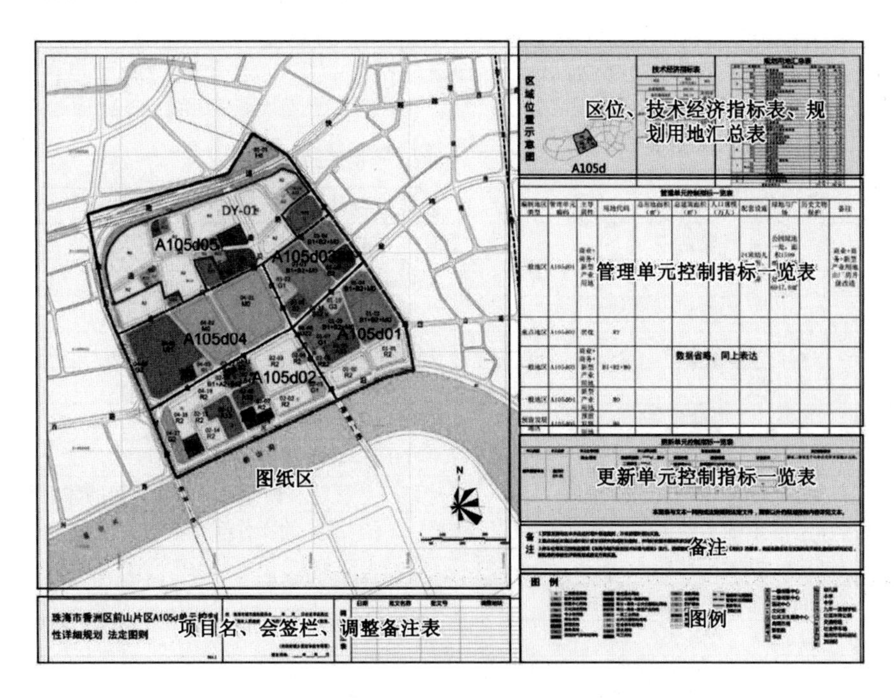

图 8　珠海市控规法定图则改革示意

(2) 控规控制体系增加更新单元控制和重点地区控制

突出弹性：分地块和单元控制，其中法定图则里的单元包括管理单元和更新单元，控制总量和公共设施，地块信息全图控制所有地块指标。

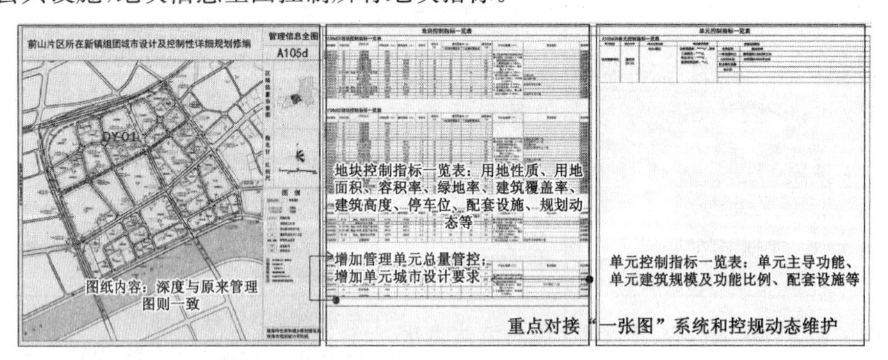

图 9　珠海市控规地块信息全图改革示意

突出核心控制：设置重点地区、一般地区和发展预留区，其中重点地区的城市设计内容需形成附加法定图则。

(3) 完善控规的支撑体系及规范控规成果表达

建立和完善相关的控规支撑体系：分区规划、相关专项规划、路名专项、地名专项、容积率研究、城市设计、公共空间控制、弹性发展用地研究、重点地区划定研究等规划研究(表 3)。同时对于控规项目名称、编码、成果内容、图则表达方式、措辞规范性等也进行了规范和统一。

表 3　珠海控规支撑体系

类别	事项	说明
单元控规编制基本依据	产业布局专项规划	总量控制依据
	人口分布专项规划	
	新镇划分及中心体系研究	
	密度分区规划	
	环卫设施布局规划	黄线控制依据
	加油加气站布局规划	
	蓝线控制专项规划	蓝线控制依据
	历史文化保护规划	紫线规划依据
	生态控制线规划	建设边界控制
	各类公共服务设施专项规划	公共服务设施控制依据
单元控规编制提升依据	地下空间专项规划	引导地下空间建设
	城市总体城市设计	划分重点地区
	综合管廊、海绵城市	海绵城市和管廊控制要求
编制指导文件	地块容积率实施细则	各类用地的容积率计算和要求
	各级公共设施规模及布置细则	市级—片区级—新镇级—居住区级的体系划分和落实
	附加法定图则实施细则	附加法定图则的操作手册和成果规范
	编制单元控规成果样本	指导控规成果编制
	控规局部地块修改成果样本	

(4) 城市设计融入控规控制

随着全国城市设计试点城市工作的推行，城市设计工作越发重要，珠海在控规中将重点地区形成附加法定图则，完善了控规的控制体系和内容。一般地区形成通则式导则，指导地块出让条件。珠海在重点地区的城市设计控制中，主要通过建筑形态（屋顶形式、建筑材质、重点建筑位置、保留建筑控制要求）、公共空间（公共通道、内部广场）、交通空间（地下车库出入口、空中连廊等）、地下空间和生态环境（海绵城市要求和绿地率等）五个方面进行控制（图 10 至图 12）。

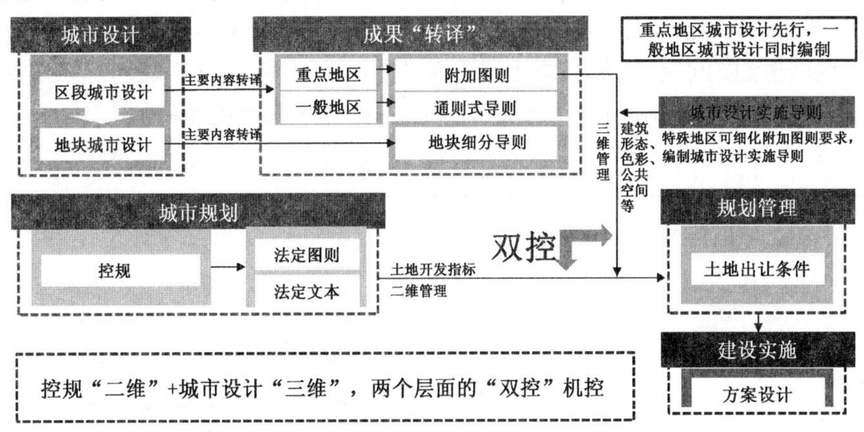

图 10　珠海市城市设计与控规之间衔接关系示意

图 11　珠海市重点地区划定示意

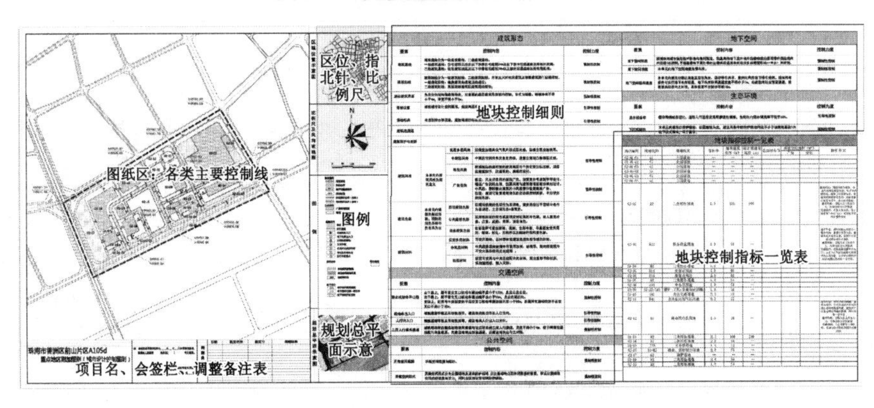

图 12　珠海市城市设计附加法定图则样本

4.3 佛山与珠海控规改革对比分析

(1) 在改革背景层面两地面临的现实问题区别较大(表 4)

① 佛山体现的特点是市弱区强;进入了全面存量或减量规划;控规覆盖率低和控规调整频繁;政府与市场、公益与经营未能区分控制,关键性指标的确定没有明确的技术规范等。

② 珠海体现的特点是市强区弱;香洲城区进入存量开发,其他区域还有大量新/待开发区域;在编控规基本实现全覆盖以及更新规划;地块控规调整项目多等。

表 4 佛山与珠海对比一览表

地点	背景特征	地点	背景特征
佛山	市弱区强	珠海	市强区弱
	全面存量或减量规划		香洲城区存量开发,其他区域还有大量新/待开发区域
	控规覆盖率低		香洲、南湾、横琴基本全覆盖,其他区域已批控规覆盖率不足,在编控规基本全覆盖
	控规调整频繁,政府与市场、公益与经营未能区分控制,关键性指标的确定没有明确的技术规范		更新规划、地块控规调整项目多;密度分区有确定基准容积率;公益与经营未区分;居住用地控制较好,商业办公用地控制不明确

(2) 在改革思路和内容层面两地有所异同(表 5)

① 从控规体系来看,佛山采用分层编制,即控规+地块开发细则的形式;珠海是合并编制形式,未进行分层编制。珠海的城市体量和控规基础,决定了珠海需要进行大而全的控制和统一的市级管辖。

② 从控制内容来看,佛山和珠海均包括单元控制、地块控制以及公益性用地控制,只是珠海增加了更新单元的控制,同时将原有的管理图则合并为一张,以编制单元进行控制,更有利于对接"一张图"。

③ 从管理和审批体系来看,佛山采用的是分级审批,即市政府审批控规、区政府审批地块开发细则(特定地区除外);珠海采用的是统一审批的形式。

表 5 佛山与珠海控规改革思路及内容比对一览表

地点	改革思路及内容			
佛山	分层编制:控规+地块开发细则	分类控制: ① 控规层面控制公益性地块指标,落实单元管控,对经营性用地不给地块指标 ② 地块开发细则:不是控规,在明确项目意图后动态编制,细化经营性用地指标 ③ 以单元人口规模控制居住用地	分级审批:市政府审批控规、区政府审批地块开发细则(特定地区除外)	动态维护:两层平台,即控规单元管控平台+地块动态更新平台
珠海	合并编制	① 控规含单元控制(编制单元、管理单元和更新单元)及地块控制(管理信息全图) ② 控规局部地块修改根据需要编制	统一审批:控规与控规局部地块修改都由市政府审批	动态维护:形成管理信息全图,对接一张图入库管理,控规局部地块动态更新

5 结语

十八大召开以来,“新型城镇化”的理论与实践为广大科学工作者与政府领导人所关注,并进行了深入的研究[3]。推行新型城镇化的作用包括以下四点:①积极应对国内外政治、经济发展的新形势;②弥补长期以来高速城镇化所带来的弊端和损失;③最大限度地将改革开放成果惠及广大人民;④促进未来中国城乡建设的可持续发展[4]。

“新型城镇化”推进过程中对规划的及时反馈和评判进行了新的有益尝试,正是一种“深化改革”的诉求,也是控规编制的“新常态”。本次佛山和珠海的控规改革实践,既体现了控规项目中的编制技术和制度创新路径的探索,也展现出未来类似地区两种控规改革的方向,将为我国其他城市的控规改革和实践提供有益的经验和补充。

[鸣谢佛山市国土资源和城乡规划局、珠海市住房和城乡规划建设局、佛山市城市规划勘测设计研究院、武汉市规划研究院对本文研究内容的支持]

注释

① 1998 年,深圳市人大通过了《深圳市城市规划条例》,将控规的内容转化为法定图则,作为城市土地开发和控制的依据,为我国控规的立法提供了有益的探索。2003 年 12 月颁布实施的《上海市城市规划条例》通过强制性和引导性两类规划要求,指导控规的编制。2004 年 9 月广东省人大颁布了《广东省城市控制性详细规划管理条例》,是我国第一部规范控规的地方性法规。

② 根据《佛山市控制性详细规划制度改革与创新工作背景介绍》,佛山 2016 年的控规覆盖率为 38.69%。2015 年佛山的现状建设用地规模已经达到了 1 393 km^2,占辖区面积的比例已经高达 36.7%。佛山现状建设用地规模已经超过国土部门下达的 2020 年建设用地规模指标,佛山已经进入减量规划和存量规划的时期。

③ 珠海市于 2016 年被纳入国家第二批海绵城市试点城市名单,2017 年 3 月成为全国首批城市设计试点城市之一。

参考文献

[1] 何凌华. 从控规演变看城市设计结合控规的困境与出路[C]//中国城市规划学会. 多元与包容:2012 中国城市规划年会论文集. 昆明:云南科技出版社,2012:439-449.

[2] 于灏. 控制性详细规划编制思路的探索[D]. 北京:清华大学,2007.

[3] 姚士谋,张平宇,余成,等. 中国新型城镇化理论与实践问题[J]. 地理科学,2014,34(6):641-647.

[4] 单卓然,黄亚平. “新型城镇化”概念内涵、目标内容、规划策略及认知误区解析[J]. 城市规划学刊,2013(2):16-22.

图表来源

图 1 至图 12 源自:笔者根据珠海市住房和城乡规划建设局《珠海市控制性详细规划编制及管理工作指引》改绘.

表 1 至表 5 源自:笔者整理绘制.

第三部分　城市空间形态研究

PART THREE　RESEARCH ON THE URBAN SPATIAL FORM

松花江流域古代聚落的时空分布与形态特征研究

朱 萌 董健菲

Title: The Research on Temporal-Spatial Distribution and Morphological Characteristics of Ancient Settlements in Songhua River Basin

Author: Zhu Meng Dong Jianfei

作者简介

朱 萌，哈尔滨工业大学建筑学院，硕士生

董健菲，哈尔滨工业大学建筑学院，副教授

摘 要 聚落作为人类居住文化的载体，承载了区域极高的文化价值与历史价值。松花江流域处于传统中心文化的边缘地带，生态元素分散，具有文化特殊性和断层性，不同时期、不同民族活动痕迹的叠加使松花江具有特殊且多元的文化基础和底蕴，具有较高的研究价值，但是对于这一区域的古代聚落的研究很难达到完整和系统，也缺少足够的重视。为了提升历史区域文化带价值和促进区域的文化产业开发，本文以考古学相关挖掘成果为基础资料，借助地理信息系统(GIS)的空间分析手法和民族谱系的概念，对松花江流域古代民族聚落形态进行分析。通过量化解析其时空分布规律，客观地解读松花江流域古代聚落的发展脉络。

关键词 古代聚落；松花江流域；时空分布；形态特征

Abstract: Settlement has a high cultural and historical value of the region as the carrier of human habitation culture. Songhua River Basin is on the edge of traditional culture center, and which has scattered ecological elements, cultural specificity and discontinuity. Because of the superposition of the traces of different ethnic activities in different periods, Songhua River has a special and diversified cultural foundation and heritage, which is of high research value. However, the ancient settlements in this region have not given a sufficient attention and it is difficult to achieve a complete and systematic study of it. In order to promote the cultural value of the historical region and the development of regional cultural industry, this paper makes study of the ancient settlement of Songhua River Basin based on the results of archaeological excavations, with the help of GIS technology and the concept of ethnic pedigree in ethnology, in order to analyze the morphological characteristics of ancient settlements in Songhua River Basin. Through quantitative analysis of its temporal-spatial distribution law, this paper objectively interprets the development context of the ancient settlements in Songhua River Basin.

Keywords: Ancient Settlements; Songhua River Basin; Temporal-Spatial Distribution; Morphological Characteristics

1 研究概述

在现代文明对传统的冲击下，区域性保护文化遗产日益受到各个国家的重视，各个国家均在不同程度上进行了对文化地理空间的发掘和对文化生态保护区的建设。由此可见，对区域内聚落发展历程的研究对于区域的可持续发展具有重要意义[1-3]。在中国关于文化地理区域的相关研究中对于古代聚落的研究多集中在传统建筑文化核心区，而对边缘地区聚落的相关研究尚待完善，尤其是关于松花江流域的古代聚落时空分布与形态特征的研究，在区域史的研究上尚属空白地带。

中国东北地区在中国历史上一直处于特殊的地缘性地理位置，历史上的东北地区古代民族在中华民族文化形成及发展过程中起到过非常重要的作用，从宏观意义上来讲，松花江流域乃至黑龙江流域同长江、黄河一样，都是中华文明的摇篮[4-5]。最早追溯到商周时期，东北地区的少数民族系统就分别与华夏族系展开了长期的接触、碰撞与融合，到后来的鲜卑、契丹、女真、蒙古、满族等民族先后成为北方的主导者甚至入主中原，这促进了中国历史上多次的南北大融合，甚至改变了整个东亚地区的格局[6]。就目前对于东北地区聚落的研究方面来讲，可以追溯到20世纪中叶由沙俄、日本主导的带有一定殖民色彩的研究。目前松花江流域内古代聚落例如汉魏三江平原凤林古城、唐渤海国都城等有代表性的大型城址聚落已经开始了发掘整理工作[7-9]。但这些研究多为立足考古学的层面进行描述性的定性研究，在研究方法上也仅仅是停留在遗址的发现记录与史料考证上，并没有涉及对时空分布及形态特征的深层次研究以及建立系统的理论。因此，本文旨在对松花江流域内的古代聚落进行研究分析。

在古代聚落的研究方法上，已不再是以单一的某个学科知识为基础，而是进行学科间的相互渗透。如今随着相关学科的发展，大数据、地理信息系统（GIS）等新技术的出现为古代空间城市聚落遗址的研究分析提供了新的技术手段[10]，考古学[11]、文化地理学[12]、民族文化学[13]视野下的交叉学科研究方法为古代聚落时空分布及形态特征分析提供了新的思路与视野。此次针对松花江流域古代聚落的研究以GIS技术为切入点，以考古学相关挖掘成果及文献为基础研究资料，以期更加客观地审视松花江流域聚落的发展脉络，量化解析其时空分布规律。

笔者通过对国家文物局出版的《中国文物地图集》[14-16]以及《中华人民共和国不可移动文物目录》[17-19]中的古代聚落城址进行摘录整理，对考古挖掘发现的位于黑龙江、吉林、内蒙古三省区境内的不可移动文物名录中的古城、故城、山城、城址、聚落址、古城堡、边堡、关堡、堡寨等聚落相关的关键字，以及面积在5万 m^2 以上的遗址进行提取，对没有营建活动的遗址进行摘除处理，从而得到松花江流域古代聚落2 000余个，作为本次聚落时空分布及形态研究的对象。将所收集的古代聚落的区位、年代、坐标点等信息导入GIS并与松花江流域数字高程地图进行配准，从而构建松花江流域古代聚落时空分布的GIS数据库，绘制不同时期、不同类型的聚落空间分布图，实现对松花江流域古代聚落发展的可视化表达和量化分析，并以此为基础对其发展进程和区域分布特征进行分析与讨论。

2　松花江流域古代聚落的时空分布

通过 GIS 建立的松花江流域古代聚落数据库直观地体现出聚落在各个时间段的分布情况，从而使松花江流域古代聚落在时间线上各个时期的聚落分布形态和时空演进可视化，便于古代聚落形态时空演进的逻辑分析与量化表达(表 1)。

表 1　各时期古代聚落分布数量及 ArcGIS 可视化表达

年代	商周	汉魏	唐渤海国	辽金	明清
聚落址数量(个)	19	531	143	611	40
基于 GIS 的可视化图示					
遗址数量(个)(≥5 万 m^2)	290	69	26	230	40
基于 GIS 的可视化图示					

结合东北地区历史发展的相关文献[4,20]，可以梳理出松花江流域古代聚落的时空分布特征。在旧石器晚期，松花江流域就已有大面积的人类活动的痕迹，在商周时期已经有了聚落的营建活动，例如位于黑龙江省饶河县的渔丰南城址、东宁县五排山城址、穆棱市粮台山城址等。虽然目前发现并确定的商周时期聚落遗址数量稀少，难成体系，但足以证明松花江流域范围内的古代聚落在商周时期就已处于聚落发展的萌芽期。汉代开始了有记载的大规模的营建活动，汉魏时期出现了松花江流域古代聚落的集中分布。在经历了一定时期的断裂期后，松花江流域在唐渤海国时期展开了大量的聚落营建，辽金时期则是聚落发展的又一个高峰。元代完成对东北地区的统一后，明清时期该区域内的城址聚落已经基本成型，鲜有大规模营建活动，相较之前来讲形态变化微弱，处于松花江流域古代聚落形态发展的衰落期。

对各个时期的聚落点进行核密度计算，得到的核密度热力图数值越高，颜色越深，表示该地区在这一时期存在聚落点的大规模集中分布现象。在对各个时期的古代聚落点进行核密度计算后，得出汉魏、唐渤海国、辽金这三个时期出现聚落的大规模集中分布。

具体来讲，据相关史料记载，两汉时期开始出现大规模的营建活动，发展到汉魏时期则出现了古代聚落的第一次集中分布，这在 GIS 核密度分析中直观地表现为松花江上游与黑龙江、乌苏里江之间的地区聚落的密度显著增高(图 1)，这些聚落多集中于兴凯湖、穆棱河、挠力河等水系周围，并且在空间分布上表现出由原生文化主导的有机形态。

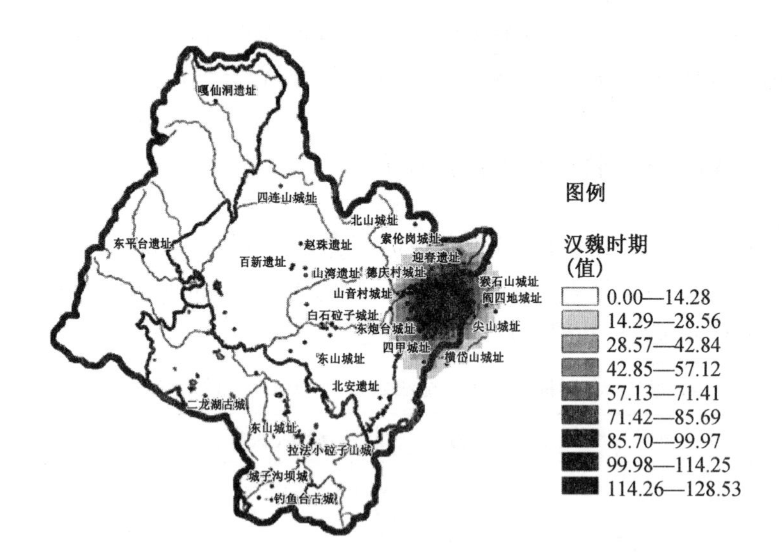

图 1　汉魏时期松花江流域古代聚落分布及核密度分析

由于战乱、朝代更迭频繁等原因，松花江流域古代聚落的发展在汉魏时期以后呈现出一定时期的断裂状态，汉魏时期的聚落点鲜有遗存，直到唐渤海国时期迎来了发展的第二次高峰期(图 2)。渤海国时期聚落主要分布于松花江右岸最大支流——牡丹江流域，此时在聚落的空间分布上呈现出主要城市由卫星城环绕的布局，体现了中原地区盛唐文化在松花江流域的迁移与渗透。

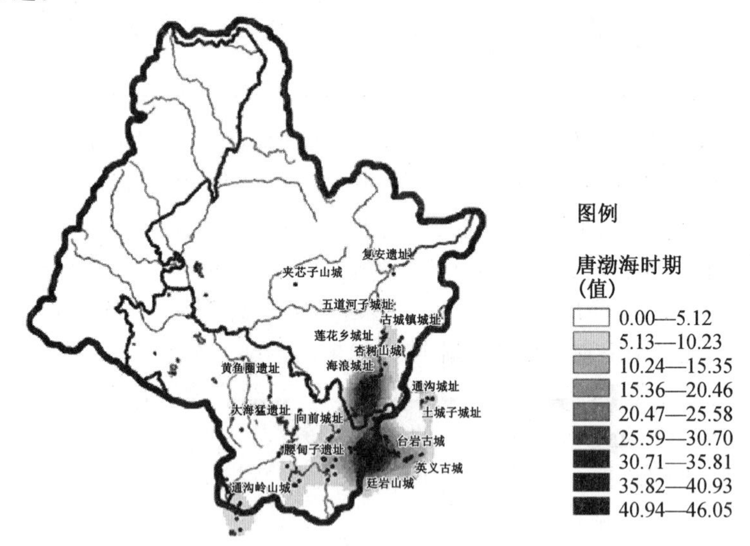

图 2　唐渤海国时期松花江流域古代聚落分布及核密度分析

辽金时期则是聚落发展的第三次高峰(图 3)，也是整个古代聚落发展的鼎盛时期。辽金元三朝在东北地区长达 400 余年的统治中修筑了大量聚落，这些聚落多分布于主要河流沿岸以及河流冲刷出的平原地带，尤以流域内最大的平原地带——松嫩平原聚落点最为密集。

通过上文的分析可以看出，汉魏时期的渔猎民族在三江平原一带的发展是松花江流域聚落发展的第一次高潮；在经过一段时间的断裂期后，唐代渤海国的建立使松花江西流处的

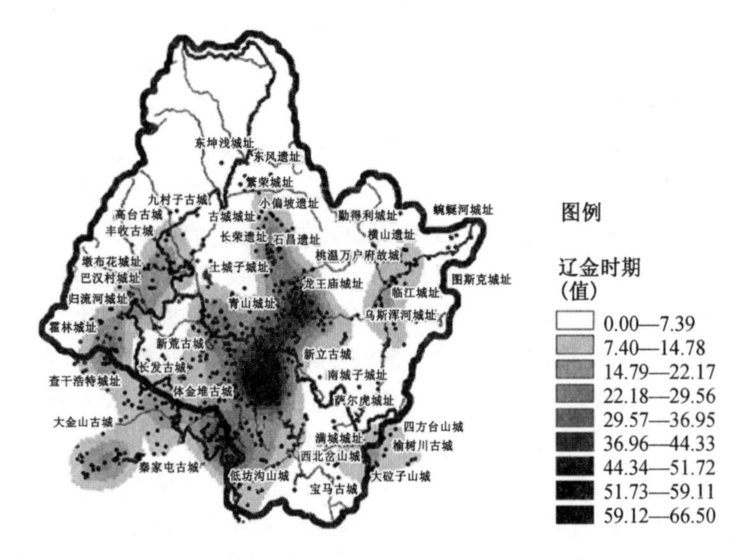

图 3　辽金时期松花江流域古代聚落分布及核密度分析

聚落发展形成第二次高潮；到了辽金时期繁荣的渤海国已经不复存在，取而代之的松花江、西流松花江、嫩江汇流所形成的广袤平原上大规模聚落的营建，成为松花江流域聚落发展的最高峰(图 4)。松花江流域内民族构成复杂、战乱频仍，与自然环境严酷等因素有着密切的联系。综上，松花江流域的古代聚落在时空分布特点上与中原地区相比，存在着一定的滞后性，并且各个时期受到不同政治、文化意识形态等诸多因素的影响，没有非常明显的继承关系，呈现出在时间层面上的弱连续性、空间层面上的区域差异性以及整体断代性跃迁式发展的特征。

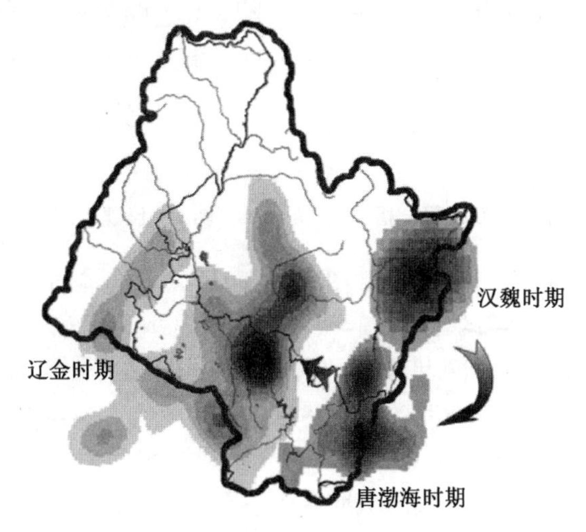

图 4　松花江流域各时期聚落发展流向示意图

3　不同文化形态主导下的聚落形态特征

在文化地理学的视角下，通过对不同时期或地域的民族族源、生产方式、社会结构以及文化特征等要素进行研究，分析不同历史时期的聚落以及聚落的构成要素，从而能够探寻聚落的形态特点并探索聚落的形成与发展的影响因素[21-22]。东北地区在历史发展的进程中，不同族系之间频繁的碰撞与交融使得松花江流域的民族构成系统十分复杂，本文根据民族的主导文化类型的相似程度，将松花江流域古代民族划分为农耕文化主导、渔猎文化主导以及以游牧文化为主导意识形态的三种族类进行分析，从而规避了在民族族属上有所争议的问题。通过在GIS中分别对不同时期的聚落点所在的海拔、地势、水文等地理环境信息进行分析，并结合聚落所处的主导文化形态，从而探寻聚落选址与主导文化形态之间的逻辑关系。

对汉魏时期的聚落点进行高程计算可以看出（图5、图6），渔猎文化主导下的汉魏时期古代聚落多集中分布在三江平原一带。三江平原处于黑龙江、松花江、乌苏里江汇流处，水系繁多且地形复杂，山险林密，山地与河流之间的湿地和丘陵地带资源丰富，这一时期的肃慎、挹娄、勿吉等以渔猎为主要生产方式的民族将聚落选址在此处正是适应了其以狩猎、采集为主要生产方式的特点。这一时期的社会结构主要还是以血缘关系为纽带的氏族公社组织，故而其聚落的总体布局没有受到明显的礼制与秩序的制约，主要表现为以生产生活为基础、自然地理条件为主导的有机的原生组织形态。汉魏时期松花江流域民族构成复杂，主要生产方式是依托自然环境的采集，对于生存空间的争夺导致战乱频繁以及因周围环境的变化而迁徙或许是汉魏三江平原古代聚落消亡的重要原因。

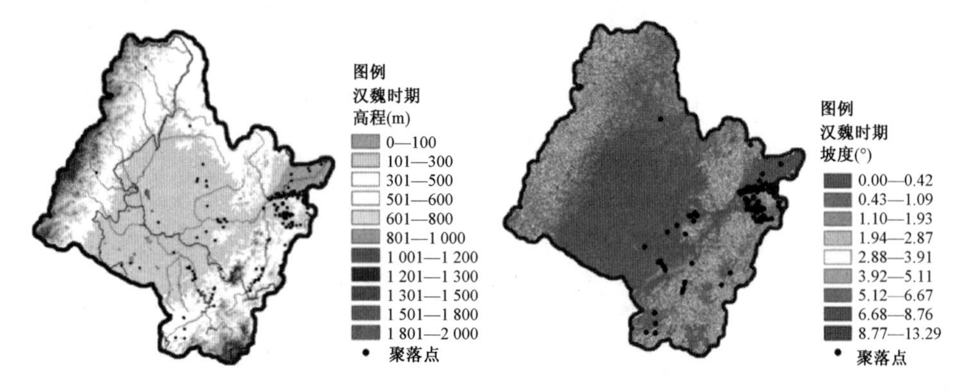

图5　汉魏时期聚落点高程分析　　**图6　汉魏时期聚落点坡度分析**

通过对唐渤海国时期聚落点的分析（图7、图8）可以看出，该时期聚落在松花江流域内的分布主要集中在牡丹江流域的丘陵及起伏较小的山地处。唐渤海国是由唐朝扶植下的靺鞨分支建立的政权，面积十分辽阔，但其主要聚落集中分布在今中朝两国边境处。靺鞨族早期的主要生产方式以狩猎为主，但其政权的建立依托于唐朝支持并作为唐朝的附属国存在，受汉唐农耕文化影响深刻。虽然由目前的考古发掘成果来看渤海国时期山城居多，平原城较少，但具有统治地位和高行政等级的城址多在平原，而山城则主要修筑在牡丹江两岸的要道上，起着控制关隘的防御作用。故而这一时期无论在城址的布局还是形制的选择上，都表现出了对中原汉文化和礼制的高度模仿与吸收，有着由不规则趋于规整的趋势。

辽金时期统治阶级为以游牧文化为主导意识形态的民族，大量的聚落点选择在诸如由松花江、嫩江汇流所冲刷出的松嫩平原等地势平坦开阔，且靠近大型水系的水草充沛的平原地带（图9、图10）。辽金时期意识形态以游牧文化为主导，并未继承唐渤海国时期对中原有所仿照的形式，城址多依河道而建，视野开阔，水草丰沛，这样的选址十分符合游牧民族的生产方式。后期女真族和蒙古族的先后崛起使大量汉人被迫迁于此处，汉人带来了先进的农耕技术，使得松花江流域肥沃的平原地带得到了普遍的开垦，耕地面积的扩大和人口的增多为聚落的大规模营建提供了坚实的物质基础。在这种中原汉农耕文化与北方地缘的游牧文化的碰撞交融下，松花江流域的古代聚落发展达到了空前繁荣的状态。此外，为了加强统治和抵御外族侵扰，辽金时期还出现了大量在高地山坡等地势险要地带营建的如边堡、寨堡等以军事用途为主的军政合一的聚落形式。

分别对这三个时期的古代聚落的海拔、坡度、坡向以及缓冲区等在 GIS 中进行统计分析。综合来看，不同时期的聚落位置选择在高程上均在海拔 300 m 以下的范围内；坡向上均以阳坡为主，即使有西北向的情况，也是坡度十分和缓近似于平坡的地理位置，这体现了自然环境及生产方式对于聚落选择的限制因素。

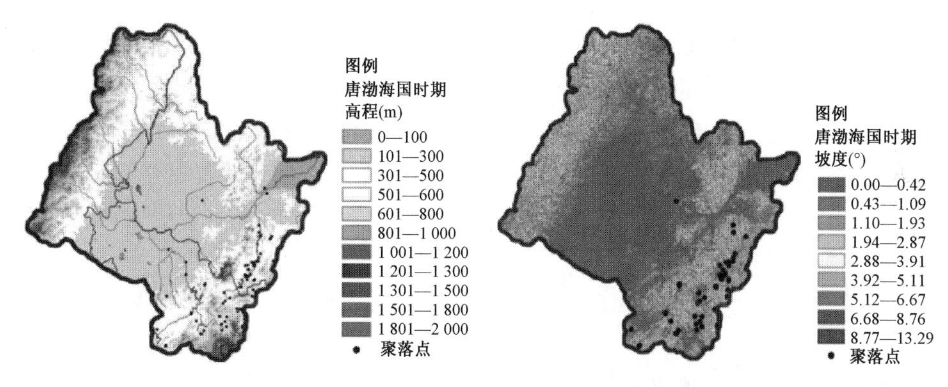

图 7　唐渤海国时期聚落点高程分析　　**图 8　唐渤海国时期聚落点坡度分析**

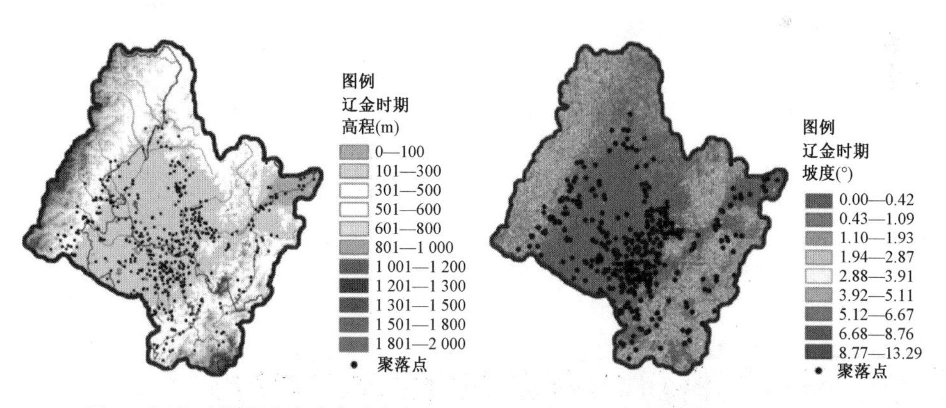

图 9　辽金时期聚落点高程分析　　**图 10　辽金时期聚落点坡度分析**

而在坡度的选择上，不同时期的聚落均鲜有选址在陡坡处的现象。汉魏、唐渤海国两个以狩猎采集作为主要生产方式的时期其聚落在中低海拔的平原、丘陵以及小起伏山地均有大比例的分布；而辽金时期由于其以游牧文化为主导文化形态的因素，对于地势平缓的趋向性更为明显，城址多选择在河流交汇处的低海拔的冲积洪积平原。地势险要处的城址往往是以军事用途为主的军政合一型聚落。

以距离主干河流 10 km 为缓冲区，对流域内城址的统计则显示出，游牧文化主导下的辽金时期聚落对较为稳定的水系需求较大，城址多靠近流域内周边开阔的大型主干水系；而以采集和农耕为主要生产方式的聚落则多选址在资源丰富的丘陵地带和冲积平原的小型支流水系附近。

4 结论

本文以松花江流域古代聚落为研究对象，并借鉴国内外多学科的研究方法，拓宽了中国古代聚落研究的视野。本文通过建构松花江流域古代聚落遗址 GIS 数据库，并绘制其时空分布动态叠加图，将这一区域的古代聚落历史分布信息可视化，从而建构东北地区聚落发展的历史脉络，在一定程度上完善了对中国古代传统聚落发展的认知。通过大数据的方式整理并解析松花江流域古代聚落时空分布规律，表明了松花江流域古代聚落发展在历史沿革中所经历的分别由不同文化形态民族在汉魏、唐渤海国、辽金三个时期形成的聚落营建高峰，展现出松花江流域古代聚落的发展与汉文化中心区域有着很大的差异，具有在时间层面上的弱连续性、空间层面上的区域差异性，以及断代性跃迁式发展的演化规律和特点。松花江流域古代的历史文化在不同文化传统的定居与迁移、对抗与包容、吸收与排斥中形成了自己独特的地缘性历史与文化体系。这一区域古代聚落出现了多种多样的形态，因此松花江流域作为汉文化边缘地区，其古代聚落形成了集开放性、封闭性、包容性于一体的，多线程交错的复杂的发展系统。

此外，本文使用 GIS 等定量分析工具构建地理空间数据库对一定的区域发展历程进行理性研究，分析其时空分布及形态特征。这不仅是对考古信息的补充，而且是对历史遗产保护研究框架的完善。此外，本文对松花江流域地域文化遗产进行梳理，在未来的研究中亦可以此为基础，利用 GIS 等定量分析工具对文化生态保护区进行合理规划，为科学决策提供理性方法，从而达到可持续发展的目的。

[本文受国家自然科学基金面上项目“基于文化地理学的东北传统民居演化机制与现代演绎研究”(51878203)资助]

参考文献

[1] 崔功豪，魏清泉，陈宗兴. 区域分析与规划[M]. 北京：高等教育出版社，1999.
[2] 龙迪. 国外文化生态保护区规划研究[D]. 南京：东南大学，2017.
[3] 余英，陆元鼎. 东南传统聚落研究：人类聚落学的架构[J]. 华中建筑，1996，14(4)：42－47.
[4] 吴文衔，张泰湘，魏国忠. 黑龙江古代简史[M]. 哈尔滨：北方文物杂志社，1987.
[5] 王禹浪. 东北流域文明研究[M]. 北京：社会科学文献出版社，2016.
[6] 王禹浪. 东亚视野下的东北史地研究[M]. 北京：社会科学文献出版社，2015.
[7] 潘春良，艾书琴. 多维视野中的黑龙江流域文明[M]. 哈尔滨：黑龙江人民出版社，2006.
[8] 王禹浪. 中国东北地区古城文化遗迹概述[J]. 黑龙江民族丛刊，1995(4)：53－64.
[9] 张泰湘，景爱. 黑龙江克东县金代蒲峪路故城发掘[J]. 考古，1987(2)：150－158.
[10] 张建. GIS 技术在聚落考古中的应用[J]. 郑州大学学报(哲学社会科学版)，2016，49(4)：113－115.
[11] 张光直. 中国考古学上的聚落形态[M]. 北京：中国大百科全书出版社，2005.
[12] 刘大平，李晓霁. 中国建筑史与文化地理学研究[J]. 建筑学报，2005(6)：68－70.
[13] 李建华. 西南聚落形态的文化学诠释[D]. 重庆：重庆大学，2011.

[14] 国家文物局.中国文物地图集:黑龙江分册[M].北京:文物出版社,2015.
[15] 国家文物局.中国文物地图集:吉林分册[M].北京:中国地图出版社,1993.
[16] 国家文物局.中国文物地图集:内蒙古自治区分册[M].西安:西安地图出版社,2003.
[17] 国家文物局.中华人民共和国不可移动文物目录(黑龙江卷)[M].北京:国家文物局,2011.
[18] 国家文物局.中华人民共和国不可移动文物目录(吉林卷)[M].北京:国家文物局,2011.
[19] 国家文物局.中华人民共和国不可移动文物目录(内蒙古卷)[M].北京:国家文物局,2011.
[20] 魏存成.东北古代民族源流述略[J].中国边疆史地研究,2017,27(4):27-45.
[21] 浦欣成.传统乡村聚落二维平面整体形态的量化方法研究[D].杭州:浙江大学,2012.
[22] 朱炜.基于地理学视角的浙北乡村聚落空间研究[D].杭州:浙江大学,2009.

图表来源

图1至图10源自:笔者绘制.

表1源自:笔者整理绘制.

“新竹筒屋”与广州传统城市形态的治理

田银生

Title: The New Bamboo House and Improvement of Traditional Urban Morphology of Guangzhou

Author: Tian Yinsheng

作者简介

田银生，华南理工大学建筑学院教授，中国城市规划学会城市规划历史与理论学术委员会委员

摘　要　竹筒屋是广州最具特色的传统民居，近现代以来由于人口的巨大压力而产生了过度加建的现象，造成了大量的病态竹筒屋并形成了“类贫民窟”的城市地段，环境质量低劣，安全隐患严重，使得传统城市形态面临危机。本文提出“新竹筒屋”的理念和设计方法，对病态竹筒屋进行更新改造，使竹筒屋得到科学的保护与发展，焕发新的生命活力，使广州传统的城市形态得到有机的治理，走上继承和发展相协调的道路。

关键词　竹筒屋；城市形态；广州

Abstract: The bamboo house is the most characteristic kind of traditional residential building in Guangzhou. Due to the huge pressure of population in modern times, they had been excessively extended resulting in a large number of ill-conditioned bamboo houses and forming slum-like urban areas with poor environmental quality and security problems. This also causes Guangzhou's traditional urban morphology to face the crisis. In this paper, the concept and design method of “new bamboo house” are put forward in order to renovate the ill-conditioned bamboo houses, so that the bamboo houses can be protected and developed scientifically, and the traditional urban morphology of Guangzhou can be improved accordingly, and therefore the urban context can be continued under the way of sustainable development.

Keywords: Bamboo House; Urban Morphology; Guangzhou

对于很多老城而言，与其争论非黑即白的保护或发展，不如走“治理”之路。从各种情况来看，治理是更加现实的策略，并且是个灰色调，能够把保护和发展有机地统一。治理的核心在于建筑，特别是大量的民居建筑。科学地革新民居不仅能够改善老城居民的居住环境，而且可以使传统城市形态在新的条件下得到合理的优化，实现城市文脉继承性的发展。

1 民居与城市形态

在全球化浪潮的冲刷下，城市的面貌不断趋同，也正因为如此，地方特色愈发显示出珍贵的价值，成为我们保护历史文脉的重要原因。在讨论城市形态及其特色时，人们多会把目光盯在标志性的公共地段，但实际上，传统的居住地区才是一个城市最有本土意味的所在，这是由这两种地区不同的建筑性质所决定的。用意大利建筑类型学派的眼光来看，前者是由“特别建筑”构成的，而后者是由“基本建筑”构成的。所谓的特别建筑是形象突出的大型建筑，而基本建筑是一个地方大量拥有的普通建筑，后者被视为前者的基础(Formative Matrix)[1]。

特别建筑一般都拥有较为宽松、优越的建造条件，受经济等各种因素的制约小，对新的和外来的东西接受快，也紧随建筑师的个人风格而异，因此更具创新性和变化性，在地方文脉的发展中属于活跃的引领因素。反之，基本建筑则受制性强，处在地方材料、技艺、观念等的严格约束下，因此更具保守性，也因此更具继承性而成为地方特色更为深沉的载体。所以，当我们考虑城市形态的地方特色问题时，反而要给予基本建筑以更多的关注。显然，基本建筑最重要的部分是民居，以其为主体构成的传统住区量大面广，对城市形态具有举足轻重的影响，民居因此和城市形态密切地关联在了一起。

在历史的进程里，民居的发展固然相对迟滞，是传统最执着的守护者，但并非一成不变，而是在不断地流变，在居住者的“主观需求性”和现实条件的“客观满足性”的矛盾斗争中演进，形成一条连绵的河流，继承和发展是它永恒的主题。时至今日，住宅形式已经发生了深刻的变化，进入了多样化和现代化的时期，民居面临着前所未有的革新要求，否则就有消亡的危险，而这样的消亡就城市形态的地方特色而言是巨大的损失，是历史文化传承不可承受之殇。因此，民居的革新成了一道既关乎自身生存也关乎城市形态继承和发展的必答题。

民居革新需要关注三个方面的问题，即经济、功能和形式。其中，“经济”并不只是建造成本的低廉，更重要的是对土地使用的更高效率，目前来看，容积率偏低带来的土地效益偏低是民居存续发展的最大威胁；“功能”是要满足现代的生活方式及更高的舒适标准；而“形式”是要担当文化承前启后的载体功能。

在广州，研究民居革新与传统城市形态的延续问题尤其重要。因为相比于北京壮丽的皇家建筑，广州的特别建筑微不足道，传统城市特色几乎全部体现在民居地段上。而说到广州的民居，首要的就是竹筒屋。作为最具地方符号意义的民居形式，竹筒屋是广州自然和社会孕育的产物，却在复杂的现代条件下走向了病态，进而面临危机。因此，研究竹筒屋的革新就成了传承广州城市文脉的当务之急。基于这种认识，本文在考察“竹筒屋”的合理和非合理演变之后，提出了“新竹筒屋”的概念及创作方法，以期探寻其进一步发展之路，进而实现广州传统城市形态的继承性发展(图1)。本文以广州市状元坊街区作为实证案例。

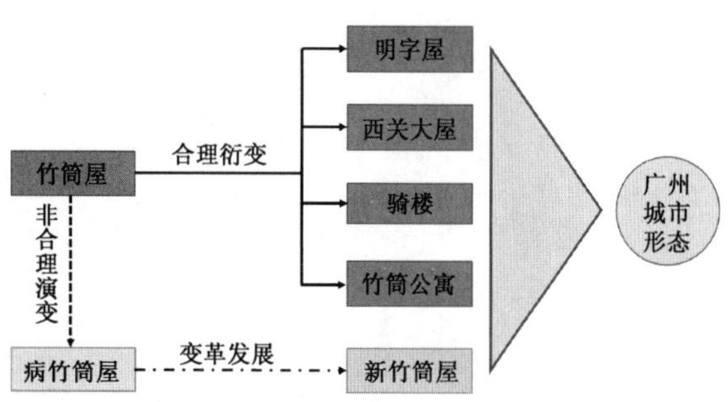

图1 竹筒屋与广州城市形态关系图

2　竹筒屋:广州民居的最基本类型和城市形态基础细胞

竹筒屋门面窄小,纵深狭长,它的组成部分有厅房、厨厕、廊道、天井等,在纵深方向上组合,似竹子般节节延伸,故名竹筒屋。其开间通常为 4—7 m,但进深可超过 20 m,其中,天井因为通风和采光的功能而成为这种布局形式成立的关键[2](图 2)。竹筒屋有三个特点:一是通风阴凉,适应潮湿炎热的气候;二是节约用地,可有效缓解人多地少的矛盾;三是尽可能增多了沿街门面,适用于商业街的布局。以上三点都切合广州的需要,因此得到了广泛的运用[3]。

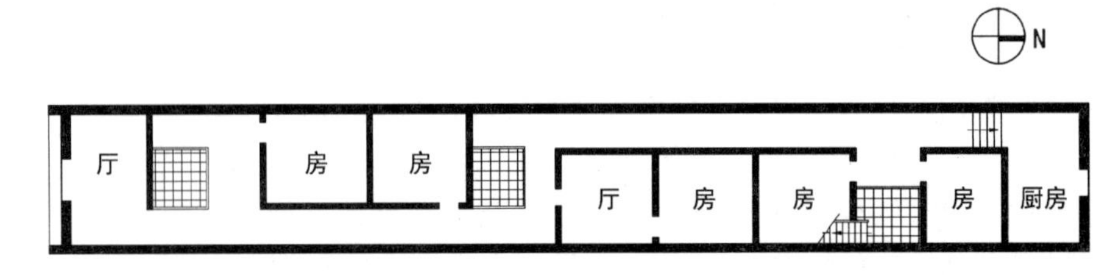

图 2　竹筒屋典型平面

竹筒屋进一步扩展形成了更为高级的形式,两个竹筒屋并列组合形成“明字屋”,而三个并列发展就形成了著名的“西关大屋”,它们分别对应着不同社会阶层的人。在商业街区内,竹筒屋一般呈现“前店后居”或“下店上居”的形式,兼顾了经商和居住的需求,其中的一些还衍化成了骑楼的形式,构成了广州商业空间的一大特色。民国前后,又出现了以竹筒屋平面为基础的公寓住宅,可称之为“竹筒公寓”[4]。由此可见,竹筒屋作为一种最基本的类型,贯穿在广州本土居住建筑发展的全过程和多个方面,从而也成为广州城市形态的基础细胞。竹筒屋及其衍生物明字屋、西关大屋、骑楼和竹筒公寓等,构成了广州旧城的主要部分,形成了众多既相互区别又相互联系的城市形态区域,塑造了广州独特的城市风貌(图 3)。

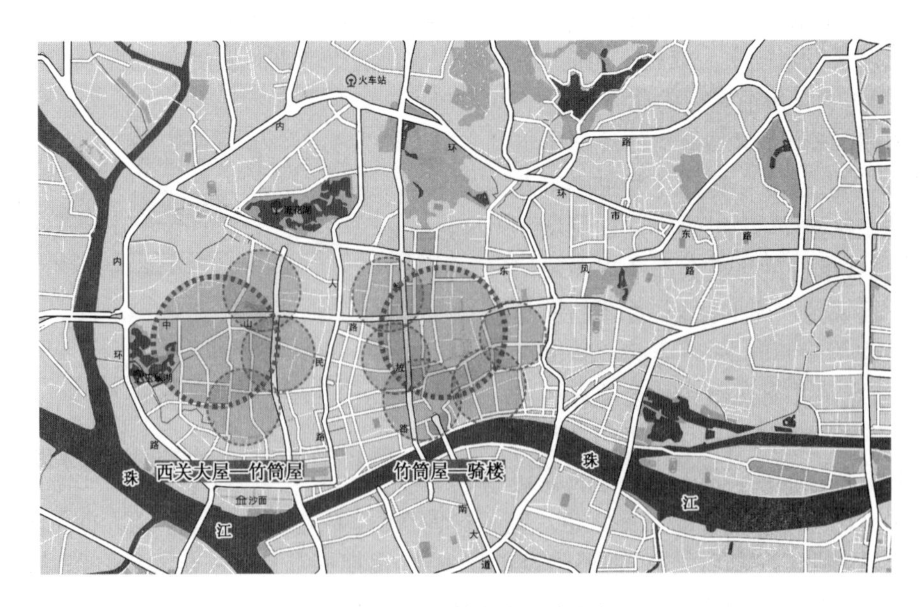

图 3　竹筒屋等在广州的分布

3 “病竹筒屋”:竹筒屋的畸形演变及其带来的问题

前面所述是竹筒屋在历史上的合理演变,但现代以来,竹筒屋却出现了病态的演变现象,带来了相关地段的环境以及城市形态的严重问题。

问题的根源在于人口的压力所带来的房屋加建。作为基本民居的竹筒屋,居住的对象是普罗大众,由于现代以来广州的人口持续增长,房屋的需求不断加大,但由于山水自然条件和行政区划的长期限制,广州的城市空间一直非常局限,房屋需求的压力无法通过城市扩张有效释放,便极大地施加在老城身上,造成房屋的过度加建,竹筒屋首当其冲,直至出现种种的病态。这是竹筒屋在合理演化之外的另一个发展现实,其过程经历了“水平加建”和“垂直加建”两个阶段。

水平加建是第一步,就是把天井或基地内其他的空地部分改作房屋。不难理解,这样的加建方式是合乎常理的,所以十分常见。比如北京的四合院变成大杂院后,庭院就不断被房屋填充,直到填满为止。再比如英国工业革命的早期,为了给工人提供廉价的出租房以及用作小工坊,一些城镇的家庭也出现了把后院分割建房的情况,几乎把院子挤占殆尽,但后来随着情况的变化又进行了清理拆除,呈现了潮涨潮落式的建拆交替的地块循环[5](Burgage Cycle)。但是与北京的“填满为止”和英国的“建拆循环”不同,广州由于持续增强的人多地少的矛盾,房屋的加建不只停留在地平面上,还拓展到竖向上,由水平加建进一步变为垂直加建,原来的一到两层的竹筒屋被增加到了三层或四层,可谓“立体增殖”,这是广州竹筒屋增殖变化的一大特征,在其他地方较为少见。各家各户都竭尽可能地争取面积,导致竹筒屋的增殖远远超出了合理的范围,原本合理的形式被各式畸形的变种所取代,可称之为“病竹筒屋”(图 4)。

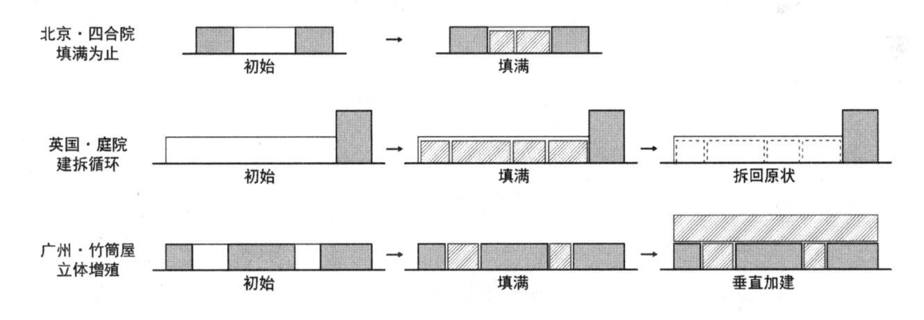

图 4 三种房屋增殖变化示意图

当“病竹筒屋”大量出现时,其问题就不再是单个的建筑问题,而变成了一个城市地段的问题,形成了环境上的“类贫民窟”,尽管这里的居民在经济上不见得贫穷,事实上很多人还十分富裕。“类贫民窟”的容积率及建筑密度超乎寻常,缺少天井这一关键性的要素,通风采光极差、火灾隐患极大、户外空间极度匮乏,整体环境极差,在很多方面都不符合人居环境的基本要求,已然到了触目惊心的地步,这是竹筒屋长期无度无序增殖的结果,可谓是非合理增殖,积弊成疴。在广州有很多这样的地方,越秀区的状元坊所在地段就是其中一个(图 5)。

4 “新竹筒屋”:竹筒屋演变的顺水推舟和拨乱反正

“病竹筒屋”的出现有其客观必然性,是对发展中所出现问题的应激式反应,有一定的合

图 5　状元坊地段鸟瞰照片

理内涵，不宜简单地全盘否定。它们已经形成了广州城市形态上的一个时代特征，记录着广州发展的一段真实历史，如果加以变革性的改造，就能以经济上的效益性、功能上的适应性和形式上的传承性把广州的竹筒屋及传统城市形态发扬光大。为此，本文提出了“新竹筒屋”的概念和创作方法。

把“病竹筒屋”改造成健康的“新竹筒屋”，基本方法是“拆叠法”。这很像是一种手术治疗，是把填掉的天井重新拆除出来，然后把拆掉的建筑面积叠加到竹筒屋的上部，保持总建筑面积的基本不变(图 6)。

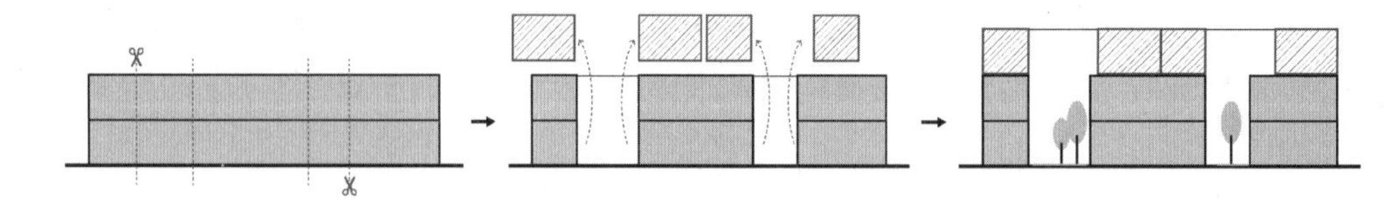

图 6　拆叠法示意图

拆叠法的核心是恢复天井。前面讲过，天井在竹筒屋里是一项关键性的要素，可以通风、采光、收集并排放雨水、种植绿化，同时也是人的活动场所，是房屋与自然沟通融合的渠道。正是有了天井，竹筒屋的环境才能符合人居的各种基本要求[6]。

拆叠法的另一个基本思想是拆补平衡，即在考虑安全的前提下，尽可能拆多少补多少，使总的建筑面积(亦包括不合理的加建面积)大体不变。这是对现实状况的正视及必要的让步，其中有如下原因：

(1) 在“病竹筒屋”的形成过程中，尽管增殖的面积多是非合理所得，但都是迫于实际需求，在现实中已经形成了供需的平衡关系，成为巨大的利益载体，如果强行减掉，会激化矛盾，增加改造工作的社会风险。

(2) 不减少面积固然会影响舒适程度，但在现实工作中，从来都是要追求各种利益相互平衡下的综合效益，所以一定的妥协是必要的，何况通过科学的设计和现代设备的运用，一般的舒适性问题是可以解决的。

(3) 经过“拆叠”的技术处理再加上必要的合法化程序，违章建筑面积被消除，是对历史包袱的化解。

(4) 不减少容积率，保持了土地使用基本的经济性。

拆叠法是对旧建筑的更改手段，但也可以看作新建筑的创作方法。如果旧竹筒屋破败程度太高，不具备改造的条件和价值，那么就可以完全拆除，以“新竹筒屋”的方式在原地重建，依然不失对历史文脉的尊重。下面以广州的状元坊为例，谈谈“新竹筒屋”在传统街区的有机更新和在城市形态治理方面的具体运用。

5　状元坊案例

状元坊是广州越秀区一条历史悠久的小巷，因为南宋状元张镇孙故居于此而得名（图7）。宋朝时这里以城外草市的方式兴起，明朝时被纳入城中，随后稳定发展，民国时在广州大规模的“拆城墙修马路”的运动中形成了现在的道路格局。一直以来，状元坊及周边地区都是广州繁华的商业和居住区，有大量的竹筒屋，近年有些被拆除新建高楼，但状元坊街道两侧的核心区，面积约有 1.78 hm^2，仍被保留了下来（图 8）。

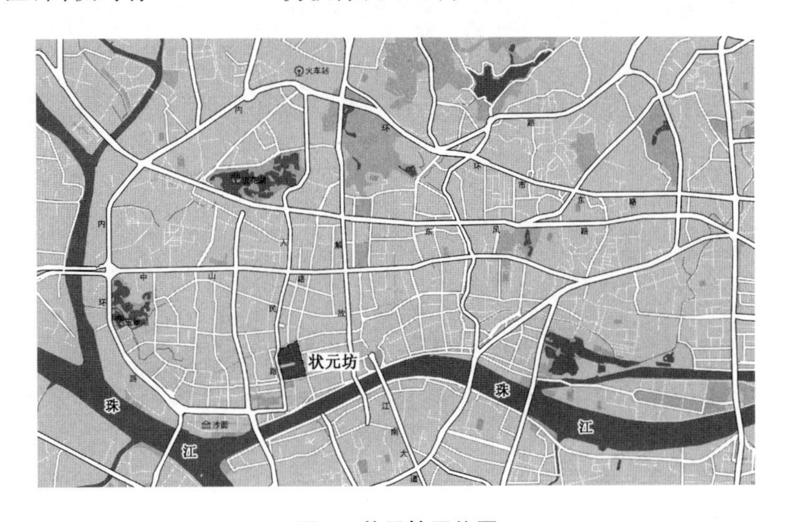

图 7　状元坊区位图

20 世纪 90 年代，状元坊作为广州的一条特色商业街盛极一时，因此房屋加建活动尤为剧烈，甚至蚕食了巷道和房屋之间的空隙，很多竹筒屋的长度超过 70 m，平均层数接近 3 层，建筑密度为 85%，容积率达到了 2.3，几乎密不透风（图 9）。近 10 多年，由于外围现代商业空间的兴起，状元坊的地位一落千丈，沦为“类贫民窟”。但即便如此，状元坊依然是广州一个极具标志意义的地方，有重要的历史文化价值。那么，有没有可能改善它的整体环境，使其重新兴起并担负传承城市文脉的任务呢？答案是肯定的。既然问题由竹筒屋引起，那么解决问题依然要从竹筒屋做起，所谓解铃还待系铃人，把“病竹筒屋”改造成“新竹筒屋”即可。

5.1　设计原则与基本模式

如前所述，新竹筒屋改造的基本方法是拆叠法，具体到设计中需要明确如下几个原则：

（1）关于天井。由于新竹筒屋和旧竹筒屋的主要区别在于层数的增加，所以新天井一个很大的不同是要考虑垂直交通的功能，为此，首先在位置上可以有一定的变化，不必拘泥于原来的位置；其次在尺寸和形式上也可适当变化以便于加装楼梯；最后面向天井的房间加大玻璃

图 8　状元坊核心区

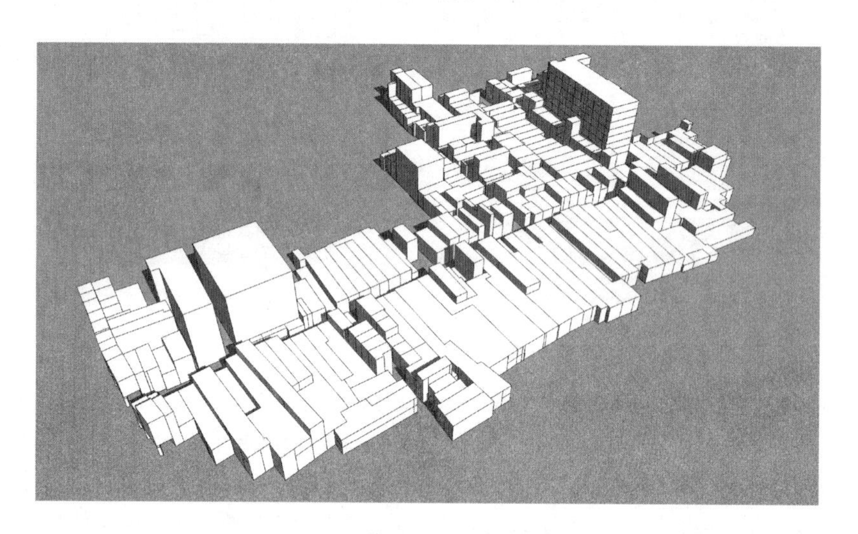

图 9　状元坊核心区现状形态图

窗的面积，这样不仅实质性地扩大了使用面积，而且使内外空间更为通透，减少局促感。

(2) 关于房间。由于不同位置上的竹筒屋在使用功能上有所不同，因此房间格局要有相应的适应性。除用作居住外，临街的要考虑到商业经营的需求，可用于商店、餐饮、旅店、办公等。

(3) 关于造型。要尽可能在传统的基础上推陈出新，注意屋顶、屋身、屋基三个部分的特色处理及细部装饰。

(4) 关于拆除和保留的强度。作为一种旧房改造的方法，必然涉及拆除多少和保留多少的问题，应在保证安全的前提下能保则保，旧材料尽量再次利用，以保留最丰富的历史文化信息。

依据上述原则，新竹筒屋可有居住型和商用型两种基本模式，在造型上大同小异(表 1)。

表 1 新竹筒屋模式表

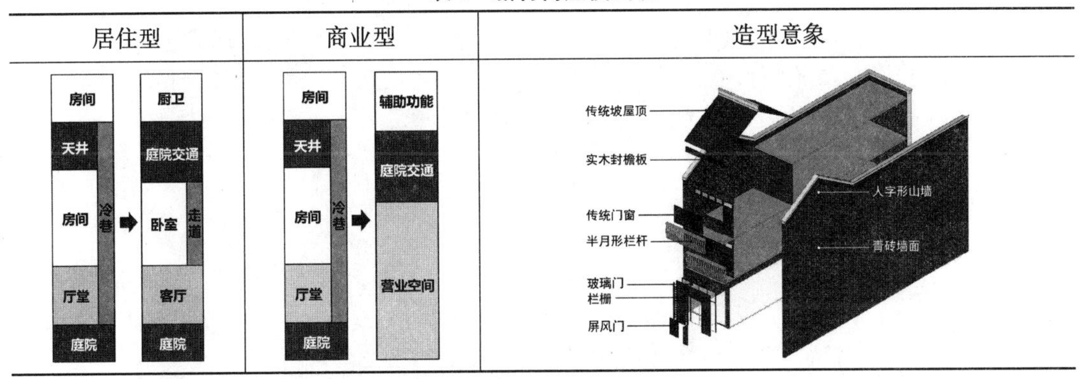

5.2 分类方案

在明确了上述设计原则后，便进入具体的方案设计。在状元坊，不同位置的竹筒屋发展到现在状况有很大不同，主要表现为使用功能上的差异所带来的形态差异，更准确地说就是长宽比的差异，并有一些在平面上发生了不规则的变异，可概括为四种类型的“病竹筒屋”(表 2)。相应地，在这四种类型“病竹筒屋”的基础上加以设计，形成了 A、B、C、D 四种新竹筒屋的方案(图 10，表 3)。

表 2 四种“病竹筒屋”

类型	平面形态特征	平面示意(m)
“病竹筒屋”A 型	长宽在 1∶10 到 1∶4 之间，形态为矩形。主要功能为商业	4.2 15.7 5.7 22.0 3.8 25.4 3.6 32.0
“病竹筒屋”B 型	长宽在 1∶12 到 1∶3 之间，形态为不规则形状，为病竹筒屋 A 型的变形。主要功能为商业	8.0 4.6 3.4 20.2 16.0 36.2 10.3 6.2 4.1 27.7 5.2 32.9 4.2 3.5 2.7 14.1 16.5 16.8 47.4 16.5 8.5 8.0 19.4 21.5 40.9 20.4 8.3 9.9 4.4 7.5 6.3 2.2 10.2 4.1 2.3 2.8 21.3 40.7
“病竹筒屋”C 型	长宽在 1∶5 到 1∶2 之间，形态为矩形。主要功能为居住	4.2 5.4 3.7 7.5 4.0 11.3 4.4 15.8 3.8 19.0
“病竹筒屋”D 型	长宽在 1∶4 到 1∶2 之间，形态为矩形。主要功能为商业	3.1 4.5 4.1 7.0 3.5 10.4 3.4 11.9

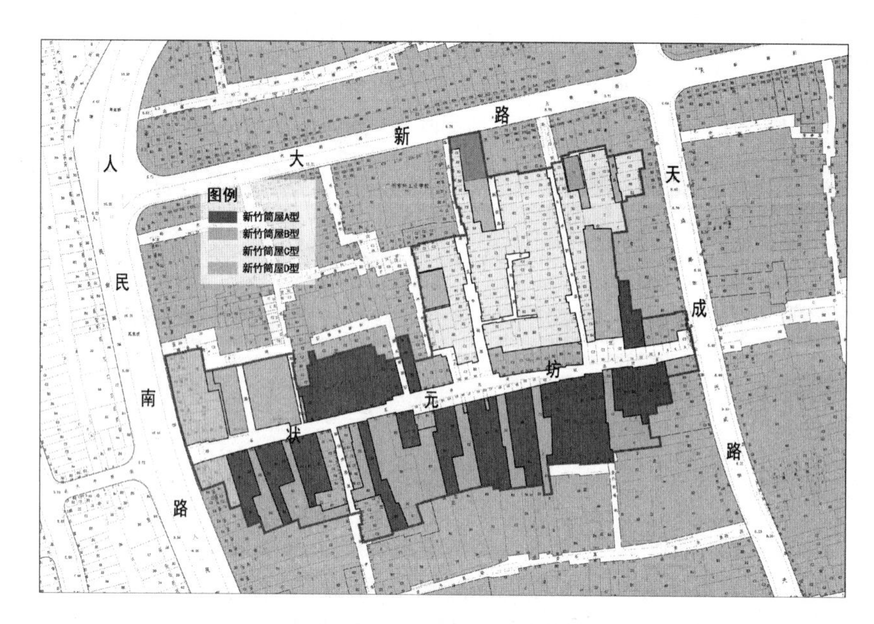

图 10　与“病竹筒屋”对应的四种新竹筒屋的分布

表 3　四种新竹筒屋基本方案

类型	平面图	剖面图	立面图
新竹筒屋A型	首层　二层　三层		
新竹筒屋B型	首层　二层　三层		
新竹筒屋C型	首层　二层　三层		
新竹筒屋D型	首层　二层		

5.3 总体形态

以新竹筒屋的方式改造后状元坊形成了新的平面形式(图 11),出现了众多的天井或庭院,呈现了既传统又新型的具有广州特色的城市形态(图 12)。更新前后的容积率保持不变,建筑密度下降了 17%,平均层数增加了 0.7 层(表 4)。

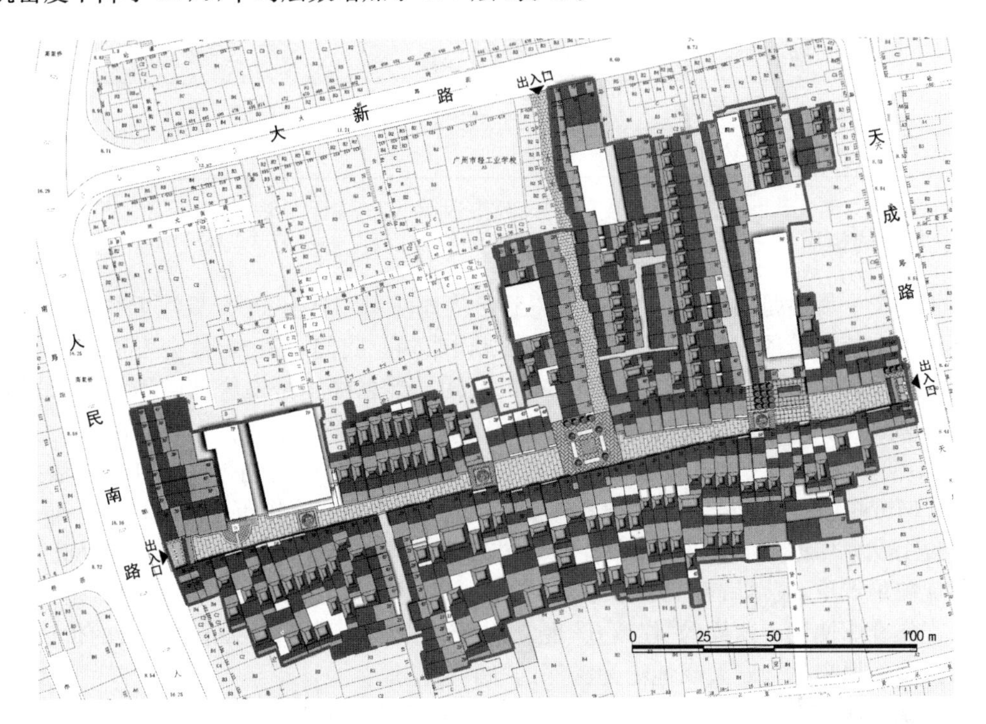

图 11 新总平面图

图 12 新竹筒屋模式下的状元坊

表 4　状元坊更新方案前后指标对比

项目	改造前	改造后
建筑基底面积(m^2)	17 819	14 194
总建筑面积(m^2)	48 169	47 901
容积率	2.3	2.3
建筑密度(%)	84	67
绿地率	0	0
平均层数(层)	2.7	3.4

5.4　主题功能街区

建筑的第一属性是功能使用性，只有得到恰当地使用才有生命力，只注重物质形态的改善而不注重功能变革的建筑更新与保护很难取得成功。我们知道，当社会发展变化了的时候城市也跟着发生变化，许多传统地段原有的使用功能已经不是最合理的了，为此，适时改变功能，旧瓶装新酒，在新的时期寻找新的使用方式，是建筑和城市可持续发展的活力源泉。事实上，即便是主要关注形式问题的意大利建筑类型学派，它们的先驱萨维利奥·穆拉托里(Saverio Muratori)，也从来不曾无视建筑功能问题，而是把它当作历史连续性的一部分[7]。

历史上状元坊的商业曾火爆惊人，但如今被迫走起了廉价低档路线。当初兴旺时这里的加建现象最严重，衰落后就变成了最烂的摊子，商业式微，原居民搬离，房屋出租，甚至有大量被当作仓库使用。这样的“住改仓”现象负面作用极大，进一步拉低了地段的价值底线，使得状元坊由原来的“凸”型高地沦为深深的“凹”型洼地。

但由于位居传统闹市，状元坊的区位十分优越，周边商业和旅游景点众多，并恰好处在广州市推出的三条特色旅游线路的交汇点上，又携带着700多年的历史底蕴，以竹筒屋为主体的特色环境早已超出了一般的商铺和住宅价值，如果变身为文化旅游目的地，发展特色化的体验经济不失为一条重新兴起的可探索之路。但传统街区变身为文化旅游目的地并不是简单的事情，需要做出特色，要避免目前常见的大杂烩式的功能组成，突出某种主题，打造独一无二的“主题功能街区”，方有较好的发展可能。状元坊的主题可突出“宿”字，做“城市民宿”主题街区，理由如下：

(1) 就国内而言，各大城市缺少类似的成规模的民宿产品，具有稀缺性。

(2) 就广州而言，状元坊最具兼做旅游目的地和旅游服务基地(特别是特色住宿)的条件。

(3) 就建筑而言，竹筒屋的空间对发展民宿具有良好的适应性和吸引力。

在发展民宿基础上，再着力把状元坊最重要的传统手工业，特别是已被列为非物质文化遗产的项目发扬光大，如国家级的粤绣和狮舞，省级的戏服制作、采芝林中药、西关打铜工艺和彩扎(广州狮头制作技艺)等，力争经济和文化的双重效益。

6　结语

在“病竹筒屋”基础上的一拆一叠，新竹筒屋对竹筒屋做了一次既顺水推舟又拨乱反正的改进，是以纠错的方式把竹筒屋的演变拉回到正常的轨道上来。从建筑类型学的角度看，新竹筒屋应是富有意义的代际性的进步，符合前文所说的民居革新的三个要求：

（1）从经济上看，新竹筒屋使土地的使用强度保持在一定的水准。

（2）从功能适用性上看，通过内部平面的适当改动，新竹筒屋的用途更加灵活，不仅可用于居住，而且可满足多种公共和商业的使用要求，服务于新的城市生活，并且空间品质有较好的改善。

（3）从形式上看，这是竹筒屋在继明字屋、西关大屋和竹筒公寓之后的又一演变。一方面与明字屋和西关大屋是水平方向上的发展相比，新竹筒屋是在垂直方向上的发展；另一方面与竹筒公寓相比，两者虽然都是垂直方向上的发展，但竹筒公寓采用了浓重的西洋风格，而新竹筒屋对本土传统的继承性更强，不仅表现在单体的外观形式上，而且最终表现在所形成的城市形态上。

由于上述进步，新竹筒屋给广州最重要的民居形式注入了新的生命力，这样就能够使广州的传统城市形态得到优化治理，延续城市文脉。

［本文受国家自然科学基金项目（51678241）、国家社会科学基金重大项目（18ZDA161）子课题三资助；本文已被《南方建筑》收录］

参考文献

[1] CATALDI G，MAFFEI G L，VACCARO P. Saverio Muratori and the Italian school of planning typology[M] // TIAN Y S，GU K，TAO W. Urban morphology，architectural typology and cities in transition. Beijing：Science Press，2014.

[2] 陆元鼎，马秀之，邓其生. 广东民居[J]. 建筑学报，1981(9)：29 - 36.

[3] 潘安. 广州城市传统民居考[J]. 华中建筑，1996，14(4)：104 - 107.

[4] GU K，TIAN Y，WHITEHAND J W R，et al. Residential building types as an evolutionary process：the Guangzhou Area，China[J]. Urban morphology，2008，12(2)：97 - 116.

[5] CONZEN M R G. The morphology of towns in Britain during the industrial era[M] // WHITEHAND J W R. The urban landscape：historical development and management. London：Academic Press，1981：87 - 126.

[6] 肖毅强，林瀚坤. 广州竹筒屋的气候适应性空间尺度模型研究[J]. 南方建筑，2013(2)：82 - 86.

[7] 邓浩，朱佩怡，韩冬青. 可操作的城市历史：阅读意大利建筑师萨维利奥·穆拉托里的类型形态学思想及其设计实践[J]. 建筑师，2016(1)：52 - 61.

图表来源

图 1 源自：笔者绘制.

图 2 源自：笔者根据陆元鼎，马秀之，邓其生. 广东民居[J]. 建筑学报，1981(9)：29 - 36 改绘.

图 3 源自：笔者根据潘安. 广州城市传统民居考[J]. 华中建筑，1996，14(4)：104 - 107 改绘.

图 4 至图 12 源自：笔者绘制.

表 1 至表 4 源自：笔者整理绘制.

演变与传承：
重庆城市意象的时空结构与形态特质研究

李　旭　张新天　李　平

Title：Evolution and Inheritance：A Research on the Space-Time Structure and Characteristics of the Urban Image in Chongqing

Author：Li Xu　Zhang Xintian　Li Ping

摘　要　研究独特性城市意象及其时空结构可以有效联系城市形态特征与人的感知，结合对空间使用的分析，有助于从主客体交互的层面认识意象感知的特点及其影响因素。以重庆历史城区为例，通过分析历史地图和文献，提取历史时期重庆城市意象的特征；通过现场调研、问卷访谈获取当前城市意象特征；结合历史研究揭示独特性城市意象的时空结构与恒久传承的山地特质；分析城市意象热点的时空分布与道路结构特征、用地布局的关联；总结意象感知的演变规律及影响因素，探讨对地域特征传承与发展的启示。

关键词　重庆；独特性城市意象；时空结构；演变规律；影响因素

Abstract：Research on the evolution of the unique urban image and space-time structure can effectively link urban morphological features and human perception. It is helpful to understand characteristics of the perception of image and its influencing factors with the analysis of spatial usage from the perspective of interaction between subjective and object. Taking Chongqing as an example，this paper studies the image of the city in the historical period through historical maps and literary works and obtains the present image of the city through field investigations，questionnaires and interviews. Combining with historical research，the study reveals the space-time structure of unique urban images and the characteristics of mountainous traits. It analyzes the interactive relationship among spatial and temporal distribution，road structure characteristics and land distribution. Through the evolution law of image perception and the summary of the influence factors，this paper discusses the inspiration of the inheritance and development of regional features.

Keywords：Chongqing；Unique Image of the City；Space-Time Structure；Evolvement Law；Influencing Factors

作者简介

李　旭，重庆大学建筑城规学院副教授，中国城市规划学会城市规划历史与理论学术委员会委员

张新天，重庆大学建筑城规学院，硕士生

李　平，重庆大学建筑城规学院，硕士生

1 引言

城市形态的地域特征始终与人的感知和反应密切相关，而人的感知又受到活动的直接影响。研究独特性城市意象的演变，有助于揭示意象的时空结构与恒久传承的特质；结合城市形态及人群活动分析，则有助于从主客体交互的层面理解意象感知的演变规律及影响因素，为探索地域特征的传承与发展提供理论指导。

城市意象是市民个人或群体对城市的感知，往往通过图示及文字的方式表达，是分析城市形态结构与特征的经典方法之一。1960 年，林奇将现场分析的速写地图、抽样访谈、随机街头询问的结果进行比较，得出城市意象普遍由路径、边界、区域、节点和标志物构成[1]。由于在不同的城市中，这五种要素形态多有不同，它们组合后形成的综合意象具有独特性[2]；而市民感知城市的差异也反映了城市形态的独特性。

目前城市意象研究主要为针对现状城市的静态研究，涉及三大主题：揭示城市的意象结构，寻找地方特色的意象，评估意象品质[3]。研究方法大多采用问卷、绘制意象图和访谈相结合的方式，或将意象要素具体转换为地点，结合访谈、问卷以及统计学方法进行分析，以揭示城市意象的要素构成、空间特征、印象程度与品质评价[4]。针对我国历史时期城市意象的研究较少，尤其缺乏对城市意象演变过程的研究，少有涉及城市意象特征的变化及其规律。

由此，本文研究独特性城市意象的动态变化，以重庆为例，拟通过对各时期历史文献的分析，提取历史时期重庆城市意象的阶段特征；结合现场调研、问卷访谈等获取当前城市意象特征；从整体印象、街道、建筑三个尺度梳理独特性城市意象的动态演变过程；找出意象演变过程中恒久传承的空间结构与特质；分析与城市形态及人群活动的关联；探讨对当代城市地域特色营建的启示。

2 重庆独特性城市意象及其演变

2.1 山水格局与城市轮廓

重庆城选址于长江、嘉陵江交汇处的高地，最初源于“周武王克商，封同姓为巴子，遂都此地，因险固以置城邑，并在高岗之上”[5]；汉代曾经“北府南城、隔江而治”，后又城郭合一于南城；三国时期沿长江扩建至现下半城；南宋继续向西北，沿嘉陵江拓展，基本达到今上下半城范围；明清范围基本不变，由土城加固为石城（图 1）。其形成与演变过程反映出“形如片叶、浮沉两江”的整体特征源于重庆独特的自然环境与古代建城防御的需要。

近代以来，原有的山水格局依旧，但建城范围急剧扩张，突破了城即半岛的整体印象，这一时期的重庆城形如“一幅南北狭，东西长，淡墨轻描的长卷山水画”（图 2）。并且两江四岸均开始建设，“旅客乘舟西来，至两江合流处，但见四面山光，三方市影，烟雾迷离，乃不知何处为重庆”[6]，形象地反映了当时人们对重庆城的整体印象。

今天，重庆整体呈多中心组团式布局，但中心仍在历史城区（图 3），这里的山水格局依旧“两江环抱，地势高峻”，华灯初上则如“半岛明珠”，印象指数、品质指数都较高。只是当前以高层公共建筑为主构成的立体轮廓印象突显，“楼宇森林”代替了原来的“片叶浮沉”，贴近原始地形较为平面化的整体印象(图 4、图 5)。

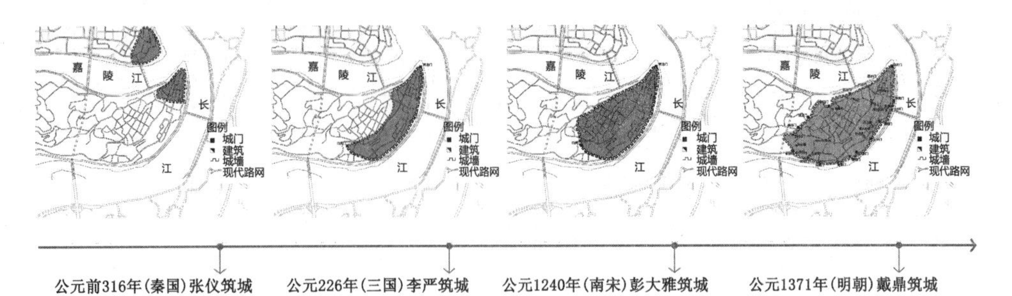

图 1　古代重庆城市范围的演变

图 2　两江览胜图

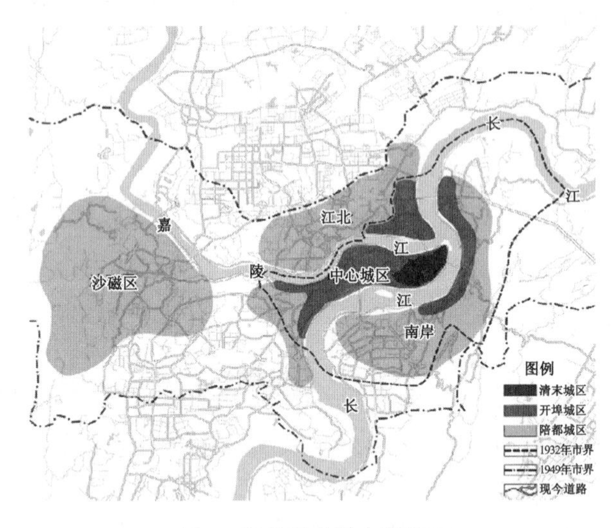

图 3　近代重庆城市的演变

图 4　重庆旧城鸟瞰

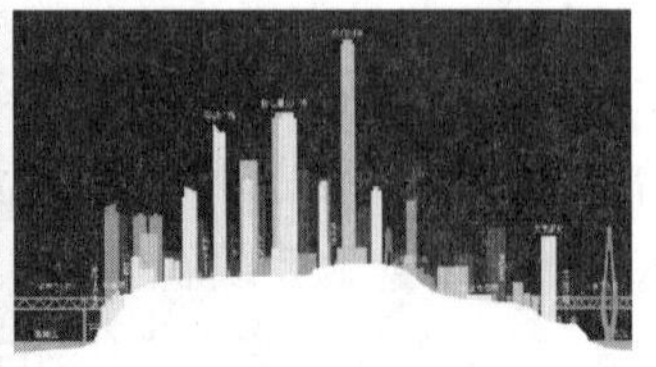

图 5　现状重庆旧城鸟瞰图及剖面图

2.2 街道

古代重庆城的街道因循山势起伏，蜿蜒曲折，布局自由，“石峭坡回路又斜”[7]就是当时市民对街道的普遍印象。清代光绪年间国璋《重庆府治全图》(图6)识语“且复地势或凸或凹，街道有斜有直，每经游览，响往易歧……上则庙宇衙斋，下则通街曲巷，既条分而缕析，亦署名而标名”[8]概略反映了街道的形态特征和组织结构。

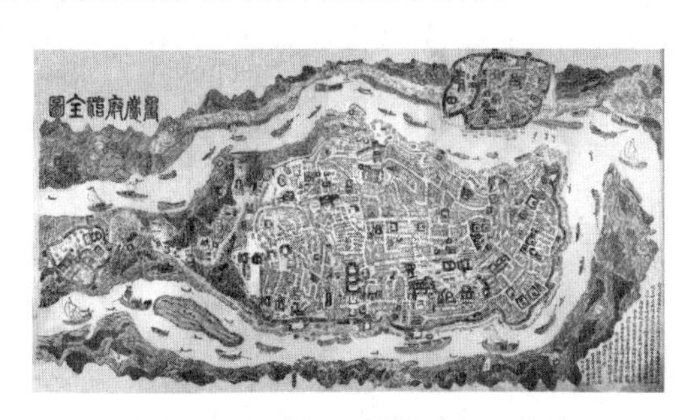

图6 1886—1891年《重庆府治全图》

近代重庆开埠后，因道路狭窄、出行不便，新建中区干道、南区干道和北区干道三大干线，疏通并拓宽旧市区道路；按经纬路布局，新修了车行道。上半城①基本形成了方格网式道路网络。下半城新建道路较少，仅有和平路、中兴路、凯旋路几条主干道，内部仍为传统街巷，山地特征依旧保存(图7、图8)。张恨水《重庆旅感录》亦写道：“重庆因山而建，街道极错落之能事。旧街巷坡道高低，行路频频上下。新街道则大度迂回，行路又辗转需时。”[6]

图7 较场口下的十八梯老街

图8 南纪门中兴路起伏迂回的道路

现状街道延续了旧时骨架，错综复杂的立交及轻轨、索道、自动扶梯等综合交通方式的运用更加突显了城市的立体特征(图9)，在“蜿蜒曲折，高低起伏”的基础上反映出“多层次立

图9 重庆轻轨立交、长江索道

体交通”的特征。从实际感受看，居民对沿长江和嘉陵江的滨江路及大型商场附近街道的印象指数和品质指数比较高，但是由于拥堵、设施不足等原因，对其余街道的整体评价较低。

2.3 建构筑物

“依山就势，重屋垒居”是重庆地区古代建筑的典型特征。“巴人多在山坡架木为屋，自号阁栏头也”[9]，并且“地势侧险，皆重屋垒居，数有火害”[10]。清代光绪年间国璋《重庆府治全图》识语描述建筑群体的整体特征为“贾楼民居，鳞次栉比，层楼叠屋，一望迷离”[7]。建筑肌理以低层民居为基底，屋顶多为悬山，平面多为条形、折线形，院落沿街分布，其中临江、靠崖和沿山地带的民居多为吊脚楼。

在舆图中城门和“庙宇衙斋”等公共建筑的形象清晰而明显。明清时期“象天法地”开设有九开八闭十七道城门，以象九宫八卦，城墙、城门、城楼亦突显于舆图（图 10）。民间谚语“朝天门，大码头，迎官接圣；……储奇门，药材行，医治百病；……金紫门，恰对着，镇台衙门；……南纪门，菜篮子，涌出涌进”反映了城门及附近地段丰富多样的公共活动。

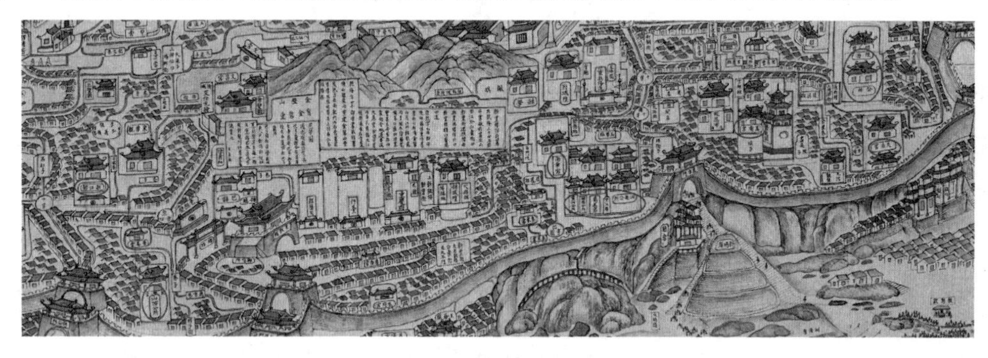

图 10 《重庆府渝城图》中的公共建筑

近代重庆开埠后，西方建筑大量涌现，建筑类型从早期的教堂建筑扩展到领事馆、洋行、教会医院、学校、公馆别墅及里弄住宅等，它们混杂在民居中，改变了原有传统民居的基底（图 11、图 12）。公共建筑突显，并由前一时期沿江分布向下半城街道转移，吊脚楼仍予人独特的印象。由于战争的破坏和车行交通的需要，城门和城墙大部分被拆除。

图 11 望龙门缆车

图 12 临江门堡坎下的民居

现代以来重庆的建筑肌理发生了巨大变化，多层、高层的住宅及商业建筑代替了以前低层的民居建筑。印象突显的有标志性的现代商业、商务建筑，文化艺术中心，跨越两江的桥梁及开发为旅游景点的历史建筑或仿古建筑，如湖广会馆、洪崖洞等。值得注意的是，在问卷调查和调研过程中发现总体上历史建筑和街区的印象指数与品质指数都相对较低，并且呈现专家对历史建筑的印象指数较高，而普通居民则普遍较低的现象，反映出当前渝中半岛历史建筑的保护、利用和宣传尚存在一些问题。

3　意象热点的时空结构与恒久传承的山地特质分析

3.1　意象热点的时空结构

意象演变过程的分析显示不同时期意象热点的空间分布呈现以下特点：古代意象热点多为临江、靠崖和沿山地带的城门，以及集中在下半城的商业街道和公共建筑。近代开埠以后，领事馆、洋行、教会医院、学校、公馆别墅及里弄住宅逐渐凸显。现代以来新增意象要素更为多元，例如具有标志性的商业、商务中心，文化艺术中心等，布局更加分散；而一些古代的城门由于具有重要交通功能，在原址修建了大桥（如东水门、千厮门），或作为码头（朝天门），还有的作为历史古迹被保留下来（通远门公园），另有一些具有历史价值的公共建筑也被保留下来，仍为意象热点（图 13 至图 16），且具有较高的品质。从总体上看，意象热点呈现“沿江城门附近—下半城主要街道—上半城商业中心区”拓展的规律（图 17、图 18），并且下半城品质评价较差，而上半城的现代商业中心品质评价较高。

图 13　千厮门大桥

图 14　东水门大桥

图 15　洪崖洞

图 16　大桥下的东水门

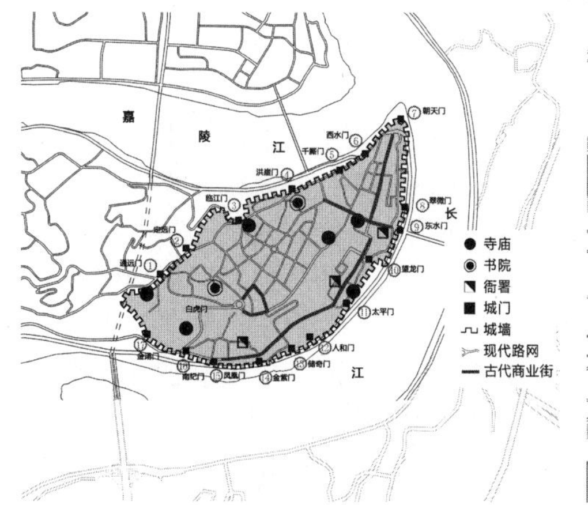

图 17　历史时期意象热点分布图

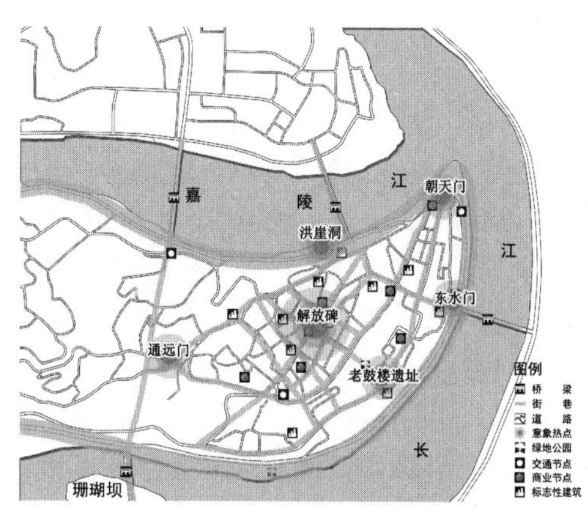

图 18　现代时期意象热点分布图

3.2 城市意象演变过程中恒久传承的山地特质

意象演变过程的分析表明，意象要素的演变呈现以下规律：建筑呈现“低层院落—多层板式—高层点式”的演替过程，功能历经“民居—工业建筑—商业商务建筑”的变化。尽管建筑、街道的形式发生了巨大变化，但山水格局、山地特色却恒久传承。

古代时期，“两江襟带，片叶浮沉”是对重庆城市三面环江的形象描述，现代时期则有“山水之城，半岛明珠”的概括；无论是历史时期还是现代时期，两江环抱的意象结构与地势高峻的意象特点一直传承了下来，印象指数、品质指数都比较高。

同样，依山势起伏布局、蜿蜒、狭窄且多坡坎是古代市民对当时重庆旧城街道的普遍印象；近现代以来，虽然半岛的道路不断被拓宽和新修，但现状街道仍旧延续了旧时的骨架，具有山地特色的立体交通仍然具有较高的印象指数。

依山就势、高低错落的山地建筑特色也一直传承。传统山地建筑采用的错层、错位、吊脚、吊层、挑层的手法也被应用于现代建筑中。山地建筑与街道及轨道交通的协同设计更增强了空间变幻莫测的特点。

4 城市意象时空结构与路网结构的关联分析

由于意象热点的分布与人们使用空间的活动密切相关，而人的活动又受到街道结构特征的影响，本文尝试分析街道路网的构型特征与意象热点空间结构的关联，揭示城市形态与空间使用和意象感知之间的互动关系。

4.1 街道集成度反映了活动的密集程度

“空间句法以城市空间形态元素之间的整体关联为出发点，研究城市构型特征与空间使用的对应关系。”[11]其中全局集成度(Integration Value)参量用于描述系统中某一空间与其他空间集聚或离散的程度，集成度值越大，该节点在系统中的便捷程度、可达性越高。集成度高的地方往往具有较多的人流与车流，是城市各项活动的密集区。

4.2 历史城区路网集成度的特征与演变

本文选取1941年、1951年、1977年、2018年重庆历史城区的街道图绘制轴线地图，获得全局集成度变量的数值与图示(图19)。句法分析表明，各时期上半城路网集成度一直明显高于下半城；1941年度的集成核最为集中(该区域相对平坦，位置居中，路网相对密集)；1951年度的集成核较前一时期略显分散(1949年中央西南局进驻后就在旧城西侧的大溪沟一带办公，后来这里成为重庆市委办公楼，又在周边新建了一部分道路)；1977年街道集成核明显向西侧偏移且集中呈带状分布(1954年新建了人民大礼堂，行政中心就此集中在大溪沟一带)；2018年集成核再度扩散，面积增大，并向半岛北部侧移，“上半城”的集成度明显比下半城高(嘉陵江滨江路和渝中半岛北部几座大桥的修建明显提升了半岛北部路网的集成度)。

4.3 路网集成度在不同历史阶段的影响分析

结合历史时期交通方式与句法分析可见，虽然古代与近代上半城集成度明显高于下半

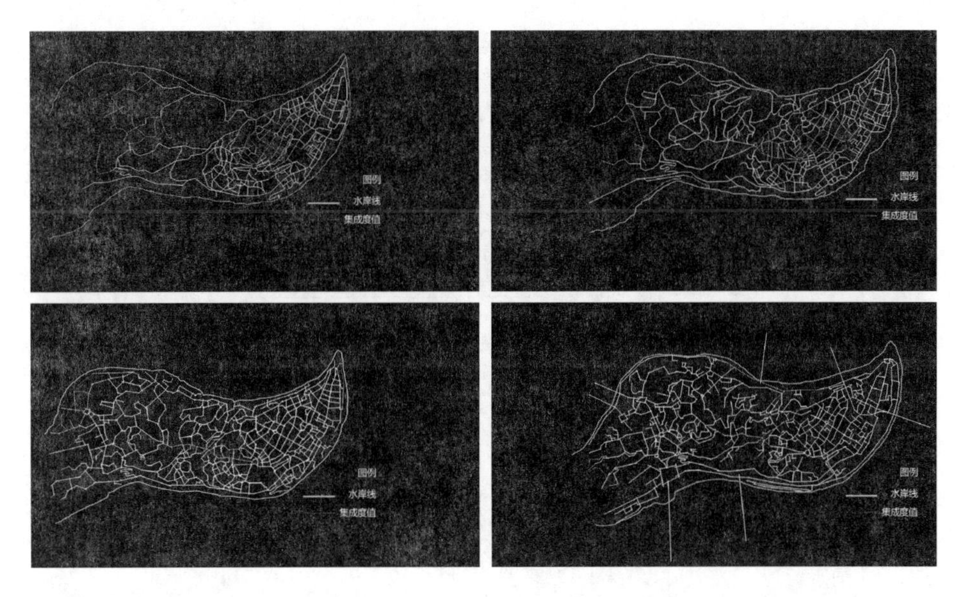

图 19　1941 年、1951 年、1977 年、2018 年街道路网全局集成度

城，但当时的意象热点与街道全局集成度关系不大。这源于当时重庆城对外交通均为水路，上半城虽用地平坦，但地势较高，距江岸高差大，不适合作为水路交通的节点，所以当时的城门与码头多设于下半城，相应的商业、衙署、寺庙亦集中于城门附近的街道，人们的活动也多集中于这些地段，因而意象热点多集中于下半城。现代以来，随着公路交通的兴起，重庆的对外交通逐渐转变为陆路，由于上半城较为平坦，形成了较为完善的网格状道路系统，集成核向西呈带状延伸。这一时期重庆旧城意象热点集中分布的区域亦向上半城拓展，二者呈现出明显的关联。也即近代以后，当交通方式由传统的水路转向陆路以后，街道集成度开始对人们的活动及意象热点的空间分布产生直接的影响，意象热点的空间布局更加分散，并且由下半城向上半城商业区聚集。

以上分析表明虽然各时期上半城集成度均明显高于下半城，但近代以前的交通方式与地形对人们活动的影响更大，现代以来街道集成度对人们的活动与意象热点分布的影响日趋明显。

5　城市意象时空结构与城市用地布局的关联分析

城市用地布局对人们的活动也有直接影响。公共设施集中之地往往也是人群聚集之地。本文对比城市用地布局的变迁与意象热点空间分布的变化，尝试发现二者之间的关联。

5.1　城市用地布局的变迁

清末历史城区大致可以分为八个功能片区（见前图 6）。20 世纪 60 年代的分区规划以公共事业用地和公社建设用地为主[12]。到了 20 世纪 80 年代，用地性质逐渐多元化（图 20）。重庆市直辖以后，城市发展呈多中心组团式，历史城区的行政、文化教育功能不断外迁，解放碑一带的商业金融服务功能不断加强，沿嘉陵江、长江的居住功能增多，整个历史城区以商业、金融、居住用地为主（图 21）。

图 20　1987 年重庆市中区片区规划图

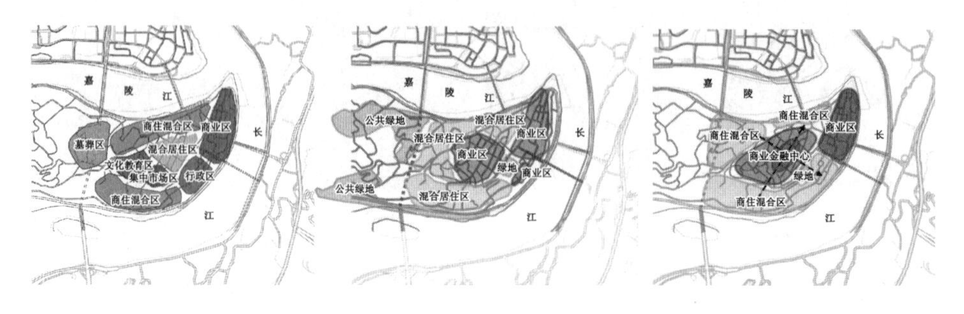

图 21　清末时期、近代时期、现代时期的土地利用功能分区图

5.2　意象热点与商业用地的分布关系密切

城市用地布局对人们的活动也有直接影响。公共设施集中之地往往也是人群聚集之地。对比意象结构的特征可以发现，意象热点与商业用地的分布关联密切。

古代意象热点集中的地区就是沿江城门附近的商业、商住混合区。当时大部分商业活动位于较场口、都邮街、大梁子、林森路等区域，在衙署周边也分布着陕西街、白象街、储奇门和东华观等商业空间。近代以后随着商业用地不断向上半城迁移，意象热点也随之拓展到解放碑附近。2016 年重庆历史城区宾馆酒店的兴趣点（POI）数据的核密度分析（图 22）显示商业热点集聚在解放碑（包括十字金街、较场口、沧白路、磁器街）和洪崖洞片区，并形成明显的商业集聚和圈层结构模式，与 2018 年老城区轴线地图的全局集成度高度一致，也是意象热点集中分布的区域。居住小区及政府单位的分布位于集成核边缘，与意象热点的分布关联不大。而原来下半城商业虽然衰落，但也有大量历史建构筑物仍然吸引着大量游客与市民，承载着重庆的历史意象。

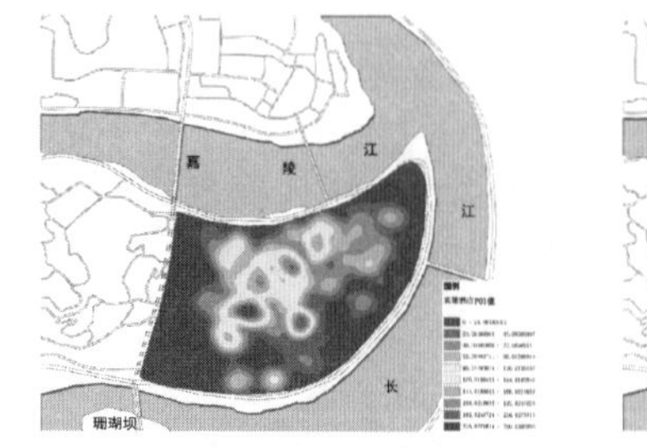

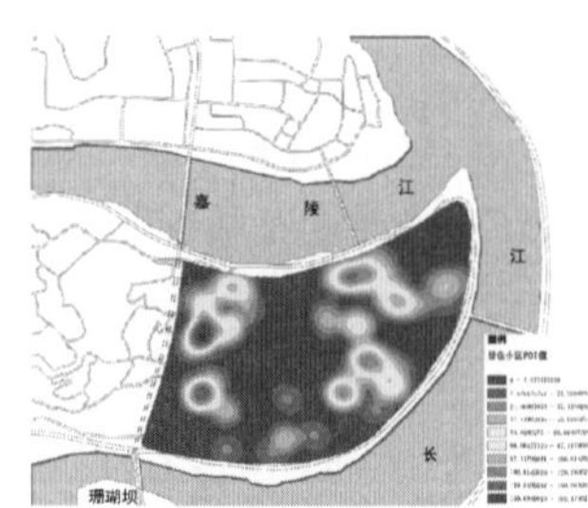

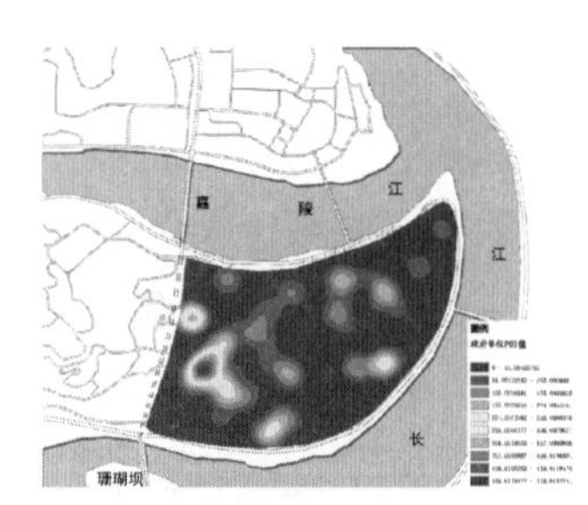

图 22　历史城区宾馆酒店 POI、居住小区 POI、政府单位 POI 核密度分析图

6 意象感知的规律与影响因素总结

意象研究表明不同历史时期与发展阶段，资料所反映的城市意象不同。清代以前的志书地图很少涉及民居，仅描绘山水格局、城墙、官署、寺庙等公共建筑。清末张云轩、刘子如绘制的地图开始以民居为基底，反映了较为完整的城市意象。抗战陪都时期大量文学作品反映了市井百态与诸多历史大事件。当下电影、网络等媒体传播极大地影响了人们对城市的印象。由于今天渝中半岛逐渐演替为商业、商务、文化和旅游等职能，因而在问卷调查中，商业、商务等现代建筑以及开辟为旅游点的历史建筑给人们留下了深刻的印象。

人们对城市的感知源于城市的物质形态，也与人群活动紧密相关。城市街道路网的集成度，公共建筑、历史遗存的空间分布，都极大地影响着意象热点的空间分布。意象的感知同时也受到地域环境、文化背景、生活习俗、交通方式、信息传播方式等因素的综合影响。例如古代和近代，交通以水运为主，人们大都乘船经由两江抵渝，因而对码头、城门及城市整体形态有深刻的印象；而现在交通方式多元化，大都直接由城市街道或桥梁进入历史城区，或通过轻轨、地铁直达目的地（商业中心），因而对立体轮廓线、桥梁、交通要道、商业中心的建筑印象深刻。

由于各时期的功能要求、经济技术水平和政策制度各有不同，建筑形式与风格、街道风貌、城市轮廓亦常随之改变，出现新的意象特征；而地域自然环境，如山体、水系、地形地貌、气候是影响重庆城市形态的恒久因素，对城市街道、建筑及其组合、交通方式等有着深刻影响。在古代和近代，吊脚楼是重庆山地建筑的典型意象；现代以来，灵活适应地形的山地建筑代表了重庆独特的意象；在当前城市建设中，多层次立体交通、功能复合的山地建筑与城市空间是延续并发展传统山地特色的重要载体。同时重庆旧城丰富的历史遗存是传承与体现传统文化的重要载体，不仅要有意识地保护，而且应通过空间叙事、相关活动组织，彰显其文化价值。在新的时代背景下，传统地域特色与文化的活态传承也将激发新的地域特色与文化，共同成为未来城市的记忆。

注释

① 上半城：重庆北宽南窄、北高南低，一条由东北至西南的山脊线将城市分成两部分。人们称山脊以北为“上半城”，以南为“下半城”，上半城主要包括两路口—观音岩—七星岗—较场口—新华路—朝天门一带。

参考文献

[1] 凯文·林奇. 城市意象[M]. 方益萍，何晓军，译. 北京：华夏出版社，2001.
[2] 顾朝林，宋国臣. 城市意象研究及其在城市规划中的应用[J]. 城市规划，2001，25(3)：70-73，77.
[3] 徐磊青. 城市意象研究的主题、范式与反思：中国城市意象研究评述[J]. 新建筑，2012(1)：114-117.
[4] 冯维波，黄光宇. 基于重庆主城区居民感知的城市意象元素分析评价[J]. 地理研究，2006，25(5)：803-813.
[5] 班固. 汉书[M]. 北京：中华书局，2012.
[6] 曾智中，尤德彦. 张恨水说重庆[M]. 成都：四川文艺出版社，2007.
[7] 朱俊. 老街巷[M]. 重庆：重庆出版社，2013.

[8] 李林昉，雷昌德. 老地图[M]. 重庆：重庆出版社，2013.
[9] 元稹. 元氏长庆集[M]. 长春：吉林出版集团有限责任公司，2005.
[10] 常璩. 华阳国志[M]. 唐春生，何利华，黄博，等译. 重庆：重庆出版社，2008.
[11] 段进，比尔·希列尔，等. 空间句法在中国[M]. 南京：东南大学出版社，2015.
[12] 綦晓萌. 重庆渝中半岛城市形态及其演变：基于重要城市规划文本的研究(1949－2014)[D]. 重庆：重庆大学，2015.

图片来源

图 1 源自：笔者绘制.

图 2 源自：笔者拍摄于重庆规划展览馆.

图 3 源自：笔者绘制.

图 4 源自：约翰·汤姆逊(John Thomson)作品.

图 5 源自：824 研究所提供.

图 6 源自：《重庆历史地图集》编纂委员会. 重庆历史地图集：第一卷　古地图[M]. 北京市：中国地图出版社，2013.

图 7、图 8 源自：欧阳桦. 笔尖下的重庆[M]. 北京：北京出版社，2018.

图 9 源自：笔者摄制.

图 10 源自：笔者根据《重庆府渝城图》绘制，底图由重庆市地理信息和遥感应用中心提供.

图 11、图 12 源自：欧阳桦. 笔尖下的重庆[M]. 北京：北京出版社，2018.

图 13 至图 15 源自：笔者摄制.

图 16 源自：重庆市文化信息中心《这是你不知道的东水门·历经六百年沧桑阅尽人世间繁华》.

图 17、图 18 源自：笔者绘制.

图 19 源自：笔者通过深度图(DepthMap)分析绘制.

图 20 源自：重庆市市中区城市建设管理委员会《重庆市市中区城市建设志(1840－1990)》.

图 21 源自：笔者绘制.

图 22 源自：笔者根据脉策数据平台提供的 2016 年重庆城市 POI 数据绘制.

淮盐运输沿线上的城镇聚落研究

赵 逵 张晓莉

Title: Study on Town Settlement Along Huaiyan Transport Route

Author: Zhao Kui Zhang Xiaoli

摘 要 淮盐运输线路是分布于我国东部和中部地区的一条因盐而兴的古商贸线路，它不仅对苏、皖、赣、湘、鄂、豫各地区的经济发展和繁荣有着深刻的影响，而且对其沿线城镇聚落的兴衰起着重要的作用。本文以淮盐运输线路为依托，运用文献解读和比较研究的方法，对运输沿线上不同类型的城镇聚落分布和形态特征展开了研究，旨在为我国中部和东部的聚落研究提供新的视角。

关键词 淮盐销售；淮盐运输；运输线路分布；城镇聚落；分布特征；形态特征

Abstract: The Huaiyan transport route is an ancient trade route due to the salt that is spread in the eastern and central parts of China. It not only has a profound impact on the economic development and prosperity of the Jiangsu, Anhui, Jiangxi, Hunan, Hubei and Henan, but also plays an important role in the rise and fall of the town settlements along the line. Based on the Huaiyan transportation route, this paper uses literature interpretation and comparative research methods to study the distribution and morphological characteristics of different types of urban settlements along the transportation line, aiming to provide a new perspective for the settlement research in central and eastern China.

Keywords: Huaiyan Sales; Huaiyan Transportation; Transport Route Distribution; Town Settlement; Distribution Characteristics; Morphological Features

几千年来，随着时间的飞逝、历史的变迁，淮盐不再仅仅是生活必需品，更成为一种文化的载体。它历尽沧桑，积淀的也不仅仅是一段历史，更是一种流芳百世的文化。有着千年凝重与卓越的淮盐文化，伴随着淮盐的运销，浸染了淮盐到达的每一寸土地。淮盐文化在表现出种类繁多的盐俗事象的同时，也对其所涵盖的社会内容和人文意境表现出浓厚的地域色彩。盐业聚落作为淮盐古道上的

作者简介

赵 逵，华中科技大学建筑与城市规划学院，教授

张晓莉，华中科技大学建筑与城市规划学院，博士生

遗珍之一,同样具有这一文化特色。这些散落于淮盐运输线路上的城镇聚落,古时均深受淮盐经济、文化的影响,但随着时代的变迁,交通运输方式的改变和淮盐经济的衰退,原本的淮盐商贸路线消失,沿线城市、聚落也随之没落,从而被人们遗忘。直至近年,随着旅游事业的开发和乡土文化、建筑研究的兴起,淮盐运输线上的城镇聚落才又重新走入人们的视野,为人们所知晓和了解。

1 淮盐运输线路的分布

淮盐虽有千年历史,但因盐业政策时有变迁,故直至清代实行“纲盐制度”后,盐业的运销路线才得以明确规定。盐商运销淮盐只能按政府规定路线运销到规定的口岸,如不按规定执行则以私盐论处。且为保证淮盐税收的持续与稳定,清政府还多次修订《两淮盐法志》,并曾绘制“淮盐四省行盐图”,以助沿线官员管理两淮盐务。

1.1 淮盐的销售

淮盐经济主要包含产、运、销三个环节,其中销最为重要。这不仅是因为它直接关系到淮盐的生产、运输以及整个淮盐产业链的正常运转,而且关系到淮盐税收的持续与稳定,故清政府一直十分重视维持淮盐盐销区边界的稳定。在清代,淮盐盐销区分为淮南盐销区与淮北盐销区,两盐区的销售均以专商引岸制度为主,其范围覆盖了淮河流域和长江中下游流域,横跨苏、皖、赣、湘、鄂、豫六省[1]。

淮南盐销区沿长江流域展开,包括江苏的扬州府、江宁府;安徽南部的宁国府、池州府、安庆府、太平府;江西的南昌府、瑞州府、临江府、抚州府、建昌府、饶州府、南康府、九江府、袁州府、吉安府;湖南的长沙府、岳州府、宝庆府、衡州府、常德府、辰州府、沅州府、永顺府、靖州府、永州府、澧州;湖北的武昌府、汉阳府、安陆府、德安府、黄州府、荆州府、宜昌府、荆门州等地。其中湖北的襄阳府和郧阳府在盐区划分时虽为淮盐销售区,但因紧靠川盐产区,且淮盐价贵质次远不如川盐,故当地并无淮盐销售。当时襄阳府樊城分销局的官员程麟在《录稿备观》中写道:“鄂西(北)当地绝无水贩运销淮盐。”[2]所以在淮南盐销售分析时,不包含襄阳、郧阳两府。

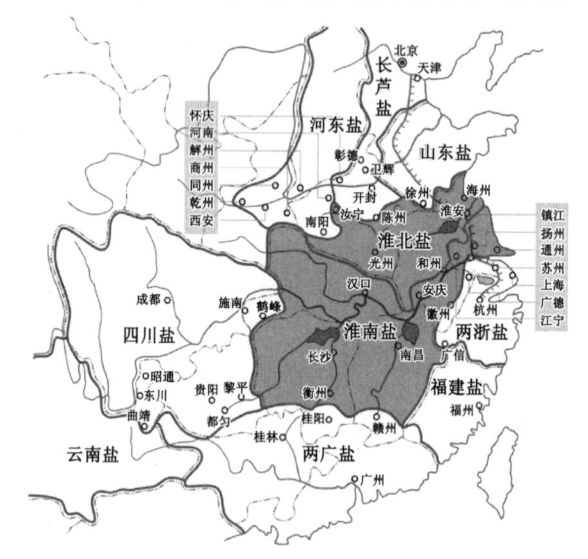

图 1 清代淮南与淮北盐销区范围图

淮北盐销区沿淮河流域展开,包含江苏的淮安府;安徽的庐州府、凤阳府、六安州、寿州、颍州、亳州和河南的汝宁府、光州各地(图 1)。

1.2 淮盐的运输

清代,淮盐运输主要采用官督商运的形式。由于淮盐特殊的经济地位和盐政管理等原因,淮盐的运输实可分为两段:第一段位于江苏省内由盐场到掣验所;第二段是由掣验所放行后至各行销口岸。

第一段淮盐运输主要依靠江苏省内的河运交通。清代为便于盐业运输，整个江苏省内疏浚、开通了多条人工河流，加之大运河穿省而过，使得省内河网纵横，无论是东西方向，还是南北方向，水运交通均十分发达。

第二段淮盐运输主要依托于长江及淮河流域的水运交通运输网络并配以陆运进行。安徽南部、江西、湖北、湖南各省内部盐运主要依靠长江支流，如安徽南部的青弋江、裕溪河，江西的赣江、抚河、信江，湖北的汉水、府河、举水，湖南的沅水、湘江；安徽中部、北部以及河南淮河流域的盐运则主要依靠淮河支流，如淠河、涡河、汝河、颍河等，这些支流与局部陆运盐道一起构成了一个庞大的淮盐运输网络(图 2)。

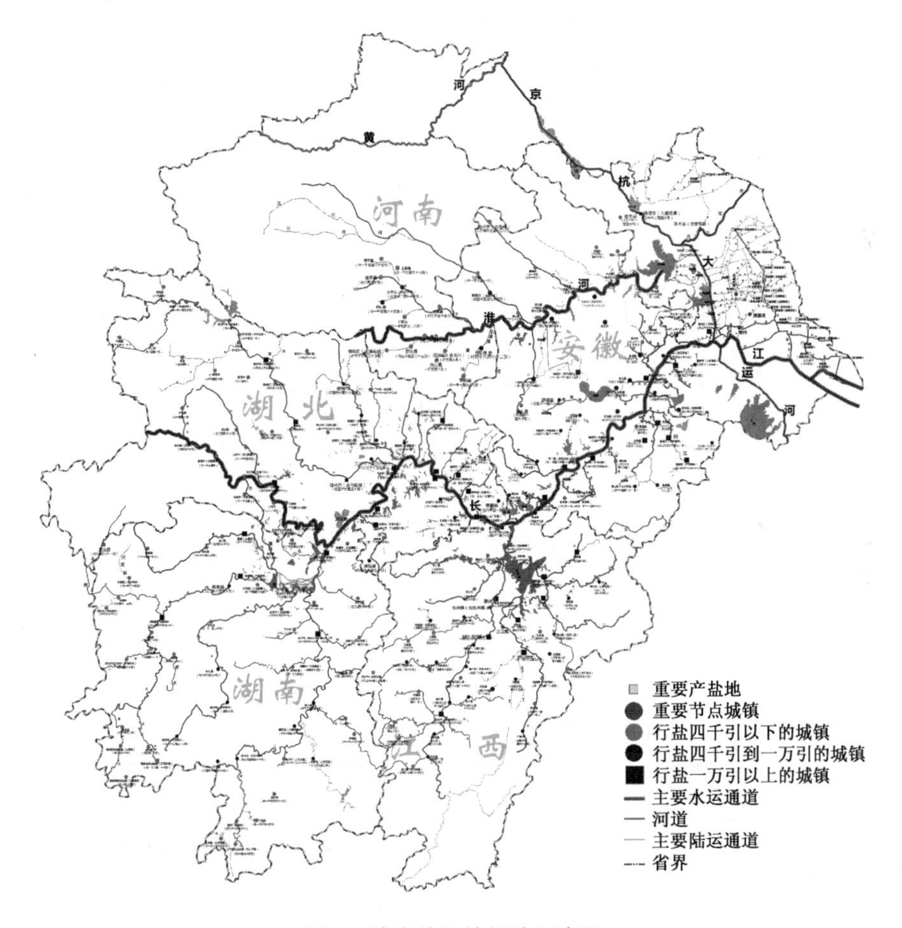

图 2　清淮盐运输解读示意图

1.3　淮盐运输线路的分布

(1) 江苏省内运输线路

江苏省内运输线路主要分为南北两部分，南部淮南盐主要依托串场河与运盐河进行运输，北部淮北盐则主要依托盐河进行运输。淮盐生产完成后由煎丁装船，运抵场镇，盐政官员验收称量收入场垣后，由场商大使按商人的联票引数装船发盐。淮南盐从场镇入串场河、盐运河至仪征关外掣验后，由运商押运，开闸入江。淮北盐则入盐河过古黄河口，到淮安批验所称量后出清江闸，入洪泽湖(图 3)。

图 3　清代淮盐在江苏省内运输线路解读示意图

(2) 淮皖运输线路

淮盐在安徽的运输线路亦分为两部分：一部分依托长江进行运销，淮盐船出仪征过采石后进皖江流域入太平府、荻港等地进行销售。从图 4 可以清晰地看出，淮盐在安徽长江流域的销售范围主要集中于长江沿线及长江南部主要河流可到达之地。其中盐引在万两以上的有 8 处，除分布于长江沿岸的 4 处外，其余 4 处均沿长江下游的最大支流——青弋江分布。另一部分位于安徽北部，依托淮河运销。在安徽界内淮河通航条件良好，盐业运输主要依托水运，且根据方向不同分为淮北线和淮南线，淮北线主要利用淮河北部支流即洪河、颍河进行运输，淮南线则主要利用淮河南部支流淠河并配以陆运进行运输。

(3) 淮赣运输线路

行过安徽，盐船进入鄱阳湖，停靠于古南昌城外蓼洲头(今南昌百花洲附近)，上生米滩，后再利用汇入鄱阳湖的赣江、抚河、信江、饶河、修水这五条主要河流分销至江西各地。在江西省内行盐万两以上的分销节点主要集中于鄱阳湖周边(图 5)和可达性较好的赣江沿线。

(4) 淮鄂运输线路

盐船由长江入洞庭湖后，停靠汉口进行分销。清代淮盐的运销可以毫不夸张地说是“得湖广兴盛，失湖广衰败”。因而汉口于淮盐是十分特别且又不可或缺的存在。在湖北省内，淮盐主要以长江和长江各支流——蕲水、浠水、巴水、举水、府河、沮河、汉水等共同构成

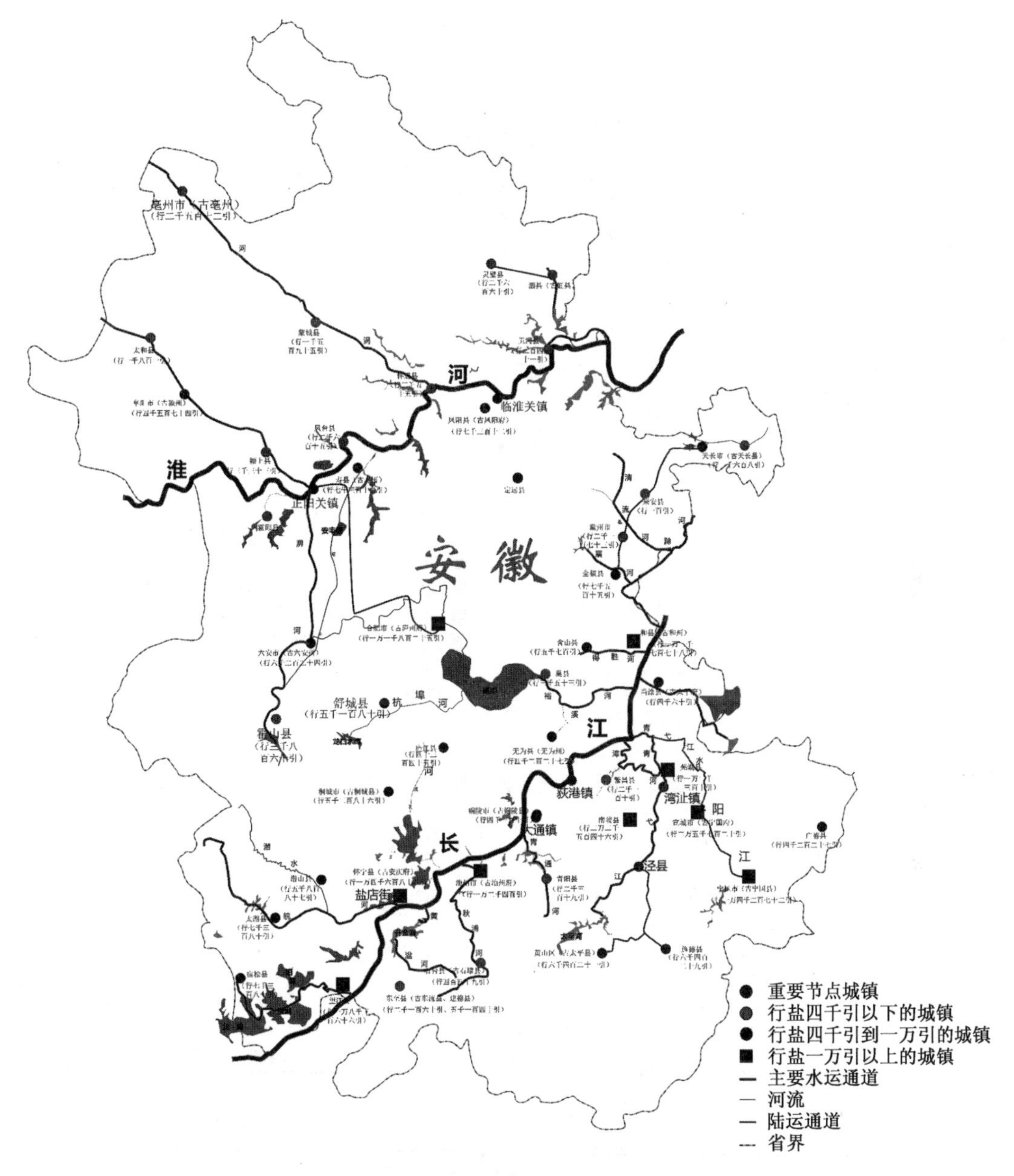

图 4　清代淮皖运输线路解读示意图

运销网络进行运销。由图 4 中的淮盐销售量可知，在湖北淮盐的运销以长江为主，其次则为汉水(图 6)。

(5) 淮湘运输线路

盐船由汉口出发，通过洞庭湖水域进入湖南境内。在湖南，淮盐运销网络由澧水、沅江、资水、湘江共同组成，其中又以沅江、资水和湘水为主要的运输线路(图 7)。古时的洞庭湖与今差别甚大，清代的湖北、湖南省内的主要河流均汇于洞庭湖，且长江穿洞庭而过，古洞庭湖湖面东起湖北古武昌府(今鄂州)，西至今湖南益阳市。如此宽阔的湖面，将湖南、湖北连在一起，并称“湖广”。正因如此，湖南的行盐也以汉口为起点。

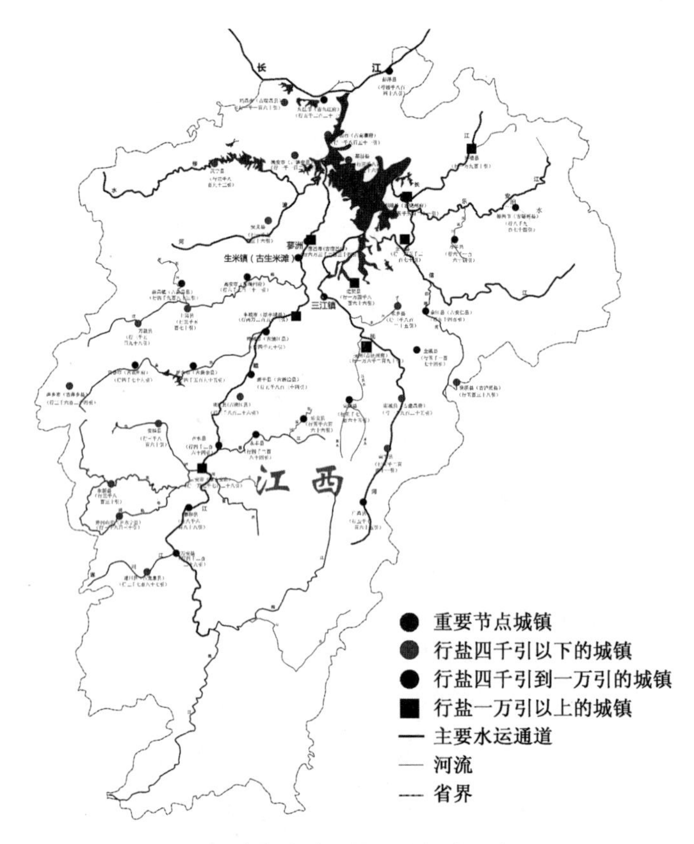

图 5 清代淮赣运输线路解读示意图

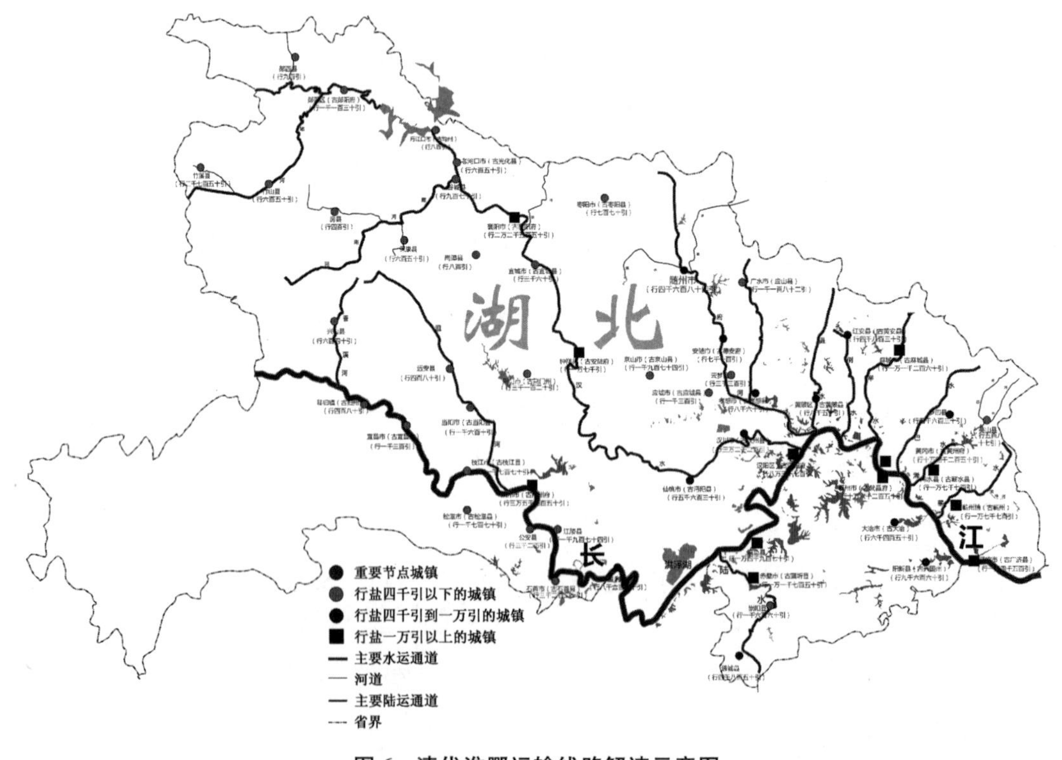

图 6 清代淮鄂运输线路解读示意图

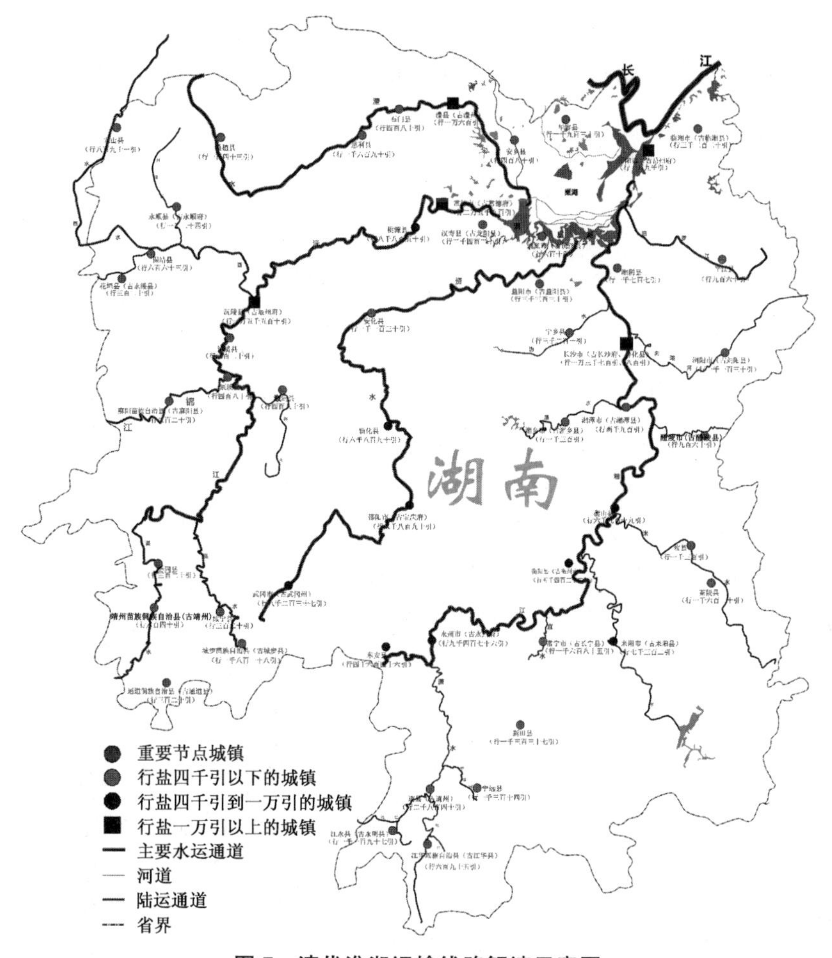

图 7　清代淮湘运输线路解读示意图

(6) 淮豫运输线路

盐船由安徽淮河段入河南境内后，由于淮河水运时有不通，故转而以陆运为主(图 8)。

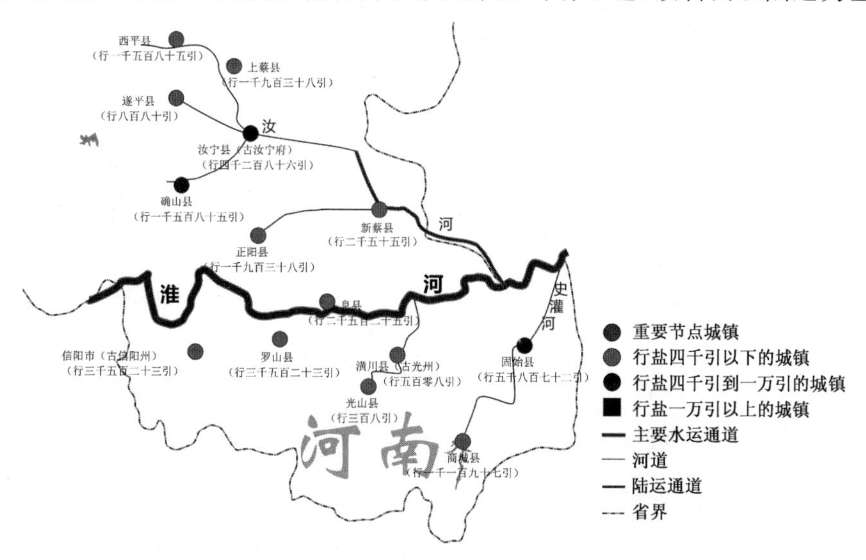

图 8　清代淮豫运输线路解读示意图

也正是由于淮河流域运输条件不如长江水运来得便利，加之淮北盐场早期产盐量相比淮南盐场要少，故而其行盐数量相对较小，万两以上的分销节点并未有之。

2 沿线城镇聚落的分布特征

由前文分析可知，淮盐产、运、销的过程构成了淮盐完整的运输线路，因而沿线上的城镇聚落有着不同的类别，它们在淮盐经济中承担着不同的角色。且不同类型的城镇聚落所需的地理环境亦有所不同，故它们也有着不同的分布特点。

2.1 产盐聚落的分布特征

产盐聚落沿江苏东部海岸线分布。淮盐虽起源于春秋，但至唐代刘晏盐政改革后，才正式登上历史的舞台。唐朝，为便于淮盐运输，修筑了复堆河；宋代，两淮盐场常年遭受水患，盐业生产深受影响，故修筑了范公堤，且为发展淮盐经济，疏浚、延伸了复堆河，并用此河将淮南中十场串联，改名为“串场河”。自此，两淮产盐聚落的分布格局初步形成，即场镇位于串场河、运盐河和范公堤之间的平原地带。但由于特殊的洋流作用，加之明代黄河夺淮入海，大量泥沙沉积，江苏东部的海岸线一直处于东迁的状态。随着海岸线的不断东移，清代淮盐的生产场地大量增加，生产规模也随之扩大，场镇中出现了细化的功能分区，如生产区、管理区、生活区和仓储区等。但也正是由于海岸线的东移，原本的生产区与海水分离(淮盐为海盐，海水是其生产原料)。为满足生产条件的需要，生产区逐渐脱离场镇越过范公堤，紧临海岸；而生活区与管理区两者则逐步靠拢，相互结合，形成商业街区。与生产区不同，商业街区需以安全稳定为主，且要便于运输，故此功能区虽有东迁，但并未完全越过范公堤。民国，盐业经济衰退，原本靠近海岸边的生产区逐渐荒废，灶丁逐渐向场镇的商业中心区靠拢。至此，产盐聚落的分布特征形成，即位于江苏东部沿海地区，范公堤以西，串场河、运盐河以东的平原地带[3]。

以安丰古镇为例，明代安丰场镇已出现生产区与管理区分离的现象，生产区靠近海边，位于范公堤以东，但管理区仍位于范公堤以西的位置，且此时并未形成商业街区。到了清代乾隆年间安丰场镇的功能分区细化，并以范公堤为轴线，向两侧发展，范公堤上形成 7 里(1 里＝500 m)长的商业街，原本的管理部门依旧位于范公堤以西，格局并未更改，此后安丰古镇的格局一直延续至今[4](图 9、图 10)。再如余东场明清两代的变化，整体格局虽有变迁，但主要的商业区仍位于范公堤以内(图 11、图 12)。

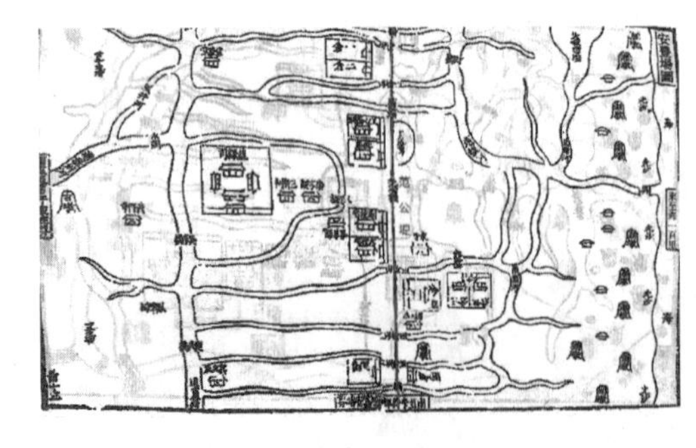

图 9　明代安丰场图

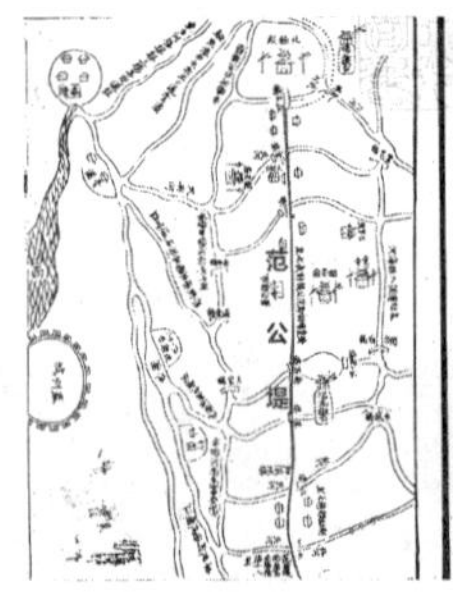

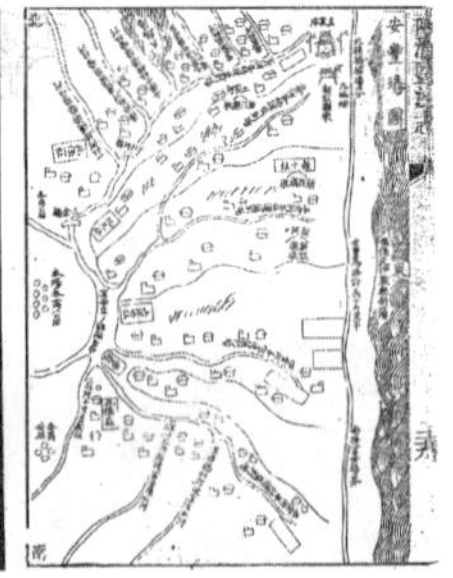

图 10　清代安丰场图

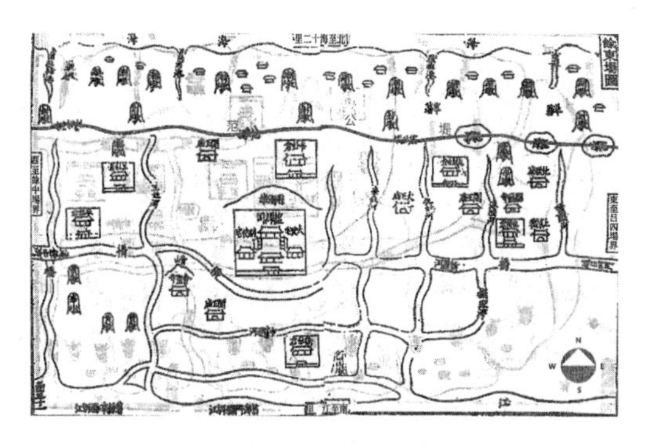

图 11　明代余东场图

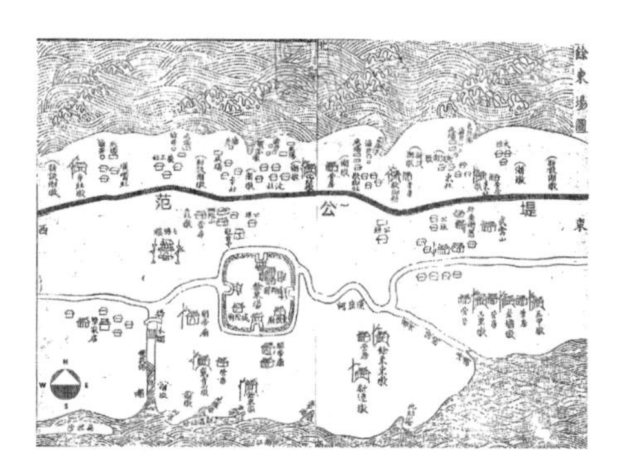

图 12　清代余东场图

2.2　运盐古镇的分布特征

在盐业经济中，除生产外，最重要的便是盐业运销。因盐业运销而产生的运盐聚落，其分布与政治、军事古镇有所不同，都有其自身的特点。

(1) 分布于河流交汇口

河流交汇口具有较强的辐射能力，联系范围广，是沟通各地区的交通枢纽；再加上河流的相互冲击，形成了若干大大小小的平坡或缓坡。这些地带可建设用地较多，水源充足，不仅为生产生活创造了条件，而且便于淮盐的集散和储存，故而河流交汇处的缓坡或平地成为淮盐集散聚落最理想的选址。如位于汉江与长江交汇口的汉口镇(图 13)，自明代中叶起就是湖广地区淮盐第一集散地。因汉水是南北向的交通要道，而长江则连通东西方向，故封建政府规定，湖广行销的所有淮盐均由汉口集散后再行分销。一时间，各大淮盐商人齐聚汉口，使得汉口呈现“十里通津驻盐艘”的盛况。就连乾隆《汉阳府志》中都称：“汉口盐务一事，已足甲于天下，十五省中，亦未有可与匹者。”由此可见，汉口在清代的繁荣状况以及其在淮盐经济中的地位不同一般。再如湖南的洪江古城，其位于沅水入阮江的交汇口(图 14)，自淮盐行销湖广地区以来便是沅江上淮盐重要的集散地之一[5]。清代，古镇商贾云集，帆樯林立，会馆遍布，素有“七省通衢”“小南京”等美称，是湘西重要的经济、文化中心。

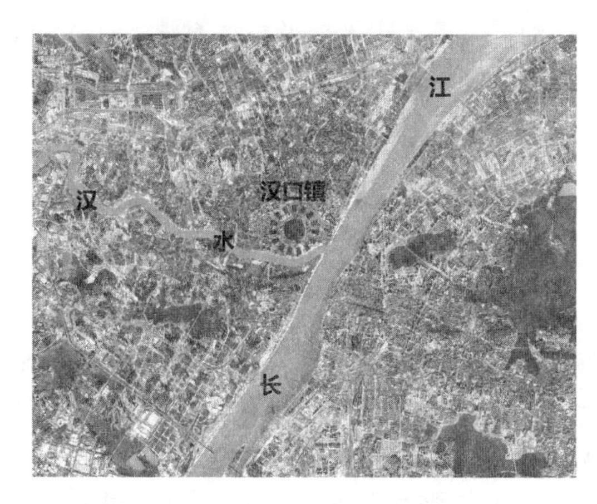

图 13　汉口镇区位图

图 14　洪江古城区位图

(2) 分布于水运、陆运转换节点

在淮盐运销线路中，当局部地区水路不通时，需要由水运转陆运送达，故因交通运输方式的改变，商人需停靠，并且淮盐需重新装卸，因而这些转运节点周边原本从事其他生产的居民逐渐聚集从事盐业劳动，相关产业也逐渐发展，节点逐渐壮大形成城镇。如安徽的毛坦厂镇，明清时期，淮北盐由淠河运抵霍山县后，需运往舒城、桐城两县，但因其地处大别山脉内部，并无发达的水运，故而淮盐由霍山县转陆运向南运输至毛坦厂镇后，再转水运至舒城和桐城两地。所以自明代起，毛坦厂便是淠河流域重要的淮盐水陆转运重镇。明清时期，毛坦厂以售盐、种植茶叶和养马为经济支柱。在调研时笔者了解到，古时淮盐由东闸入老街后送往街中盐店，而那时大大小小的盐铺从街头开到街尾，镇中的许多居民都专门从事淮盐运输、销售等工作。目前老街的格局、街道两侧的建筑仍保存较为完好，两侧建筑原也多为前店后宅或下店上宅的形式(图 15、图 16)。

图 15　毛坦厂镇中街

图 16　毛坦厂镇上街

3　沿线城镇聚落的形态特征

聚落的空间形态是聚落各要素在一定的结构关系下组织形成的整体系统。但在淮盐运输沿线上，因聚落的类别不同，其形态特征亦有所不同。

3.1　产盐聚落的形态特征

产盐聚落的整体形态特征为四面环水。两淮产盐聚落与我国其他地区聚落的空间形态有所不同，其自出现、发展到最终稳定的整个过程均有明显的人工痕迹，包括聚落内部的空间结构，河流的分布、走向等等都是在盐业生产要求下人工进行的。起初场镇的建设以“团”为单位，每一盐场为一“团”，“团”内涵盖所有功能，外设围墙，以防私盐。经过多年发展，到清代，淮盐经济再次增长，场镇布局开始出现突破性的改变，原有“团”的功能布局已不能满足现有的生产要求，故而围墙逐渐被拆除，以河道代替，如此，场镇既保留了封闭的格局，有效预防私盐的产生，也便于淮盐对外运输。至此，产盐聚落四面环水的整体形态基本形成(图 17)。

在场镇内部，作为盐业管理中心的分司公署、盐课司和大使宅是核心区，位于场镇的中心位置；盐仓、预备仓通常位于场镇的南、北两区，且此时的场镇已开始向区域中心转化，布

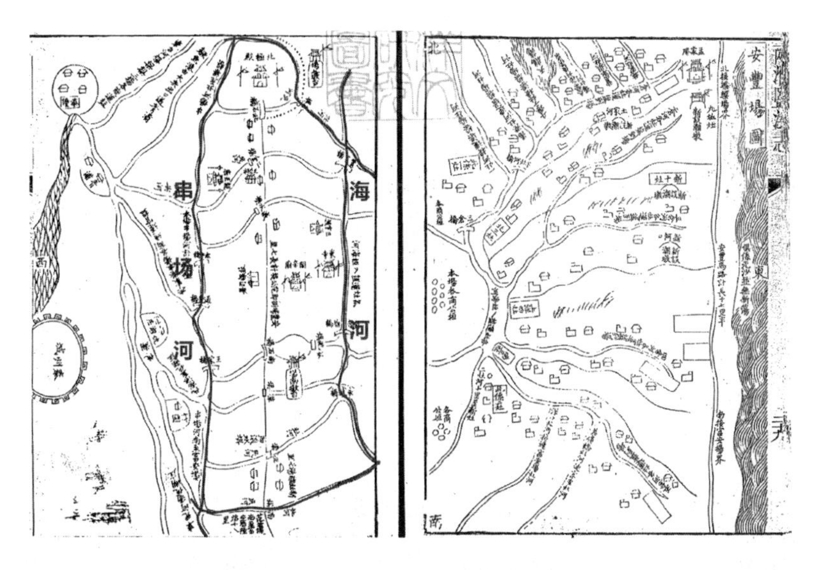

图 17　清代安丰场镇四面环水的格局

局也与城镇布局相似。其内部还设有社学、察院、书院、养济院等功能空间。加之淮盐生产多靠自然条件，为祈求风调雨顺、盐业生产顺利，场镇中的宗教空间十分突出，各盐场均建有土地祠、龙王庙、关帝庙等大量的宗教建筑，并且这些宗教建筑空间伴随着盐业生产空间的扩展而向沿海延伸。

以位于南通市通州区的余西古镇为例，余西是清代通州全境五家盐场的核心，古镇四面环水（图 18）。位于古镇南面的运盐河，是古时余西盐运的交通要道，海边生产的淮盐由余西

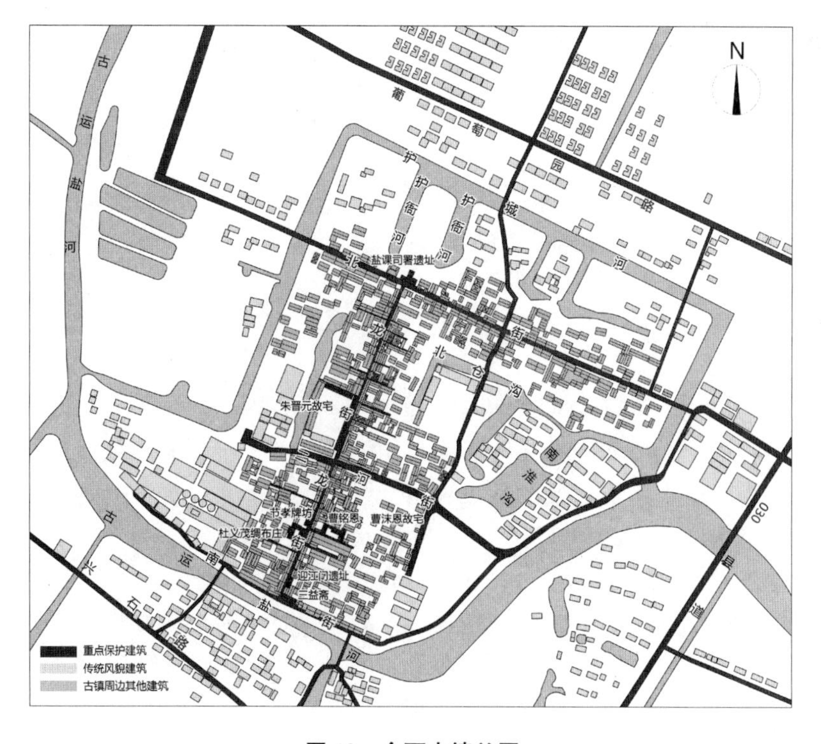

图 18　余西古镇总图

进入运盐河后运往南通，再由南通进入长江运往扬州后分销至全国各地。余西的街巷空间设置与一般滨水城镇有所不同，它没有采用平行于河道发展的街巷空间，而是使用了“中轴对称，城河相拥”的“工”字形布局。其布局主要由南街、北街以及南北向的龙街构成，场镇中最为重要的淮盐管理单位“盐课司”位于龙街端头，寓龙头之意，为全镇的核心位置，但目前盐课司已被拆除，仅有遗址留存(图 19)。在盐课司两侧开挖深井，寓意龙眼(图 20)，以此烘托出盐课司独一无二的地位。古街原为商业街区，沿街多为前店后宅的集商业与居住功能为一体的建筑，目前，大部分的商业建筑格局仍在，但街道中原有的盐仓、盐店、盐栈已转作他用。老街原本有迎江门(南)、登瀛门(北)、对山门(西)、镇海门(东)四座城门，延续了清代的古镇布局，但目前仅迎江门还剩下些许遗迹，其余三座城门随着城镇的变迁已不复存在了。在古镇西侧不远处有一座“西来禅院”，是当地宗教信仰的中心。笔者调研时了解到，每逢春节、中秋等重要节日，禅院会依照以往的习俗举行大型的禅意活动，因此成为周边地区的宗教圣地。

图 19　余西盐课司旧址

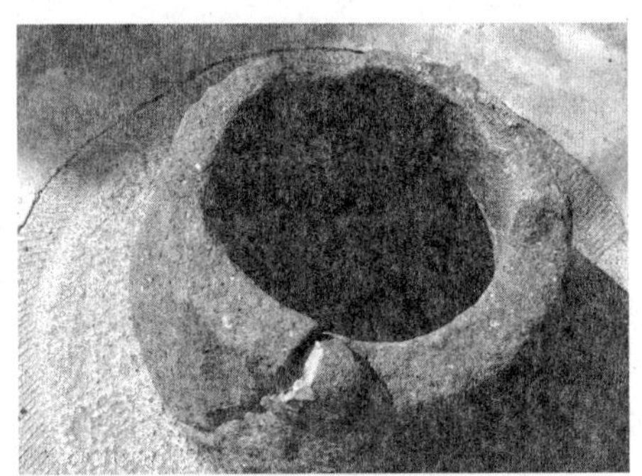

图 20　余西“龙眼”

3.2　运盐聚落的形态特征

分布于河流交汇口或水陆转运节点的运盐聚落，一般以码头为中心展开布局。在盐运线路上的聚落与古镇中，盐业运输是其经济发展最为重要的带动因素，因而盐业交通便成为古镇最基本也是最为核心的部分。淮盐经盐船由水运而来，停靠码头后，再运往店铺或盐仓储存[6]。

如江西的浒湾古镇便是典型的以码头为中心发展的聚落。古镇位于江西淮盐抚河运输线路之上，是此运输线路中重要的节点聚落(图 21)。清代，淮盐由浒湾集散，分别运往金溪、建昌等地。古镇沿抚河原设有多个码头，并靠近码头设有多个盐仓、漕仓。聚落整体形态以码头为中心，呈发散带状布置[7](图 22)。

再如湖南的洪江古镇，与江西的浒湾古镇类似，古城沿沅江和沅水边设有多个码头，镇

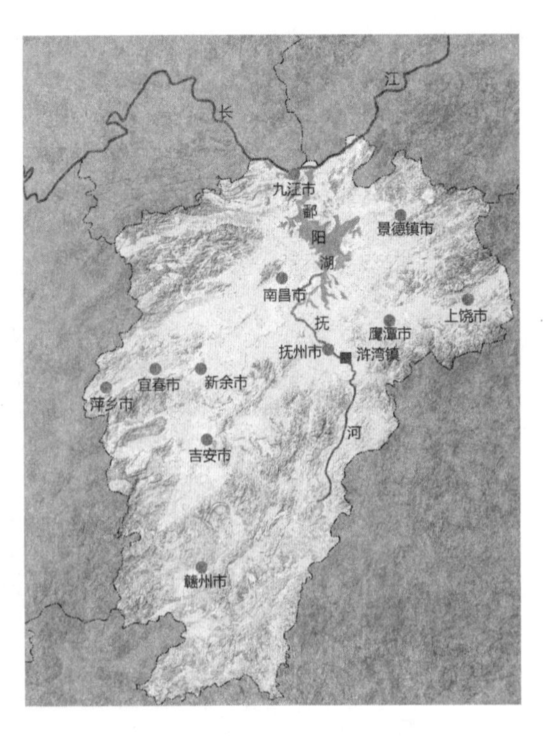

图 21　江西浒湾古镇区位图

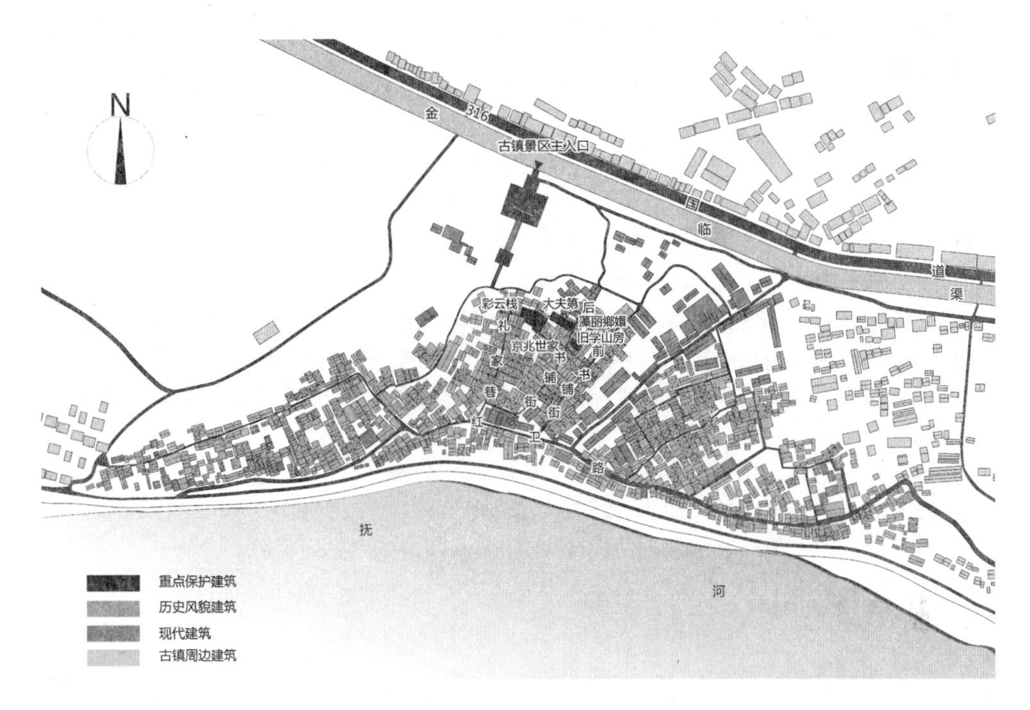

图 22　江西浒湾古镇总图

中的街道顺着码头延伸出去，形成整体为发散带状的布局。码头是每一条街道的起点，亦是整个聚落的中心(图 23)。与码头功能相关的官署、会馆等建筑都围绕码头布置。如洪江古城中的新安码头，是清代徽商运输淮盐至洪江古城集散所用，而在淮盐码头周围分别建有淮盐缉私局、淮盐盐仓，以及新安会馆等建筑(图 24)。

图 23　洪江古城总体布局

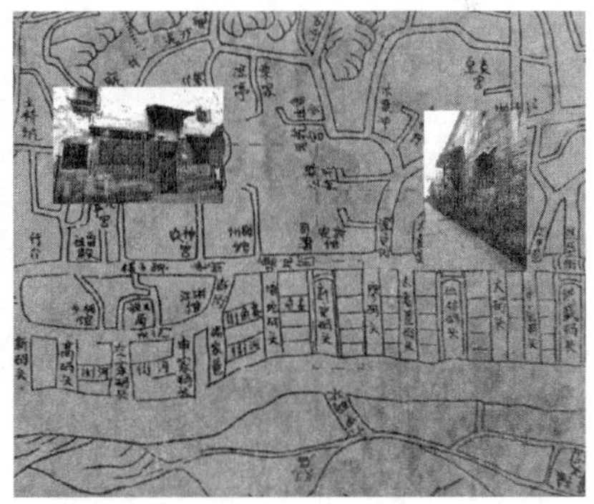

图 24　洪江古城新安码头及会馆、官署的相对位置

4　结语

淮盐运输线路既是一条交通线路，也是一条商贸、移民通道，更是文化与建造技术传承、演变的重要载体，蕴含着丰富的信息。故以淮盐运输线路作为研究对象，将城市与聚落聚焦于“商贸通道带来的生产生活方式及其民族文化交融的‘动态’影响”之中进行分析探索，不仅研究了这条“文化线路”上城镇聚落的整体性与共同点，而且揭示了其变迁过程和它们之间的相互影响。

［本文受国家出版基金项目“中国盐业考古与盐业文明丛书”(2017年)16号资助］

参考文献

［1］郭正忠.中国盐业史：古代编[M].北京：人民出版社，1997.
［2］王振忠.晚清盐务官员之应酬书柬：徽州文书抄本《录稿备观》研究[J].历史档案，2001(4)：129－133.
［3］赵逵.川盐古道：文化路线视野中的聚落与建筑[M].南京：东南大学出版社，2008.
［4］赵逵，张晓莉.江苏盐城安丰古镇国家历史文化名城研究中心历史街区调研[J].城市规划，2015，39(12)：119－120.
［5］高琦.湖南洪江黔城古城研究[D].武汉：武汉理工大学，2008.
［6］吴海波.清中叶两淮私盐与地方社会：以湖广、江西为中心[D].上海：复旦大学，2007.
［7］赵逵，张晓莉.江西抚州浒湾古镇[J].城市规划，2017，41(10)：后插3－后插4.

图片来源

图1至图8源自：笔者绘制.
图9源自：笔者基于史起蛰，张榘.嘉靖两淮盐法志[M].杨选，陈暹，修.荀德麟，等点校.北京：方志出版社，2010改绘.
图10源自：笔者基于王世球，等.(乾隆)两淮盐法志[M].扬州：广陵书社，2015改绘.
图11源自：笔者基于史起蛰，张榘.嘉靖两淮盐法志[M].杨选，陈暹，修.荀德麟，等点校.北京：方志出版社，2010改绘.
图12源自：笔者基于王世球，等.(乾隆)两淮盐法志[M].扬州：广陵书社，2015改绘.
图13、图14源自：笔者绘制.
图15、图16源自：笔者拍摄.
图17源自：笔者基于王世球，等.(乾隆)两淮盐法志[M].扬州：广陵书社，2015改绘.
图18源自：笔者绘制.
图19、图20源自：笔者拍摄.
图21、图22源自：笔者绘制.
图23源自：笔者拍摄.
图24源自：笔者绘制.

历史城镇水文化的多维度探析：
以土山古镇为例

张小娟　董　卫

Title：Multi-Dimensional Analysis of Water Culture in Historical Towns：A Case Study of Tushan

Author：Zhang Xiaojuan　Dong Wei

摘　要　历史城镇是自然生态和传统文化共同作用的结晶，水文化即在一定地域范围内人们利用水资源环境的方式。土山古镇具有丰富的水环境特征，规划应从生态、历史、经济、社会等维度出发构筑水文化空间，尤其是从更大范围寻找古镇与周边水环境的关联，这既是一种顺应自然、与自然和谐共处的发展模式，也是历史古镇文化生态内涵之所在。

关键词　水文化；运河；协同发展；城镇形态；多维度

Abstract：Historical towns are the result of combination of natural ecology and traditional culture. Water culture is the way of people use water resources in a certain area. Base on the characteristics of hydrologic environment of Tushan，constructing water culture from the perspectives of history，ecology，economy and society，especially finding out the relationship between the ancient town and the surrounding water environment from a wider scope are the model that coexists harmoniously with nature，which is also the connotation of cultural ecology of ancient towns.

Keywords：Water Culture；Canal；Cooperative Development；Urban Morphology；Multiple Dimensions

1　水文化及其内涵

1.1　水与城镇

自古以来，河流孕育着城镇和城镇文化，早期的城镇都是沿河流水系发展起来的。河流水系从汇聚而成到流入海洋或消失，往往历经了较大的时空范围，影响了区域的生态环境、社会经济活动等[1]。在城镇发展过程中，河流水系除了作为生产生活的灌溉水源外，还有重要的交通运输功能，承载着城镇及其区域之间的人流、物流和信息流。

作者简介

张小娟，东南大学建筑学院博士生，兰州理工大学设计艺术学院副教授

董　卫，东南大学建筑学院教授，中国城市规划学会城市规划历史与理论学术委员会主任委员

河流水系不仅为城镇的发展提供了基本条件，而且带来了区域整体观念，即城市发展一定要与区域发展联系起来，这也是城镇发展的永恒主题。

1.2 水文化的内涵

文化是一种抽象的概念，水文化简单来说就是在一定地域范围内人们利用水资源环境的方式，即人与水环境的生存方式，包括物质层面和精神层面。

以中国为代表的东方文化自古就崇尚“天人合一”，尊重自然，尊重水环境。我国古代圣贤孔子认为水有五德，所以君子遇水必观，“众人处上，水独处下；众人处易，水独处险；众人处洁，水独处秽。所处尽人之所恶，夫谁与之争乎？此所以为上善也”。管仲在《水地篇》指出“万物莫不尽其机，反其常者，水之内度适也”，也就是说万物能繁衍生息、充满生机，靠的是水的滋养哺育；如果没有水，万物就失去了生存的根本[2]。人们在社会生产实践中，在与水环境的互动过程中，逐渐形成了崇水、喜水、惜水的朴素情感。人的生存离不开水，历史上人们也在不停地探索用水、治水之道，以满足城镇的发展需求。大禹治水，战国时期建成的都江堰，以及世界上开凿最早、水道最长的水利工程京杭大运河等都是先人用水治水的成功典范。正如孟子所说“禹之行水也，行其所无事也”，清代陈澧对其解释为“所谓行者，疏浚排决是也；所谓无事者，顺之水性，而不参之以人意焉”[3]，这里倡导的治水理念是顺其自然、因势利导、以疏为主，也就是在掌握自然规律的前提下，适度利用水、开发水，而不是粗暴地改造和索取。

河流水系因时空分布的不同而形成了不同的生态地域环境，其中人们的生产生活方式也产生了明显差异，势必形成不同的习俗和价值文化观念，如我国古代就有邹鲁文化、齐文化、荆楚文化、吴越文化等的划分。另外，城镇水环境和与水相辅相成的城镇传统历史形态都是在特定的自然地理条件和人文历史发展中逐渐形成的，既是城镇历史文化的特征和重要组成部分，也是城镇历史遗迹形成和存在的基质。要保护城镇水文化，就是要保护好城镇的河流水系、历史风貌、传统格局、临水建筑形态以及与水文化相关联的历史遗存、人们的生活习俗和文化观念等。

1.3 当代水文化发展

水文化形成是一个长期的不断创造的过程，随着时代和社会的发展，人对水环境的需求也在发生变化。当代城镇的水文化，作为城镇的文化形象，除了注入丰富的历史文化、生态保护等内容外，还应满足人们观景赏景、亲水玩水以及旅游体验等多种综合需求。

2 土山古镇及其历史形态

2.1 土山古镇区位

土山古镇位于邳州市以南约 15 km 处的邳州南部地区中心。东与八路镇相邻，西与八义集镇接壤，南与占城镇毗邻，北与碾庄镇、议堂镇隔河相望。徐连高速从镇域北面经过，徐宿宁高速从镇域南侧经过，省道邳睢公路从镇区东侧经过，对外交通便捷。

2.2 土山古镇的传统历史形态

土山古镇历史悠久，距今已有 2 000 多年历史。土山古镇歌中的“四山五庙五门楼，九桥十井两河堂；两街两巷并两坊，三产三行四店庄”等道出了土山的传统历史格局和古迹景点，其中两河即土山北部的房亭河（原名白马河）及围着土山古镇由人工开挖的护城河古圩河。古圩河长约 3 km，流经古镇东、南、西、北四门，四门处有城桥，城桥上建有门楼。明清时期这里商贾云集、店铺林立，繁华热闹。

如今土山古镇的传统历史格局还清晰可见，明清小街保存完好，街巷尺度宜人，有众多的文物保护单位与历史建筑。尤其是环绕的古圩河、河与镇相互交融的水环境特征，使其具有良好的传统城镇景观格局（图 1），所以说土山古镇是兼具南方婉约水环境的北方商贸型古镇。

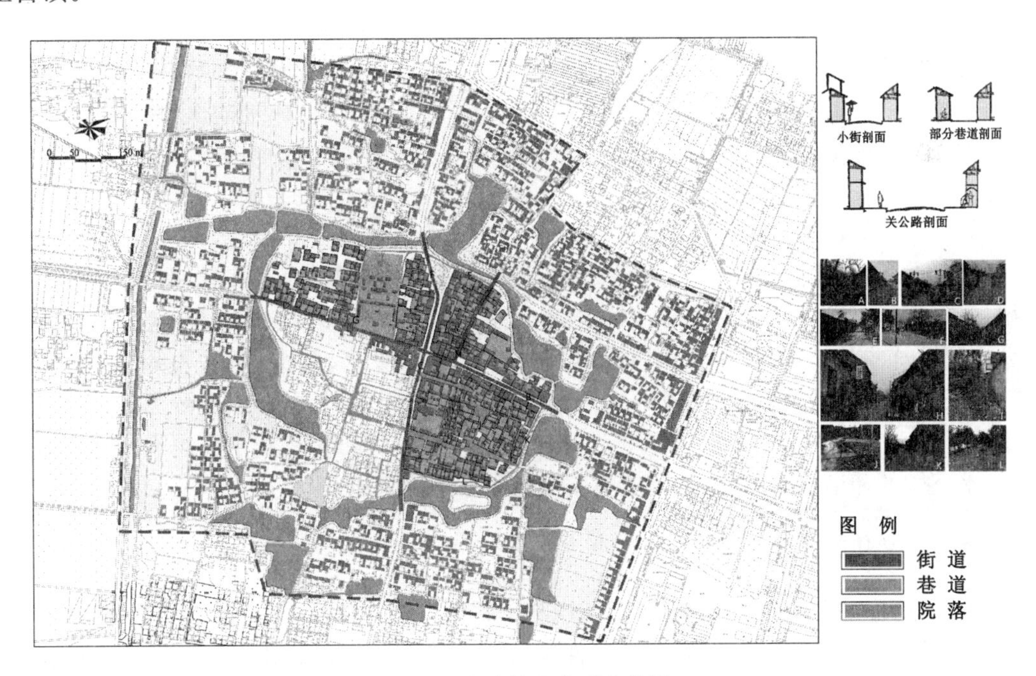

图 1　土山古镇历史形态格局

随着土山城镇化的不断推进，人们为改善自身环境而不断拆旧建新，部分历史文化遗存已不复存在。建设过程中的随意填埋使现存地表水体越来越少，甚至还存在着生活污水随意排放的问题，古镇的历史风貌和自然环境受到的负面影响日益严重。

3 土山古镇的水文化探析

3.1 土山水文化与城市发展

绕古镇缓缓流过的古圩河，自开挖至今已有 300 多年历史，既是当年土山古镇的护城河，也是通船的河道。通过分析历史水系，古圩河、土山阡陌纵横的井泉沟渠都与大运河支流房亭河相联系，所以土山在历史上就是运河城镇，具有发达的商贸文化及与其相辅相成的宗庙文化、市井文化等。

土山古镇丰富的水环境，也是大运河历史文化信息的载体之一。京杭大运河是中国唯一的一条南北走向的大河，自公元前 5 世纪建造以来，形成了包含 1 000 km 有余的人工河道的内陆航运网络，将黄河、长江等中国境内 5 大最重要的水系有机联系起来成为一个整体。因为南北贸易的关系，大运河沿岸兴起了 22 座繁华的城市、多座古镇，且呈现出热闹的商业文化活动。历经 2 000 余年的发展与演变，今天大运河在保障地区经济繁荣和社会稳定方面仍然发挥了重要的作用。虽然目前城市间主要的交通运输形态已发生明显变化，但运河文化所呈现出来的区域协同发展理念仍然有益于今天沿线城镇的建设与发展。

面临着功能转型、用地转型、社会转型等城镇发展需求，土山古镇在继承传统特色风貌的基础上谋求发展的新空间、新思路。鉴于土山古镇的独特格局与形态，以彰显运河文化价值为导向深入挖掘古镇水文化内涵，应从更大范围寻找古镇与运河及其周边水网水系的关系，即整治古圩河，疏通与大运河的直接联系，积极打造宜居、宜游、宜赏的生态、水游运河古镇。2014 年大运河申遗成功，将土山旅游融入大运河沿线历史城镇整体旅游线路的发展思路也将更加具有现实价值和意义。另外，土山古镇突出的宗庙型功能、红色爱国主义基地等，也丰富了运河沿岸历史城镇的类型。

3.2 土山水文化的生态维度

历史城镇是自然生态和传统文化共同作用的结晶，虽然目前土山古镇水网已萎缩、不成系统，但其地形以平原洼地为主体，周边坑塘较多，这也为可持续雨水管理创造了有利条件。规划应利用这些基础条件，让土山古镇像海绵一样能够吸水、储水、净水和调水，让水真正“活”起来。土山古圩河、房亭河及井泉沟渠等经过疏通连接后，可形成多环网状结构，既保护了原有的水生态环境，也是一种顺应自然的低影响发展模式，有利于实现人与自然、土地利用、水环境的和谐共处，体现出历史古镇文化生态内涵之所在。

3.3 土山水文化的历史维度

古镇是历史的见证，是我们现代人认识和了解历史的活化石，深厚的历史文化底蕴是古镇发展的基础。本着保护历史遗存真实性和历史环境整体性的原则，规划应对土山古镇的文物古迹进行严格保护和修缮，对镇区内的历史建筑进行修缮和修复，尤其是保护好土山古镇传统街巷格局、历史环境要素以及古镇与周边水网相辅相成的关系[4]。

与此同时，还需要保护、延续并维持镇区的居民生活以及传统商业和手工业(老字号)的运营，尤其是传承与水文化相关的非物质文化传统，以维护镇区的历史环境氛围，全面展示古镇的文化魅力。

3.4 土山水文化的社会维度

文化的核心是人，古镇居民和居民的真实生活既是古镇形成和发展的根本动力，也是古镇的活力所在。人们天生就有亲水的特性，近水区域风景优美、视野开阔，是户外活动和旅游观光的重要场所。在近水区域，积极开拓公共空间，完善相关服务设施等，将获得长远的综合效益，即一方面满足居民现代休闲娱乐生活的需求，维系居民情感和认同感；另一方面保护和继承丰富的水环境和深厚的水文化底蕴，提升旅游服务质量，将大大增强古镇的旅游吸引力，促进古镇的进一步发展。

4　基于水文化的土山古镇空间形态的优化与再生

4.1　沟通区域水系，融入大运河旅游线路

基于邳州"一核六心，水轴陆环"的大旅游格局，规划深入挖掘土山古镇深厚的水文化底蕴，培育旅游发展的动力和发展环境，力争把土山古镇建设成为苏北地区的新兴旅游名镇，重现昔日繁荣胜景。今后古镇核心区的主导发展方向即向北拓展，契合房亭河与大运河所带来的机遇，提升古镇的发展水平。规划还可结合周边运河古镇如窑湾等，打包旅游线路，形成系列运河文化体验。

土山古镇核心区的旅游线路分为水上线路和陆地线路。水上线路由省道旁的房亭河开始，经过古圩河环核心区一圈，即从大运河坐船经房亭河、古圩河到土山古镇。主要的陆上线路联系了古镇的核心景点，以体验古镇多元的文化特色。规划还在古镇核心区古圩河外围增设公交站点和社会停车场，实现游客内外交通、水陆交通的转换。古镇内部统一采用步行观光的旅游交通方式，以保护古镇的传统历史风貌。具体旅游线路布置如下(图 2)：

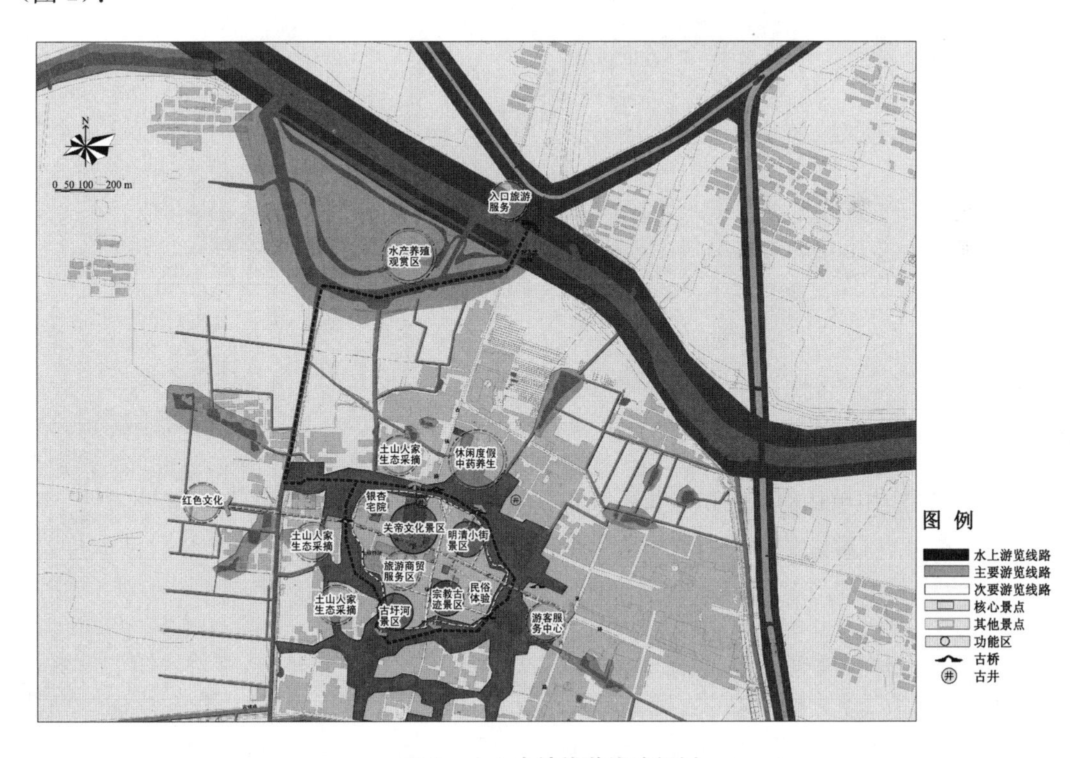

图 2　土山古镇旅游线路规划

(1) 环古圩河线路(水路、陆路)

天下水杉第一路—接待中心—古圩河码头—古井—古圩河广场—青石桥—民俗文化体验街—旋律广场—关帝庙—银杏宅院—土山人家。

(2) 传统商业文化体验线路(沿古镇路、关公西路、明清小街)

接待中心—三行遗址—农耕模式绿化—老字号“隆兴”茶食店—酱香园—江西“姚万和”中药店—江宁东西五柳中药店—万香村布庄—山西宝泉涌—浴德池—土山集市。

4.2 尽最大可能保护水系生态环境

现古镇水系存在水量减少、河道填埋阻塞、分散坑塘广布、区域汇水能力下降以及受污染较大等问题。具体而言,以房亭河为依托形成的二级廊道呈孤立的形式存在,以井泉水渠为主体形成的三级水廊道存在大量的连接断点,以古圩河为主体的生态斑块与廊道缺乏直接联系,导致古镇水系生态结构失衡。规划对水系进行修复、疏通,增加水域面积,恢复运河古镇水系风貌。

(1) 生态廊道网络的构筑

首先基于土山水环境现状及历史水文资料,构筑一个集生态环境保护、雨水收集涵养和休闲旅游于一体的生态廊道网络[5]。通过设置生态廊道将古镇与整个区域的生态安全格局结构联系起来(图 3)。沟通现状水系遗存,连接各个水塘,使房亭河、古圩河、田间沟渠和坑塘等内外流通,恢复古镇水系系统的“活态”。

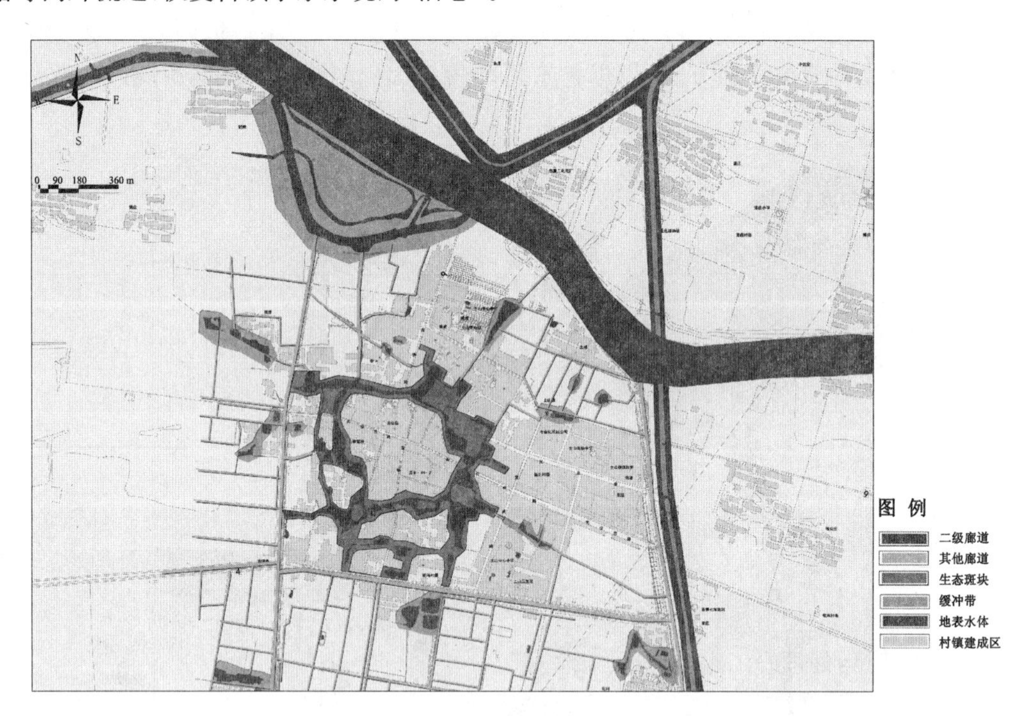

图 3 土山古镇生态廊道构建

最大限度地保护原有河流、湿地、坑塘、沟渠、林地、农田等生态体系,维持古镇的历史自然水文特征。对已经受到破坏的古镇绿地、水体、湿地等综合运用物理、生物和生态等的技术手段,使其水文生态功能逐步恢复。在古镇核心区污水排放前设置一体化污水处理设施、高效生态绿地污水处理设施等进行污水处理,然后就近排入水体。

(2) 水系设施规划

以房亭河、古圩河和田间沟渠形成三级水网体系,其中设置桥梁、涵洞、码头、亲水木栈桥等相关功能设施,并配置泵站等水利设施,以构成完整的运河古镇水系系统。

（3）生态绿地建设

绿地是建设海绵城镇、保护水资源环境的重要载体。古镇现有的绿地率和绿化覆盖率较低，规划在保护好现有绿化的同时，应适当提升、改善整个规划范围内的绿化环境，通过环古圩河游憩绿地、湿地、沟渠水系绿带、广场绿地和小游园等绿化，对周边硬化区域的径流进行吸收、储存和净化。对于古镇大量的住宅院落环境，规划通过鼓励庭院植树、增加宅间绿地等方式来提高绿化率。

（4）合理控制开发建设

出于尽可能保护古圩河及地区沟渠水塘的目的，对控制性详细规划中的路网进行微调，严格控制路宽，尤其是为了维护西南岛屿的完整形态、良好的生态环境，避免规划车行道路对其穿越，规划通过加强古圩河南路与核心区内部道路的联系来促进道路系统的完善。

考虑到土山古镇的发展现状与潜力，古镇路以西仍以保持现状一类居住用地为主，避免大规模的开发与建设，尽可能减少对原有水生态环境的破坏。

4.3 保护基于水环境形成的历史格局特征

根据土山古圩河、房亭河及井泉沟渠等水系现状，对河道进行疏通连接，沟通历史水系，形成多环网状结构，结合古桥、古门楼、码头驳岸、古树庭院、开放空间等设置，打造集南北特征于一体的水游古镇。具体保护内容如下：

（1）整体风貌

① 整治与维系以古镇为中心的水系、农田、林地环绕的运河古镇的环境形态。也就是说，将传统规划容易忽视的环境与格局纳入保护框架，在最大程度上彰显古镇特色。

② 沿古圩河布置宽度不小于 15 m 的环古圩河游憩绿带；加强古圩河生态驳岸绿化，加强对古圩河湿地景观资源的保护；沿沟渠水系布置绿带。

（2）空间格局与街巷肌理

保护与恢复古圩河环绕古镇的整体空间格局，保护古镇空间群落特色以及土山内部的街巷肌理。

① 沟通现状水系遗存，贯通断开的各个水塘，修复古镇水系系统。适当拓宽水面，以利于形成水游路线，将土山古镇的旅游开发与系列运河文化体验紧密相连。

② 保护关公西路、古镇路、明清小街等主要道路，庙东巷、庙西巷、陈家巷、大路等网状支巷的空间格局、尺度与传统风貌，控制沿街建筑高度和风貌。拆除沿古圩河两岸对古镇风貌有影响的建筑，处理好临水建筑形态。

（3）其他环境要素

保护和修复与传统水文化相联系的桥亭、古桥、门楼、古树名木等有历史价值的物质文化遗存，划定保护范围，制定保护措施，并按照相关要求积极进行修缮、维护，以妥善的方式加以保护利用。土山古镇历史格局有九桥，即土山四门楼下的四座青石桥，分别位于东、南、西三个方向的“九笼桥”“方园桥”“济夫桥”，和位于小北门外的“落魂桥”等，但大都已被拆除。土山古镇原盛产青石，土山原来就是青石山，规划从展示历史文化内涵和维护水游古镇整体格局角度出发，复建了原西南门楼下的青石桥。

（4）非物质文化遗产

挖掘地方传统文化，展示土山古镇商业老字号、宗教、民间艺术等非物质文化遗产。恢复传统公共活动，尤其是与古镇水文化相联系的公共洗浴、茶食休闲等系列活动，这样既丰富了当地居民的精神文化生活，又有助于提升旅游活动的吸引力。

4.4 赏水亲水景观环境的塑造

(1) 增设相关旅游功能设施

结合旅游规划水上游览线路，对较窄水面适当拓宽，使其水面宽度不宜小于 5 m。整治现有涵洞，修建桥梁，以利于古镇东、西、南、北四区的交通通行，同时跨水系桥梁建设还应能够满足通航要求。新建桥梁应尽可能使用乡土材料，如青石等，以延续古镇历史氛围。沿古圩河建立观光木栈道、水廊、石码头和休息平台等，满足游客沿岸游览和近距离感受古圩河风光的需求。

(2) 结合古镇肌理积极构筑公共空间

土山古镇景观系统规划由环古圩河风光带、传统轴线、主景与节点构成，其中公共空间节点为游客活动体验和赏景怡情提供重要场所。除了在原古镇肌理的基础上继承主要节点空间外，规划沿古圩河利用沿岸绿地与古镇临河街道积极构筑公共空间，设置亲水广场两处和小型滨河公园三处。在古圩河广场结合旅游线路与景观规划设置亲水木栈桥、古码头；在旋律广场设置亭桥、水廊、古码头等。

5 结语

水是城市的生命所在，它不仅为城镇发展提供物质资料，而且作为文化灵魂的载体存在于城市之中，水文化在一定程度上体现了城市深厚的历史文化积蕴和丰富的物质文明。当今社会，文化就是城镇发展的竞争力，对于水文化的继承与发展应包含有生态、历史文化、社会、经济等多维度，即从全方位体现水文化的内涵与价值。古圩河及其水系形成的水环境既是土山古镇的风貌特色，也是其传统历史文化尤其是水文化衍生的载体。在新时代发展背景下，土山面临着地区更新和转型的需求，规划应依托地区水环境、历史文化资源，渗入海绵城镇理念，积极推动地区社会、经济、文化、生态和旅游业的全面可持续发展。

[本文受国家自然科学基金项目(51668039)资助]

参考文献

[1] 邢忠，陈诚. 河流水系与城市空间结构[J]. 城市发展研究，2007，14(1)：27－32.

[2] 肖冬华. 人水和谐：中国古代水文化思想研究[J]. 学术论坛，2013，36(1)：1－5.

[3] 张含英. 历代治河方略探讨[M]. 郑州：黄河水利出版社，2014.

[4] 徐倩. 文化导向的城镇历史地区保护与复兴研究：以江苏省级历史文化名镇窑湾为例[D]. 南京：东南大学，2012.

[5] 王云才，崔莹，彭震伟. 快速城市化地区"绿色海绵"雨洪调蓄与水处理系统规划研究：以辽宁康平卧龙湖生态保护区为例[J]. 风景园林，2013(2)：60－67.

图片来源

图 1 至图 3 源自：笔者绘制.

第四部分　规划理论与实践

PART FOUR　THEORY AND PRACTICE OF PLANNING

白银市现代城市总体空间格局演进研究

程胜龙　唐相龙

Title: Study on the Evolution of the Overall Spatial Pattern of Modern Cities in Baiyin City

Author: Cheng Shenglong　Tang Xianglong

摘　要　第一个五年计划时期苏联援助中国建设的"156项工程"快速地改变了新中国工业极端贫困的局面，也给中国中西部城市带来了绝佳的发展机遇，白银市是中国这一时期兴起的工业城市的典型代表。文章选取白银市作为研究对象，以白银市历版城市总体规划的演进为研究路径，通过对其城市总体规划发展历程的回顾，梳理白银市总体规划中城市空间格局的演进历程，以此来认知白银市现代城市空间格局演进的特征和规律，分析城市空间格局演进的影响因素，并归纳以白银市为代表的中国现代工业城市空间格局演进的共性特征。

关键词　"156项工程"；工业城市；空间格局；历史演进；白银市

Abstract: During the First Five-Year Plan period, the 156 projects assisted by the Soviet Union in China's construction rapidly changed the situation of extreme industrial poverty in New China, and also brought great opportunities for the development of the cities in the central and western regions of China. Baiyin City is a typical representative of the industrial cities rising in this period in China. This paper chooses representative Baiyin City as the research object, takes the evolution of Baiyin City's master plan as the research path, reviews the development process of Baiyin City's master plan, combs the evolution process of urban spatial pattern in Baiyin City's master plan, and cognizes the evolution of Baiyin City's spatial pattern. The characteristics, laws and influencing factors of the evolution of the urban spatial pattern are analyzed, and the common characteristics of the evolution of the spatial pattern of modern industrial cities in China, represented by Baiyin City, are summarized.

Keywords: "156 Projects"; Industrial Towns; Spatial Pattern; Historical Evolution; Baiyin City

作者简介

程胜龙，甘肃省城乡规划设计研究院有限公司，助理工程师

唐相龙，兰州交通大学建筑与城市规划学院教授，中国城市规划学会城市规划历史与理论学术委员会委员

1 引言

20 世纪中叶，中国作为一个社会主义国家而诞生，为了尽快增强国防实力，巩固新生政权，国家确定了优先发展重工业的工业化道路。而新中国的工业基础十分薄弱，尤其是重工业更是一穷二白，因此亟待援助。此时中国还处在以美国为首的西方国家的封锁中，能施以援手的只有社会主义的“老大哥”——苏联。彼时苏联正处在与美国的“冷战”中，经过长期的军备竞赛，苏联的工业有了长足的发展，工业基础雄厚，技术成熟，经验丰富，有能力为新中国助“一臂之力”，同时，苏联也有意愿帮助同在社会主义阵营中的中国[1]。双方经过前后5 次的正式商谈与协定，最终确立了深远影响中国工业发展的“156 项工程”[2]。在特定的历史条件下，中央政府根据区域均衡发展、靠近资源、重点发展内地工业及充分考虑国防安全等建设原则，对这批重点工业项目进行选址布局[3]。深居内陆且资源丰富的甘肃地区迎来了一次大好的发展机遇，“156 项工程”中有 8 项落建甘肃，其中 6 项在兰州、2 项在白银[4]。随着两大工程项目的落建投产，白银从一片“亘古荒原”迅速崛起，逐渐走向辉煌，并被誉为“铜城”[5]。但 20 世纪 80 年代以来，随着资源逐渐枯竭，城市发展的原动力逐渐衰弱，城市进入乏力发展期，随后被确定为国家第一批资源枯竭城市，城市被迫转型[6]。

快节奏的城市变更推动了白银市城市总体规划的频繁修编，这些城市总体规划又直接引导了白银市现代城市空间格局的演进。因此对白银市历版城市总体规划的研究必然是研究白银市现代城市总体空间格局演进的一个切入点，也能从更深的层面把握白银市现代城市总体空间格局演进的特征和规律，并能延伸到对中国现代工业城市空间格局演进的共性进行探索。本文首先对白银市城市总体规划的历史进行回顾分期，阐述白银市每一版城市总体规划编制的背景、内容及其特征。其次在对历版城市总体规划认知的基础上，研究规划方案中城市空间格局的演进特征和规律，并对城市空间演进的影响因素进行分析与探索。

2 白银市城市总体规划历史分期

新中国成立初期，中国现代城市规划开始起步，白银市此时还尚未形成城市区域，白银市的城市规划也尚未起步。直到 1953 年国家第一个五年计划开始实施以后，随着两大重点工程项目的确立和落建，白银市人口迅速增长，城市建设尤其是城市工业的建设迅速开展，因而有了城市规划和建设城市的需要，并于 1954 年确定了白银市的城市选址，至此白银市的城市规划起步。因此白银市的城市规划史由 1954 年开始。

参考学者们对中国现代城市规划史的划分方法，再结合白银市在不同时期的发展特征和白银市历版城市规划的特征，以对白银市影响重大的历史事件为时间节点，在宏观上将白银城市规划史以 1985 年为时间界点，分为两个历史时期：1954—1984 年为“工业服务时期的城市总体规划”；1985 年以后为“城市转型时期的城市总体规划”。在中观上，可将白银市的城市规划史分为四个阶段，即初创形成期（1954—1957 年）、波动与停滞期（1958—1977 年）、恢复重启期（1978—1984 年）、转型发展期（1985 年至今）。为了能够更加清晰地认识白银市城市总体规划的演进历程，本文采用中观层面的划分进行解读。

2.1 初创形成期(1954—1957 年)

从 1954 年开始,规划设计人员就进入白银地区开展城市的选址和规划建设工作,白银开始形成城市。与中国其他很多城市不同,白银市的城市建设和城市规划几乎都是在一张白纸上开始,因此第一版规划设计方案完成得也比较迅速。1955 年夏,经过三次修改后的《白银市(郝家川)初步规划》完成,随后在 1956 年、1957 年相继进行了两次修改,至此,白银市第一版城市总体规划诞生。

白银市第一版城市总体规划诞生的时期也是中国现代城市规划起步发展的阶段,随着“苏联援华”的推进,中国的城市规划也引入了苏联规划的思想理念和技术力量,中国很多城市尤其是工业城市的规划方案都受到了苏联城市规划思想的影响,白银市第一版城市总体规划方案也带有明显的“苏联模式”的特征(图 1)。但随着中苏分歧的产生,“苏联模式”很快被取缔,中国开始探索自身的城市规划模式,在白银市第二版城市总体规划方案中,中国传统的规划理念和模式被采用,体现出明显的中国传统规划模式的特征(图 2)。但方格网的道路系统有悖于城市天然的地形基底,1957 年白银市城市总体规划打破了中国传统城市规划的方格网道路体系(图 3)。

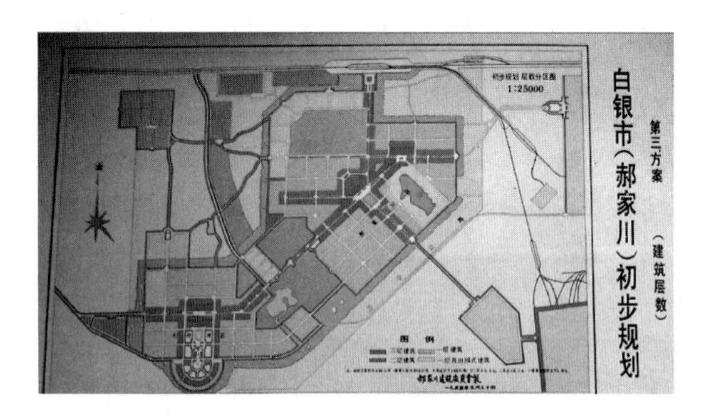

图 1　1955 年白银市城市总体规划

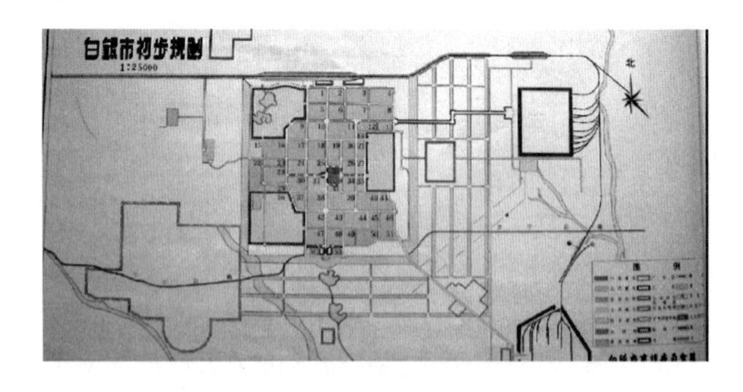

图 2　1956 年白银市城市总体规划

白银市第一版城市总体规划的诞生过程也是中国现代城市规划起步阶段的缩影,这一时期“苏联模式”的引入是中国现代城市规划史上第一次规划思想的引入,苏联的城市规划思想对中国现代城市规划的发展产生了重要影响,也奠定了白银市城市“东部工业,西部居住”的总体功能格局,并一直影响着白银市的城市建设和城市规划的发展。随着中苏分歧的

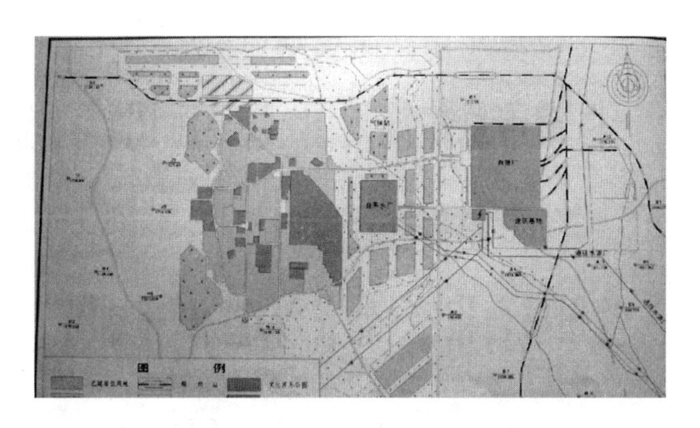

图 3　1957 年白银市城市总体规划

加深，苏联的规划模式也被怀疑和取缔，中国的城市规划进入自主探索的发展阶段。否定了“苏联模式”，但其他西方国家的城市规划理念还尚未引入，中国传统的城市规划思想也未形成体系且很多规划思想难以正确指导新时期的城市建设，中国的城市规划开始在摸索中艰难前行，这也为随后中国城市规划的波动埋下伏笔。

2.2　波动与停滞期(1958—1977 年)

1958—1977 年是中国现代历史上最为波动混乱的时期，中国的社会经济文化等各方面的发展都在这一时期受到很大的波动与挫折，城市规划也随之波动，并遭受挫折。从微观上来看，这一阶段可分为三个小阶段，即“大跃进”阶段、被否定与混乱阶段、中断与停滞阶段。

1958 年开始的“大跃进”，给中国的工农业生产带来了严重的破坏，城市规划在大的历史背景的驱使下，盲目乐观，脱离现实，过渡超前的城市规划也给城市的健康发展带来隐患。1960 年，在“大跃进”背景下编制完成的白银市第二版城市总体规划明显地带有“大跃进”的特征，城市人口和面积都被乐观估高，城市道路被拓宽，规划成果也比较粗糙。虽然这版规划因随后的三年经济困难而未被实践，但其远见性也为以后白银市的城市发展和城市规划编制指出了思路，对改革开放后的数版规划的编制都有所启示(图 4)。

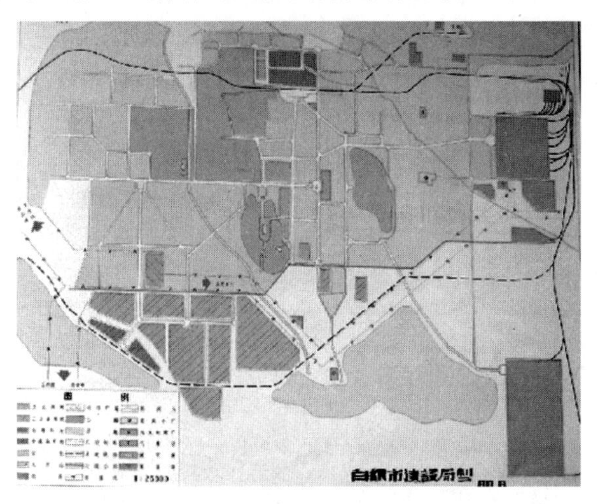

图 4　1960 年白银市城市总体规划

1960 年开始的三年困难时期，中国的城市规划行业受到挫折，规划事业开始被否定，随后开始的“设计革命”再次否定了城市规划及城市规划工作，也使中国的城市规划行业陷入了混乱。1965 年白银市城市总体规划的编制是在“设计革命”的背景下完成的，规划否定了 1960 年“大跃进”的规划成果，在 1957 年版规划的基础上进行调整，但打破了 1957 年版规划的功能分区，城市工业被大面积向西侧布置(图 5)。1966 年至 1976 年的“文化大革命”是一次浩劫，新中国的社会主义建设遭受巨大损失，各行业都发展缓慢甚至停滞，白银市的城市总体规划也进入了停滞期。

图 5　1965 年白银市城市总体规划

2.3　恢复重启期(1978—1984 年)

改革开放之后，中国的城市规划事业开始走出社会运动的影响，逐渐恢复发展，中国很多城市开始了总体规划的修编，兰州市第二版城市总体规划也开始编制。此时白银市在行政区划上隶属于兰州市，是兰州市的一个远郊区，因此这一阶段白银市城市规划的发展与兰州市城市规划的发展同步，白银市的新版城市总体规划随着兰州市第二版城市总体规划的修编而诞生，即 1978 年版白银市城市总体规划(图 6)。

受此时行政区划的限制，该版规划把白银市依旧视为兰州市的一个工业镇，在规划中明显地突出城市工业生产的职能，注重城市工业用地的建设，并形成了“工业围城”的格局。与之相反，城市居住生活用地在规划中未被重视，用地拓展不明显。

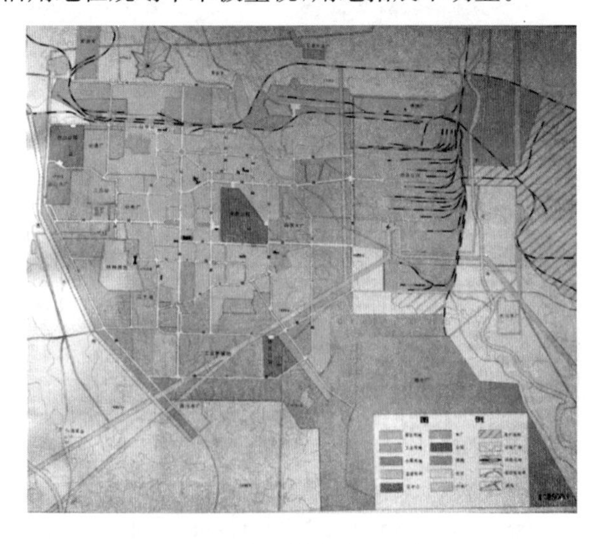

图 6　1978 年白银市城市总体规划

2.4 转型发展期(1985 年至今)

1985 年,国务院批准白银市恢复建制,标志着白银市进入一个新的发展时期[7]。这一时期,白银市虽然恢复了建制,突破了行政区划的束缚,但城市的矿产资源已走向枯竭,城市面对的主要问题是转型发展。城市总体规划的主要任务也由服务工业生产转向引导城市转型,规划不仅注重城市产业的转型发展也更加注重城市功能的完善与城市形象的塑造,城市的功能由“生产为主”向“生产生活兼顾”转变。

行政区划变更后,白银市立即开始着手新一版城市总体规划的编制,1987 年白银市第五版城市总体规划编制完成,这版规划与前几版规划相比最大的特征就是城市居住生活区明显扩大,形成东西两个城市中心(图 7)。这也佐证了白银市城市性质和城市功能的转变,白银市由一个郊区工业镇向现代化的工业城市转变,必然要求城市规划和建设在注重城市工业发展的同时更要补齐城市生活等其他功能建设上的“欠账”。1987 年版规划一直执行到 2000 年,2001 年白银市第六版城市总体规划编制完成,这版规划基本沿用了 1987 年版规划的布局,但明确了城市工业向南发展的意图(图 8)。2007 年,基于城市工业发展的需要,对 2001 年版规划进行了调整,再次向南拓展工业用地(图 9)。2015 年白银市第七版城市总体规划完成编制审批,规划基本延续了前两版规划的发展思路,为服务城市转型规划了工业园区(图 10)。从总体来看,1985 年以后的白银市城市总体规划都在探寻白银市城市转型发展的道路,规划在注重城市工业持续发展的同时,努力完善城市功能,改善城市生活环境,提高城市的宜居性,引导城市的转型发展。

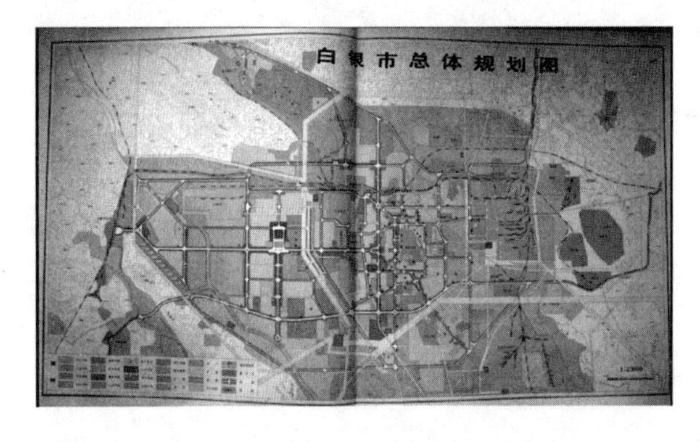

图 7　1987 年白银市城市总体规划

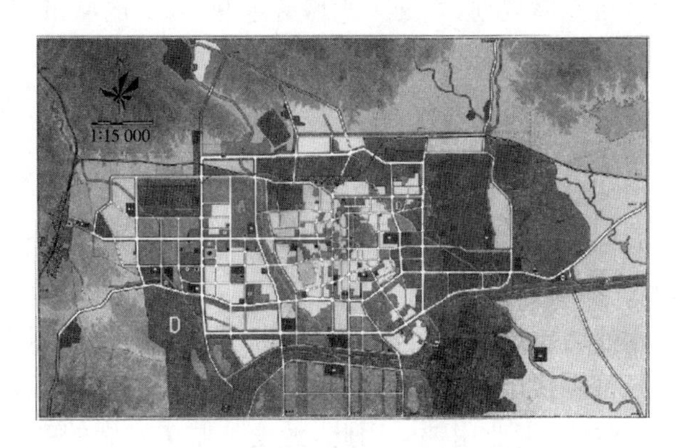

图 8　2001 年白银市城市总体规划

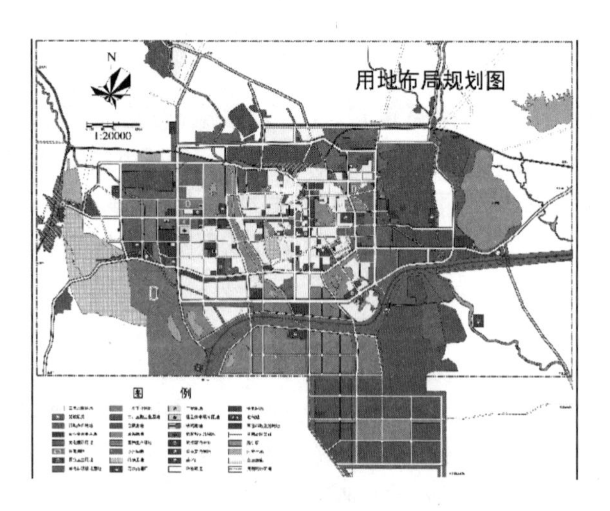

图 9　2007 年白银市城市用地规划调整

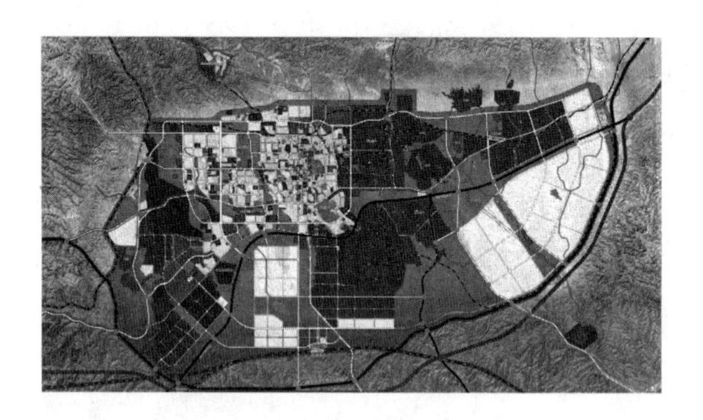

图 10　2015 年白银市城市总体规划

3　白银市城市总体规划的空间格局演进特征

3.1　城市空间增长明显，工业用地占比较高

在白银市历版城市总体规划中，城市的用地在空间上一直在不断拓展中，从建设之初的荒芜戈壁到 2015 年版城市总体规划，规划了主城区近 90 km^2 的城市建设用地，城市空间的生长显而易见。城市用地的拓展演进与城市人口的不断增长是相一致的，20 世纪 50 年代初白银地区的人口不足 3 万人，而今，白银市人口达 30 万人左右，人口的增长推动了城市用地的拓展演进。

此外，落建在白银市的两大“156 项工程”均为重工业，这也就决定了白银市重工业城市的城市性质。重工业的开采、加工、储运等都需要大量的用地支撑，因此两大“156 项工程”的落建就占据了大面积的城市建设用地，这就奠定了白银市工业用地占比高的基础。白银市从诞生至今，工业城市的城市性质未发生改变，“156 项工程”企业衰落后，城市开始转型发展，而工业的转型依旧是白银市城市转型的重点，为支持城市工业的转型发展，城市总体规划中都规划了大面积的城市工业用地。因此，无论是城市发展的初期还是城市转型发展期，在白银市的城市用地中工业用地一直都占据很大比例。

3.2 “东业西居”格局长期保持，城市空间拓展以“向西、向南”为主

白银市是国家新型工业城市的代表，在城市各功能中，工业生产长期是城市最重要的功能。白银市的工业主要为重工业，本身与其他城市生活性用地的兼容性就差，从白银市第一版城市总体规划确定城东为工业生产性用地，城西为居住等生活性用地，形成“东业西居”的总体城市空间格局以来，之后的历版城市总体规划都延续了这一格局。虽然白银市的工业曾向西拓展，并形成“工业围城”的格局，但从总体来看，城市的主要工业尤其是重工业主要布置在城市东侧，“东业西局”的格局一直保持。

对比白银市历版城市总体规划不难看出，城市空间拓展呈现向西、向南拓展的总体趋势，尤其是向西拓展最为迅速。这主要是因为城市东部为大面积的工业企业的生产用地，与城市其他功能区不兼容，城市其他功能向东拓展困难重重；而工业用地在最初就划定了较大的区域，城市工业在较短的时期内达到发展顶峰，之后老工业区便无拓展用地之需，因此城市用地向东拓展并不明显。而白银市北侧为山区，又有铁路分割，城市向北拓展的难度也较大。与之相反，城市西侧和南侧的地势较为平坦，建设用地充足，环境也优于东部、北部，因此，城市空间拓展选择了向西、向南发展的趋势，这也体现出城市对工业企业的依赖逐渐减弱的演进过程(图 11)。

3.3 城市空间拓展呈现“居”快“业”缓，在时空上呈现“N”字形演进

从城市用地功能角度来看，在白银市历版城市总体规划中，城市空间的拓展呈现“居”快“业”缓的特征，以居住为主的包括服务设施、城市绿地等生活性用地的增长速度明显快于工业生产性用地的增长速度，尤其是在工业企业发展成熟后，城市工业生产性用地的拓展就十分缓慢，而与之相反，城市居住等生活性用地的增长十分迅速，这与白银市城市功能的演进变更是吻合的。白银市由一个国家重点工程项目催生的工业重镇逐渐发展成为一个功能完善的现代化工业城市，城市工业生产的功能逐渐弱化，而城市居住、服务等功能不断提升，这种城市性质与职能的演进必然造就了城市空间拓展“居”快“业”缓的特征(图 11)。

同时，从时空纵轴来看，在白银市历版城市总体规划中，城市空间拓展的演进在不同的阶段表现出不同的拓展速度。在开发建设阶段和稳步发展阶段编制的城市总体规划中，城市空间的拓展速度逐渐加快，呈明显的上升趋势。而到了 20 世纪 80 年代中期，随着矿产资源的枯竭，企业逐渐进入缓慢发展阶段，城市发展速度放缓，城市空间拓展的速度也快速变缓，呈下降趋势。而到了 21 世纪，白银市开始转型发展，城市的发展速度有所加快，相应的城市建设用地的增长速率也在加快，呈上升趋势。可见，从时间纵轴上来看，白银市城市空间拓展速度的演进呈“快—缓—快”的“N”字形演进过程。

3.4 工业用地与生活用地经历“分—合—分”的演进过程

白银市的工业用地与城市生活用地的演进总体经历了“分—合—分”的演进过程。在白银市第一版城市总体规划中，就明确了工业生产与城市生活的分区，规划方案严格划分了工业生产与城市生活区，并在工业生产片区与城市生活片区之间规划了大面积的绿地分割带，用南北两条主要的城市道路联系工业生产区与城市生活区。但随后的数版规划都打破了这种明确的

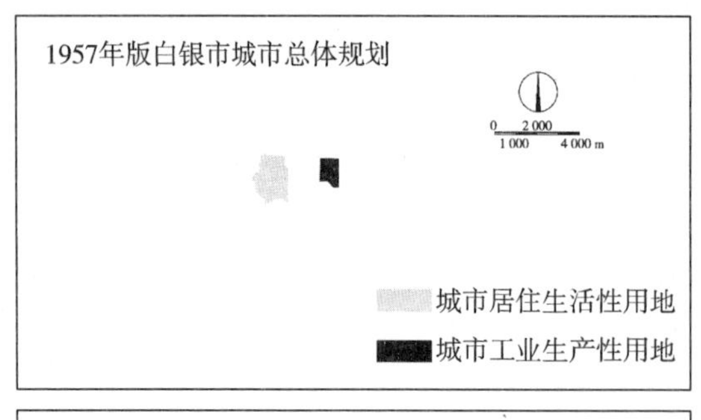

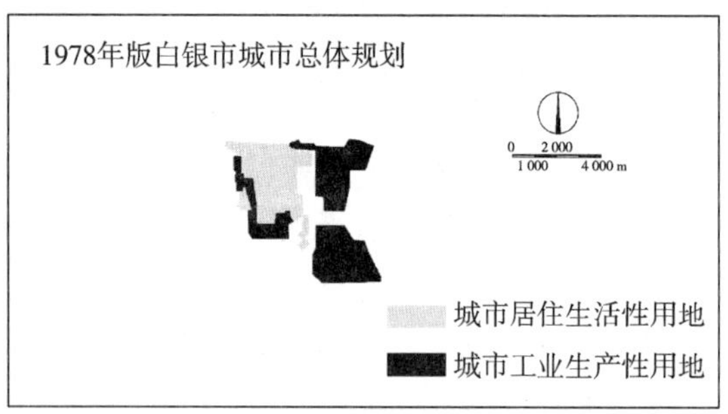

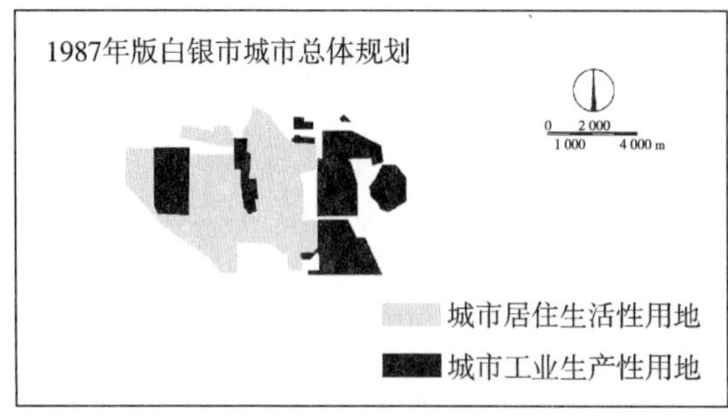

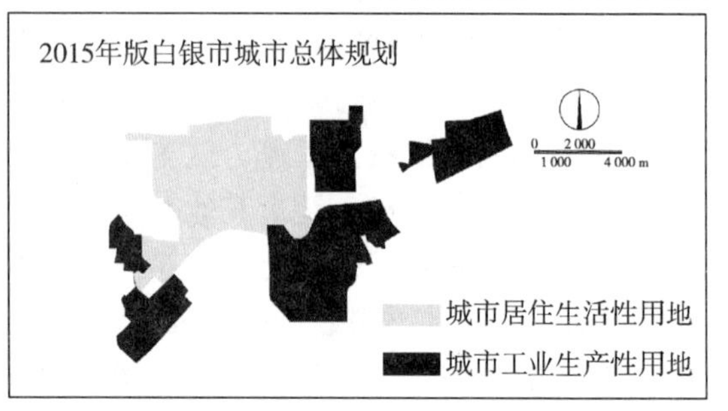

图 11　白银市历版城市总体规划中城市空间格局演进示意图

功能分区布局模式，从第二版城市总体规划开始，工业用地就与城市生活用地混合布局。到第五版城市总体规划，这种工业与居住的混合布局达到了顶峰，“工业围城”的格局形成。随后的第六版、第七版城市总体规划又将工业与居住分开布局，第六版城市总体规划把主要的工业区布置在城市的东侧和南侧；第七版城市总体规划进一步扩大了城市东侧和南侧的工业用地。因此，从整个历史过程来看，白银市的工业区与生活区经历了“分—合—分”的历史演进过程，这与不同时期城市的任务和规划理念的演变联系密切，与中国很多工业城市的演进规律一致。

3.5　城市绿地延续性强，公共绿地占比不断增高

在白银市历版城市总体规划中，都比较重视城市绿地的建设，同时城市绿地空间的拓展还体现出较强的延续性。从白银市第一版城市总体规划在城市居住区中心规划了大片绿地以来，这一块绿地一直被保留下来，到最新的 2015 年版规划，这块绿地依然存在，即现在的金鱼公园。此外还有金岭公园、银光公园、西山公园等大块的城市开敞绿地都在历版规划中被保留至今。此外，从绿地性质来看，城市公共绿地的占比不断增加，相反，城市防护绿地的占比不断降低，尤其是在 1985 年白银市恢复建制成为地级市以来，城市工业生产的功能明显减弱，生活性功能加强，逐渐成为一个功能齐全的现代化城市，城市开始努力改善人居环境，为城市的可持续发展创造条件。在城市总体规划中，城市公共绿地一直在快速增加，而城市中的防护绿地在工业巅峰期之后就呈减少趋势，一些防护绿地逐渐变成了城市公共绿地(图 12)。

4　白银市城市空间演进的影响因素分析

4.1　地形条件的制约和矿产资源分布的影响

白银市北侧为黑石山、了高山和驴耳朵山等，不适宜进行城市建设，同时红会铁路线在

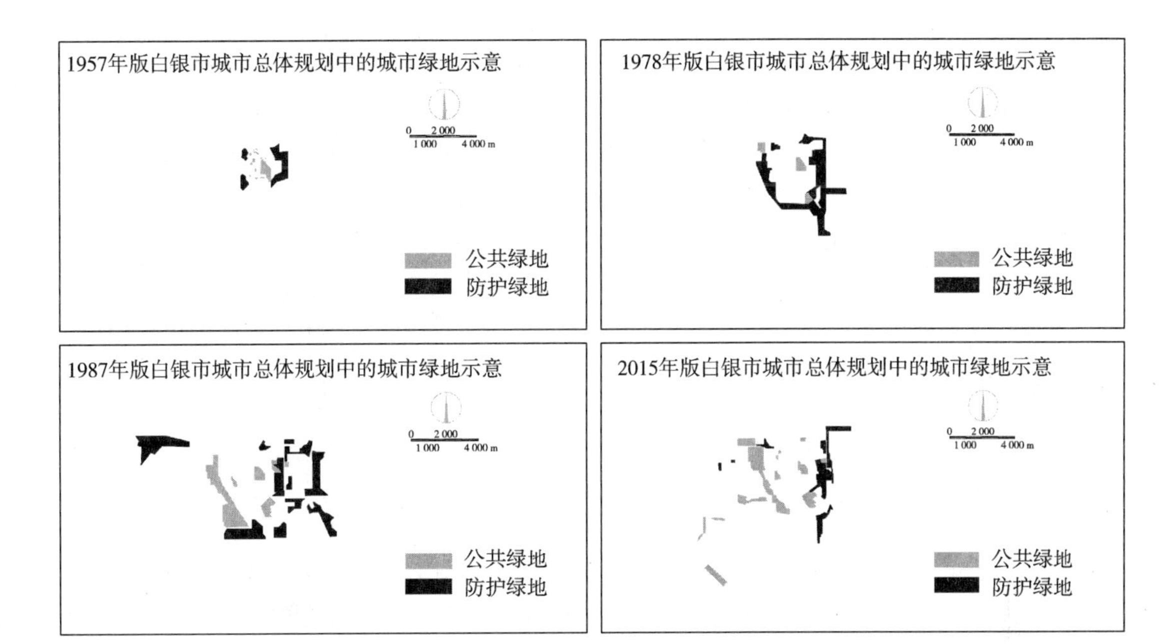

图 12　历版白银市城市总体规划中城市绿地演进示意图

北侧山脚穿过，地形的限制加之铁路线的阻隔使得城市用地空间难以向北侧拓展。城市东侧有大量的矿产资源，“156 项工程”的两大企业都落建于白银市东侧，因此白银市东侧为重工业生产加工区和矿区，除了少数工业用地外，其他城市用地难以向东拓展，尤其是城市生活性用地与东侧地区的用地性质不相兼容。北侧和东侧的城市空间难以拓展，城市用地必然会向西侧和南侧拓展。与东侧、北侧相反，白银市西侧和南侧地形开阔且较为平坦，可建设用地充足，能满足城市发展的用地需求。因此，白银市城市空间也就自然向西侧和南侧拓展。

4.2　交通线路的约束与引导

白银市区北侧为红会铁路线，西侧为矿区铁路，“一横一纵”的铁路线约束了白银市城市空间向北、向东的拓展，虽然有部分城市用地的扩展突破了铁路线的约束，但依然难以形成规模，且这些片区的发展也非常缓慢。高速公路对城市空间拓展的约束作用也非常明显，京藏高速公路在白银市南侧穿过，但离城区较远，因此其对前期城市空间拓展的约束作用不明显，目前只有在最新的 2015 年版城市总体规划中，白银市新规划的东南侧的产业园区突破了南侧高速公路的约束，除此之外其他城市用地依旧在高速公路北侧。除了约束作用外，交通线路对城市空间还有引导性作用，主要是城市主要道路及过市区的国道对城市空间拓展有引导作用。如 109 国道从白银市南部穿过，随着城市的生长拓展，109 国道逐渐成为城市性道路，城市的空间也沿着 109 国道两侧向西、向南拓展，同时很多其他的城市主要道路也对白银市城市空间拓展产生明显的引导作用。

4.3　工业企业发展的影响

白银市作为一个典型的工业城市，城市空间的拓展必然与企业的发展密不可分。从总体来看，白银市城市的空间演进与城市企业的发展演进历程是一致的，在工业落建之初，两大“156 项工程”相继落建并快速发展，白银市城市空间也迅速发展，城市规模不断扩大。但随着企业发展的黄金时期的到来，城市企业开始走下坡路，城市空间拓展的速度也放缓，尤其是自 20 世纪 80 年代以来，随着资源的不断枯竭，城市企业进入发展困难期，城市总体规划中的城市空间拓展速度明显放缓，尤其是城市工业用地的增长明显放缓。在城市转型发展时期，城市空间的拓展依然与城市企业紧密联系，因为城市转型发展的重点就是城市企业的转型发展，而城市企业的转型发展依旧需要城市用地的支撑。为了支持企业的转型发展，转型发展时期的城市总体规划均比较重视城市工业用地的布置，规划了很多新的工业用地。

4.4 国家政策和规划思想的影响

国家政策对城市规划的影响非常明显，白银市城市总体规划的编制也一直受到国家政策的深刻影响，这就决定了白银市城市空间格局的演进也必然受到国家政策的影响。首先，从白银市第一版城市总体规划的编制历程来看，受当时“向苏联学习”“一边倒”等亲苏政策的影响，苏联的城市规划理论和思想在白银市的城市总体规划中得到了实践，奠定了白银市“东业西居”的城市格局，此外苏联的很多城市规划思想都对白银市城市空间格局的形成产生了深远的影响。而随着其后中苏关系恶化，源自苏联的城市规划也被取缔，中国传统的城市规划思想又开始体现在白银市的城市空间格局中，之后进行的“三线建设”也直接促进了白银市工业与居住相混合的空间格局的形成……国家工业发展思路转变、改革开放、西部大开发、工业遗产保护等国家政策及城市规划思想，都深刻地影响着白银市城市总体规划，也影响着总体规划中城市空间的拓展演进。

4.5 城市转型及城市性质转变的影响

城市转型是白银市资源趋向枯竭后不得不选择的发展道路，城市工业企业的发展速度放缓，企业发展受困，城市开始转型。城市转型发展必然促进城市性质的改变，白银市逐渐从一个重工业城市发展成为一个现代化的工业城市，城市工业生产的职能不断减弱，城市的居住生活、服务、休憩等职能不断加强。城市职能的转变对城市空间的拓展也有深刻的影响，在工业生产时期，城市空间中工业生产性用地占比很高，城市工业用地扩展迅速；但随着城市的建设发展，城市对居住生活类用地的需求加强，城市居住生活性用地拓展迅速；而城市工业在前期已经有了足够的生产用地，随着企业的不景气，城市对工业生产性用地的扩展需求相对较小，甚至一些原本的工业生产性用地也演变为城市其他生活性用地。到 21 世纪，白银市开始转型发展，城市转型需要建设开发区，为城市新型产业的入驻发展提供充足的用地保障。转型发展加快了城市空间的拓展，在 21 世纪编制的白银市两版城市总体规划中，城市空间的拓展非常明显。

5 结论

在第一个五年计划时期，由苏联援华的“156 项工程”催生兴起的工业城市遍布祖国的大江南北，它们曾一度是国家的重要经济增长点，为新中国的工业发展做出了巨大的贡献。白银市作为“156 项工程”催生的国家新兴工业城市的典型代表，城市的诞生发展历程具有代表性。从1954年白银市城市总体规划起步至今，白银市的城市总体规划经历了初创形成期、波动与停滞期、恢复重启期与转型发展期四个历史阶段，白银市的演进阶段代表了新中国成立后中国很多新兴工业城市的发展历程。

从城市空间格局的演进来看，白银市城市空间格局的演进也具有代表性。工业用地占比较高、用地增长明显、工业与居住用地分区明显、居住用地增长速度快于工业用地、城市空间拓展经历起伏波动、工业用地与居住用地经历"分—合—分"的演进历程、注重城市绿化建设等演进特征都体现出中国很多工业城市的城市空间格局演进的共性特征，是中国现代工业城市空间格局演进历程的缩影。从对白银市城市空间格局演进影响因素的分析来看，影响白银市城市空间格局演进的因素主要包括地形及矿产分布等自然因素的影响、城市交通线路的约束与引导的影响、工业企业发展的影响、国家政策和规划思想的影响以及城市转型与城市性质转变的影响等，这些影响因素也基本囊括了中国现代工业城市空间格局演进的影响因素，同样具有代表性。

综上，白银市现代城市空间格局演进的历程体现出中国很多现代工业城市演进发展的共性特征，具有典型性和代表性，对白银市现代城市空间格局演进的研究是了解和认知中国现代工业城市空间格局演进历史的一把钥匙。

[本文受国家自然科学基金项目"从新兴到转型：基于国家重大决策支持的兰州市城市总体规划范型演进历史研究(1952—2012)"(51568033)、"'一五'时期苏联援华新兴工业城市规划史研究：以穆欣指导的兰州市1954版城市总体规划为重点"(51268024)资助]

参考文献

[1] 李百浩，彭秀涛，黄立. 中国现代新兴工业城市规划的历史研究：以苏联援助的156项重点工程为中心[J]. 城市规划学刊，2006(4)：84-92.

[2] 张久春. 20世纪50年代工业建设"156项工程"研究[J]. 工程研究(跨学科视野中的工程)，2009，1(3)：213-222.

[3] 何一民，周明长. 156项工程与中国工业城市的新生[J]. 中国城市经济，2009(9)：24-29.

[4] 王云祥. 兰州现代城市规划演进历史研究[D]. 兰州：兰州交通大学，2017.

[5] 唐志强，王丁宏，亢凯. 资源枯竭型城市接续产业选择问题研究：以甘肃省白银市为例[J]. 甘肃社会科学，2009(6)：141-144.

[6] 王静. 资源枯竭型城市经济转型问题研究：以白银市为例[D]. 兰州：西北师范大学，2011.

[7] 王今诚. 20世纪50年代以来甘肃白银工业变迁研究[D]. 西安：西北大学，2010.

图片来源

图1至图10源自：《白银市城市总体规划(2015—2030年)》.

图11、图12源自：笔者绘制.

城市文化资本的识别、唤醒、再投放：苏州古城道前地区保护与更新策略研究

张　昀　相秉军　施　刚　柳　青

Title: Identification, Awakening and Reinvestment of Urban Cultural Capital: Strategy on Protection and Renewal Strategy of the Daoqian Area in Suzhou Ancient City

Author: Zhang Yun　Xiang Bingjun　Shi Gang　Liu Qing

摘　要　城市文化资本的运营是古城保护与更新的重要手段。当前苏州古城的保护与更新进入新的发展阶段，城市文化资本的运营也开始出现新趋势。笔者以苏州古城道前地区为例，从文化资本的识别、唤醒与再投入三个方面考虑，分析保护与更新的具体规划策略，以期为同类地区的规划工作提供一定的借鉴意义。

关键词　文化资本；苏州古城；保护与更新

Abstract: The operation of urban cultural capital is an important means for the protection and renewal of the ancient city. At present, the protection and renewal of Suzhou ancient city has entered a new stage of development, and the operation of urban cultural capital has begun to show a new trend. Taking the Daoqian area in Suzhou ancient city as an example, the author analyzes the specific planning strategy of protection and renewal from the three aspects of identification, awakening and reinvestment of cultural capital, in order to provide reference for the planning in similar areas.

Keywords: Urban Cultural Capital; Suzhou Ancient City; Protection and Renewal

作者简介

张　昀，北京清华同衡规划设计研究院有限公司长三角分公司，高级城市规划师

相秉军，北京清华同衡规划设计研究院有限公司长三角分公司教授级高级城市规划师，中国城市规划学会城市规划历史与理论学术委员会委员

施　刚，北京清华同衡规划设计研究院有限公司长三角分公司，助理城市规划师

柳　青，北京清华同衡规划设计研究院有限公司长三角分公司，助理城市规划师

1　城市文化资本的概念与特征

1.1　文化资本与文化资源

“文化资本”最早是由法国社会学家皮埃尔·布迪厄在《教育社会研究与理论手册》中提出的一个社会学概念，泛指任何与文化及文化活动有关的有形和无形的资产。此后，文化资本的理论内涵得到不断拓展。普遍认为，文化资本具备以下特征：文化资本可以带来经济价值，其实质是一种“注意力经济”；文化资本借助一定的现实载体，拥

有物化的形式;文化资本可以通过实践进行积累,需要人的传承;文化资本可以进行积累和再生产,其实质是价值体系的不断拓展[1]。

由此可见,文化资本来源于文化资源,但是并非所有的文化资源都可以主动成为文化资本。文化资源只有经过了社会的累积、传承、再生产、交易、流通、服务等环节,并产生价值增量效应后,才具备了资本属性,才有资格被称为"文化资本"。

1.2 城市文化资本

国内学者张鸿雁将"文化资本"的概念延展到城市领域,认为"城市文化资本"是城市可持续发展的"动力因",与普通的"文化资本"的区别在于,"城市文化资本"的本质是公共财富的制度性安排和历史结晶,具有典型的公共价值属性。张鸿雁提出将城市的一般文化(包括历史文化或现存文化、物质文化或人文精神)转化为文化资本和经济资本,鼓励"推陈出新",以促进城市的持续发展[2]。

2 城市文化资本的利用在古城更新中的实践

2.1 国内外的实践

古城保护与更新的理论与实践最早源于以英国为代表的西欧国家,在漫长的城市更新实践中,文化资源的重要性渐渐显现出来。自 20 世纪 50 年代"人本思想"成为城市更新的主要理论依据以来,"历史价值"的保护与发展便随之成为更新关注的要点。面对内城经济衰退问题,西方国家纷纷尝试以文化艺术刺激经济复苏,形成了文化导向的城市更新模式,并主导了大量通过城市文化资本的运作引导城市更新的实践。

从国内外文化资源的资本化途径和效果来看,城市文化资本在古城更新中的利用可大致分为三大类,即生活改善型、旅游体验型和教育推动型(表 1)。在实际操作中,文化资本的合理运作,是对地方历史文化的保护与传承,将成为地区发展的经济资本和社会资本,推动地区的整体复兴。

表 1 历史地区城市文化资本利用实践类型总结

序号	分类	文化资本的作用	特征	典型案例
1	生活改善型	转化为内在的经济与社会资本	将历史文脉视作结构来组织城市区域,通过集合服务设施和公共服务设施的增设,带动当地居民的社会活动	热亚那犹太人居住区
2	旅游体验型	转化为外在的经济与社会资本	涉及一定规模的拆迁与功能置换,通过将历史文化符号化,将消费移植入空间,满足政府、游客的文化诉求	景德镇陶溪川
3	教育推动型	转化为内生的经济与社会资本,并吸引外来的经济与社会资本	将历史文化作为整个地区的基础设施,考虑其公共属性,植入某些适合在古城发展的文化艺术机构,将本土文化与国际文化相融合	威尼斯多尔索杜罗区

2.2 苏州古城的实践

苏州古城的保护与更新实践在全国起步最早，有关城市文化资本的运营亦是积累了大量经验。自20世纪80年代苏州古城桐芳巷小区的更新工作取得重要示范意义之后，以平江历史街区为代表的各类历史街区的大量探索性和示范性规划与实践便不断开展。归结至今，大致经历了居住环境改善主导和文化旅游体验主导两个阶段，目前正逐渐向文化与教育、艺术与创意主导方向发展，古城的复兴动力正在慢慢出现多元化趋势，文化资本的运营进入了新阶段(图1)。道前地区的更新探索正是在这样的背景下展开的。

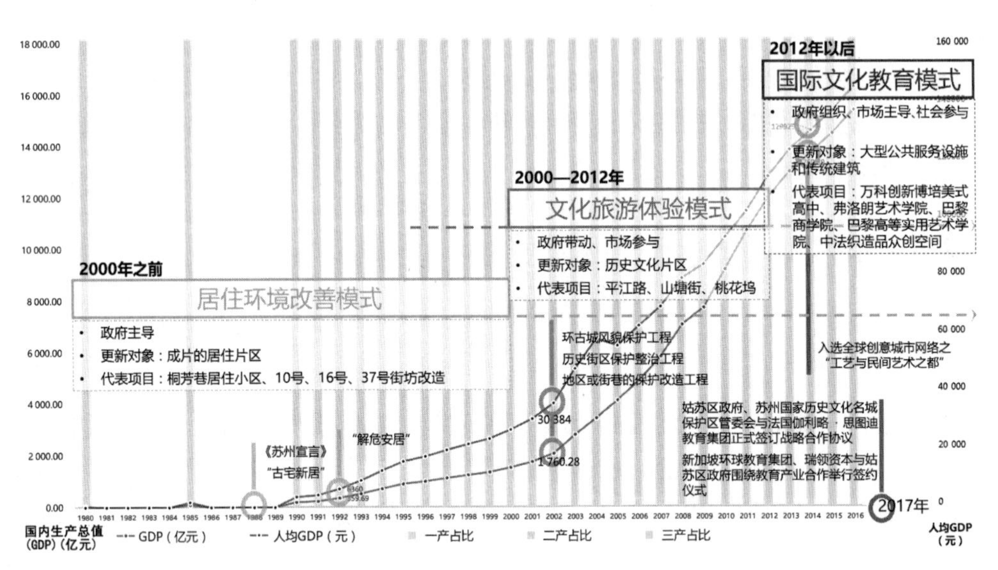

图1 苏州古城更新大事件、更新阶段与城市历年经济情况关系

3 苏州古城道前地区更新策略

道前地区位于苏州古城西侧，总面积为102.22 hm^2，包含的31号、32号、33号、40号、41号5个街坊，分别为万年社区的一部分以及道前、西美、吉庆和金狮4个完整社区，总人口约为1.1万人(图2)。

3.1 核心特征与突出问题

(1) 文化资源密度较高

① 历史上的首善之区

道前地区毗邻胥门，曾是借由京杭大运河进入苏州古城的西南门户，水路发达，《吴地记》中记载的苏郡最重要的7条水道中，有4条流经基地。鉴于这一区位优势，基地在相当长的时期内承担着区域行政中心的职能。围绕行政职能，基地衍生出宗教、行会、居住、教育、商业等相关功能，并由此带来大量达官显贵、社会贤达的聚集。因此，与苏州古城其他54个街坊相比，基地内名人故居、古井门楼、古树名木的密度相对较高。现存的十大类遗存(图3)正是道前曾经"市井荣华、首善之区"的有力佐证。

图 2　道前地区范围示意

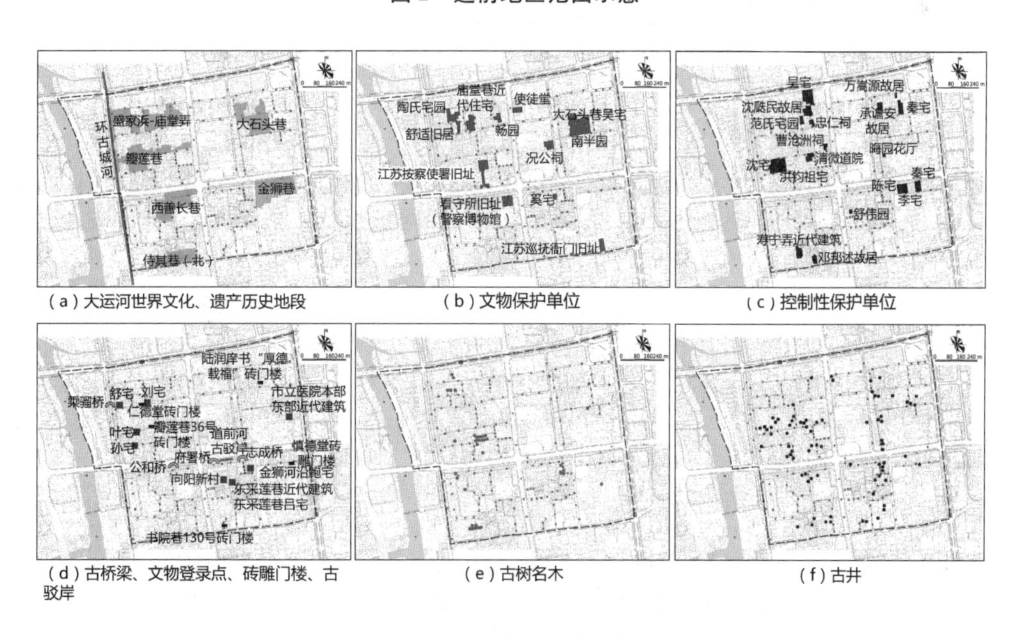

（a）大运河世界文化、遗产历史地段　（b）文物保护单位　（c）控制性保护单位

（d）古桥梁、文物登录点、砖雕门楼、古驳岸　（e）古树名木　（f）古井

图 3　道前地区物质文化遗存分布

② 现实中的潜力之区

道前地区是古城文化、产业和服务发展的活力地区。基地位于苏州中心城十字公共设施轴带交汇处[①]与古城保护的城环和街环之上[②]，共有养育巷站、乐桥站、三元坊站三个轨道站点。基地内有法国高等实用艺术学院(LISSA)中国分校、苏州市会议中心、姑苏区特殊教育学校、姑苏区老年大学等优质教育、文化、艺术资源；依托东弘科技创业园、金狮科技文化产业园、悦未来青年公社三大空间载体(图 4)，基地的创业创新、文化艺术产业正在形成。

此外，基地周边的苏州市图书馆、苏州市人才市场、苏州中学、苏州市规划展示馆和怡观片历史街区等公共资源亦为基地的保护与更新提供了有力支撑。

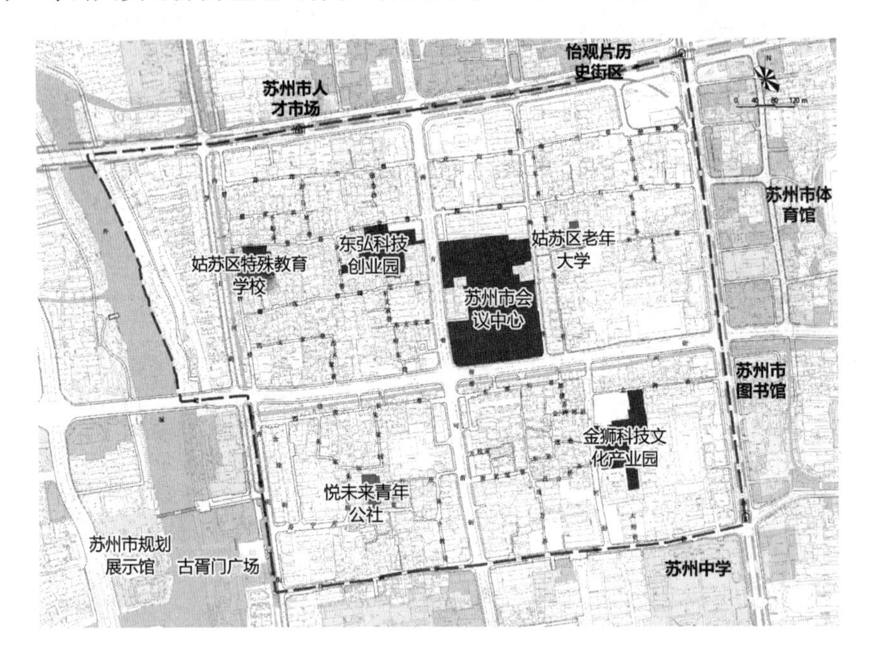

图 4 道前地区文化教育、文化产业空间分布

(2) 文化资源保护与利用不当

相比其他街坊，道前地区一直以来都是苏州古城保护与发展实践最为薄弱的地带。基地内的大量文化资源保护与利用不当，具体表现为：金狮巷历史地段被拆，经典园林被毁，第二直河被填，文物保护单位、控制性保护单位闲置，绿地广场利用率较低，交通压力偏大，生活环境恶化等。如何挖掘再现、合理保护、充分利用基地内的优质历史文化资源，使其转化为促进城市更新的文化资本，助力道前地区的更新发展，是本次规划的重要突破点。

3.2 保护与更新策略

(1) 识别历史信息

① 转译层积信息

为充分保护和展现地方的文化特质，规划以历史信息为基础，作为保护与更新的主题和方向。道前地区经历了有据可考的春秋战国至唐、宋、元、明、清、民国、当代等历史阶段，为避免在更新中抹杀地区的时间感和历史感，规划力求再现历史层积信息。通过搜集 15 幅反映古城人文变迁的历史地图，结合影响苏州古城水系、街坊、巷弄、社会变迁的大事件，以及地图的精确可信度，从中遴选出《平江图》《姑苏城图》《苏州城图》《苏州巡警分区全图》《吴县城厢图》5 幅与基地密切相关的地图，以其他资料加以补充和佐证，盘点道前地区曾经重要的功能区块、水陆格局和历史传说（图 5）。在具体分析中，地图年代相近或信息相似者取其一。

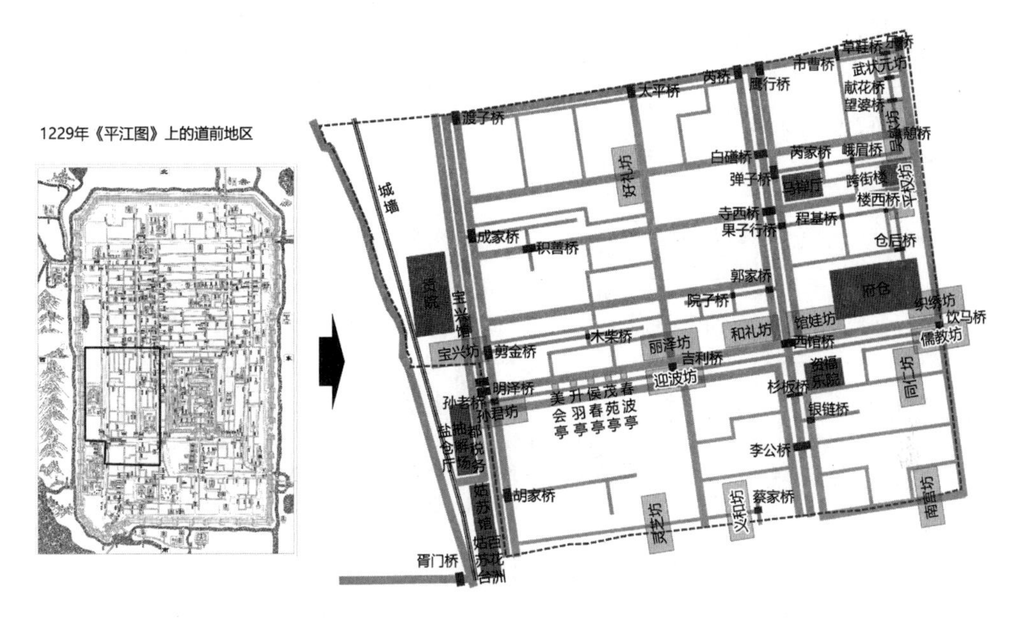

图 5 《平江图》在现状空间上的转译

② 文化资源的清点

在古城的保护与更新过程中，文化资源的清点是一个重要的前置步骤，由于信息存在片段性和无序性，常常很难做到面面俱到。规划者应当加强对地方历史文化资料的全面解读，一方面全面盘点地区的文化资源，另一方面重点关注具备排他性和地域独特性的文化资源。

在现存的道前地区物质文化遗存盘点基础上，规划根据历史地图转译信息，将文化资源进一步分为“道路、水系、桥梁、节点、功能片区”五种空间形态，并根据实际情况进行通则引导（表 2）。

表 2 历史信息的存留状态及通则引导设想

<table>
<tr><th>序号</th><th colspan="2">历史信息</th><th>现状情况</th><th>引导方式</th><th>展示利用设想</th></tr>
<tr><td rowspan="2">1</td><td rowspan="2">道路</td><td>巷弄</td><td>基本保留</td><td>格局肌理</td><td rowspan="2">保留现今具有的历史性道路结构和空间格局，局部打通使得慢行线路更为便捷</td></tr>
<tr><td>道路</td><td>基本保留</td><td>空间结构</td></tr>
<tr><td rowspan="4">2</td><td rowspan="4">水系</td><td>外城河、内城河、道前河</td><td>现存</td><td>现状保留</td><td>结合两侧城市设计整体考虑</td></tr>
<tr><td>第二直河金狮河沿段</td><td>填埋</td><td>修复重现</td><td>根据地下驳岸埋藏情况，开挖恢复，结合水系周边地块的城市设计统一考虑</td></tr>
<tr><td>第二直河西美巷段</td><td>建筑覆盖</td><td rowspan="2">公共艺术提醒</td><td rowspan="2">结合巷弄入口、墙面绿化等公共空间做雕塑艺术</td></tr>
<tr><td>支流</td><td>消失</td></tr>
</table>

续表 2

序号	历史信息		现状情况	引导方式	展示利用设想
3	桥梁	现状保留的桥梁	现存	严格保护、功能延续	文物保护单位、现状空间组成部分
		成家桥、积善桥、剪金桥等	消失	公共艺术提醒	结合街头绿地、道路广场做雕塑艺术
		杉板桥、银链桥、李公桥等	消失	传统桥梁的意向性重建	结合地块城市设计考虑
4	节点	坊	格局尚存	公共艺术提醒	结合街头绿地、道路广场做雕塑艺术
		道前五亭	消失	公共艺术提醒	结合滨水空间，做建筑形态的意向性恢复
5	功能片区	苏州府	会议中心	公共艺术提醒	结合街头绿地、道路广场做雕塑艺术
		贡院	消失	建筑的意向性重建	作为滨水空间的重要功能组成，官场、教育文化功能的意向性重现
		朱家园	仍存地名	公共艺术提醒	结合街头绿地、道路广场做雕塑艺术
		壶园、南半园	损毁	修复重现	按照历史资料修复重现
		其他文物保护单位、控制性保护单位	保留	严格保护	植入文化功能，活化利用

(2) 唤醒文化资本

① 注入更新动力

古城更新不仅是公共物质空间的织补，更重要的是其内在的产业与功能的更迭。规划道前地区在优化既有功能的前提下，确定更新触媒点，植入新兴功能，构建更新图景，从而自上而下、自下而上共同推动地区的整体保护与发展。关于新兴功能的确定，需充分考虑市场的可行性(表 3)。

表 3　苏州古城现状各类更新项目的主导方向盘点

类型	名称	定位	规模	服务人群	特色资源
综合商业型	观前街	苏州第一商圈，老字号购物节	800 m	游客	玄妙观
特色商业型	山塘街	老苏州缩影、吴文化窗口、古城水街	3 500 m	游客	山塘历史文化片区
	虎丘路	主题商业街	500 m	中青年、游客	虎丘
	南浩街	民俗文化街	450 m	市民	神仙庙护城河
	古玩市场	古玩交易与展示	2.5 hm^2	古玩爱好者	—

续表 3

类型	名称	定位	规模	服务人群	特色资源
文化休闲型	平江路	发展高品质的有文化内涵的第三产业，具备独特文化景观的城市活力地带	1 600 m	游客、市民	平江历史街区、地铁
	桃花坞大街	传统文化、创意文化特色街	1 000 m	游客	唐寅故居
	苏州演艺中心	集演出、会展、培训于一体的综合性服务中心	6 hm^2	市民	护城河
	百花洲	文化、休闲广场	12 hm^2	游客、市民	护城河、蔡谨士蔡廷辉父子金石篆刻艺术馆、含德精舍艺术品私藏会馆、苏州市图书馆沧浪少儿分馆
休闲消费型	北码头	民国风情街，以品尝“鲜”食度过“闲”时	700 m	游客	护城河城墙遗址
	十全街	特色休闲商业街	2 000 m	中青年、游客	老宅
	吴门印象	滨水时尚休闲娱乐街区	3.7 hm^2	中青年	盘门三景、护城河
	苏纶场	城市综合体	11.5 hm^2	高端人群	工业建筑、护城河
文化教育型	天赐庄片区启动区	导入新的城市功能，成为集艺文创意、科技文化交流、文化休闲、教育研创等功能于一体的苏州古城人文新地标	20.7 hm^2	游客、中青年	古桥、老宅

规划建议逐步外迁市级行政办公和一般性职业教育职能为功能更新提供空间；同时，在满足古城服务需求的前提下，严格控制市立医院本部不断扩张的规模，以降低不必要的交通发生量。结合推动文化资本发展的需求，整合按察使署旧址及其周边闲置历史建筑、整合金狮科技文化产业园及其南部铁道职业技术学院为空间载体，分别植入国际文化培训机构和艺术教育机构，整体打造文化培训和艺术教育两大中心(图 6)。以文化培训、艺术教育为触媒，带动与之相关的文化艺术创作、交流、生产和生活服务的发展，盘活文物保护单位、控制性保护单位、传统民居等存量空间。

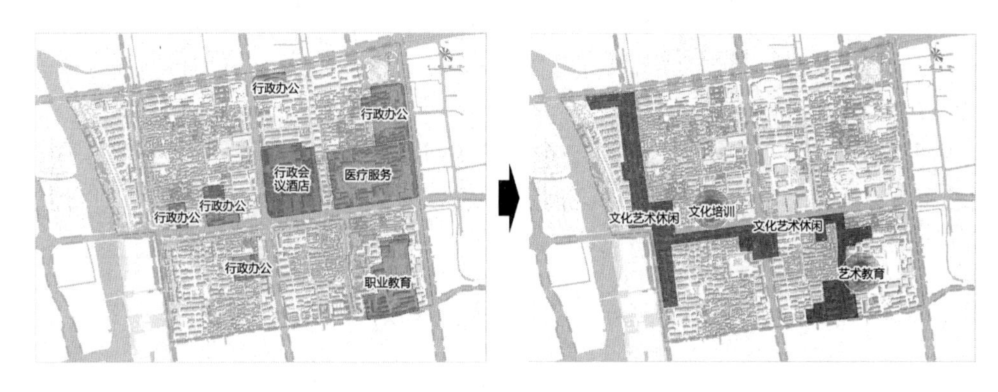

图 6　道前地区既有功能优化及新兴功能植入空间布局

② 设计文化小道

规划设计 8 条主题文化小道，以串联道前地区散落的文化遗迹，唤醒各类文化资源，提高地区文化能见度(图 7)。同时，植入社区游客服务中心，并借助地标、小品、二维码等手段引导游客体验。

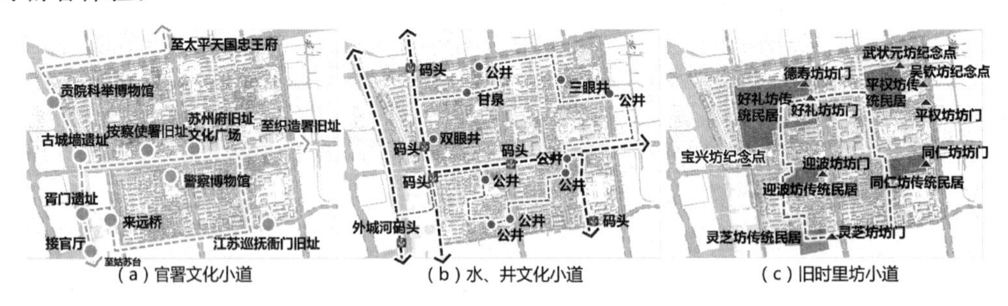

图 7　道前地区规划文化小道举例

③ 延续美好生活

古城保护与更新中的民生问题早在 20 世纪 70 年代就开始得到广泛重视，并逐渐成为世界遗产"5C"[可信度 (Credibility)、保护(Conservation)、能力建设(Capacity-Building)、宣传(Communication)、社区(Community)]战略中的重要组成，遗产地民众对地区的文化保护和可持续发展有着举足轻重的作用已经成为共识。根据苏州古城 2013 年版保护规划和相关控制性详细规划，未来道前地区仍将维持现状居住用地规模(约占建设用地的 42%)和居住人口数量，城市生活仍将是街坊的主要功能。但依据实地调研，道前地区常住人口流失较为严重，传统民居的闲置率较高，甚至沦为群居场所。因此，如何留住人，再现美好苏式传统生活成为更新中需要着重考虑的问题。根据道前地区的实际情况，规划着重提出以下三点建议：

第一，唤醒小型历史建筑，完善社区服务。根据服务半径，将吉庆社区服务中心搬迁至规划的同乐园历史建筑内；将金狮社区服务中心搬离沧浪文化站至附近闲置的工业建筑内；保留现状道前社区和西美社区的服务中心；各社区在有条件的历史建筑内增设卫生站、社区旅游咨询服务等功能，打通学校操场与社区之间的步行联系通道，提高设施的共享率。同时考虑社区旅游服务中心和社区创业中心的培育(图 8)。

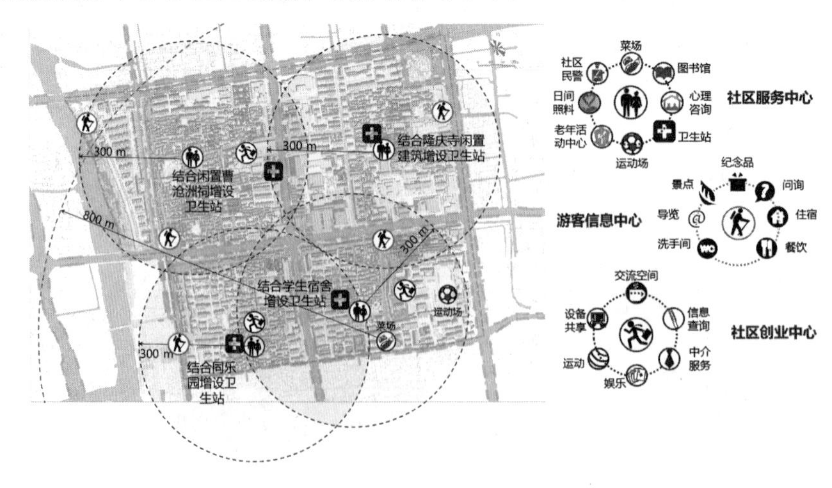

图 8　社区服务中心规划布局

第二，唤醒传统市井空间，提振社区身份感。借鉴日本“修景”理念，坚持宁小勿大的原则，重点梳理出 8 个街头巷尾和转角弄堂空间，拆除私搭乱建，通过绿化、铺装、家具、小品、古井、墙壁、门窗的整理和装饰，讲述道前的历史故事，并为社区居民提供日常休憩、活动空间(图 9)。

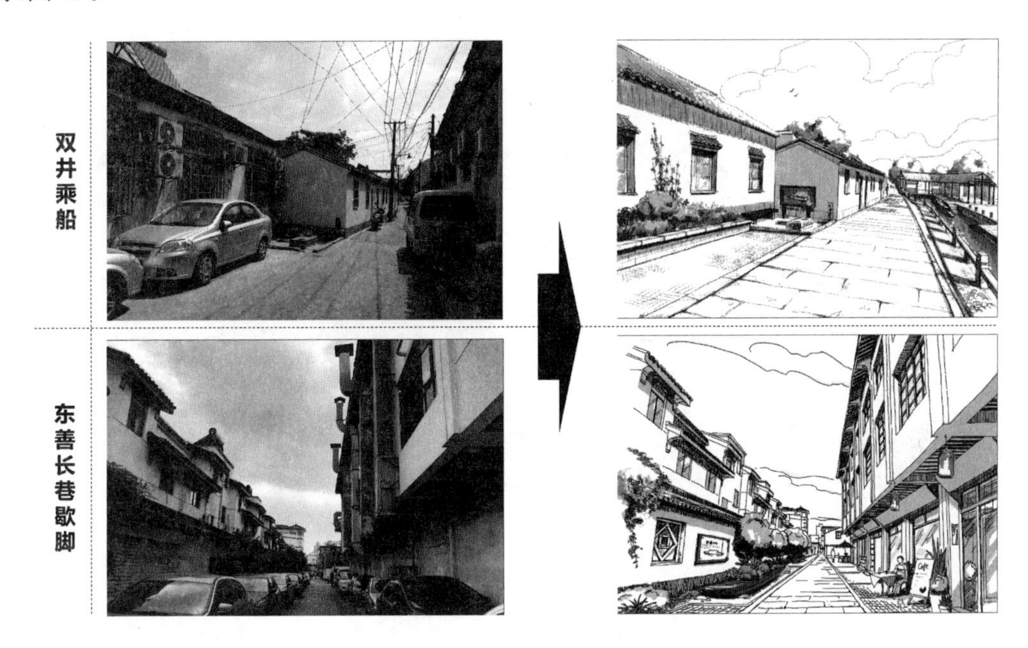

图 9　市井空间的更新改造示意举例

第三，升级现有生活设施，构建智慧型社区。全面采用智慧型服务设施，包括智慧型的休憩系统、垃圾收集桶、无障碍设施、公共艺术、公厕和停车诱导系统等；完善并提升现有市政基础设施，包括垃圾转运站的入地处理，因地制宜地完善现有管线综合；在更新建设中，全面推行绿色生态建筑、装置和街道家具等。

④ 其他非空间的唤醒方式

在更新过程中，除了通过物质空间载体唤醒文化资本外，还可以通过社区文化活动宣传的方式来推动古城的复兴。譬如，道前社区编撰《道前印象》文化手册，引发本地和周边社区的广泛讨论，特别是对名人故居和古井门楼的关注；规划设计道前地区的文化艺术活动以期唤醒道前文化。

(3) 更新与再投入

① 梳理公共空间

公共空间品质的提升，将有助于带动整个地区的自我更新。规划分类梳理出公园、广场、街头、转角、桥头、特色文化场所等公共空间节点，并通过滨水空间和各条历史街巷串联这些节点，在此基础上，选择重点地段和节点进行更新设计(图 10)。结合功能和现状条件，对滨水空间进行分段设计，对特色文化场所进行分类更新(表 4)。

② 有机的、有限的更新

为保护古城的风貌特色和历史文化的真实性，在更新过程中切忌大拆大建。按照苏州古城的保护发展经验，拆除建筑比例应控制在 5%以下。本次规划保留了道前地区绝大部分建筑，拆除部分仅占现状总量的约 2%。对于“拆除”建筑以外的建筑，规划在现状建筑综合评定的基础上，结合规划更新意图，提出了修缮、修复、整治、保留等其他四类更新措施（表5）。

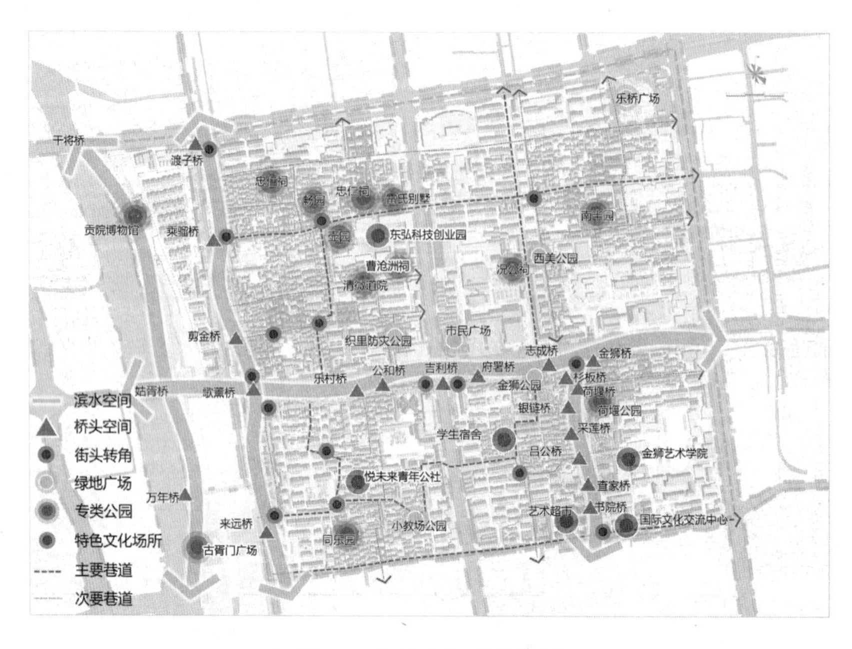

图 10　公共空间系统规划

表 4　重要地段和节点的分类更新

类型	分段、分类	现状	功能定位	更新方向
滨水空间	外城河段	环城绿带的组成部分，一般公园绿地	学士公园	增补贡院博物馆和绿地广场等文化场所
	内城河段	商住混合	文化休闲	苏式河埠头露天博物馆
	道前河段	商住混合	文化休闲	植入旅馆、餐饮功能
	第二直河段	荒地、土路	艺术长廊	植入展示、文化交流功能
特色文化场所	定期开放	封闭或闲置：畅园、桃园、况公祠、同乐园、清微道院	专类公园	鼓励文化类机构和企业入驻，并定期向公众开放
	按图修复	被毁：壶园、南半园	专类公园	植入文化创意、艺术课堂等功能
	再设计	菜市场与古城风貌不协调	艺术生活超市	保留菜市场功能，改造建筑，使其与古城风貌相协调，并植入文化艺术功能
		向阳新村闲置	学生宿舍	修缮现有包豪斯风格建筑，植入现代化居住功能，为周边青年学生提供居住空间
		乐桥广场、会议中心广场	主题广场	植入地方历史文化元素，打造主题广场，提高使用效率

表 5　规划道前地区现状建筑保护与更新措施

序号	分类	解释	用地量		建筑量	
			建筑占地面积（m^2）	占比（%）	建筑面积（m^2）	占比（%）
1	修缮	结构、布局、风貌保护完好、未遭到破坏的。对此类建筑保持原样，不得翻建，可按原样并使用相同材料进行修缮	26 157	6	31 388	3
2	修复	结构、布局、风貌基本完好，局部已变动的。对此类建筑应按变动前的样式修复	33 844	8	40 612	4
3	整治	结构、布局、风貌尚可，改动较多，质量不佳。对此类建筑按照传统风貌和建筑形式进行更新	151 836	36	323 147	32
4	拆除	结构、布局、风貌已经与传统不协调，有部分影响风貌的建筑或严重影响规划意图的建筑。对此类建筑应按传统风貌和建筑形式进行整治，即拆除重建或不建	18 405	4	20 245	2
5	保留	与古城传统风貌协调、建筑质量较好的建筑予以保留	196 611	46	589 832	59
合计			426 853	100	1 005 224	100

此外，道前地区将新增 2 hm^2 建筑，增加的建筑面积主要用于对道前地区 7 片空地的规划设计（图 11），并且以公共服务和文化类建筑为主，占比为 85%左右。

图 11　道前地区新建和改建建筑分布

通过对以上城市文化资本的识别、唤醒和再投放，重点更新道前地区的滨水空间及其沿线重要文化节点，唤醒散落在街坊内的文化资源，植入新兴功能，规划期待“一水繁华牵古今道前，五坊活化营创艺姑苏”的设计愿景的呈现。

4 结语

古城的保护与更新是一个复杂而漫长的过程，而苏州的这项工作自其1982年入选首批国家历史文化名城以来，已经历时36年而从未间断，未来仍将继续。苏州古城的发展方向应以文化、艺术、教育为主，再现南宋之后的辉煌，再次成为中国工艺之都、艺术之都。城市文化资本的识别、唤醒与再投放是这个过程中的重要手段，其初衷并非将文化遗存简单地物质修复与再现，而是与城市居民生活的再度融合，具备一定的公共价值属性，即通过城市文化资本的运营，以提高地区的身份感、归属感与认同感，并尽可能达到公共利益的最大化，从而复兴古城。当然，从英国等欧洲国家的经验来看，城市文化资本的运作也会带来相当的争议和后遗症，特别是与本规划相关的：自上而下的文化项目的植入是否真能与社区自下而上的"市井的""民俗的"的文化相互融合？旗舰性的后现代文化项目的确能够促进城市的保护与更新，但是否能规避绅士化风险以及是否能够保持长期可持续的发展[3]？

［本文经城市规划历史与理论学术委员会推荐授权已发表于《遗产与保护研究》2019年第2期］

注释

① 苏州中心城十字公共设施轴带为城市和区域级公共服务设施集中布局走廊。东西轴以干将路为骨架向东连接苏州大道串联工业园区城市中心，向西连接邓尉路串联高新区城市中心；南北轴以人民路为骨架，向北串联相城片城市副中心，向南串联吴中片城市副中心。

② 2013版《苏州历史文化名城保护规划(2013—2030年)》确定历史城区的保护结构为"两环、三线、九片、多点"。其中，"两环"即指城环和街环，它们是历史城区的结构性串联通道，主要的传统产业集聚带、特色旅游线路，也是主要的苏州传统风貌展示带。

参考文献

[1] 刘阳.基于文化资本的社区更新研究：以重庆市渝中区为例[D].重庆：重庆大学，2016.

[2] 张鸿雁.城市形象与城市文化资本论：中外城市形象比较的社会学研究[M].南京：东南大学出版社，2002.

[3] 安德鲁·塔隆.英国城市更新[M].杨帆，译.上海：同济大学出版社，2017.

图表来源

图1至图8源自：笔者绘制.

图9源自：顾铁明绘制.

图10、图11源自：笔者绘制.

表1源自：吴凯晴，林卓祺.城市地域文化资本的经营：广州旧城更新路径思索[J].上海城市管理，2018，27(1)：61-67.

表2、表3源自：笔者整理绘制.

表4源自：张昀.古城保护语境下苏州12#、13#街坊城市设计思路[C]//中国城市规划学会.持续发展理性规划：2017中国城市规划年会论文集.北京：中国建筑工业出版社，2017：186-195.

表5源自：笔者整理绘制.

四十年乡村规划制度理性思维的回眸与反思

张　杰　刘敏婕　侯轶平

Title：Retrospection and Reflection on the Rational Thinking of the Rural Planning System in the Past 40 Years

Author：Zhang Jie　Liu Minjie　Hou Yiping

摘　要　改革开放以来，我国的乡村发展迅速，在社会、经济、文化等方面都取得了显著的成就，但随着发展，也暴露出乡村规划难以应对的困境。回顾了乡村规划四十年的发展历程，梳理了城镇化制度、乡村发展制度与城乡规划制度的演变历程，进而揭示乡村规划从无到有的过程。在乡村规划逐步理性的过程中，因一系列制度的不均衡博弈，滋生了制度对于乡村人口的盲目追求。同时，现行的乡村规划实践忽视了对乡村人口真实性的研究，依旧套用既定的城乡规划理论与方法，在技术上制造了"规划失灵"的实施结果，其原因就在于缺乏对乡村人文要素的考量。本文提出乡村规划应回归本质，从探究乡村共构体组建的角度出发，加强工具理性与价值理性的双重叠合，以此作为城乡规划设计技术手段的补充，促进乡村规划理论与方法的完善。

关键词　乡村；规划；理性

Abstract: Since the reform and opening up, China's rural areas have developed rapidly, and rural social, economic, and cultural achievements have made remarkable achievements. However, with the development, it also exposed the dilemma that rural planning is difficult to cope with. Based on this, it reviewed the development process of rural planning for forty years, sorted out the urbanization system, the rural development system and the urban and rural planning system, and revealed that the rural planning was in the process of gradual rationalization, the unbalanced game of a series of systems has fostered the pursuit of the rural population by the system, while the current rural planning ignores the study of the authenticity of the rural population and still applies the established the theoretical and technical route of urban planning is the technical reason for the manufacture of "planning failure", and its theoretical deficiency lies in the lack of consideration of rural human elements. Based on this, it is proposed that the essence of rural planning should be returned to explore the rural co-construction, strengthen the integration of instru-

作者简介

张　杰，华东理工大学艺术设计与传媒学院，教授

刘敏婕，华东理工大学艺术设计与传媒学院，硕士生

侯轶平，华东理工大学艺术设计与传媒学院，硕士生

mental rationality and value rationality, in order to repair the technical means of planning and design, and promote the perfection of planning theory and methods.
Keywords: Rural; Planning; Rational

1　乡村发展机遇与规划尴尬

乡村是以从事农业生产为主，人口分布较城镇分散，数量少、密度低、聚居规模较小，但相对独立，具有经济、社会和自然景观特点的非城市化地区。自改革开放以来，我国的乡村发展迅速，各方面都取得了显著的成就。特别是近几年来，随着一系列诸如“美丽乡村”“全域旅游”“田园综合体”等乡村振兴战略的实施，乡村发展有了质的提升。

在四十年的乡村发展中，乡村规划逐步从“无”走向了“有”，乡村规划理论也逐步完善[1]。乡村规划在指导乡村建设中的作用越来越重要。一系列的乡村规划使得乡村变得整洁，各项基础市政设施也得到了完善，村民生活质量有了显著的提升。

但面对乡村大发展的时代机遇，乡村规划理论与方法却暴露了诸多尴尬[2]。首先，乡村规划的基础是人口，但面对乡村人口持续锐减，乡村规划时常难以应对，出现理论上的匮乏，规划的思维路径也遭到质疑。其次，乡村特色的彰显路径单一，更多的是被“旅游”所侵蚀，乡村规划出现了技术层面的疲软，一方面难以揭示乡村的空间特质与文化本质；另一方面乡村发展理性模式与现实困境的交织，使得规划技术层面难以突破自我理论的束缚。近百年的现代规划理论，从霍华德到柯布西耶，再到哈贝马斯、哈佛大学的法因斯坦等[3-4]，规划理论逐步走向理性，但理性的规划依旧无法完美地解答快速城镇化下的中国乡村问题。与此同时，百年的规划理论在从西方走向东方的过程中，逐步演绎成一种神话，束缚了乡村规划理论的发展。最后，城乡差距的持续扩展，大都市问题的凸显，乡村发展的种种困境，都急需城乡规划理论层面的反思，反思规划本有的理性与规划的本质。

面对上述种种尴尬境地，我们必须反思：反思四十年的乡村规划制度发展，反思乡村规划的本质，反思乡村规划的作用，等等。

2　乡村规划制度回眸与反思

2.1　城镇化制度路径下乡村规划人口真实的丢失

（1）乡村为原动力的城镇化路径梳理

众所周知，乡村发展离不开所在区域的发展，特别是周边城镇的发展。乡村与城镇间存在着信息、能量、经济、文化、技术等众多层面的交流、合作与博弈。其间城镇化是联系乡村与城镇的理论基石。

城镇化是指农村人口转化为城镇人口的过程，是伴随工业化发展，非农产业在城镇集聚、农村人口向城镇集中的自然历史过程。因此，乡村是城镇化进程中人口的主要来源，乡村是推动城镇化进程的发生器。

回眸我国城镇化的制度，特别是近四十年的制度，经历了诸如农村家庭联产承包责任制、人口户籍制度的调整、乡村金融制度的改革等一系列发展，城镇化所涉及的制度日趋扩大，内容也逐步庞杂(表1)。城镇化水平发展迅猛，2017年末，我国城镇常住人口为81 347万人，比上年末增加2 049万人；城镇化率为58.52%，比上年末提高1.17个百分点①。大城市、特大城市发展进一步加快，其数量与规模增长明显。

表1 我国城镇化进程的相关制度梳理

<table>
<tr><th colspan="2">时期</th><th>中央精神</th><th>标志性文件</th></tr>
<tr><td colspan="2">新中国成立初期
(1949—1957年)</td><td>工业化带动城镇化</td><td>中共七大政治报告《论联合政府》</td></tr>
<tr><td colspan="2">波折停滞期
(1958—1977年)</td><td>人口流动限制、压缩城市人口下乡</td><td>1958年《中华人民共和国户口登记条例》、中共八届九中全会报告</td></tr>
<tr><td rowspan="7">改革开放时期</td><td>1978—1995年</td><td>发展小城镇</td><td>1978年全国第三次城市工作会议、1980年《全国城市规划工作会议纪要》</td></tr>
<tr><td>1996—2000年</td><td>逐步形成大、中、小城市和小城镇规模适度，布局和结构合理的城镇体系</td><td>《国民经济和社会发展“九五”计划和2010年远景目标纲要》</td></tr>
<tr><td rowspan="5">2000年以来</td><td>实施城镇化战略，促进城乡共同发展</td><td>《中华人民共和国国民经济和社会发展第十个五年规划纲要》</td></tr>
<tr><td>逐步提高城镇化水平，坚持大、中、小城市和小城镇协调发展，走具有中国特色的城镇化道路</td><td>中共十六大报告</td></tr>
<tr><td>五个原则，两个“以”</td><td>中共十七大报告</td></tr>
<tr><td>坚持走具有中国特色的新型城镇化道路</td><td>中共十八大报告</td></tr>
<tr><td>以城市群为主体构建大、中、小城市和小城镇协调发展的城镇格局，加快农业转移人口市民化</td><td>中共十九大报告</td></tr>
</table>

但乡村人口的输出，引发了乡村因人口的锐减而发展乏力等问题。2013—2017年，全国农村人口减少6 853万人，每年减少1 371万人②。乡村留守儿童问题、老年群体问题、农耕问题等等也随之暴露。

(2) 人口博弈下真实性的丢失

乡村人口的锐减，包含着年轻群体、有技能的群体、劳动群体等，与此同时，户籍制度、教育医疗保障制度、金融制度等一系列相关制度建设的瓶颈与短板，使得流入城市的乡村人口无法成为真正的城市人口，依旧带着“非城镇人口”的枷锁，因此，这些乡村人口依旧要占有乡村的房屋、土地等资源，每逢节庆依旧要回到老家。这一悖论式的城镇化发展路径，使得乡村在缺乏人口的前提下，依旧保持着蔓延的趋势，其最显著的特征是，乡村没人，但新建的3—4层的“高楼”林立，乡村不断向外拓展建设。

对此，现有的乡村规划技术层面忽视了城镇化制度路径下乡村人口的真实性的研究，依旧套用了既定的城市规划理论与技术路线，固化而自我标榜理性的思维逻辑——人口规模决定用地规模，由此，依旧在理性的规划下决定一切村落资源与空间的配置，而在这一规划语境下，乡村规划在面对现实发展时必然出现“规划的失灵”。据此，在快速城镇化的背景下，在特殊的制度语境下，我国的城乡规划理论需要反思，理论层面应该重视我国乡村的历史沉积，需要考虑支撑乡村千百年发展的人文要素，而不仅仅是物质空间层面的演变历程。对于规划技术手段而言，需要在理论的指导下进行修补，回归乡村规划的本质——人，而非空间(图 1)。

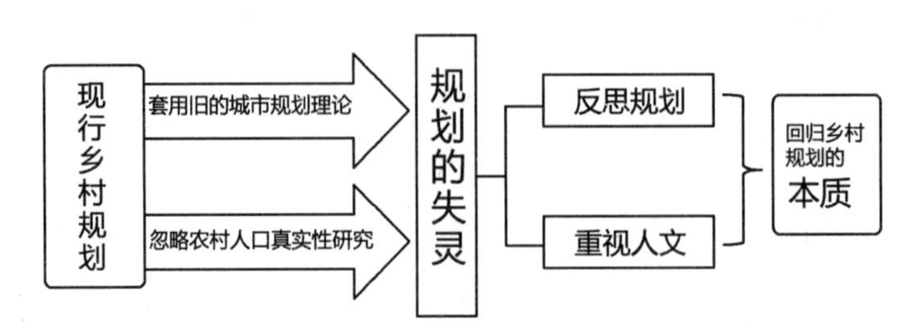

图 1　现行乡村规划存在问题及后行发展示意图

2.2　乡村发展制度演绎乡村的脆弱

(1) 乡村发展制度历程

长期以来，我国广大乡村保持着乡土的人文特性，生活于乡村的人们离不开泥土，依靠着乡土维持着生计与精神的支撑。这是城镇化发展中的矛盾面，也是四十年来村民“离土不离乡”与“叶落归根”的人文情结所在(图 2)。乡村承载着全国 50%以上人口的生计③，因此各级政府都非常重视乡村的发展、建设与稳定。改革开放四十年来，乡村发展制度建设逐步完善(表 2)，从纯粹的生产制度，走向产业制度、金融制度、教育制度、乡村管理制度等多领域、多层次协同作用的制度体系，由此，乡村也经历了农业技术现代化、科教兴国、拆村并点、新农村建设等，使得广大乡村逐步走向现代化，乡村面貌有了质的提升。

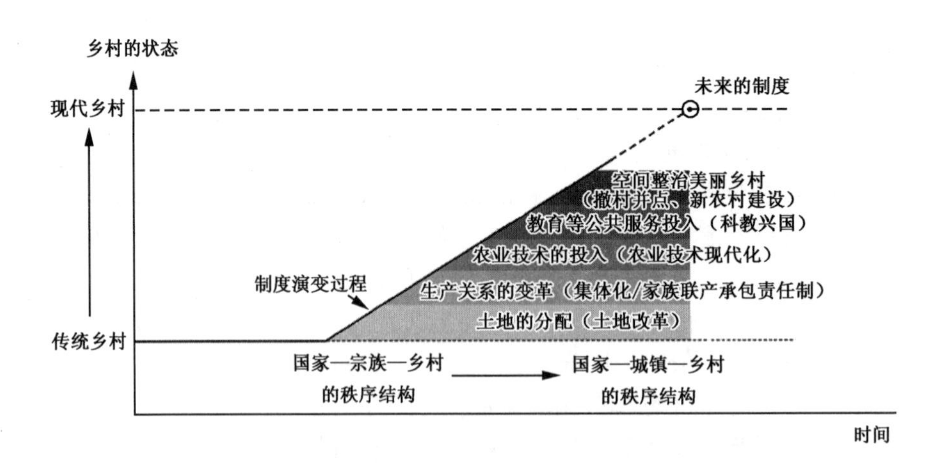

图 2　改革开放四十年来乡村制度演变与乡村秩序结构

表 2　改革开放四十年来乡村建设部分制度梳理

时间	政策	主要内容解读
1981 年 11 月	《当前的经济形势和今后经济建设的方针》	家庭联产承包责任制应运而生，为新农村建设铺开了新的篇章
1985 年 1 月	《关于进一步活跃农村经济的十项政策》	调整农村产业结构，取消 30 年来农副产品统购派购的制度；将农业税由实物税改为现金税
1993—2008 年	中共十四届六中全会、中央农村会议、中共十六届三中全会、中共五中全会	社会主义新农村、统筹城乡发展
2013 年 11 月	《中共中央关于全面深化改革若干重大问题的决定》	提出美丽乡村概念
2014 年 1 月	《关于全面深化农村改革加快推进农业现代化的若干意见》	强化农业支持保护制度；建立农业可持续发展长效机制；深化农村土地制度改革；构建新型农业经营体系；加快农村金融制度创新；健全城乡发展一体化体制机制；改善乡村治理机制
2014 年 5 月	《关于改善农村人居环境的指导意见》	到 2020 年，全国农村居民住房、饮水和出行等基本生活条件明显改善，人居环境基本实现干净、整洁、便捷，建成一批各具特色的美丽宜居村庄
2015 年 6 月	《美丽乡村建设指南》(GB/T 32000—2015)	提出村庄发展的基本框架
2015 年 11 月	《住房城乡建设部关于改革创新、全面有效推进乡村规划工作的指导意见》	加快村庄规划的编制进度
2016 年 2 月	《国务院关于深入推进新型城镇化建设的若干意见》	加快培育中小型城市和特色小城镇；辐射带动新农村建设；推动小城镇发展与服务三农相结合
2016 年 3 月	《中华人民共和国国民经济和社会发展第十三个五年规划纲要》	农业现代化取得明显进展；我国现行标准下农村贫困人口实现脱贫，贫困县全部摘帽，解决区域性整体贫困
2016 年 12 月	《关于推进农业领域政府与社会资本合作的指导意见》	重点支持社会资本开展高标准农田等农业基础设施建设；鼓励社会资本参与现代农业示范区、农业物联网与信息化、农产品批发市场、旅游休闲农业发展
2017 年 2 月	《关于创新农村基础设施投融资体制机制的指导意见》	到 2020 年，主体多元、充满活力的投融资体制基本形成，市场运作、专业高效的建管机制逐步建立，城乡基础设施建设管理一体化水平明显提高，农村基础设施条件明显改善
2017 年 2 月	《关于推进农业供给侧结构性改革的实施意见》	稳定粮食生产，推进结构调整，推进绿色发展，推进创新驱动，推进农村改革，把促进农民增收作为核心目标，从生产端、供给侧入手，创新体制机制
2017 年 2 月	《关于加强乡镇政府服务能力建设的意见》	到 2020 年，乡镇政府服务能力全面提升，服务内容更加丰富，服务方式更加便捷，服务体系更加完善，基本形成职能科学、运转有序、保障有力、服务高效、人民满意的乡镇政府服务管理体制机制
2017 年 8 月	《关于加快发展农业生产性服务业的指导意见》	基本形成服务结构合理、专业水平较高、服务能力较强、服务行为规范、覆盖全产业链的农业生产性服务业，进一步增强生产性服务业对现代农业的全产业链支撑作用，打造要素集聚、主体多元、机制高效、体系完整的农业农村新业态

续表 2

时间	政策	主要内容解读
2017 年 9 月	《关于创新体制机制推进农业绿色发展的意见》	把农业绿色发展摆在生态文明建设全局的突出位置，到 2020 年，严守 18.65 亿亩(1 亩≈666.7 m^2)耕地红线
2018 年 1 月	《关于实施乡村振兴战略的意见》	到 2020 年，乡村振兴取得重要进展，制度框架和政策体系基本形成；到 2035 年，乡村振兴取得决定性进展，农业农村现代化基本实现；到 2050 年，乡村全面振兴，农业强、农村美、农民富全面实现
2018 年 2 月	《农村人居环境整治三年行动方案》	到 2020 年，实现农村人居环境明显改善，村庄环境基本干净整洁有序，村民环境与健康意识普遍增强

(2) 乡村规划下乡村的脆弱

基于上文所述，乡村发展制度是在城镇化发展的路径中，试图通过一系列的如美丽乡村、田野综合体、特色小镇建设等制度来阻止乡村人口的流失或人口的回归，及其城镇发展对乡村生态环境的侵蚀。但是，千百年来维系乡村社会与空间稳定，及其配置乡村的资源的要素为宗族(及其宗法制度)、礼制与农耕。这三大要素随着乡村建设制度的发展逐步瓦解。首先，维系乡村的宗族血缘网络由于频繁的人口流动、经济发展、社会变革等因素的作用而碎化，宗祠血缘外在的支撑因子，即祠堂、族谱与族田也仅剩外壳，其内在的文脉网络结构变得极其脆弱。其次，乡村千百年留存的、曾经作为乡村精神的礼制也在近现代西式教育的冲击下变得缺乏自信。最后，维系乡村运行的农耕或其他产业也在当前不同产业收益比较下变得弱势而难以持续，再加上劳作本身的艰辛、人口外流等众多因素的作用下，其生产方式更难以持续。在上述因素的作用下，乡村逐步失去原有的辉煌，变得萧条、破败。因此，急需要建构支撑乡村组织结构、经济要素与精神意识层面这三大因子共构的体系(图 3)，去面对乡村的脆弱，而非"全域旅游、田园综合体、特色小镇"。乡村需要变革，需要自我再生与文化的复兴，但更需要这三大因子共构的体系来重新维持乡村的发展与稳定。据此，乡村规划理论层面的探究就在于这个共构体的组建。数百年前，莫尔、康帕内拉、欧文、圣西门和傅立叶的空想社会主义为现代城乡规划开启了一扇窗，其乌托邦的憧憬依据给予今天乡村发展的理论启发，使人们得以从现代城乡规划的理论源头重新思量我国乡村规划的发展，探究建构东方千百年乡村的新体系。

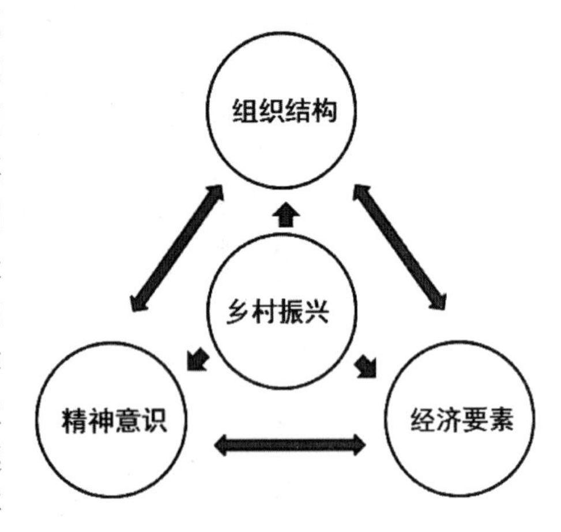

图 3　乡村发展共构体

上述乡村发展制度的发展历程，透露出一种被动——被动的制度变革，即围绕促进城镇发展的城镇化进程，在资源匮乏的当下，上述乡村问题凸显，而城市发展矛盾也逐步显现，诸如城市交通问题、房价问题、雾霾问题等等，乡村振兴成为解决城市问题的钥匙，也成为当下乡土社会发展的主题。但在谋求城镇化发展的时代背景下，乡村发展制度的主题处于"因乡村与城市双向问题的凸显"而被动式制度演变的境地，因此，乡村发展制度逻辑路径具有选择性，而"选择性"条件对于乡村规划而言，必然是就事论事的规划，即为了解决当下的问题而进行的规划，而非乡村持续发展的规划。对此，需要反思从城市规划走向城乡规划中乡村所拥有的"规划"，其只是一种城市规划范式下的技术工具，缺乏乡村规划理论的探究。

2.3 我国城乡规划制度演绎的技术范式

(1) 城乡规划制度梳理

我国现代历史上的第一部城市规划法《都市计划法》是在1939年制定的，它是学习西方社会经济发展中先进的思想和制度，同时逐步引进西方城市建设中的城市规划方法和理念的开端④。

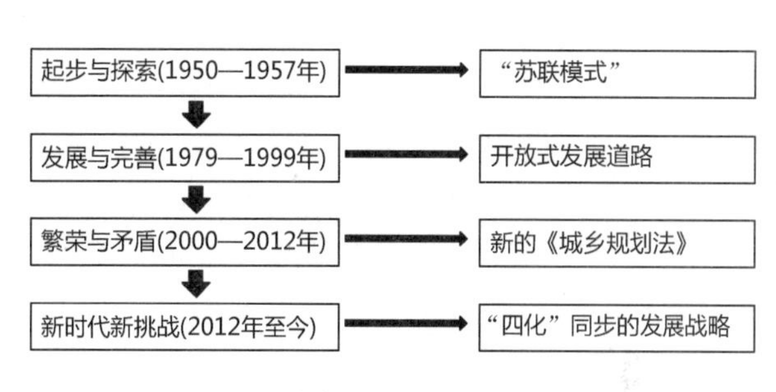

图4 城市规划发展梳理图

新中国城乡规划工作始于20世纪50年代。如图4所示，其发展过程按照时间与发展特征大致可以分为四个阶段：①起步与探索(1950—1957年)。该阶段城市规划采用了"苏联模式"，其主要特征是以安排项目建设的空间布局为主导，城市建设和住宅建设实行同步配套进行。②发展与完善(1979—1999年)。改革开放后，我国城市规划走上了开放式的发展道路，要求规划"合理确定城市发展的方向""统筹安排各项建设，为城市人民的居住、劳动、学习、交通、休息以及各种社会活动，创造良好的条件"⑤。并且，随着1989年我国第一部国家法律《中华人民共和国城市规划法》(以下简称《城市规划法》)的公布，中国城市规划开始进入全面更新时期，城市规划的观念、方式发生了深刻的变化。③繁荣与矛盾(2000—2012年)。我国的城市规划事业发展自2000年以来，进入了城市快速发展阶段，城市日新月异，城市规划制度建设也日趋完善。但近半个多世纪以来，聚集的矛盾也随着社会的转型而一并爆发，并且与国家经济体制改革、政治体制改革、社会革命交织在一起。同时，面对知识经济的兴起、全球经济一体化的趋势，旧有的城市规划模式已难以适应，城市规划工作中有一系列问题亟待研究解决。《中华人民共和国城乡规划法》(以下简称《城乡规划法》)取代了《城市规划法》。因此，该阶段是一个繁荣与矛盾交织的阶段。④新时代新挑战(2012年至今)。按照中共十八大"五位一体"的布局，提出了"四化"同步的发展战略，2013年中央城镇化工作会议明确了城镇化的指导思想和重点任务。2014年出台的《国家新型城镇化规划(2014－2020年)》，标志着我国城乡建设发展迎来新的历史时期⑥。

(2) 规划工具理性与价值理性的不对称

基于上述发展历程，可以得出我国的城乡规划经历了四十年发展历程，从社会重建与动乱的"洗礼"，短暂的改革初期的"徘徊"，城市化以及全球化浪潮使得城市快速"扩张"与"重组"，再到以土地资源为代表的资源有限供给模式的转型，所引发的城乡集约化发展与路径探索的过程，我国城乡规划逐步走向成熟与完善。

在这样的制度变迁背景下，乡村规划也从"无"走向"有"，走向理性。但这一理性的思维逻辑，促使规划研究者、设计者以及规划管理人群相信自己能够洞察一切，而地方政府的能力也被无限夸大，"万能"成为城市政府的特征，"龙头"成为"规划"的代名词。而在"龙头"地位的引导下，城乡规划也成为所有乡村问题与矛盾的首要关注点，由此，乡村暴露一系列问题时，源自“规划”、聚焦“规划”往往就成为人们思维惯性的必然结果，所以，在这种结果面前，“城乡规划”就成为一切乡村问题的“罪魁祸首”，而规划成果成为解决顽疾的良药，于是“新村规划”“社会主义新农村规划”“合并自然村规划”“美丽乡村规划”“田园综合体规划”等等规划抛露于世间，成为不同时期乡村规划的代表。面对乡村数十次的“运动式”“批量式”的规划编制，我们应该反思这些乡村规划的价值与作用。

进一步分析我国城乡规划制度的发展历程，其中充满着理性，逐步将建构于建筑空间领域的规划变成解决社会问题的公共政策，在此发展过程中，理性的规划是规划本身发展的逻辑追求，无论是哈贝马斯努力重构现代主义，还是福里斯特(Forester)、英尼斯(Innes)、希利(Healey)等著名规划学者所主导的联络性规划理论等，规划始终在追求着工具理性与价值理性的融合。其中，工具理性服务于经济意义上的“理性决策”，目的是追求最高效率与最大利益；价值理性即为了社会价值及人文价值，包括实现社会正义所必需的决策程序的正义。这两者的融合就是规划的理性。但现实中的种种乡村规划，更多的是对价值理性的抛弃，即规划局限于物质空间领域、物质形态领域的空间设计，将乡村复杂的事物人为地简单化，用程式化的流程与规范化的文本去规划编制的过程与成果，并用一系列的制度去解读规划，以此强化乡村规划的理性。

(3) 物质空间规划的范式

首先，乡村规划揭示的是乡村特征，这是用规划的技术手段来挖掘并重塑乡村特色与个性的重要路径。而现行的乡村规划理论与技术都缺乏这方面的考量。乡村拥有自身的乡土性，这一特性来源于地域本身，是在一定的时间向量作用下，乡民不断探索的结果。它在许多方面“难登大雅之堂”，更多的是一份自然而然的、适应了地理生态环境与乡民自身需求的产物，是人、空间、技艺与生产、生活等不断融合、碰撞的结果。因此，乡村街巷、民居、手工艺、曲目等的物质与非物质空间难以评价其艺术性的高低、科学性的多寡等，由此使得乡村诸多能够体现乡土文化的东西难以被纳入规划之中，乡村的特色难以探寻。

其次，如图 5 所示，现时代乡村发展的最终目标是不断提高村民在产业发展中的参与度和受益面，彻底解决农村产业和农民就业问题，确保当地群众长期稳定增收、安居乐业。而进一步分析乡村发展四十年历程，特别是在振兴的趋势下，乡村规划过多地强调上述工具理性，强调经济的最大化，基于这一逻辑，被经济利益所裹胁的规划必然抛弃乡村本身。历经千百年遗存的乡村，是因为村民需要而呈现其价值，但乡村四十年的发展使得乡村嬗变为“只有当乡村有价值时，我们才需要它”。由此，乡村四十年的发展使得发展乡村的目的扭曲，其中，最令人担忧就是“乡村规划用技术的手段营造了城市化的空间场所，但抛弃了乡土文化的自信”。

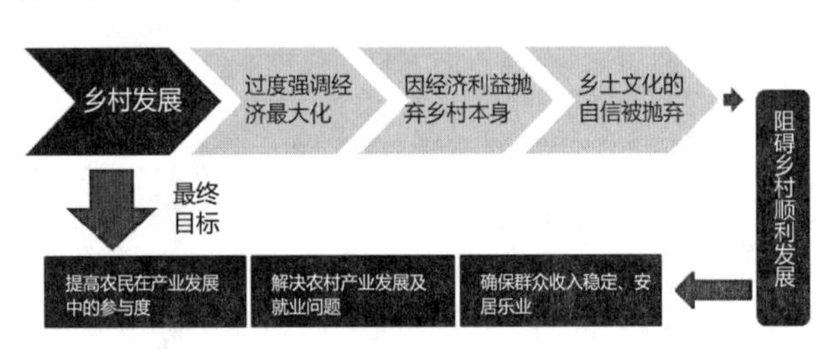

图 5　乡村发展最终目标的形成所受到的阻碍

(4) 乡村规划的本质回归

众所周知，乡村规划试图以空间规划的形式来配置资源。这是城市规划制度下的乡村规划范式，是规划理性的产物，但这一范式忽视了乡村是“熟人”社会的物化，乡民行为的约束不是靠“契约”“国家权力”，而是靠千百年来磨合而成的，由宗族、血缘、地缘、神缘所铸就的行为规范与信任，因此，乡村规划需要“乡民”的支撑，范式的空间规划在“人”的关注的缺失下，希望通过空间来促进乡村发展就只能是一厢情愿[5]。据此，四十年来，乡村规划理论与技术层面最大的缺失是未能将“人”的要素纳入空间发展之中，未能规范“人”与土地、财产、空间的使用，未能考虑乡村人口早已流失殆尽，更未能前瞻性地制定出协调影响空间发展的政策与活动，使得乡村规划与可持续发展利益相背离(图 6)。

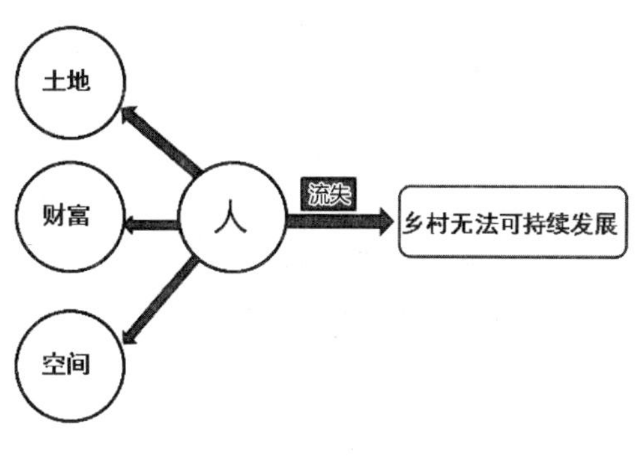

图 6　乡村发展分析

3　结论

四十年的乡村发展，改变了广大乡村的面貌，提高了村民的生活质量，改善了乡村环境。但随着发展，也暴露出乡村规划难以应对困境，诸如村落人口的锐减、村落萧条、村落无序的建设等，面对这些问题，需要进行规划理论与方法的反思。乡村规划追随城乡规划的发展路径，由“无”走向“有”，逐步理性。在这一过程中，因城镇化制度、乡村发展制度、城乡规划制度等一系列制度的博弈，滋生了制度对人口的追逐，而现行乡村规划忽视了对乡村人口真实性的研究，依旧套用了既定的城市规划的理论与技术路线，这是制造“规划的失灵”的技术原因，而其理论缺失就在于缺乏对乡村人文要素的考量。据此，应回归乡村规划的本质，探究乡村共构体的组建，加强工具理性与价值理性双重理性的融合，以此修补规划设计技术手段，促进规划理论与方法的完善。

［本文受上海市设计学 IV 类高峰学科开放基金项目(DA18301)资助］

注释

① 数据来源于《2017 年末中国城镇化率升至 58.52％》。

② 数据来源于《2013—2017 年全国农村人口减少 6 853 万人》。

③ 国家统计局于 2017 年 2 月 28 日公布的《中华人民共和国 2016 年国民经济和社会发展统计公报》显示，2016 年末全国大陆总人口为 138 271 万人，其中城镇常住人口为 79 298 万人，农村户籍人口为 58 973 万人。

④ 引自张萍.城市规划法的价值取向[M].北京：中国建筑工业出版社，2006。

⑤ 1980 年 10 月，在国家建委领导下召开了全国城市规划工作会议，会议形成了《全国城市规划工作会议纪要》，纪要确定了城市规划在城市建设和管理中的“龙头”地位，并提出了一系列的要求。

⑥ 引自张兵《1978 年以来我国城乡规划发展的回顾与反思》。

参考文献

[1] 刘彦随.中国新农村建设地理论[M].北京：科学出版社，2011.

[2] 乔杰，洪亮平，王莹.全面发展视角下的乡村规划[J].城市规划，2017，41(1)：45 - 54，108.

[3] FAINSTEIN S S，CAMPBELL S. Readings in planning theory[M]. 3rd ed. Oxford：Wiley-Blackwell，2012.

[4] FAINSTEIN S S. Planning theory and the city[J]. Journal of planning education and research，2005，25

(2):121－130.
[5] 王旭,黄亚平,陈振光,等,乡村社会关系网络与中国村庄规划范式的探讨[J].城市规划,2017,41(7):9－15,41.

图表来源

图1至图6源自:笔者绘制.

表1、表2源自:笔者整理绘制.

培育型城市群协同发展的困境与路径研究：以广西北部湾城市群为例

王辛宇　欧阳东　贺仁飞　廖海燕

Title: Study on the Dilemma and Path of Coordinated Development of Nurturing Urban Agglomeration: A Case of Urban Agglomeration of Beibu Gulf in Guangxi

Author: Wang Xinyu　Ouyang Dong　He Renfei　Liao Haiyan

作者简介

王辛宇，华蓝设计（集团）有限公司，工程师

欧阳东，华蓝设计（集团）有限公司，教授级高级工程师（通讯作者）

贺仁飞，华蓝设计（集团）有限公司，规划师

廖海燕，华蓝设计（集团）有限公司，规划师

摘　要　协同发展是城市群形成有序的产业格局、功能格局、规模格局和空间格局的高效融合发展模式。本文在研究界定城市群协同发展内涵和原则的基础上，对培育型城市群在企业主体、产业组织、空间拓展、同城合作这四个方面的问题和困境进行了分析，提出要重点通过企业集聚与城市规模增长相协同、产业组织与城市功能分工相协同、空间拓展与都市有机集中相协同以及同城发展与区域统筹重点相协同这四条路径推进培育型城市群协同发展。

关键词　培育型城市群；协同发展；广西北部湾；困境；路径

Abstract: Coordinated development is an efficient and integrated development mode to form the orderly industrial pattern, functional pattern, scale pattern and spatial pattern for urban agglomerations. In this study, the dilemma and problems of nurturing urban agglomeration were analyzed in terms of four aspects: the enterprise entity, the industrial organization, the spatial expansion and the urban cooperation, based researching the definition and principles of coordinated development of urban agglomeration. It is suggested four significant paths to promote the coordinated development of nurturing urban agglomeration. The four paths include coordinating the enterprise cluster and the urban scale growth, the industry and the urban functional division, the spatial expansion and the urban concentration and the urban agglomeration and regional planning.

Keywords: Nurturing Urban Agglomeration; Coordinated Development; Urban Agglomeration of Beibu Gulf in Guangxi; Dilemma; Path

1　引言

城市群是区域一体化过程在空间形态的表

现[1]，而协同发展是城市群形成有序的产业格局、功能格局、规模格局和空间格局的高效融合发展模式，也是城市群走向成熟一体化的基本模式。我国社会经济发展的区域差距较大，同一历史时段并存着不同发育阶段的城市群，陈群元等[2]、朱杰[3]、叶裕民等[4]基于生命成长规律、制度和市场驱动力、经济社会发展程度等角度，探索划分城市群发展的不同阶段，例如雏形发育阶段、快速发育阶段、趋于成熟阶段和成熟发展阶段城市群。鉴于我国总体仍处于城镇化发展的加速阶段，中西部地区的城镇化率多在50%左右，其城市群在形成和发育过程中仍呈现出高密度集聚、高速度成长、高强度运转的“三高”特征[5]。但由于资源、人才、科技、政策等要素禀赋和发展环境限制，中西部地区的城市群总体发育程度低，紧凑度和空间结构稳定度低，城市群投入产出效率偏低[6-8]。2014年发布的《国家新型城镇化规划(2014—2020年)》就提出了要“优化提升东部地区城市群、培育发展中西部地区城市群”。此外，东部沿海也还有一些城市群正处在快速发育阶段，例如粤东城市群、粤西沿海城市群等。而相比“发育”一词，“培育”一词既承认对城市群自组织发展规律的遵从，也承认处于快速发育阶段的城市群可塑性较强，需要政府层面更多和更有效的引导和管制。为此，本文将中西部地区和东部部分地区正处在快速发育阶段的城市群统称为“培育型城市群”。

培育型城市群处在城市化水平快速提升、城市群快速形成阶段，外延式发展仍占主导地位，但也开始注重内涵式增长；中心城市的聚集和扩散作用明显，都市化进程加快；二级城市集聚作用突出，城市规模快速扩大，个别城市也开始都市化；城市分工体系开始形成，中心城市和二级城市之间的垂直分工加快形成，但二级城市之间的网络化组织还比较欠缺；区域基础设施处于快速建设期[2]。在这一阶段，企业和产业投资、区域重大基础设施都是“稀缺资源”，各城市为之互相博弈，但由于协调机制不健全，资源错配、超能力和超阶段发展等现象时有发生，亟待引导与管制，促进协同发展。

2 城市群协同发展的内涵与原则

《辞海》对“协同”的解释，一是指谐调一致，和合共同；二是指团结统一；三是指协助、会同；四是指互相配合。1971年德国科学家哈肯提出了统一的系统协同学思想，主要研究了远离平衡态的开放系统在与外界有物质或能量交换的情况下，如何通过自己内部的协同作用，自发地出现时间、空间和功能上的有序结构。延伸到城市群协同发展，就是城市群内部各城市之间、各主体之间通过公平竞争与协作机制来相互促进，形成有序的产业格局、功能格局、规模格局和空间格局，共同实现区域综合效益最大化和城市群全方位的高质量发展。

城市群协同发展主要遵循以下四个原则：一是多元发展原则[9]，每个城市的资源禀赋、发展基础、文化基因等互有差异，发展路径也理应有所差异，各表所长；二是正和博弈原则，城市之间的竞争不是互为侵害，而是在同等发展条件下进行公平竞争，包容各方发展，实现整体的利益有所增加；三是循序渐进原则，需要契合城市群发展阶段特征来确定任务和步骤，量力而行；四是政府引导原则，通过一体化规划、公共资源配置、发展政策、城市协作制度等引领实现更有效的协同。

3 培育型城市群协同发展的困境

城市群的形成和演化是市场经济条件下微观主体的自组织作用与政府行为和区域经济政策力量共同作用的过程[1]，在此过程中培育型城市群面临的发展困境错综复杂，有企业主体、产业组织、空间拓展、同城合作、区域创新体系、生态环境保护以及体制机制创新等方面的问题和困境。鉴于发展动力问题、空间结构问题和城市协作问题对培育型城市群的发展影响较大，因此本文仅对前四个方面的问题和困境进行研究。

3.1 微观层面的企业群体力量不强

对于城市群内部的协同问题和困境，不少学者将各城市产业“同质竞争”“产业同构”以及招商引资“恶性竞争”作为一个突出问题，并提出要按照产业规划组织分门别类、按照传统的相对优势理论对企业选址进行布局安排。但就协同发展而言，既要多元发展，也要公平竞争与正和博弈。城市间一些同类或同一家企业的竞争，首先其主体是企业本身，企业本身有自己的产业链、价值链，对选址的利润最大化有自我的判断，因此发展中宜尊重企业主体的选择；并且不管企业布局在哪个行政单位的城市，对于整个区域的经济单元而言是一种集聚，甚至可以形成一定的垄断竞争，因此对所谓的“同质竞争”和“产业同构”需要客观看待。事实上，对于培育型城市群而言，其主要矛盾应当不在于城市对外来企业的竞争，而是外来企业进入不足、本土企业成长过慢而带来的企业主体总量不足、力量不强的总量性问题。其困境形成主要有三个原因：一是本地市场规模缺乏引力，人口规模小、经济基础相对薄弱、交通等基础设施条件不完善、科研条件和科研人才相对缺乏，本地市场自我增强的集聚放大效应小，难以吸纳规模报酬递增的大型厂商、跨国公司落户；二是“传统要素陷阱”，仍以传统生产要素为主要依托，但由于房价上升、税收要求变化、劳动力流失等问题，东部地区以往的发展模式已无法移植；三是区域创新生产要素缺乏，难以发展高成长性的高新技术产业、战略性新兴产业和现代服务业等，城市发展的“第二曲线”迟迟未能出现。

广西北部湾城市群沿海的北海、钦州和防城港三个城市，工业企业数量少、总规模小，“大企业顶天立地、小企业铺天盖地”的发展格局仍未形成（表 1）。2017 年广西北部湾沿海三市规模以上企业总数为 690 家，仅约占全国的 1/10 000；2017 年仅有防城港的广西盛隆冶金有限公司产值跻身中国制造业 500 强企业行列。此外，沿海三市排名前 10 的制造企业集中在冶金、石化、粮油、林浆纸等行业，临港传统工业占比仍然较高，引进新兴产业举步维艰。

表 1　2017 年广西北部湾城市群沿海三市工业企业情况一览表

地区	规模以上工业企业数量（家）	规模以上工业企业总产值（亿元）	全国 500 强企业（工业）数量（家）
北海	212	2 500.87	0
钦州	151	1 846.31	0
防城港	327	1 772.44	1

3.2 中观层面的产业网络组织薄弱

城市群形成机制受到新经济地理学报酬递增、规模经济、运输成本和路径依赖等机理的影响[1]；而产业组织理论认为消费者多样性需求和厂商中间的产品多样性共同决定了专业化和多样化的城市数量和结构[1]。培育型城市群多是单核心城市群，理论上外围城市与核心城市往往存在"制造—服务"的垂直分工，但由于整体经济体量不大，对现代服务业等的需求规模不大，这种分工协作的联系也不紧密，尽管如此，各外围城市往往会规划甚至超前布局大规模的中央商务区(CBD)，提出大力发展面向区域的金融服务、商业服务、科技服务中心建设；外围城市由于产业规模小、门类少、互补性弱，相互之间的经济联系也不强；城市内部的产业往往产业链条短，集中在制造环节，研发、销售等环节相对缺失；制造环节也多集中在上游产品生产环节，即使有大型企业，但由于大型企业有自身的跨区域链条，下游产品的生产往往也选择在条件成熟的其他地区进行。整体而言，培育型城市群多面临着产业链和价值链条短、集群化发展乏力、城市间经济联系薄弱等困境。

在广西北部湾城市群内部，产业组织的困境体现在两个方面：一是"核心—外围"城市之间没有形成紧密的高端服务—先进制造组合关系，当前南宁与沿海三市之间的产业分工协作主要体现在海陆之间的物流联系，制造业方面的互补性不强、联系不紧密，沿海三市对南宁的生产性服务业的需求不多，尽管如此钦州和防城港在2012年左右都分别规划建设了一个容量较大的CBD，期望发展现代服务业，但实际入驻的企业寥寥无几。二是外围城市以产业间分工为主，北海、钦州、防城港三市根据比较优势发展不同的产业，北海发展电子信息产业，其集群已初具规模；钦州发展石化产业，但其下游产品是根据企业内部的生产网络输送到广西区外的基地进行加工，本地并没有形成石化产业集群；防城港发展钢铁产业，但其多以半产品方式外运到珠三角等地进行深加工，也没有形成本地集群。这除了产业本身关联需求的原因外，还有各园区物理联系薄弱的问题，例如钦州和防城港两市最主要的产业园区相距不足15 km，本可以形成互补关系或共享中间投入的关系，但由于两地间的龙门跨海大桥未能如期修建，双方紧密产业联系、共同做大规模的可能性受到了很大的制约。

3.3 城市层面的空间板块过早扩散

企业和产业的集聚要求城市功能在空间上相对集中，集中的功能空间可以提供更便利、更多样的商业、金融、科教等服务，也更有利于吸纳劳动者，形成生产与生活功能的融合互动[1]。但生产空间和生活空间的相互干扰，又使得二者之间距离的把控成为难题。按照城市群规划和城市总体规划，很多城市的生活空间和生产空间之间有比较远的空间距离，但培育型城市群又往往处在工业化作为主动力的阶段，产业园区与城区的产城"两张皮"降低了城市的总体绩效；而城市群每个城市都采用这种远离现有中心城区建设工业园区的模式，也从整体上降低了城市群的空间绩效(表2)。

表2 钦州与防城港四个临海产业园情况一览表

园区	2017年工业总产值(亿元)	主要产业	规划产业
防城港经济技术开发区	1 270	磷酸、钢结构及机械装备、钢铁、冶金、核电	冶金、能源、物流

续表 2

园区	2017 年工业总产值(亿元)	主要产业	规划产业
钦州港经济技术开发区	632	以石油化工、化工新材料、无机化工、生物化工、汽车制造、装备制造、海洋工程	石化、能源、造纸、物流加工、粮油加工为主的临港工业
中马钦州产业园	30	综合制造业、信息技术业、现代服务业	装备制造业、电子信息业、新能源及新材料、农副产品深加工、现代服务业
广西钦州保税港区	957(进出口贸易总额)	整车进口;保税仓储,对外贸易,包括国际转口贸易;国际采购、分销和配送国际中转,检验和售后服务维修;商品展示;研发、加工、制造;港口作业	国际贸易、航运物流、加工贸易、金融服务、专业服务

北部湾沿海三市在空间布局中已经出现这类问题,各市都有跳跃式发展的空间板块,都存在主城与新城、城镇与园区之间联动不足的问题。以钦州为例,在 2006 年统筹开放开发北部湾之前,钦州主要是集中发展主城和钦州港经济技术开发区板块,在 2006 年之后修编了两次城市总体规划,2012 年版城市总体规划的空间范围扩展到茅尾海、三娘湾等片区,规划至 2030 年城市人口和用地规模分别为 165 万人、276 km^2。迄今,钦州已申请获得钦州保税港区、中马钦州产业园等多个国家级开放平台,其园区布局于距离主城约 40 km 的三娘湾片区;与此同时,钦州主城也向茅尾海开发滨海地区。也就是说,城市总体规划的远期板块已都启动建设了。但这种过早扩散并没有带来预期的效益,例如中马钦州产业园自 2012 年开园以来,国家财政累计补助资金 44 亿元,总投资超 500 亿元,但产城分离现象严重、缺乏镇级以上的服务中心,制约了园区招商引资和产业集聚能力,2017 年工业增加值仅为 4.29 亿元;对于城市而言,则背负了沉重的城建债务,对后续发展产生了明显的不利影响。

3.4 区域层面的同城合作浮于表面

同城化是伴随着城市群内部一体化发展进程而产生的,是深化城市群内部分工、协作的重要手段。东部地区城市群发育进程快,是最早开展同城化工作的地区。同比东部地区成熟型城市群,我国中西部培育型城市群建设具有更强的政府主导性,开发建设、要素资源整合模式以自上而下型为主。为加快提升城市群合作绩效,加快实现区域协同发展,培育型城市群都在积极推进同城化、一体化建设,从基础设施、公共服务、市场要素流动、产业发展等方面推进区域整合工作;但由于利益诉求不同或与城市的重点工作不契合,很多协同机制流于形式,同城化合作成效也并不理想。

2013 年以来,广西北部湾从自治区层面开始统筹推进南宁、北海、钦州、防城港四个城市在基础设施、公共服务、空间发展、产业发展等方面的同城化工作,具体包括通信、交通、城镇体系、金融服务、旅游、口岸通关、产业、人力资源和社会保障、教育资源九个领域。从实施五年的成效来看,由于联动发展的内生机制尚未形成,制度机制缺乏衔接和投入支撑,其实施成效并未达到预期,例如在交通同城化方面,由于龙门跨海大桥、大风江大桥尚未启动建设,具有标志性意义的滨海公路没有按预期打通,交通同城化大打折扣;在产业一体化方面,缺乏协同发展基础，各市的经济发展水平均较低，强有力的带动龙头没有形成；社会保障等公共领域同城化方面，过度依赖地方财政政策支撑，均等化推进难度大；等等。

4 培育型城市群协同发展的路径

4.1 企业集聚与城市规模增长相协同

企业微观主体是城市群形成和发展的基石，引入更多的企业，尤其是现代制造企业，是促进培育型城市群生产网络的形成、实现城市群产业功能一体化和空间组织网络化的前提。培育型城市群的各城市同时面临着新企业集聚和老企业转型的双重任务，但总体而言更重要的是需要集聚更多的新企业，创造经济价值，创造就业岗位，从而为城市的发展提供源源不断的新动力。

一是从长远持续发展的角度，重视城市集聚及其规模效应对于提升对企业吸引力方面的基础作用。企业区位选择主要包括良好的市场(交通)可达性、本地市场规模、上下游企业或资源的临近性、完备的基础设施、充裕的土地资源、丰富的劳动力以及科研机构集聚等。对于培育型城市群而言，土地资源和劳动力一般比较充沛；各城市出于竞争而逐步改善了投资环境，交通可达性、园区基础设施、政务服务能力也有了很大的改善。相比较而言，本地市场规模、上下游企业和科研机构集聚等条件在短期内难以改变。其中本地市场规模又是各类企业集聚的重要基础，城市经济学家巴顿指出，“本地市场潜在规模是造成集聚经济的最初原因”。就是说城市随着规模的增大，本身会形成更大的自给自足的需求，反过来又为工商业增加潜在的市场[1]。对于现代城市而言，在交通发达的背景下，本地市场对于企业销售已经没有那么明显的意义，但城市规模带来的报酬递增、规模效应、多样化却是很重要的。培育型城市群仍处在城镇化发展的加速阶段，但在城镇化过程中也面临着区域人口被周边发达城市群虹吸的困境，因此需要通过改善城市环境、提高公共服务设施供给水平，促进周边腹地人口在本城市的就地城镇化，以此扩大城市规模和本地市场规模，提升城市多样化服务供给能力，降低城市综合成本，提升对企业的吸引力。

二是在中期战略方面，重视“补链条、提层级、强带动”类企业的引进。培育型城市群周边往往有相对发达的地区或成熟型的城市群，它们虽然正处在产业转型升级阶段，但由于本身各产业的生态依然强大，企业的整体转移需要克服很大的成本，集群式产业转移更是几无可能。因此对于培育型城市群的城市而言，重点是集聚、吸纳有自身优势的产业环节或部门，推行模块化招商。从各城市引进企业的重点来看，主要有三个方面：第一，要补齐现有优势产业的链条，提升技术水平，并促进产品升级和价值链升级，推进集群化发展；第二，面向东部战略性新兴企业、高端制造企业和现代服务企业的局部环节、模块或部门进行招商，实现地区产业升级；第三，集中力量引进跨国公司和国内大型企业，引入某些环节，参与国际分工，融入全球生产网络体系，促进城市群生产要素质量和效率增进[1]。

三是在短期操作方面，鼓励各城市在负面清单基础上开展有序的招商竞争。对于培育阶段的城市群，各城市发展的可塑性都很强，未来的主导产业既有必然性也有或然性，不宜用城市群规划或区域层面规划中“分派”给各城市的主导产业去强行要求各城市绝对只能引进或不能引进什么企业(当然前提是符合环保等政策要求)。例如广西北部湾城市群内的各城市都在争取发展电子信息产业，目前是南宁和北海的集聚条件比较好，但不能因此否定钦州和防城港发展电子信息产业的可能。电子信息产业本身门类多、分工细，企业对区位的选择会有自身判断，不宜过多干预。这对于城市规划的意义在于，在产业规划内容中既要给出正面清单，也要给出负面清单。

4.2 产业组织与城市功能分工相协同

城市的产业结构不断向高级化演化，同时产业的区域分工也不断演化，其大体经历三个阶段：第一个阶段为产业间分工，不同城市基于比较优势和区位优势进行专业化生产；第二个阶段为产业内分工，不同城市基于比较优势或规模经济，都在发展同一个产业部门，但其产品种类不同；第三个阶段为产业链分工，就是各城市按照产业链的不同环节、工序甚至模块进行专业化分工[10]。对于培育型城市群而言，核心与外围的结构本质也是不同的功能结构，核心城市的发展转型方向以生产性服务中心为主，成为城市群内的资讯中心、金融中心、决策管理中心和科教中心等；外围城市重点发展传统优势产业和高新技术产业、先进制造业，发展专业化现代服务业，成为生产制造中心，因此在城市商务中心建设上要合理预测与控制规模，量力而行。

在广西北部湾城市群内部，南宁作为核心城市，在金融、信息服务、教育科研和商业等方面提供中心地职能；沿海三市则根据比较优势，发展特色产业，并发展专业性的服务中心职能，如钦州和防城港的港航服务中心、北海的海洋科技中心等。另外，从内生经济增长理论来看，不管是核心城市还是外围城市，都需要集聚更多的大学、研究机构和人力资本，形成劳动力池、要素匹配、共享效应和技术溢出效应，为企业集聚提供配套服务[1]。例如北海正在建设的海洋科技产业园以国家海洋 4 所为龙头，吸引了清华大学等高校在此设立海洋实验室，这不仅将对北海海洋科技产业集聚产生积极的影响，而且将对提升北海在整个城市群的区域创新地位，形成高端人才和高端技术外溢效应产生长远的影响。

4.3 空间拓展与都市有机集中相协同

“先城市化再都市化”是世界范围的普遍规律，美国激烈的都市化进程是在 1920 年城市化水平达到 50%左右才大规模开展的[11]。培育型城市群多处在这一城镇化阶段，主要城市都以不同的速度、幅度、形式进行着都市化过程。有的城市都市化是稳步有序推进，经济水平—空间外拓—卫星城建设都相互协调，功能合理疏解、主城有序扩张、卫星城产城融合、区域绿地有效管控；有的城市都市化推进滞后，缺乏都市区规划，或仅局限于在本行政单元内拓展空间，主城内部密度过大、交通拥堵不堪、环境污染日益恶化，宜居程度日趋下降；有的城市空间过早外拓，都市区空间结构松散，基础设施投入大、使用效率低，给地方财政造成了巨大的压力，例如前述的钦州。而对于都市区的空间结构，“多中心组团式”是认同度较高的空间结构，但在都市区发展中却往往容易陷入前文所述的困境，为此在城市空间拓展过程中需要重点做好以下三个方面的协同：

一是时序协同。都市化发展需要以有机集中理念为指导，遵从循序渐进的协同发展原则，在论证好空间外拓门槛前提下，有序稳步推进新城区和新园区建设。

二是产城协同。培育型城市群的城市空间外拓的主要板块是产业板块，有不少是根据城市规划远离中心城区，一些甚至没有城镇依托，如前文所述的中马钦州产业园。因此产业园区的选址应当依托现有的城镇，或者多园区共同由一个距离较近的城镇提供服务，并且要把这个城镇培育为公共服务配套完备、休闲环境优美的新市镇，形成产城、园镇的良性互动。

三是城乡协同。都市区规划蓝图中往往在主城与卫星城镇之间预留了宽阔的绿带，但在实际建设中这些乡村地区往往容易被乡村建设或者违章建筑所填充，因此对此类地区的规划不应“视而不见”，不能只控制不开发，而应当以适当的点状开发来平衡乡村利益，并补充城市功能。例如可以布局郊野公园、田园综合体、休闲娱乐、养生养老、医疗中心、教育培训、驾驶学校、污水处理、垃圾处理、变电站、高压走廊、轨道交通场站、殡葬公墓以及危险品仓储等设施。

4.4 同城发展与区域统筹重点相协同

由于具有更强的成长可塑性，培育型城市群内政府的他组织对城市群的发展往往有更明显的绩效。事实上，各地政府也采用不同方式来推进城市群的一体化、同城化，其中包括建立城市间的协调机制、省级政府设立统筹协调管理机构、省级推进同城化事项、省级设立统筹的资源运营平台，甚至开展行政区划调整等。但不管采用哪种方式，最主要的是解决需要统筹的区域性的、长远性的、大投入的重点问题，包括重点发展轴带的建设、港口码头航道、重要道路与枢纽场站、城际轨道交通、重点开放开发平台、重大产业项目、重大能源设施、生态敏感地区保护等事项。

广西北部湾城市群在同城化的推进过程中，通过北部湾国际港务集团统筹建设与运营沿海港口码头，极大地提升了广西北部湾港区的建设与运营能力。北海、钦州、防城港三个城市原来都拥有自营的港口码头，在北部湾国际港务集团成立之前它们相互竞争，都做不大，做不强。在北部湾国际港务集团成立之后，将这些港口都划归其管理运营，目前已将三市的集装箱航线归集到钦州港，北海港和防城港不再发展外贸集装箱业务，这极大地提升了港口的服务能力和区域竞争力，集装箱吞吐量在10年间增长了5.8倍，达到141.5万TEU(Twentyfoot Equivalent Unit，标准集装箱，为集装箱运量统计单位)。相比较而言，由北部湾投资集团推进的北部湾滨海公路，由于方案调整、资金量大等原因，其控制性工程——龙门跨海大桥和大风江大桥迟迟未能开工建设，严重阻碍了钦州和防城港的临港工业园区之间的联系，也影响了整个广西北部湾滨海各板块的沟通联系。这两个案例分别从正反两方面说明了区域性的资源统筹开发平台是培育型城市群推进同城化、解决区域重难点问题最有效的方式之一，值得进一步采用优化机制，以发挥其更积极的作用。

5 结论

培育型城市群面临的发展困境错综复杂，本文在研究提出城市群协同发展内涵和原则的基础上，从微观层面的企业群体力量、中观层面的产业网络组织、城市层面的空间板块、区域层面的同城合作这四个方面探讨了其困境和路径。本文认为企业微观主体是培育型城市群发展的基石，需要从市场角度出发尊重企业自组织选址、城市多元发展，并客观看待“同质竞争”和“产业同构”；重视城市集聚及其规模效应对于提升对企业的吸引力方面的基础作用，重视“补链条、新产业、强带动”类企业的引进，鼓励各城市在负面清单基础上开展有序的招商竞争。本文认为城市群的产业组织要与城市功能转型相协同，核心城市的发展转型方向以生产性服务中心为主，外围城市重点发展高新技术产业和先进制造业，并且在城市商务中心建设的规模控制上要合理预测、量力而行。同时，培育型城市群内各城市的空间拓展要与都市区有机集中相协同，重点做好时序协同、产城协同和城乡协同。最后在同城化工作推进中，建议要重点结合区域统筹的重点工程与项目，开展精准有效的工作，尤其要发挥好区域资源统筹建设与运营平台的作用。本文在对比研究、定量研究、案例剖析等方面做得还很不够，另外对培育型城市群的创新体系协同建设、生态环境协同保护、制度精准有效供给等问题还需更多考虑，这些都亟待在以后的研究中加以拓展和深化。

参考文献

[1] 赵勇. 区域一体化视角下的城市群形成机理研究[D]. 西安：西北大学，2009.

[2] 陈群元，喻定权. 我国城市群发展的阶段划分、特征与开发模式[J]. 现代城市研究，2009，24(2)：77－82.

[3] 朱杰. 中国城市群的阶段特征、趋势及实证研究[J]. 规划师，2012(6)：81－85.

[4] 叶裕民，陈丙欣. 中国城市群的发育现状及动态特征[J]. 城市问题，2014(4)：9－16.

[5] 方创琳. 中国城市群形成发育的新格局及新趋向[J]. 地理科学，2011，31(9)：1025－1034.

[6] 颜玮，姬超，周光伟. 西部城市群培育过程中的若干问题分析：基于比较制度经济学的视角[J]. 未来与发展，2013(3)：75－78.

[7] 方创琳. 中国西部地区城市群形成发育现状与建设重点[J]. 干旱区地理，2010，33(5)：667－675.

[8] 吴闫. 我国西部地区城市群发展策略研究[J]. 福建金融管理干部学院学报，2014(1)：57－64.

[9] 孙元花. 江苏沿海三市港口协同发展研究[J]. 大陆桥视野，2016(12)：2－3.

[10] 魏后凯. 大都市区新型产业分工与冲突管理：基于产业链分工的视角[J]. 中国工业经济，2007(2)：28－34.

[11] 朱喜钢，等. 规划视角的中国都市运动：城市转型与有机集中[M]. 北京：中国建筑工业出版社，2009.

表格来源

表1源自：广西壮族自治区统计局《2018年广西统计年鉴》.

表2源自：广西壮族自治区北部湾经济区规划建设管理办公室《广西北部湾经济区2017年1—12月统计月报》；防城港市人民政府《防城港市国民经济和社会发展第十三个五年规划纲要》；钦州市人民政府《钦州市国民经济和社会发展第十三个五年规划纲要》.

基于共生理论的跨界协同发展管治策略研究：以广西中越边境区域为例

赵四东　王兴平　胡雪峰

Title: Research on the Governance Strategy of Cross-Border Synergistic Development Based on Symbiotic Theory: A Case Study of the Sino-Vietnamese Border Region of Guangxi

Author: Zhao Sidong　Wang Xingping　Hu Xuefeng

摘　要　在"一带一路"倡议和国家新一轮边境开放开发政策指引下，边境区域跨界协同发展成为大势所趋。以广西中越边境区域为例，利用问卷调查和统计分析等方法，解析了广西中越边境区域发展态势与需求图谱，进一步通过全球跨界协同发展管治案例的对标找差分析，利用生态学共生理论提出了边境区域同城化发展的共生单元、共生界面、共生模式、共生环境，据此建构了跨界协同发展管治共生系统，包括"产业—空间—主体"共生管治的核心体解构与再构共生单元、区域性交通基础设施织补和共享性公共服务设施修补及双边性边境空间规制弥补的支撑体供需共生界面、共生体生长和消解视角下全生命周期自组织演化共生模式建构等。

关键词　共生理论；协同发展；边疆治理；广西；越南

Abstract: Under the guidance of the "Belt and Road" initiative and the new round of national border open-up and development policies, cross-border synergistic development in border regions has been an inexorable trend. This paper analyzes the development trend and demand chart of the Sino-Vietnamese border region of Guangxi by questionnaires and statistical analysis, further proposes the symbiotic unit, symbiotic interface, symbiotic mode and symbiotic environment for urban integration development of border regions by benchmarking global cross-border synergistic development governance cases based on the theory of ecological symbiosis, and thus constructs a symbiotic system for cross-border synergistic development governance accordingly. It involves construction of the symbiotic unit for deconstruction and reconstruction of the core body for symbiotic governance of "industry-space-subject", the symbiotic supply and demand interface of the support body with regional transportation infrastructure stitched up, shared public service facilities repatched and bilateral border space regulations remedied, and the symbiotic model of full life-cycle self-organized evolution from the perspective of symbiosis growth and dissolution.

作者简介

赵四东，东南大学建筑学院，博士生

王兴平，东南大学建筑学院教授，中国城市规划学会城市规划历史与理论学术委员会副秘书长

胡雪峰，中国城市规划设计研究院上海分院，助理规划师

Keywords: Symbiosis Theory; Synergistic Development; Border Governance; Guangxi; Vietnam

1 引言

“一带一路”倡议从理念话语建构向现实行动倡议的转化，促使我国边境区域开放开发跃升至全球场域。在“一带一路”共建共享新语境下，我国边境地区和边疆区域正发生着前所未有的“区位再造”，其发展生态位正从国家经济生产和政治生活的“边缘”迈向“中心”，在国家现代化发展总体格局以及内通外连开放新体系中的意义得到全新解读[1-2]，从而促使“边界”“边境”“边疆”“跨界”研究成为具有国家乃至国际性的热点学术议题。同时，“一带一路”和新型城镇化是我国新时期相互交叉、彼此耦合的国家倡议和战略，国家“十三五”提出统筹推进两者建设，要求“加快建设边境城市，提升边境口岸城镇功能”。

伴随“一带一路”倡议与新型城镇化战略的深入实施及其深度复合，边境区域跨界协同发展成为大势所趋。纵观既有研究成果，目前边境管治与跨界发展研究主要集中在政治地理学、历史地理学、地缘经济学、社会治理学等相关学科，包括宋涛等人对国内外边境地区地缘经济的刻画[3-4]、唐雪琼等人提出边民跨界流动再塑边境空间[5]、马颖忆等人预演了泛亚铁路可达性对东南亚和西南边疆空间联系的影响[6]、方盛举指出今天我国已经站在“国家治理—跨界区域治理—全球治理”整合的新时代[7]、金晓哲等人对人文地理学边疆研究框架的构建[8]、杨保军等人分析了“一带一路”倡议的空间响应[9]等。然而，缺乏耦合“一带一路”倡议和新型城镇化战略的跨界协同发展管治的系统研究，与区域性国际跨界治理的现实需求不匹配，相关研究主要涉及个案城市空间和国内单侧区域城镇体系布局等领域，如王纯、杜宏茹、李璐、谢启澜、朱媛媛等人[10-14]对哈尔滨边城空间发展方向、新疆边境城镇体系、东北边境中心地格局、边境城镇景观特色设计的分析，万蕙、张传勇等人[15-16]对边境地区城乡一体化发展的研究等。为此笔者结合中越东兴、凭祥等地区的调研和项目实践，通过中越跨界协同发展管治共生要素识别，提出跨界协同发展管治策略，为相关工作提供参考。

2 理论与方法

2.1 共生理论

“共生”起源于生物学，主要是指不同种类生物通过物质联系或能量传递等而共同生活、协同演化的现象。共生理论提出后受到广泛关注，历经多年发展已普遍应用于社会学、经济学、管理学等多学科领域，成为一般性规律而不断拓展理论及其应用边界。共生要素是共生理论的核心组成部分，包括共生单元、共生模式、共生界面等[17]（图 1）。“和平合作、开放包容、互学互鉴、互利共赢”是“一带一路”传承千年的精神内核，“互联互通、开放合作、共建共处、共生共荣”是“一带一路”倡议的关键词；提升质量为主的转型发展是新型城镇化战略的核心内涵，“以人为本、城市群和同城化、协调发展、共建共享”成为新型城镇化战略的关键词，“共建共享”和“共生共赢”成为两者的共同核心词。边境区域是“一带一路”倡议和新型城镇化战略耦合剧烈反应区域，共生理论在边境区域跨界协同发展领域中的应用就是运用共生思想指导边境区域跨境一体化或同城化发展，解析跨界协同发展地域综合体运行过程中的共生要素，识别其间共生机制与共生规律，依托开放合作与共建，带动跨界协同与共享，实现区域整体的共生与共荣。

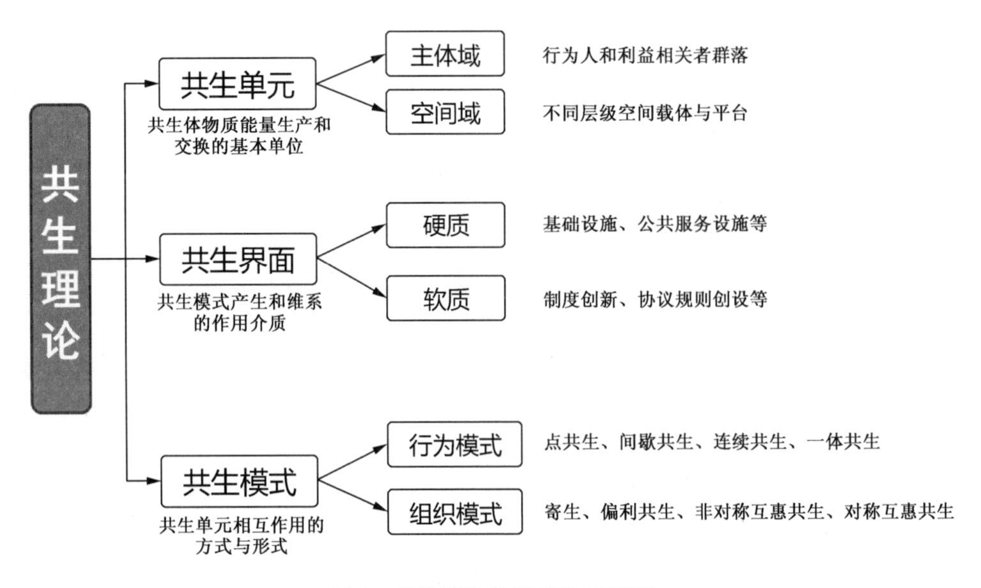

图1　共生理论体系解构示意图

2.2　研究方法

(1) 对标找差法：问题导向＋目标导向＋规律导向

对标找差＝对标＋找差，对标要求确定发展目标，明确功能定位坐标，突出目标导向；找差要求认清发展差距，准确定位病灶并分析问题成因，以实现问题导向的精准突破；对标找差整合，要求发展思路的确立还要注重系统化思维和发展规律性把握。研究过程中主要通过文献分析法和案例比较法实现对标找差，具体以先进地区为“标杆”，以更高质量为“标准”，以群众满意为“标尺”。

(2) 需求图谱法：深度访谈＋参与观察＋网络舆情

中共十九大报告明确指出当前我国社会的主要矛盾是“美好生活需要”与“不平衡不充分的发展”的矛盾，边境区域社会构成更为复杂多样，如何在“光圈”变大的同时实现更精准的“对焦”，全面解析“需求”是什么，成为边境区域跨界协同发展的难点和起点。需求具有多样性，包括生产需求、生活需求、共性需求和个性需求等，为此研究过程采取深度访谈、参与观察、网络舆情、问卷调查法等多种方法，摸清边民、游客、政府、企业等多元主体的真实诉求，为优化和提升边境区域同城化发展体验的规划设计提供参考。

2.3　调研过程

研究区域包括防城区、东兴市、凭祥市、宁明县、龙州县、大新县、靖西市、那坡县八个县级单元的边境地区，重点是边境口岸和边民互市点、工业园区、商贸城、物流园、乡镇社区等。课题组成员曾多次前往东兴和凭祥等中越边境调研，并主持和参与多项边境区域发展规划的编制及实施过程。主要调查过程:第一次时间跨度为2016年9月11日至16日,在宁明、凭祥、龙州调研,其中1天在口岸办、海关、湾办、商务局等相关政府管理部门开展座谈会,3天在口岸、城镇和园区现场考察,2天与边民和企业员工以及企业家进行深度访谈;第二次时间跨度为2017年7月3日至7日,在靖西、那坡、宁明调研,其中1.5天开展部门座谈会,2天在口岸与边境产业园区实施咨询与观察,并与靖西和那坡边民进行深度访谈;第三次时间跨度为2017年11月14日至19日,在崇左城区、凭祥、宁明、龙州、大新调研,其中2天在口岸和园区现场考察,4天开展规划实施咨询并参与考察;第四次时间跨度为2018年4月9日至15日和5月23日至31日在东兴、凭祥、宁明、龙州调研,调研中采用了现场问卷、网络问卷、深度访谈、参与观察相结合的方式。

2.4 数据处理

数据来源于调研地区政府公布的统计公报、政府工作报告、部门年度工作总结、相关规划文本以及调研问卷,笔者主要负责凭祥—宁明—龙州同城化规划、北部湾边境工业园区发展研究、广西边境口岸发展研究等。调研期间合计发放问卷(含网络问卷)500份,回收有效问卷458份,有效率为91.6%。其中,中国人反馈有效问卷327份,占比71.4%;越南人反馈有效问卷131份,占比28.6%。问卷处理主要利用EXCEL(办公软件)和SPSS(统计产品与服务解决方案)等软件。

3 中越边境区域协同发展态势

3.1 发展态势

(1) 边界功能效应转型:过滤屏蔽—链接中介—转化增值

伴随"一带一路"倡议和新型城镇化的耦合推进,广西中越边境线的功能效应已实现"过滤屏蔽—链接中介—转化增值"转型;边界从地缘政治下的封闭屏障,转变为地缘经济下区域性国际经济一体化开放开发的连接枢纽、发展平台、联系通道、沟通桥梁;未来跨境经济合作区、跨境旅游示范区、跨国城镇建设完善,人流、物流、资金流和信息流等要素流跨境流动的进一步加速,将促使边境成为产品形态转化和服务增值的重要环节,上升为国家双边互动融合发展的战略空间。

(2) 跨境流动:规模大,动力强,双向对流,影响力较大

2016年广西边境口岸跨境货运量和分流量分别为439万t、1 007万人次,同比增长均在21%左右;边民互市贸易进出口额达到660亿元,占全国的比例超过70%,边民互市贸易和边境小额贸易多年位居全国第1位,跨境双向物流和人流量大,具有典型代表性。同时,借助国家新一轮边境开放开发政策,积极落实广西边境贸易加工升级计划,在口岸与产业园区联动发展方面取得了初步成效,2017年崇左完成贸易加工业总产值达53.6亿元,同比增长69.25%,边境区域发展动力日趋增强,区域影响力和辐射力开始显现。

(3) 跨境协同发展绩效:行政区—功能区—一体化再形塑

边境区域通过"去边界化"打破行政区划和国境线等限制,消解原有"边界";同时,基于边贸网络、资本和人员流动与再集聚,边境区域经济空间得以再建构;并借助边民对边界两

侧文化相似性和社会关联性的策略性利用，推动“行政区”向“功能区”转型，实现边境区域空间的“再边界化”，最终完成空间再生产。从边境区域协同发展官方政策来看，目前只有凭祥—宁明—龙州从政府层面明确提出了同城化发展规划，其他地区仍在摸索之中。中越跨境一体化发展已取得一定成效，调研问卷数据反映：50—70 分排名第一，70—90 分排名第二，50 分以上占比均超过 70%，反映中越双方人员均对目前中越一体化发展水平比较认可；同时，从中越人员比较来看，中国人更看好，在 50 分以上累计占比中中国人(79.27%)比越南人(73.33%)高出 5 个百分点以上(图 2)。

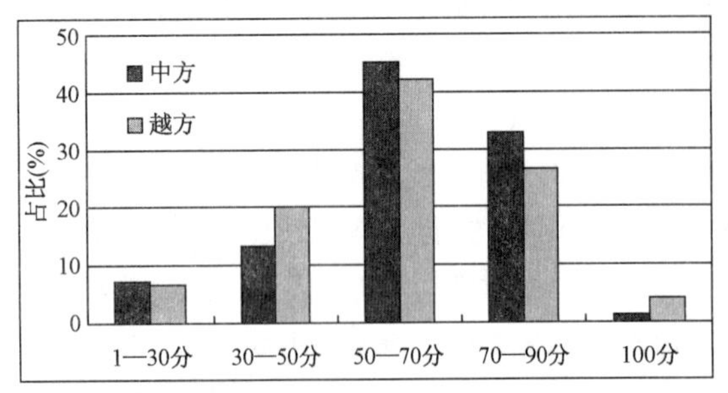

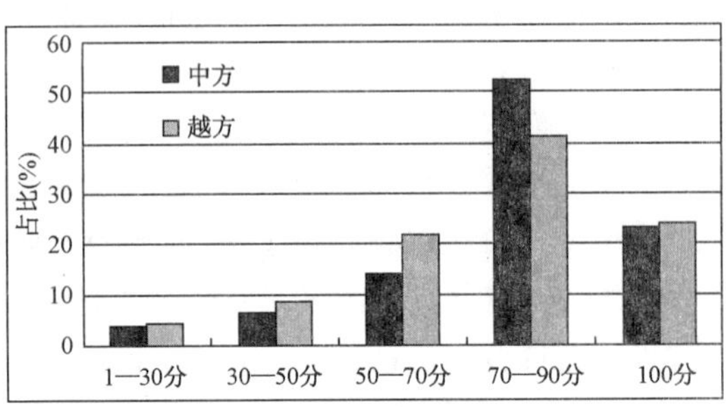

图 2　中越人员对跨境一体化发展水平现状(左)和未来(右)的评分示意图

3.2　需求分析

调研问卷的结果显示：一是边民对未来中越跨境一体化发展都具有较高的预期，50 分以上累计均超过 85%，特别是 70—90 分都超过 40%成了最高分档；二是中方人员比越方人员对跨境一体化发展具有更高的预期和需求，在 50 分以上累计中中国为 89.7%，高于越方 87.0%约 3 个百分点；三是在跨境一体化优先推动领域方面“实施中越跨国工作政策”“建设中越跨国就业服务中心”“允许中越跨国创业”成为共同需求，在“共同建设跨国产业园区”“允许中越跨国看病”方面中方需求更强，在“允许城镇跨国发展建设”方面越方诉求更大；四是从境内区域同城化优先发展建设领域的诉求来看，“口岸与城镇一体化发展”成为最大诉求，“交通和服务设施共同建设”诉求次之，“产业园区共建”“生态共建和环境保护共同治理”“对接越南发展”需求相当(图 3)。

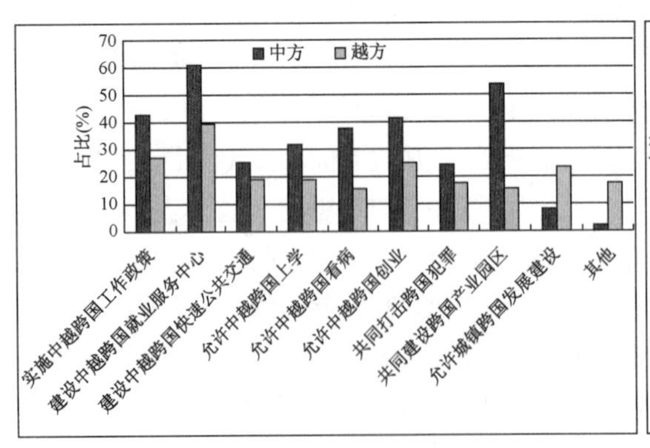

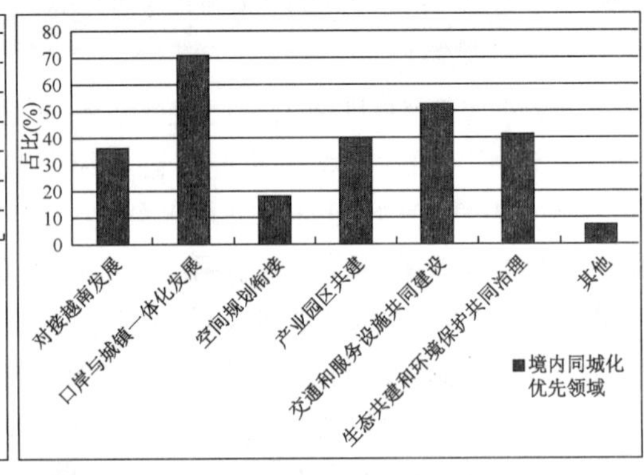

图 3　中越跨境一体化和中国境内同城化优先领域需求分析图

3.3 对标找差

纵观全球，跨界协同发展管治案例主要包括美国—墨西哥跨境都市、欧盟多边融合共生城市、中国香港—深圳联合双子城、苏联西伯利亚边疆开发等，通过发展成效及其主要措施比较分析，提炼中越跨界协同发展管治可资借鉴的经验(表1)。经验主要包括：①理念转变，从场所空间营造切换为流动空间建设。边境区域的核心动力在于"流动"需求，人流、物流、资本流、技术流、信息流等发展要素的便利通畅流动是其表征和突出矛盾，流动程度和效率成为衡量跨界协同发展管治质量的标准。②范式转变，从蓝图规划转换为制度设计。在物质环境建设和发展要素空间对接等"硬件一体化"基础上，更需要结合国内外开放合作发展态势及其演变情景推动功能和需求深度动态整合，以协同发展相关规划、协议、政策等为协商工具，构建跨境深层次利益协调分配机制、空间管治制度以及设计双向开放开发跨境合作政策等"软件一体化"。③成果转变，从规划计划切换为行动愿景。跨界协同发展关涉国家形态、国内政治、族群关系、文化形貌、治理理念、法律规范等诸多因素，发展不确定因素较多，不适宜制订具有明确考核指标、行动步骤和落地项目的规划计划，而应制订方向性和框架下以及意向性的行动愿景，边境区域的两国各级政府、市场主体、不同利益相关方则据其分别运用自己的智慧做判断和努力，渐进式适应性地实现跨界区域"善治"。

表1　主要跨界协同发展管治案例分析汇总表

案例	成效	措施
美国—墨西哥跨境都市	形成皮埃德拉斯·内格拉斯、华瑞兹、墨西卡利与提华纳等13对跨境双城	美国垄断金融资本、聚集技术研发资源等；墨西哥设立开发区、工业园区完成生产装配，服从和依赖美国
欧盟多边融合共生城市	形成沿法、比、瑞、德、意、荷边境的城市聚集体，马斯特里赫特—亚琛—列日三角带是典型代表	国家边界线相互开放，关税壁垒削弱转移，贸易和文化交流日盛，促使边境线两侧城镇逐步融合成密不可分的共享资源与环境的国际性功能联合型城市空间，形成共生型的边境大都会
中国香港—深圳联合双子城	从跨界联合协同发展双子星成长为一体化和同城化的深港大都会	强化跨湾通道建设，重点推动邻接地区协同治理，倡导建设跨境区域一体化要素市场、产业体系、生活环境、服务机制等
苏联西伯利亚边疆开发	从俄罗斯蛮荒边疆转变为东方广泛开放窗口、东西方交流大桥梁	顶层设计，制定和实施多个长期投资纲要；突破行政区划限制和地域分割，建立区域生产综合体；发挥边境区位优势，积极开展国际合作

4　跨界协同发展管治共生策略

基于共生理论的跨界协同发展管治策略创设的核心在于如何实现共生要素的自洽与互洽，即回应共生理论，构建中越跨境协同发展管治的共生单元、共生界面、共生环境、共生模式，并通过不同要素子系统之间的耦合关系构建出完整的策略集体系。从跨界协同发展命运共同体构筑视角来看，跨界区域是空间镶嵌、结构互补、功能耦合、相互作用的复杂地域系统，为此共生策略体系可分解为"共生单元：核心体解构与再构""共生界面：支撑体需求与供给”“共生模式:共生体生长与消解”,其中核心体是基础,支撑体是关键,共生体是重要补充。

4.1 共生单元:核心体解构与再构——三维度协同管治的利益相关者群落

从中越边境区域跨境协同发展内在规律来看,产业管治是直接动力,空间管治是外在表征,主体管治是内在性和根源性因素,为此应从这三个维度对中越边境区域跨境协同发展管治共生单元进行核心体解构与再构,进而构建出三维协同管治利益相关者群落(图4)。

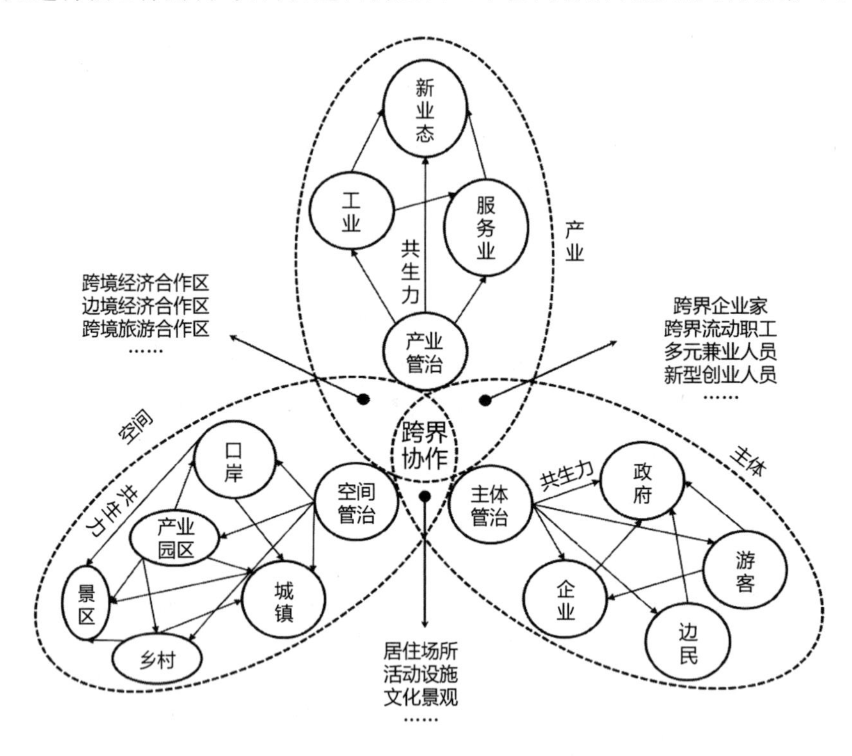

图4 边境区域跨界协同发展管治共生单元示意图

(1)产业共生管治:跨境产业体系构建——产业链和价值链

充分利用国际国内“两种资源、两个市场”的边境优势,重点构建跨国产业链、物流链和供应链、旅游链,有序培育跨国价值链、信息链、人才链和创新链、金融链等,同时大力推动农业与工业、服务业等融合发展,打造跨境融合共生产业新体系。跨国产业链构建包括推广“龙州—下琅跨国合作模式”,完善中越跨国种植加工产业链;依托东兴、凭祥、边合区及跨合区等,打造跨国红木与林产品、新型矿产、糖循环、机械制造、食品制造、机电产品等中越跨国优势制造产业链;推进沿边金改试验区、国检试验区、跨境旅游试验区等载体建设,重点发展跨境旅游、金融、电子商务、物流仓储等货物、服务和技术贸易,打造中越跨国服务产业链,加快提升中越跨国价值链。

(2)空间共生管治:空间耦合体系构建——载体链和功能链

① 岸产城融合共生

口岸是边境区域发展的逻辑原点,新时代口岸功能正从单纯物流门户向多元化节点转变,从通道经济向综合体经济转型。同时内陆进出口加工制造企业受新一轮沿边政策和国家产业布局政策影响而加速向边境区域迁移,边境贸易落地加工制造产业体系快速发展,以口岸为原动力，以边境产业园区或跨境经济合作区为触媒动力，以边境城镇为综合支撑，推动发展要素在边境区域发生空间聚合，形成岸产城融合发展的边境新型地域生产综合体。具体而言，中越边境口岸城镇发展正顺应“通道型—贸易型—加工基地型—综合型”的生长演化规律(图 5)，要因地因时选择口岸综合体、岸产镇融合、岸产城融合等发展模式，推动口岸—园区—城镇协同耦合发展，让边民安居乐业(图 6)。

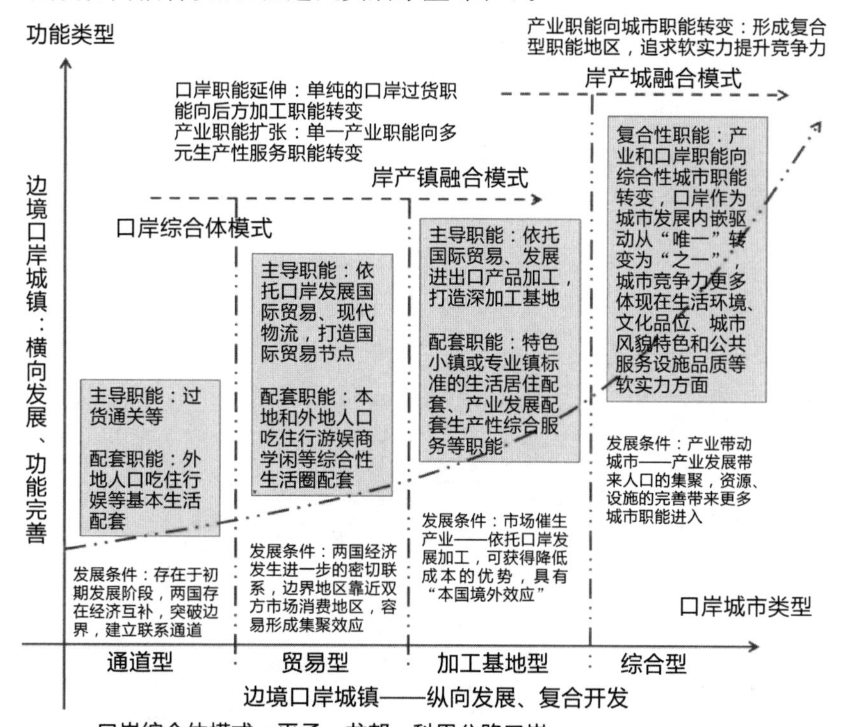

图 5　边境口岸城镇生命周期发展规律分析示意图

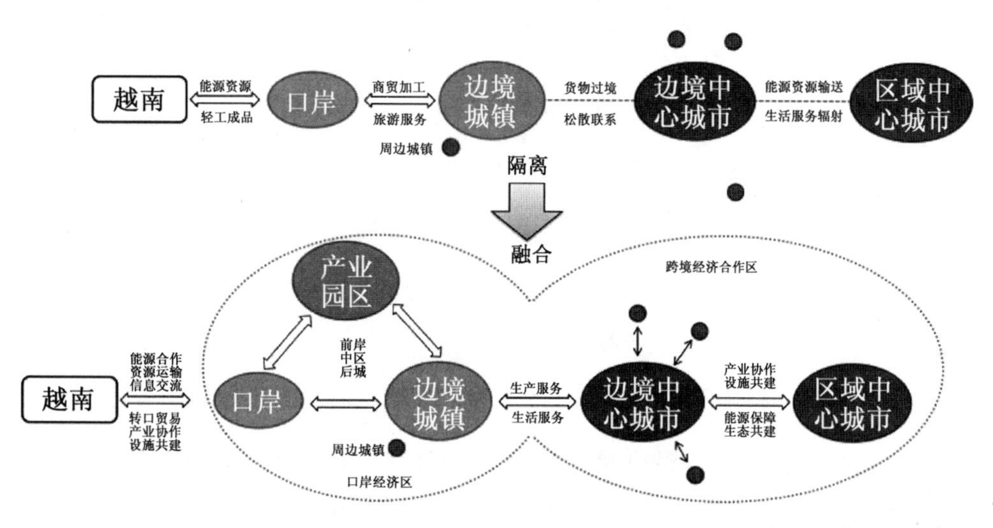

图 6　岸产城融合发展分析示意图

② 跨境经济合作区共建

跨境经济合作区是一种新兴的区域性国际经济合作模式，它依托地理临近、需求互补和文化同源等边境优势，在边境线双侧共同划出区域性国际开发区，以服务双边边境贸易为基础，进而拓展到物流、进出口加工、金融、旅游等多领域，享受独特的优惠政策，推动资源优化配置[18]，促使边境开放效应从关税减让效应扩展到集资源自由流动、技术跨境转移效应、资本货币无障碍流通效应等为一体的综合效应系统，促使边境从贸易为主转型为发展综合产业，推动形成新型边境开放型产业体系。建设中越凭祥—同登、东兴—芒街、龙邦—茶岭跨境经济合作区，凭祥—宁明贸易加工园区，中越德天—板约、友谊关跨境旅游合作区，中越红色跨国旅游合作区，中国—东盟边境贸易凭祥(卡凤)国检试验区，规划建设水口—驮隆、中越爱店—峙马跨境经济合作区(图7)。

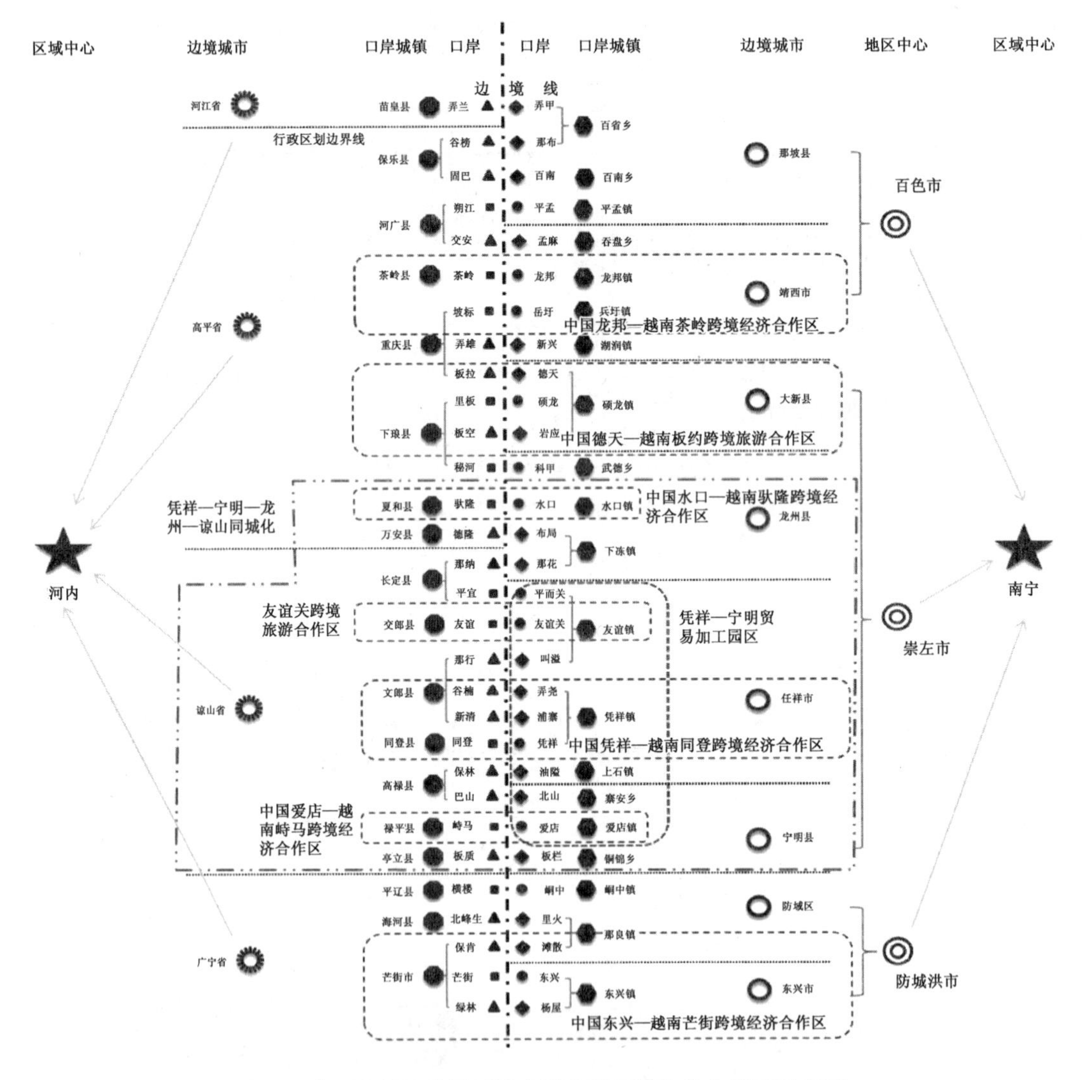

图7　广西中越边境区域岸产城跨境同城化共生发展示意图

(3) 主体共生管治：跨界多元主体整合——利益链和竞合链

长期以来我国边境区域管治采取“中央—地方”垂直管治结构，从“稳定”价值导向视角来看，政府特别是中央政府是资源配置和空间治理的主导者。新时代伴随边境线功能效应转型，边境企业和跨境企业、边民和跨境人员等纷纷参与双边区域发展相关政策的制定，从单纯政策执行者转变为政策制定者和执行者混合体，并以边境“善治”为核心目标，突出发展“效能”价值导向，以利益链和竞合链为传导机制，推动政府、边企、边民、跨境务工人员、企业家、游客、帮扶干部和对口援助单位、高校、规划师等多元主体整合，实现边境区域管治结构重组、管治体系重构和管治能力提升。

4.2 共生界面：支撑体需求与供给——功能性设施植入和双边性规制缔结

共生界面是共生单元之间接触激发与相互作用的方式与机制综合，是共生单元之间物质交换、信息传递、能量传导、利益分配、共生生产以及分工与合作的媒介、通道、载体，通常表现为一组有形或无形的共生介质，既直接影响共生单元的数量和质量，更决定共生关系的生产和再生产方式。在跨界协同发展管治过程中共生界面表现在三个方面：

(1) 区域性交通基础设施织补

在中越跨界协同发展管治共生界面中，基础设施选择采取亲近度和关联度规则，共生利益分配模式采用共生单元功能改进规则。以交通体系的先导建设带动跨界协同发展的快速推进，加快建设崇左—水口、隆安—硕龙、宁明—爱店高速公路，推进东兴至靖西沿边公路提级改造，规划建设沿边公路至那花、旺英、板烂等边民互市点二级公路，推进湘桂铁路扩能改造，建设崇左—水口—越南高平铁路支线，实现交通高效快捷和无缝对接，共同打造区域性国际大通道。

(2) 共享性公共服务设施修补

在中越跨界协同发展管治共生关系中，公共服务设施采取共享性和竞争性规制，共生利益分配模式采用共生单元增殖和增值规则。以兴边富民为目标，从公平公正视角做好基本公共服务设施跨界全覆盖，从产业升级转型和生活品质提升视角做好高端公共服务设施适度超前部署，通过社会资本和市场机制等多渠道竞争性筹集建设资源，推动跨境区域发展经济规模拓展和价值创造。

(3) 双边性边境空间规制弥补

建构“两级三方”跨境协同发展管治领导机构制度。由中越中央政府组建双边政府高层联合工作委员会，完善沟通协调机制，解决跨境争端与摩擦，协商跨境规划实施、政策设计、项目建设等；分别由中方和越方独立构建所在国境内的同城化规划建设委员会，负责境内和境外协同发展管治区域内的同城化发展顶层规划、项目策划、招商引资目录、基础设施和公共服务设施专项规划等的编制与落实，各方规划建设委员会每年度编制同城化规划实施评估报告并上报联合工作委员会。

4.3 共生模式：共生体生长与消解——全生命周期自组织演化

共生模式是跨界协同发展管治过程中共生单元相互作用与结合的方式，反映共生单元间的本质联系，表征共生关系及其强度。从生命周期、行为特征、组织形式等特质将共生模式划分为共生行为模式和共生组织模式，前者即寄生、偏利共生、非对称互惠共生和对称互惠共生，后者即点共生、间歇共生、连续共生和一体共生(图8)。

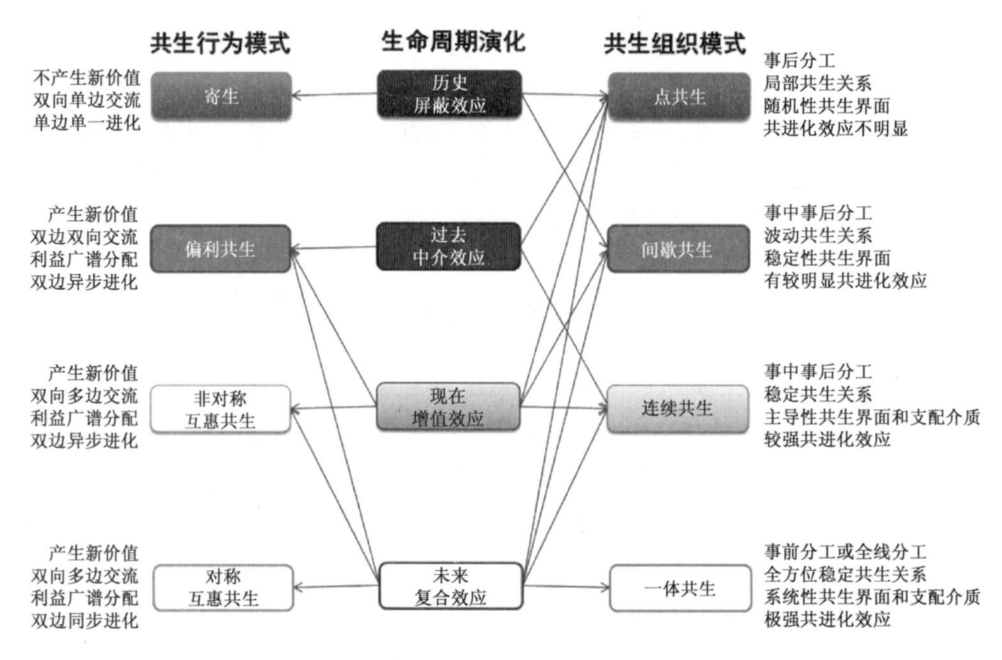

图 8　跨界协同发展管治共生模式体系

5　结语

“一带一路”倡议正重塑我国与世界区域性国际空间格局，将我国边境区域置于跨界协同发展空间链关系网络之中，成为我国与周边国家“增信释疑”以打造“命运共同体”的战略平台与纽带，促使边境区域从边缘屏蔽范式转向交往合作范式，迫使边境形态和管治模式正发生被动式适应性变化。回应“一带一路”倡议所带来的边境区域空间场域变化，实现新时代边境区域的“善治”，关键在于构建出跨界协同发展管治的共生体系。在此过程中，首先要推动主体共生单元重组，打破政府“独角戏”，形成多元协同治理体系，并借助产业链和价值链共生纽带，将利益相关者群落的利益链传导至空间链；其次要推动共生界面重构，边境区域跨境发展在借力“一带一路”建设，做好基础设施和公共服务设施等“硬件”互联互通外，更重要的是“软件”设计，既要创设多层次跨境协调、合作、激励、约束机制，更要促使边境区域管治价值理念调试，从“稳定和安全”导向转变为“效能和安全”导向，从两国根本性和基本性制度建设转变为功能性政策设计，突出自身管治能力的培育，全面优化跨国性制度建设和政策设计；最后共生模式的运作核心在于培养、学习、应用乃至创造现代化管治技术，重点是如何运用科技型技术（大云平移等新兴技术应用打造的智慧治理体系）、规则型技术（宏观制度和政策的微观精细化和丰满化）、行为型技术（不同利益相关者个性化实践技能和操作技术及其整合）[19]再造自身管治能力，其中要特别重视政府职能转型，要从发号施令转变为“建构和消解联盟与协调的能力、合作和把握方向的能力、整合和管治的能力、新工具和新技术的运用能力”的提升。

［本文受国家重点研发计划战略性国际科技创新合作重点专项“境外产业园区规划技术合作研究与示范应用”（2016YFE0201000）资助］

参考文献

[1] 朱金春."一带一路"战略与中国边疆形态的重塑[J].北方民族大学学报(哲学社会科学版),2016(2):38-42.

[2] 高永久,崔晨涛."一带一路"与边疆概念内涵的重塑:兼论新时代边疆治理现代化建设[J].中南民族大学学报(人文社会科学版),2018,38(2):36-40.

[3] 宋涛,刘卫东,李玏.国外对地缘视野下边境地区的研究进展及其启示[J].地理科学进展,2016,35(3):276-285.

[4] 宋涛,程艺,刘卫东,等.中国边境地缘经济的空间差异及影响机制[J].地理学报,2017,72(10):1731-1745.

[5] 唐雪琼,杨茜好,钱俊希.流动性视角下边界的空间实践及其意义:以云南省河口县中越边境地区X村为例[J].地理研究,2016,35(8):1535-1546.

[6] 马颖忆,陆玉麒,柯文前,等.泛亚高铁建设对中国西南边疆地区与中南半岛空间联系的影响[J].地理研究,2015,34(5):825-837.

[7] 方盛举.新边疆观:政治学的视角[J].新疆师范大学学报(哲学社会科学版),2018,39(2):87-95.

[8] 金晓哲,林涛,王茂军.边疆的空间涵义及其人文地理研究框架[J].人文地理,2008,23(2):124-128.

[9] 杨保军,陈怡星,吕晓蓓,等."一带一路"战略的空间响应[J].城市规划学刊,2015(2):6-23.

[10] 王纯,林坚.从政治地理结构变化看边疆城市空间发展方向选择:以哈尔滨为例[J].人文地理,2005(1):113-116,74.

[11] 杜宏茹,张小雷,李春华.新时期新疆边境城镇体系构建和口岸小城镇发展[J].人文地理,2005,20(3):63-66.

[12] 李璐,刘威,祝莹.浅谈边疆新城控制性详细规划的编制方法:以新疆兵团第九师拟建小白杨市核心区控制性详细规划研究为例[J].城市规划,2016(z1):89-93.

[13] 谢启澜.边境城镇的景观特色设计刍议[J].城市规划,1998,22(4):57-60.

[14] 朱媛媛,王士君,冯章献.中国东北边境地区中心地系统格局与形成机理研究[J].经济地理,2011,31(5):724-729.

[15] 万蕙,唐雪琼.中越边境乡村民居景观的符号象征与认同建构:广西龙州县边境乡村案例[J].地理科学,2017,37(4):595-602.

[16] 张传勇,张永岳,吴伟."一带一路"战略下边疆地区城乡发展一体化研究:以新疆喀什地区为例[J].人文杂志,2017(3):21-28.

[17] 袁纯清.共生与和谐[M].北京:社会科学文献出版社,2008.

[18] 王展硕,周观平.跨境经济合作区建设:模式、困难与对策:以中国龙邦—越南茶岭跨境经济合作区的建设为例[J].国际经济合作,2017(11):41-47.

[19] 姚德超,冯道军.边疆治理现代转型的逻辑:结构、体系与能力[J].学术论坛,2016,38(2):25-28.

图表来源

图1至图5源自:笔者绘制.

图6源自:王文俊.广西沿边民族地区开发开放与城镇化互动发展研究[J].广西社会科学,2017(8):27-31.

图7、图8源自:笔者绘制.

表1源自:笔者整理绘制.

基于生物膜理论的跨边境产业链构建路径研究：以广西中越边境东兴口岸地区为例

胡雪峰　王兴平　赵四东

Title：Research on the Construction Path of Cross-Border Industrial Chain Based on Biofilm Theory：Taking the Dongxing Port Area on the Sino-Vietnamese Border in Guangxi as an Example

Author：Hu Xuefeng　Wang Xingping　Zhao Sidong

摘　要　随着"一带一路"倡议的深入实施和沿边地区开发开放力度的加强，边境地区逐渐从生产发展的边缘区向前沿区转变。立足生物膜理论与跨境产业链的互适性分析，结合边境地区跨境产业合作态势，构建产业域—功能域—要素域—空间域四域耦合的跨境产业链发展路径，从物质运输、能量转换、信息传递三个维度对跨境产业链进行解构和重构，即在物质运输层面实现港城联动、错位共赢，在能量转换层面实现资源互补、互利互惠，在信息传递层面实现信息共享、协同发展，并以中越边境地区的广西东兴口岸为例进行了实证研究。

关键词　生物膜理论；边境；产业链；广西

Abstract：With the in-depth implementation of the "Belt and Road Initiative" and the strengthening of development and opening up along the border areas，the border areas have gradually shifted from the marginal areas of production development to the frontier areas. Based on the analysis of the biofilm theory and the cross-border industrial chain，combined with the cross-border industrial cooperation situation in the border areas，the construction of the cross-border industrial chain development path of the industrial domain-functional domain-factor domain-space domain four-domain coupling. The three dimensions of material transportation，energy conversion and information transmission deconstruct and reconstruct the cross-border industrial chain，that is，the material transportation level realizes the linkage between the port and the city，the mismatch and win-win situation，the energy conversion level realizes the complementary resources，the mutual benefit，the information transmission level realizes the information sharing，coordinated development，and conducted an empirical study in the Dongxing Port of Guangxi in the Sino-Vietnamese border area.

Keywords：Biofilm Theory；Border；Industrial Chain；Guangxi

作者简介

胡雪峰，中国城市规划设计研究院上海分院，助理规划师

王兴平，东南大学建筑学院教授，中国城市规划学会城市规划历史与理论学术委员会副秘书长

赵四东，东南大学建筑学院，博士生

1 引言

近年来，国家高度重视边境地区的发展，特别是“一带一路”倡议的深入实施，加强了我国边境地区开发开放的力度，促使边境地区逐渐从生产发展的边缘区向前沿区转变。充分发挥我国边境地区与周边国家的交通区位优势，由单一贸易合作、边民互市转变为产业合作，打造跨境产业链，有利于促进本地区的经济发展，更符合国家开放合作发展趋势和政策导向。

在内通外联的新时代，“边境”“跨境”等研究成为学术界热议的话题，主要研究聚焦在“边境经贸合作区”“边境区域规划”“边民流动”“跨境产业链”等方面。对于“边境经贸合作区”的研究，高歌提出了边境经贸合作的三个质变阶段，边境贸易合作闭关发展——开关阶段、通道经济发展——对接中心阶段、对接中心——融合体阶段[1]；王展硕等学者提出了跨境经济合作区的三个层次，即核心区、扩展区、辐射区[2]。对于“边境区域规划”的研究，秦军等学者通过对边境区域研究，提出边境功能效应转型的三个阶段，即过滤屏蔽—链接中介—转化增值[3]。从“边民流动”来看，李丽等学者分析了中越边民跨国流动现象，揭示了中越边民跨国流动的主要原因是文化认同，主要动力是收入差距，主要条件是生态环境，主要通道是边境通道，主要流向是中国一侧[4]。在区域产业分工趋势发展下，一个地区难以承载完整的产业链，产业的集聚和分工逐渐成为一种区域经济现象[5]。从产业链类型来看，产业链可以划分为农业产业链[6-8]、工业产业链[9-11]和服务业产业链[12]。从产业链构建的合作通道来看，其合作通道包括建设陆上能源通道、铁路通道、海陆联运的国际大通道、空港等措施[13]。

综上所述，目前学术界对于跨境产业链的研究主要就产业链论产业链，缺少跨境产业链与边境地区的空间关联研究。为此，笔者结合中越边境地区东兴口岸的调研，通过踏勘、深度访谈、问卷调查等研究方法，构建了基于生物膜理论的跨境产业链发展路径，以期为同类地区的发展提供参考。

2 边境地区跨境产业合作态势

随着经济全球化的深度推进，跨境合作成为各国家、地区之间重要的经济合作方式。目前国际上开展跨境合作的国家和地区很多，从合作国家、地区的经济发展程度来看，主要可以分为三种类型：“富”与“富”的合作，主要为欧盟跨境合作；“富”与“穷”的合作，如美国—墨西哥跨境合作，中国与东盟国家跨境合作等；“穷”与“穷”的合作，主要为南部非洲地区各国跨境合作[14]。本文选取欧盟跨境产业合作、美国—墨西哥跨境产业合作、南部非洲地区跨境产业合作三个案例进行分析。

2.1 欧盟跨境产业合作

欧洲地区是较早开展跨境产业合作的地区，早在20世纪70年代，欧洲就形成了欧洲专区(Euro-Region)，平衡区域发展差异[14]。20世纪90年代，欧洲地区提出打造“大城市走廊的概念”[15]，提出通过跨境经济走廊的链接，打破边境线的隔离屏蔽作用，打造无边界的欧洲，推动欧洲各国加强经济合作、产业合作、生态保护合作等。

跨境产业链的合作是欧洲地区跨境合作的重要内容，跨境服务业产业链和跨境工业产业链是欧洲地区主要的跨境产业链。欧洲地区跨境产业链的构建主要包含三个方面的内容(表1)：基础设施建设，包括跨境道路、跨境大桥的修建，以完善跨境交通体系，促进跨境物质交换；资源互补，特别是人力资源互补，通过建立跨境劳动力市场、开设劳务培训等措施，促进人力资源的跨境流动；信息互通，通过建立信息系统，将边境地区社会经济发展情况、城市建设规划情况与邻国共享，促进边境地区的经济发展。

表1　欧洲地区跨境产业链构建内容

案例	产业链构建	产业链构建内容
英国伦敦、法国里尔、比利时布鲁日三角地区	跨境历史文化旅游产业链	建设连接历史遗址的交通设施，建立信息平台，开展多方文化交流
丹麦和瑞典跨境地区	跨境工业产业链、跨境服务业产业链(商贸服务业)	修建厄勒松大桥，建立跨境劳动力市场，开设劳务培训
捷克共和国、奥地利边境地区	跨境服务业产业链(城市发展管理)	编制“跨境道路”规划，建立完善的信息系统，将跨境区域发展规划、边境规划信息管理向公众展示，提高公众参与力度

2.2　美国—墨西哥边境跨境产业合作

美国和墨西哥的社会经济发展阶段差异较大，经济的不对称性促进了双边跨境合作。在美国和墨西哥3 000多km边境线周边的地区，已形成了30多对跨境合作的双子城，其中较为出名的主要是包括圣地亚哥(San Diego)—蒂华纳(Tijuana)在内的四对双子城[16]。美墨跨境双子城产业链构建主要包含以下内容(表2)：基础设施建设，主要是边境口岸建设，简化跨境手续，促进农产品、工业品的跨境运输。资源互补，建设跨境能源通道，墨西哥拥有丰富的石油等能源，通过能源管道实现能源跨境运输；设立边境工厂[14]、医疗小镇和跨境购物等[17]设施，充分利用墨西哥廉价的土地成本和劳动力成本，在墨西哥一侧聚集了大量的边境工厂，包括电气电子装配、半导体和信息技术、纺织服装、制药等产业类型，美国则由于城镇昂贵的医疗服务和商品货物，边境地区形成商业经济，在美国大都市周边的小镇上商业服务发展迅速，形成医疗小镇、购物中心，主要服务于周边的墨西哥裔美国人和墨西哥的移民。信息互通，出台贸易厂区等跨境产业合作政策，促进产业合作交流；建立跨境生态监测平台，保障边境地区生态系统。

表2　美国—墨西哥部分双子城跨境产业链构建内容

案例	产业链构建	产业链构建内容
圣地亚哥—蒂华纳双子城	跨境服务业产业链、跨境制造业产业链	跨境口岸建设；跨境能源合作；出台贸易厂区政策，成立自由贸易区；设立边境医疗小镇、边境购物中心；设立边境工厂，促进产业合作

续表 2

案例	产业链构建	产业链构建内容
克莱克斯空—墨西卡利双子城	跨境农业产业链、跨境工业产业链、跨境服务业产业链	棉花、小麦等农业合作；跨境口岸建设；设立边境工厂，主要为加工组装工厂；设立边境贸易中心
埃尔帕索城—华雷斯双子城	跨境工业产业链、跨境服务业产业链	跨境口岸建设；设立边境工厂，主要为加工组装工厂；设立边境贸易中心
圣印第安斯—马塔莫罗斯双子城	跨境农业产业链、跨境工业产业链、跨境服务业产业链	农业合作；跨境口岸建设；设立边境工厂；设立边境贸易中心

2.3 南部非洲地区跨境产业合作

20 世纪 70 年代，南部非洲国家逐渐开始开展跨境合作，并成立“南部非洲发展协调组织”（现称南部非洲发展共同体，SADC）[14]。SADC 负责南部非洲地区的投资建设，从产业链构建来看，主要包含以下三个方面内容：基础设施建设，跨境交通是南部非洲地区跨境产业链构建的合作重点，包括德班和沃尔维斯湾港口的扩建、安哥拉与刚果（金）连接的公路、南非和津巴布韦边境哨所等项目。资源互补，加强贸易和经贸合作，打造非洲共同体等。信息互通，建设交通运输信息系统，如适用于所有南部非洲共同体国家的道路收费系统，以及在三个区域经济共同体建立区域交通竞争管理机构（表 3）。

表 3　南部非洲地区跨境产业链构建内容

案例	产业链构建	产业链构建内容
德班—沃尔维斯湾	跨境农业产业链、跨境服务业产业链	港口扩建、修复；跨境道路
安哥拉—刚果（金）	跨境农业产业链、跨境服务业产业链	跨境电力设施
南非—津巴布韦	跨境农业产业链	跨境铁路；跨境农业合作

2.4 小结

从上述案例分析可得，基础设施建设、资源互补、信息互通是跨境产业链构建的重要内容，不同的合作模式致使主要关联的跨境产业链、产业链构建的内容也有所不同（表 4）：“富”

表 4　不同模式的跨境产业链构建对比

合作模式	产业链构建	产业链构建内容
“富”与“富”的合作	以跨境服务业产业链为主，兼具跨境工业产业链、跨境农业产业链	建设跨境信息平台；建设跨境劳动力市场；建设跨境道路、跨境大桥等
“富”与“穷”的合作	兼具跨境农业产业链、跨境工业产业链、跨境服务业产业链	建设跨境道路；建设边境工厂；设立边境贸易中心等
“穷”与“穷”的合作	以跨境农业产业链为主，兼具跨境工业产业链、跨境服务业产业链	建设跨境道路；建设劳动力市场；建设跨境信息平台等

与“富”的合作以构建跨境服务业产业链为主，构建内容主要为信息互通；“富”与“穷”的合作兼具跨境农业产业链、跨境工业产业链、跨境服务业产业链的构建，构建内容以基础设施建设和资源互补为主；“穷”与“穷”的合作以构建跨境农业产业链为主，构建内容主要为基础设施建设，以创造良好的物质环境（图 1）。

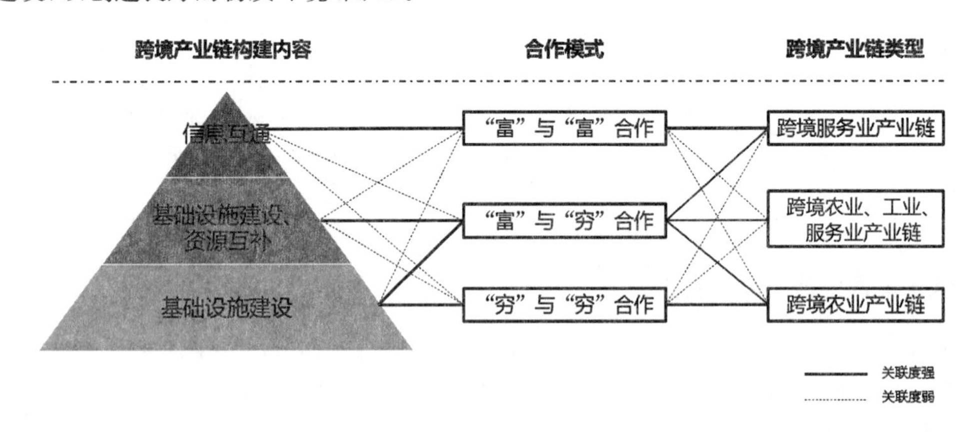

图 1　合作模式与跨境产业链逻辑图

3　基于生物膜理论的中越边境地区跨境产业链构建路径

3.1　生物膜理论的基本内涵

跨境产业链是基于区域分工，在两国不同产业空间载体单元和不同产业生产环节沿边境线的横向或垂直于边境线的纵向轴线集群布局，或是紧临城镇和口岸一体化发展区域跨境组团式团块集群布局。因此跨境产业链的形成难点在于跨境生产要素如何打破边境线的屏障效应，并成功将其转换为中介效应，最好通过共建共享实现增值共生效应。对于边境线的穿孔、串线等空间选址和产业空间布局就成为重点和难点。

“生物膜”起源于生物学，指具有特殊结构和功能的选择性通透膜，具有物质运输、信息传递和能量转换等功能。因此，借鉴生物膜理论指导边境地区跨境产业链的构建具有理论意义。

3.2　基于生物膜理论的跨境产业链发展模式

传输功能是生物膜理论的核心部分，包括物质运输、信息传递、能量转换等功能。生物膜理论在边境地区跨境产业链领域的应用，就是运用生物膜理论解析跨境产业链的传输功能，识别其传输机制与传输规律，进而指导边境地区的跨境产业链发展。

在生物体的生命活动过程中，细胞之间存在着物质运输、信息交流、能量转换等活动，而实现这些活动的方式之一就是借助生物膜上的膜蛋白，膜蛋白可作为“载体”实现物质的跨膜运输，同时又能接收和传递外来信号分子。生物膜就好比两国的边境线，边境线上的口岸就扮演了膜蛋白的角色，只有通过口岸才能实现两个国家或地区之间物质、信息、能量的运输和交换，没有膜蛋白部分的生物膜，就是没有口岸的边境线，如自然山体、河流、海洋、军事管理区、无人区等，两个国家或地区之间几乎不能通过这些地区实现跨境运输（图 2）。

借鉴生物膜理论，围绕产业链、生物膜、跨境三个维度可构建四域耦合的跨境产业链发展路径（图 3）。具体而言，产业域是构建跨境产业链的功能表现，围绕生物膜三大核心功能，实现跨境产业合作，体现跨境产业增值效应，形成集上游、中游、下游于一体的完整跨境产业链；功能域是跨境产业链发展路径的核心，体现了物质运输、信息传递、能量转换三大生物膜核心功能；要素域是功能域的物质化表现，体现生物膜三大核心功能的传输物质要素；空间域是要素域的空间化表现，围绕边境口岸建设跨境经济合作区、跨境交通线、跨境产业园区、跨境商贸城、跨境信息中心等设施。为此，跨境产业链发展路径从物质运输、能量转换、信息传递三个维度进行构建，其中物质运输是基础层次的保障，能量转换是中间层次的保障，信息传递是较高层次的保障。

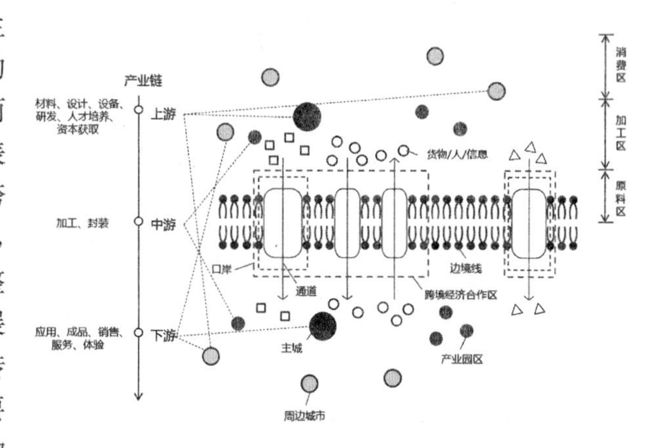

图 2　基于生物膜的跨境产业链构建示意图

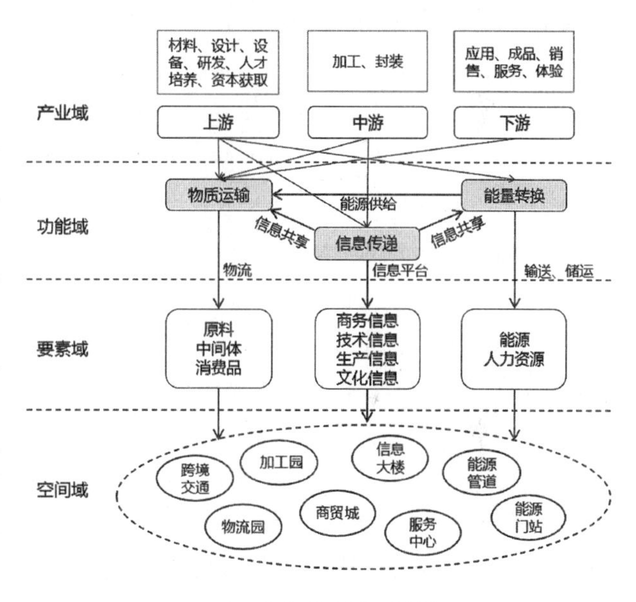

图 3　生物膜理论示意图

（1）物质运输：港城联动，错位共赢

物质运输是生物膜的主要功能之一，边境线就好比生物膜，口岸就扮演了生物膜上膜蛋白的角色，承担边境地区物质运输的功能。一个或多个口岸就形成了跨境经济合作区，通常需要设立加工园、物流园、商贸城等设施，实现口岸—产业区—城镇的一体化发展，有效保障物质运输效率以及物质就地转换。因此，口岸的数量、规模、运输效率决定了两个国家或地区之间物质交换的数量。

（2）能量转换：资源互补，互利互惠

通过边境线上的口岸，实现两个国家或地区之间能量、人力资源的转换和流动，如设立天然气管道、石油管道、电力管道等能源管道以及能源门站等，将两个国家或地区之间的资源进行互补，实现能源的就地转换，为跨境产业链提供上游原料产品或能源支持，如石油、化工原料、电能等；设立跨境就业服务中心，优化跨境人流通道，保障跨境劳务就业环境。

（3）信息传递：信息共享，协同发展

两个国家或地区通过口岸实现信息的传递，这些信息主要包括商务信息、技术信息、劳务信息和文化信息。商务信息常指跨境商业消息、情报、知识等；技术信息主要包括跨境检疫技术、知识产权与技术转移等；劳务信息包括用工信息、招聘信息等；文化信息包括两国民俗风情、文化节日、民族感情等，两国互过春节、两国通婚等文化活动，是中外两国民心相通的重要途径。

中国广西与越南的合作，类似于"富"与"穷"的合作，在产业链构建类型和构建内容方面也更丰富，具有研究的代表性，因此本文以广西中越边境口岸地区为例进行实证分析。

4 广西中越边境东兴口岸实证分析

中国广西与越南北部一衣带水，地理空间连绵一体。广西农业资源丰富，生产加工能力强，商贸物流发达；越南北部劳动力资源充沛，旅游资源众多，两者在产业体系上存在差异性和互补性。边境口岸是两国之间重要的贸易通道，目前在广西境内共设有四个国家级边境口岸。本文以广西东兴口岸为实证案例，研究中越边境地区跨境产业链构建模式，基于生物膜理论的跨境产业链的构建核心在于如何实现更有效的边境传输。

本文以广西东兴口岸地区为实证研究范围，研究方法包括踏勘、问卷调查、深度访谈等。本次研究发放问卷的对象主要包含以下两类：在东兴居住或工作的越南人；在东兴居住或工作的当地人。本次研究共发放问卷 140 份，回收有效问卷 123 份，问卷有效率为 87.9%，其中针对越南人的有效问卷为 57 份，针对当地人的有效问卷为 66 份。

4.1 跨境产业链发展特征

(1) 跨境产业链发展趋势：跨境物流大，发展势头迅猛

东兴是我国北部湾经济区面向东南亚发展的重要节点，随着广西东兴国家重点开发开放试验区的建立，东兴与越南的跨境产业合作日益频繁，跨境物质运输量日益上涨。截至 2016 年，东兴市口岸跨境货运周转量较去年翻了一番，跨境物流发展势头迅猛。

(2) 跨境产业链发展类型：跨境旅游业呈现井喷式增长

随着中国东兴与越南芒街"两国一城"跨境旅游合作的开展，经由东兴口岸出入的跨境旅游人数日益上涨。截至 2017 年 12 月，通过东兴口岸出入境的跨境旅游人数超过 130 万人次，占东兴口岸全部出入境人员的 14.4%；旅游团队超过 9 万个，占中越边境出境游的 95%以上。跨境旅游产业发展迅猛。

(3) 跨境产业链发展效应：双边受益，提高双边收入水平

东兴作为连接中国与越南的陆上口岸，不仅方便了中国游客前往越南旅游，"两国一城"的全域旅游业态更是有效促进了东兴市旅游业的发展。截至 2017 年 11 月，东兴市旅游总消费超过 76 亿元，增长率超过 30%。同时，越南边民在东兴就业，不仅促进了东兴市的发展，而且提高了越南边民自身的收入。在东兴访谈的 57 位越南边民中，超过一半表示来中国工作后家庭收入有所增加。

4.2 跨境产业链发展需求

中越双方调查问卷结果显示：从基于物质运输的发展需求来看，中越双方对于跨境产业园区建设、跨境就业、跨境上学有较高的需求，即对跨境产业载体和跨境公共服务设施有较强的需求；从基于能量转换的发展需求来看，中越双方对于跨境就业服务中心建设、跨境创

业有较高的需求，即人力资源跨境流动的现状保障不足，需求较大；从基于信息传递的发展需求来看，中越双方对于跨境信息建设的需求较大，跨境信息平台包括跨境就业信息、跨境商贸信息、跨境政策信息、跨境规划信息等(图 4)。

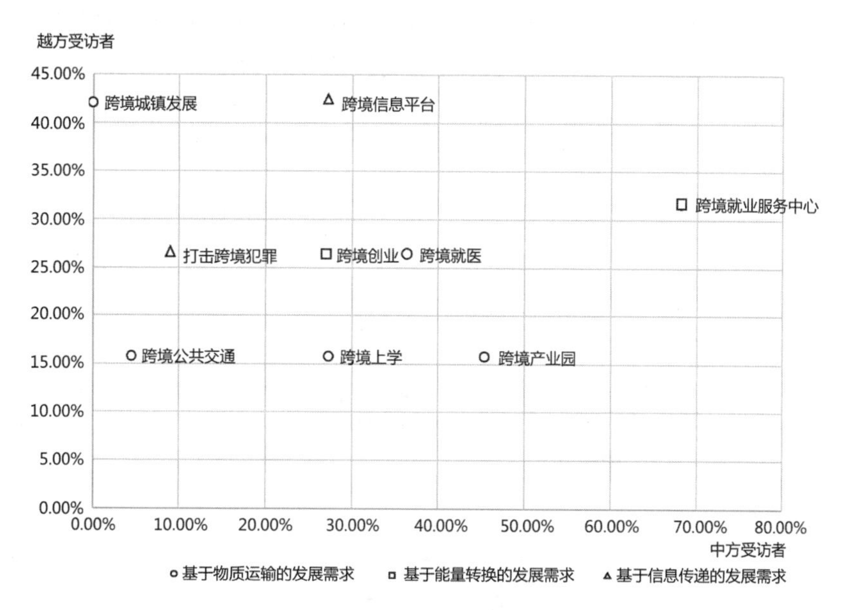

图 4　中越双方跨境产业链需求图谱

4.3　基于生物膜理论的跨境产业链构建路径

东兴—芒街口岸的发展模式更类似于“富”与“穷”的合作，因此，基于生物膜的三大功能，东兴—芒街口岸的发展以提高物质运输和能量转换效率为主导，兼具提高信息传递能力。从跨境产业链的类型来看，东兴—芒街口岸的发展兼具跨境农业产业链、跨境工业产业链、跨境服务业产业链的构建(图 5)。

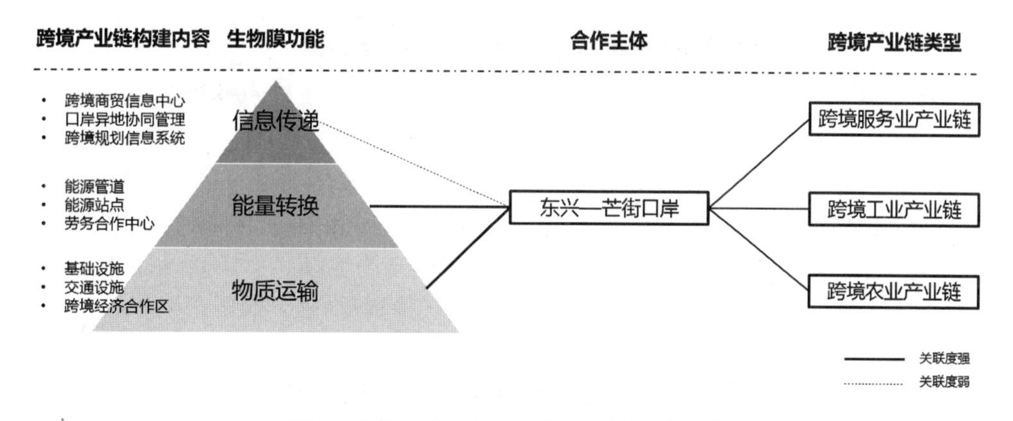

图 5　东兴—芒街口岸跨境产业链构建思路

(1) 物质运输：构建原料区—加工区—消费区三个层次的跨境经济合作区

构建原料区—加工区—消费区三个层次的跨境产业链的空间体系(图 6)。以中国东兴—越南芒街跨境经济合作区为例，第一个层次是由 10 km^2 的核心区构成的原料区，主要发展金融商贸会展、加工贸易、保税仓储、大宗商品交易等产业,实现产业链原料供应环节。该区域是决定物质运输效率的关键环节,因此,需要完善口岸交通设施建设,衔接双方工程标准,采用标准化规范,推进跨境公路、跨境铁路、跨境大桥的建设;完善基础设施建设,推进跨境电力设施等的建设;完善公共服务配套,促进跨境人口流动;推进跨境物流便利化,推进东兴口岸试运行进出口货物一次申报系统,提升口岸通关便利化。

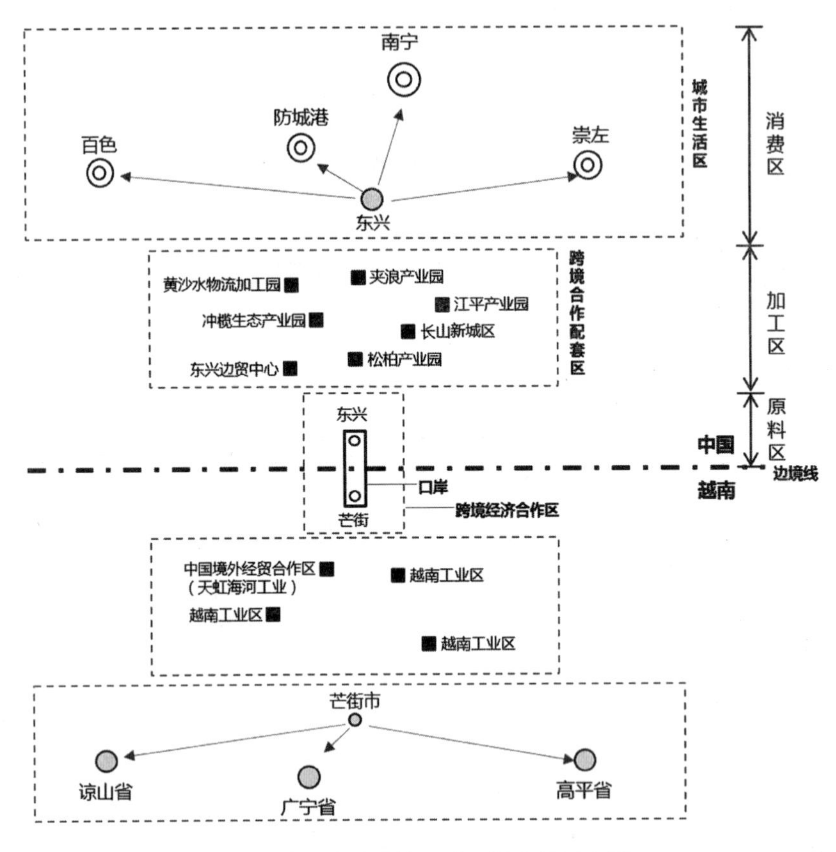

图6 广西中越边境区域跨境空间示意图

第二个层次是由 74 km^2 的 7 个配套园区组成的加工区,主要实现产品进出口加工、现代物流等功能。首先,对双边园区进行规划统筹,依据跨境产业链的主导方向,统筹合理布局加工园区、物流园区。东兴的制造业水平、物流水平整体高于越南芒街,因此建议工业园区、物流园区主要布局在中方一侧,如推进东兴国际综合物流中心、保税物流中心等园区建设。其次,推进跨境园区建设,推动中国产业园区在越方落地,以应对越方限制原料出口的政策,同时享受越方的优惠政策、资源优势和劳动力优势;鼓励越方园区在中方建设,学习和发展制造业技术,提升制造业水平,加强双边园区合作。

第三个层次是由防城港、百色、崇左、南宁等城市构成的消费区,由东兴向外辐射,并联动周边城市发展。应完善区域交通设施,加强东兴与周边防城港、南宁、崇左等城市间的交通设施建设,加快公共交通建设,强化区域联系。建立物流运输专线,建立崇左、百色水果运输专线,充分利用越南的农业资源优势、东兴的区位优势和成本优势,实现水果运输专线与口岸联动发展,发挥专线空间影响和口岸群空间效应。

（2）能量转换：实现“一口岸多通道”发展模式

越南拥有丰富的天然气、矿产等自然资源，以及相对廉价的劳动力资源，东兴应充分利用口岸优势，加快实现“一口岸多通道”的贸易发展模式。首先，加强跨境能源的输送和就地利用，建设天然气运输管道和能源站点，将能源管道与防城港化工园相连通，再借助防城港化工园所产生的电力资源、能源资源，实现工业产业的可持续发展。其次，采取分时段、分区域分流货物等方式，解决交通拥堵影响货物通关运输等问题。最后，提高边境科技管理水平，建设智能化就业服务中心，为跨境流动人口提供技能培训和就业指导，促进和保障人力资源的双边流动。

（3）信息传递：建设跨境智能信息中心

出于边境政治、安全等因素的考虑，中越边境地区的跨境信息相对闭塞，中越边民难以及时、准确了解跨境信息，既不利于中越边民寻找就业机会、贸易机会，也不利于跨境产业链的构建。因此，应推进跨境经济合作区建设跨境信息中心，共享双边信息，包括跨境就业信息、跨境商贸信息、跨境政策信息、跨境规划信息、跨境管理信息等。收集、整理、发布双边就业信息，为跨境就业者提供完善的招聘信息，充分发挥边境劳动力优势；完善和共享双边跨境政策信息，包括跨境就业政策、口岸通关政策、边境贸易政策、跨国婚姻政策等，逐步出台和完善跨境教育、跨境医疗政策；共享双边跨境规划信息，加强双边公众参与力度，推动边境规划、跨境规划的有效落实；建立口岸一体化的空间管理模式，实现口岸海关、检验、检疫等不同部门的异地联动办公。

（4）跨境产业链构建

中越边境区域可以优势互补，在农业产业链、工业产业链、服务业产业链上寻求合作，构建跨境产业链（图7）。

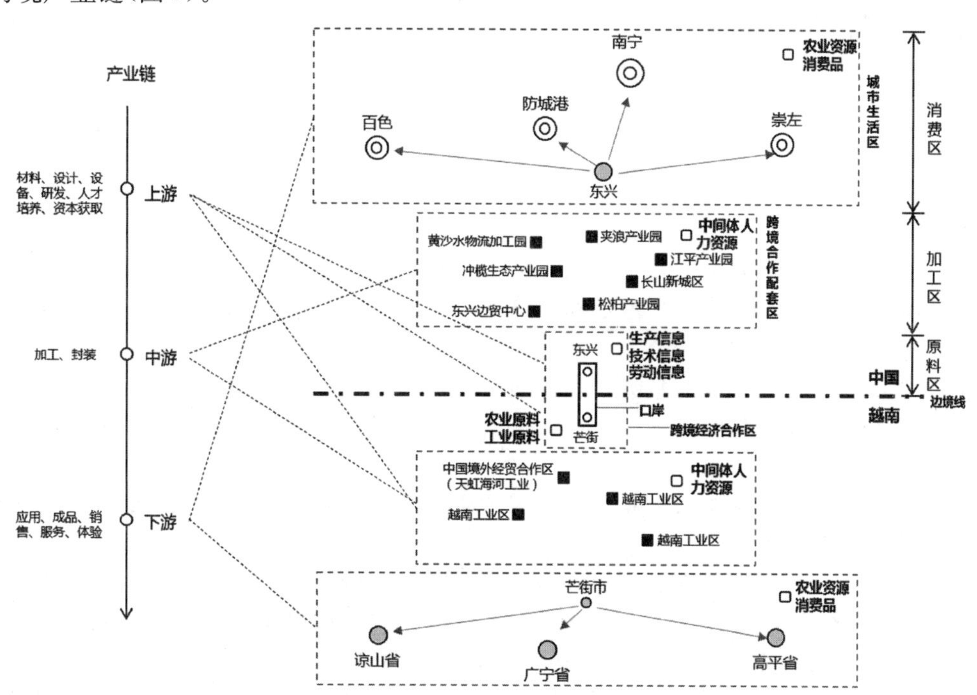

图7　广西中越边境区域跨境产业链构建空间示意图

在跨境农业产业链构建方面，中国边境拥有大量的农地，而越方拥有大量的劳动力，因此，可以由中方提供土地、化肥、农具等生产资料，越方提供劳动力，实施产业链“补链”工程，做强甘蔗产业链[18]。同时，在东兴跨境经济合作区内建立边境农业物流园、农产品加工园、农产品交易信息中心等，实现农产品深加工以及农产品交易。积极申报水果贸易通道，将越南生产的大量新鲜水果快速转运到东兴，并在东兴进行销售和再次转运。

在跨境工业产业链构建方面，越南拥有丰富的原料资源，中国具有较为成熟的原料加工体系和销售市场，应充分发挥两国在工业产业链上的优势，打造甘蔗糖、矿产、红木、食品制造、机械制造等跨境传统工业链，以及生物制药、保健品等跨境新兴产业链。在东兴跨境合作区内建设工业加工业、物流园、商贸城以及信息中心，以龙头企业为依托，带动中小企业协同发展。

跨境服务业包括跨境电商服务业、跨境物流业、跨境旅游业、跨境电子商务业等。建议在东兴跨境经济合作区内建设信息服务中心，为越南跨境劳动者提供招聘信息、技术培训等，提高越南跨境劳工的就业率和职业技能。建立跨境物流园，简化口岸检疫流程，推动“两国一检”落实，提高口岸运转效率，促进跨境物流业发展。

5 结语

当前，对我国边境地区产业发展的关注度日益提高，随着跨境产业合作的持续深化，从区域综合效益角度引导跨境产业链培育形成与优化发展的需求日益迫切。本文借鉴生物膜所具有的物质运输、信息传递、能量转换三大功能，构建产业域—功能域—要素域—空间域四域耦合的跨境产业链发展路径，并以广西中越边境东兴口岸为例进行了实证研究，为同类地区的发展提供了有益参考。

[本文受国家重点研发计划战略性国际科技创新合作重点专项“境外产业园区规划技术合作研究与示范应用”(2016YFE0201000)资助]

参考文献

[1] 高歌. 把我国边疆地区建成“一带一路”综合效应先行区[J]. 国际商务研究，2018，39(2)：30-38.

[2] 王展硕，周观平. 跨境经济合作区建设：模式、困难与对策：以中国龙邦—越南茶岭跨境经济合作区的建设为例[J]. 国际经济合作，2017(11)：41-47.

[3] 秦军，钟源，熊耀平，等. 边境区域协同发展规划策略与实践[J]. 规划师，2018，34(7)：59-64.

[4] 李丽，马振超. 中越边民跨国流动治理的困境与路径探析[J]. 西南民族大学学报(人文社科版)，2018，39(3)：45-51.

[5] 傅国华，张晖，张德生. 我国天然橡胶“走出去”战略与空间产业链模式的构建[J]. 农业现代化研究，2012，33(6)：713-716.

[6] 项义军，厉佳佳. 黑龙江省与俄罗斯农业跨境产业链发展研究[J]. 对外经贸，2014(10)：32-34.

[7] 徐增让，成升魁. 东盟—中国农林产品国际贸易流动研究[J]. 世界地理研究，2017，26(3)：12-18.

[8] 张鑫. 中国—东盟农业产业链一体化合作研究[J]. 世界地理研究，2017，26(6)：22-30.

[9] 夏丽丽，阎小培. 基于全球产业链的发展中地区工业化进程中的产业演进：以珠江三角洲为例[J]. 经济地理，2008，28(4)：573-577.

[10] 林兰,叶森,曾刚. 长江三角洲区域产业联动发展研究[J]. 经济地理,2010,30(1):6-11.
[11] 梁育填,樊杰,韩晓旭,等. 重点开发区域产业集聚的机理分析:以广西梧州市为例[J]. 经济地理,2010,30(12):2023-2029.
[12] 梁天戈,杨非羊. 我国边境口岸城市跨境旅游类型研究[J]. 建筑与环境,2016(4):1-4.
[13] 王海英."一带一路"倡议与黑龙江跨境产业合作:机遇、路径与对策[J]. 国际经济合作,2017(5):91-95.
[14] 王昆. 跨境地区合作与空间发展[D]. 北京:清华大学,2014.
[15] SMITH D L,RAY J L. The 1992 project and the future of integration in Europe[M]. New York:M. E. Sharpe,1993.
[16] 吴浩军. 跨境双子城的发展方向和路径选择:对圣地亚哥—蒂华纳双子城和香港—深圳双子城的比较分析[J]. 国际城市规划,2011,26(4):69-73.
[17] ARREOLA D D. The Mexico-US borderlands through two decades[J]. Journal of cultural geography,2010,27(3):331-351.
[18] 李伟伟,赵四东,黄璐. 广西甘蔗糖业发展态势分析及其升级转型对策研究[J]. 热带农业科学,2017(11):122-128.

图表来源

图 1 至图 3 源自:笔者绘制.

图 4 源自:笔者基于调研问卷统计绘制.

图 5 至图 7 源自:笔者绘制.

表 1 源自:笔者根据王昆. 跨境地区合作与空间发展[D]. 北京:清华大学,2014 整理绘制.

表 2 源自:笔者根据王昆. 跨境地区合作与空间发展[D]. 北京:清华大学,2014;吴浩军. 跨境双子城的发展方向和路径选择:对圣地亚哥—蒂华纳双子城和香港—深圳双子城的比较分析[J]. 国际城市规划,2011,26(4):69-73 整理绘制.

表 3 源自:笔者根据王昆. 跨境地区合作与空间发展[D]. 北京:清华大学,2014 整理绘制.

表 4 源自:笔者整理绘制.

第五部分　会议综述
PART FIVE　CONFERENCE REVIEW

通古今之变　汇多元之长：
第一届东亚规划史与文化遗产保护会议、全球化和信息时代背景下的城市历史景观保护会议综述

郭　璐　丁替英　李百浩

Title: Through the Changes of the Past and Present, Combining the Strengths of Diversification: Review on the 1st East Asian Planning History and Cultural Heritage Protection Conference and Urban Historical Landscape Protection Conference in the Context of Globalization & the Information Age

Author: Guo Lu　Dinh The Anh　Li Baihao

摘　要　第一届东亚规划史与文化遗产保护会议、全球化和信息时代背景下的城市历史景观保护会议分别于2018年10月1日、2日在越南河内召开。与会者围绕近现代亚洲城市规划和空间转型、中国古代规划传统、亚洲城市历史文化遗产保护、越南乡村历史与保护等议题展开交流与讨论。会议展现了亚洲规划史和城乡文化遗产保护领域的最新研究成果，彰显了全球化、信息化背景下进行跨文化研究的重要意义和未来方向。

关键词　东亚；规划史；文化遗产保护

Abstract: The 1st East Asian Planning History and Cultural Heritage Protection Conference and Urban Historical Landscape Protection Conference in the Context of Globalization & the Information Age were held in Hanoi, Vietnam on October 1 and 2, 2018 respectively. Communications and discussions on modern Asian urban planning and spatial transformation, Chinese ancient planning tradition, Asian urban historical and cultural heritage protection, Vietnamese rural history and protection and other issues were held. The latest research results in the field of Asian planning history and urban & rural cultural heritage protection were presented in the conferences, highlighting the significance and future direction of cross-cultural research in the context of globalization and informatization.

Keywords: Asia; Planning History; Cultural Heritage Protection

作者简介

郭　璐，清华大学建筑学院，助理教授

丁替英，东南大学建筑学院博士生，越南京城研究院

李百浩，东南大学建筑学院教授，中国城市规划学会城市规划历史与理论学术委员会副主任委员兼秘书长

1　引言

第一届东亚规划史与文化遗产保护会议、全球化和信息时代背景下的城市历史景观保护会议分别于2018年10月1日、2日在越南河内召开，会议由中国城市规划学会城市规划历史与理论学术委员会与越南国立土木工程大学联合主办，河

内还剑湖郡人民委员会办公室协办。

中国城市规划学会城市规划历史与理论学术委员会成立于2012年，旨在总结传统城市规划思想及原理、规划史研究与规划实践的联动、欧美城市规划的引介、吸收与自身展开的过程；6年来，在中国和国际的历史研究与历史城市保护、既有城市更新再利用等规划实践等领域正显示出愈来愈紧密的作用。越南国立土木工程大学历史悠久，是越南城市规划专业的一流院校，在城乡规划学科的人才培养方面做出了杰出的贡献。该院校的师生除了教学工作外，还常在国家研究机构、政府机构及各大城市规划设计研究院担任重要职位或提供专业咨询[①]，在越南城乡规划的研究与实践领域发挥着重要作用。

此次会议有来自中、越、日10所高校的数十名学者参加，包括中国的东南大学、清华大学、哈尔滨工业大学、深圳大学、南京工业大学、广州大学、桂林理工大学，越南的国立土木工程大学、河内建筑大学，日本的东京大学等。会议旨在探讨亚洲城市规划历史与文化遗产保护的相关理论与实践问题。会议内容可概括为四个主要议题：① 亚洲近现代城市规划和空间转型；② 中国古代规划传统；③ 亚洲城市历史文化遗产保护；④ 越南乡社历史与保护。会议展现了亚洲规划史和城乡文化遗产保护领域的最新研究成果，彰显了全球化、信息化背景下进行跨文化研究的重要意义和未来方向，在学术交流、文化传播等方面取得了重要成果（图1、图2）。

图1　与会代表合影

图2　中越双方互赠书籍

2 近现代亚洲城市规划和空间转型

近现代城市是当代城市发展的直接历史基础，近现代城市规划直接形塑了当代城市规划的思想、方法、体制。亚洲地区城市在相近的历史文化基因之下，经历了既有共性又具差异的近现代化发展过程，对近现代亚洲城市规划与空间转型进行研究具有重要的理论价值和现实意义。本次会议有三个报告围绕这一议题从宏观、中观、微观三个空间尺度进行了探讨(图 3 至图 5)。

图 3　发言人李百浩

图 4　发言人赵志庆

图 5　发言人松本康隆

2.1　宏观尺度:中国现代城市规划的形成及其类型

东南大学李百浩提出应进行从古代到近现代的连贯性、整体性、连续性研究，他以多视角、长时段的研究方法厘清了中国现代城市规划(1948—1978 年)的基本脉络，揭示了中国现代城市规划新文化的形成过程及其价值。

南京和北京作为中华民国、中华人民共和国的首都，都面临着从传统都城到现代首都的转型，标志着从近代的中断到现代的开始的转变。前者的规划(1928—1929 年)延续中体西用，中西融合；后者的规划(1949—1952 年)则更为关注国家权力和社会主义意象，规划理想让位于执政者的政治空间诉求。1953—1957 年(第一个五年计划期间)，中国规划建设了一大批新兴工业城市，形成了社会主义新兴工业城市类型和以苏联规划为范型的现代城市规划原则、内容、体系，培养了一批城市规划技术专家，从欧美模式转向苏联模式，拉开了中国现代城市规划形成的序幕。1958—1965 年，为快速实现共产主义理想，中国农村全面实现了公社化体制，各地进行人民公社规划，可视之为一种理想社会单元的建构。1964—1978 年，以备战为中心，在中国内陆及远离边境的地区进行大规模的“三线城市”建设，加速了欠发达内陆地区的城市化与现代化进程，体现了政治和技术的结合，也促进了自主的城市规划学术和人才的发展。1976 年，唐山大地震之后，集全国之力进行重建新唐山总体规划，推动了城市规划学术的恢复，在某种意义上可视之为中国城市规划再次现代化的先声。

中国现代城市规划的形成路径，既非西方的现代化植入，亦非 1949 年前的近代化延续，初期全面学习苏联规划，后期则与毛泽东的现代化建设思想以及传统文化有密切关系，体现出鲜明的国家主义理念，形成了一种城市规划新文化，这是中国固有文化之外的一种新文化，对当代中国有着深远的影响(图 6)。

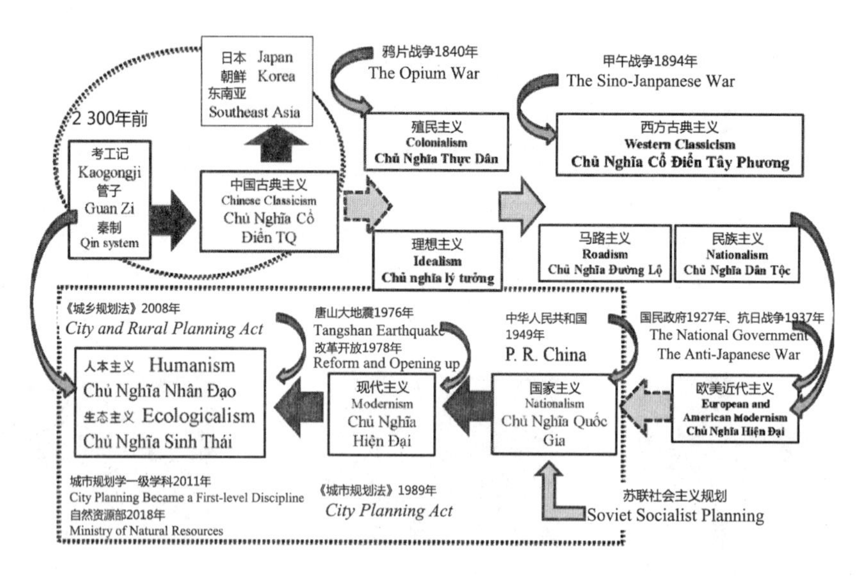

图6　中国城市规划演变脉络

2.2　中观尺度:重大事件影响下的铁路城市发展

哈尔滨工业大学赵志庆以重大事件对城市发展的驱动为视角,梳理了哈尔滨从1898年至今的120年间城市规划建设的发展历程,揭示了铁路城市在重大事件驱动下的三个发展阶段:①外在机遇性突变发展;②内在渐进性平缓发展;③自生融合性高速发展。

所谓重大事件可以分为两个层级,第一层级包括战争、交通、人口迁徙、思想变革、灾害;基于此衍生出第二层级,包括早期利权更迭、经济主体、人物、城市规划行为、节事、大型项目。这些重大事件成为城市空间发展的催动力。重大事件推动下的哈尔滨城市规划建设可分为九个阶段:①1898—1906年,铁路修建,城市起步区形成;②1907—1919年,自开商埠,近代城市基本格局奠定;③1920—1930年,利权收回,国际商贸地位确立;④1931—1945年,伪满洲时期形成大哈尔滨构想;⑤1946—1976年,第一个五年计划和第二个五年计划促进工业城市建设;⑥1978—1987年,改革开放初期,城市更新在探索中前进;⑦1988—2000年,哈尔滨发展为一个开放城市,国家历史文化名城建设逐步推进;⑧2001—2007年,21世纪的哈尔滨迎来新的机遇和挑战,政府搬迁、新区发展;⑨2008—2018年,地铁、高铁的建设推动哈尔滨进入双铁时代,城市规划建设也进入新时代。

通观九个发展阶段,可以发现铁路城市的发展规律,在城市发展早期依赖于机遇性突变,对哈尔滨而言就是20世纪初中东铁路的修造和50年代重点工业工程布局;在每一次的外在机遇性突变后都会进入渐进性的平缓发展期;现阶段,城市空间在多元事件的驱动下,城市自主性增强,呈自主融合性发展的特点(图7)。

2.3　微观尺度:日本传统建筑空间的近代化过程

南京工业大学松本康隆以数寄屋为典型案例,通过阐释近现代数寄屋建筑物理空间和文化概念的演进过程及原因,揭示了日本传统空间近代化的动因与机制,指出要重视亚洲各国传统空间之间的历史关联性。

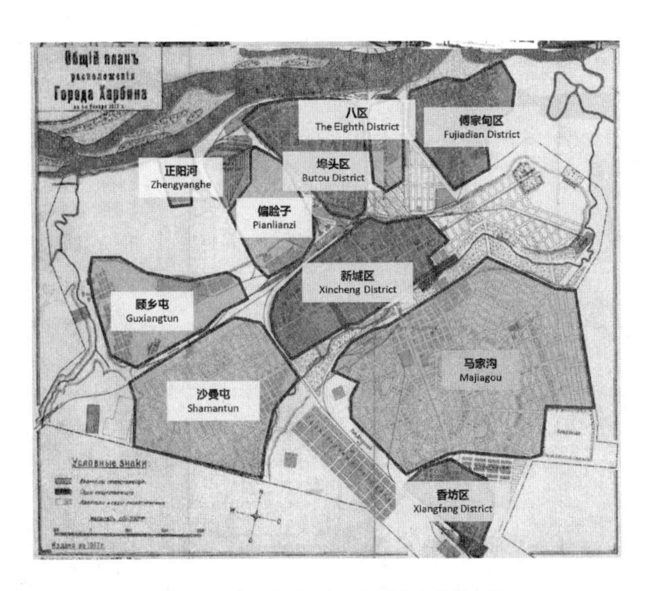

图 7　1917 年的哈尔滨城市规划图

数寄屋是一种以茶室方式建造设计的日本传统住宅。日本茶道有抹茶道和煎茶道之分，抹茶室和煎茶室的建筑和园林的特色各异，数寄屋先受抹茶室的影响，后又融入煎茶室的特色，最终形成整体性的空间特色。近代以来，数寄屋在物质空间和文化概念上也经历了近代化的过程。1873 年，公园产生，公园中常建有茶室，即为数寄屋建筑的近代版本。数寄屋所承载的茶道文化获得了公共性，形成了关于茶道的社会文化活动和文化圈，其主要参与人群是近代资产阶级。数寄屋的物质空间也相应发生了演化：一方面，西方文化、近代建筑材料与设备等被引入；另一方面，数寄屋的设计从业主、茶道老师（宗匠：Tea Master）、工匠（栋梁）三方的协作，逐渐转变为由建筑师主导。与此同时，数寄屋在文化概念上也伴随着国际政治形势、文化思潮的变动而逐渐发生了变化。中日战争期间，中国文化要素逐渐被抹除；战后，以追求和平为口号，茶道被介绍给世界，参与茶道的人群扩展至大众，公共茶室的建设兴起，茶室的空间设计也因此日趋简单、素朴，走向现代主义建筑。

数寄屋在近代的演化体现了日本传统空间西方化和近代化过程的特征，其一方面受西方的影响，另一方面也受到亚洲各国间关系变化的影响。因此，在研究近现代空间的变化时，除了要与西方国家进行比较，还需要进行亚洲各国之间的比较（图 8）。

3　中国古代规划的传统

中国历史上有着悠久而又独具特色的城市规划、建设的传统，在文化的交流和碰撞中，这一传统也深刻影响了东亚、东南亚等地区的城市发展，为今天的中国乃至世界留下了丰厚的文化遗产，对中国古代规划传统的内涵与特色进行研究既具有本土意义，也具有世界性价值。本次会议有三个报告围绕这一议题，探讨了中国古代城市规划建设中的两个重要主题，即对于“文教”和“自然”的重视（图 9 至图 11）。

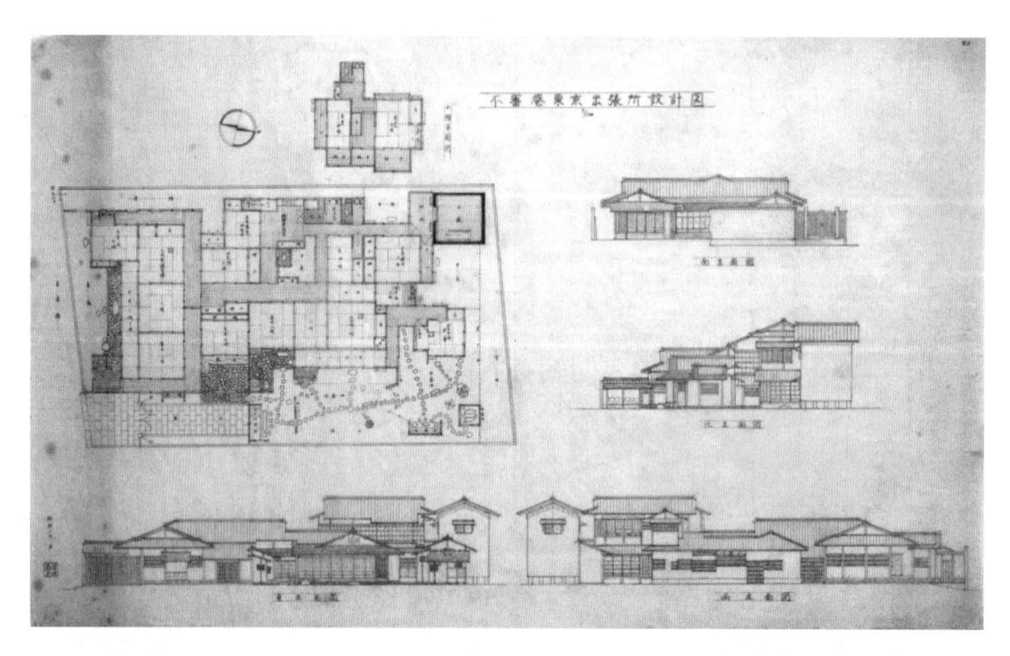

图8　传统工匠笛吹嘉一郎自学近代设计而绘制的“数寄屋”:“不审庵东京出张所平面图·立面图(1954年5月)”

图9　发言人王鲁民

图10　发言人武廷海

图11　发言人郭璐

3.1　重视文教的传统

深圳大学的王鲁民以明清扬州府城为例，揭示了宋以后中国古代城市文教转向的现象、内涵和动因，指出文教转向的具体表现是文教建筑在城市空间和景观格局中开始占据统领地位，这是刻意设计的结果，是中国传统社会晚期地方城市的重要特色。

所谓文教转向是指宋代以后中国地方城市景观架构所发生的一种显著变化。伴随着科举制度的发展和宋明理学的传播，包括学宫、书院、文昌阁、魁星楼、文峰塔、惜字塔、祀祠、牌坊等文教建筑在地方城市景观系统中的地位大幅提升，甚至占据主导地位。扬州位于京杭运河与长江交汇处，是南北河运、东西江运水路交通与漕运的总枢纽，经济与文化高度发达，康乾南巡又带来难得的政治机遇，共同推动了城市文教的昌盛，也相应带来了城市景观的“文教转向”，具体表现为：①学宫区位价值的提升与规模的扩大；②科举祭祀设施的增建，如文昌阁与魁星楼；③教化设施的增建，如寓意多中科举的文峰塔、表彰科举教化的牌坊和“尊贤、报功、崇道”的祀祠；④书院数量的增加与规模的扩大；⑤书局和藏书楼的增建。从空间分布来看，这些文教建筑在城市空间和景观格局中占统领地位，并且经过刻意设计，与水路及街巷紧密结合，突破城墙的局限，有意迎合乾隆南巡线路。

在中国传统社会晚期，地方城市的“文教转向”与其他文化比较具有重要特色，这对于现代城市文化建设仍具启发意义(图 12)。

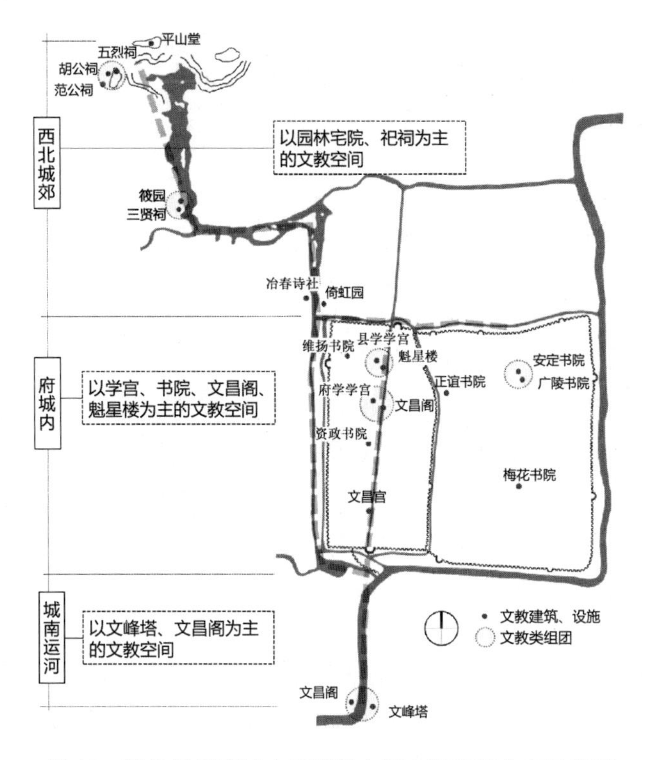

图 12 清代扬州府城内及城郊主要文教建筑分布示意图

3.2 结合自然的传统

(1) 相地营城的历史经验

清华大学武廷海指出城市规划结合自然是中国数千年来的规划与建设传统，他挖掘和阐释了中国传统的相地与营城经验，揭示了“城”与“地”的密切关系，最后提出中国古代城市的规划事实上是一种被广泛运用的空间战略、技术和艺术。

自 1978 年实行改革开放以来，中国经历了大规模的快速工业化。城市建设已经成为中国经济社会发展成就的重要体现和引人注目的景观。2015 年中央城市工作会议明确要求“城市建设要以自然为美，把好山好水好风光融入城市。要大力开展生态修复，让城市再现绿水青山”。城市规划结合自然可以追溯到中国数千年来山水城整体规划与建设的传统，可以从以下几个方面加以认识：①城市选址与设置中对人口资源环境的综合考虑。约公元前 7 世纪的《管子》、公元前 2 世纪的《汉书・晁错传》都有相关记载。②城市及其周边的整体规划与设计。城市及其周边的山水环境都是城市的组成部分，中国古代的城市实际上是“山水城”，从中国古代山水画中可见一斑。③以自然山川确定城市轴线进而确定主要功能和重要建筑的布局。自然山川作为城市的空间组成要素，成为决定城市轴线与空间构图的关键，六朝建康、隋唐长安等名都大邑莫不如此。④规划结合自然，基于自然，高于自然。中国古代城市规划设计从技术路径来看，是从“地”到“城”，本质上是将自然纳入构图。

中国城市规划史的研究，离不开比较与融通。发掘中国传统的相地营城的经验并在现代化建设中加以传承与发展，是当代中国城市规划的一个重要议题，也可以与东南亚、东亚国家进行比较研究，关注世界性的、区域性的文化互动、融合及其差异的动因和影响(图 13)。

图 13　东晋建康的空间格局与山水形势

(2) 对自然地形高处的利用

清华大学郭璐阐释了唐代长安地区"据营高敞"的区域空间秩序营建方法。她指出中国古代的城市具有与乡村紧密联系的明显特征，对中国古代城市空间营建的研究不能仅局限在城墙的范围内，而应拓展至区域。她揭示了唐长安地区根据地区自然地理条件占据地形高敞之处，通过不同空间尺度的规划设计，塑造区域空间秩序的思想和方法。

长安地区是中国古代建都时间最长的地区，唐代既是在长安地区建都的最后一个王朝也是中国历史上国力极盛、文化繁荣的时代，这一时期长安地区的建设在各方面都达到历史上的高峰。长安城位于关中平原最为开敞的部分，二者紧密结合在一起，形成"长安地区"。唐长安地区在区域空间中地形突出、视野开敞的高点建设重要建筑，全面控制了区域空间中的重要节点。一方面，区域中可资利用的地形高处几乎都被人工建筑物所"占用"，这些占据高敞之地的人工建设地势高耸，形象突出，形成了地区空间中若干沿地形展开的"条带"，包括北山帝陵带、南山寺观行宫带以及长安城与城郊沿原畔形成的几条重要建筑带，实现了对区域空间秩序的全面控制；另一方面，这些条带上的"建设点"都是风景优美、视野开阔的宜人处所，形成了有利于各种社会活动开展的小尺度人居环境。具体的技术方法包括三个方面：择取地区高处的宏观选址，追求视线开敞的微观选址以及高下相应的建筑群布局。

隋唐长安地区的社会空间需求和地区开发强度都超过前代，但仍然具有整体性的区域空间秩序，"据营高敞"是一个重要的技术方法。其关键在于两个方面：一是大尺度的区域空间和小尺度的建筑空间的统一；二是自然环境和人工环境的统一(图 14)。

4　亚洲城市历史文化遗产保护

城市是文明的载体，城市历史文化遗产则是文明的重要见证，它不仅包含以历史街区、

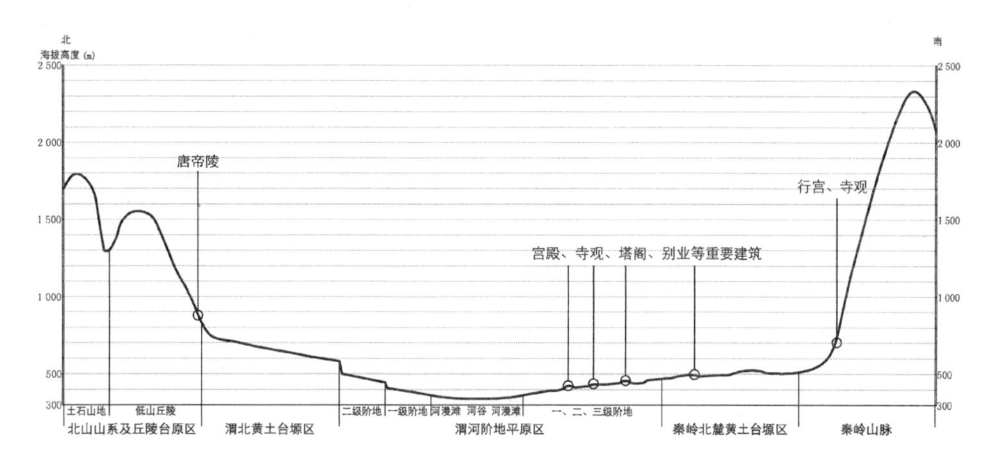

图 14　唐关中地形剖面

历史建筑等为主的物质文化遗产，也包括生活习俗、艺术技艺等非物质文化遗产。亚洲有诸多历史悠久又饱经时事变化的城市，文化遗产丰厚又多样，而且与世界其他国家和地区的城市历史文化遗产相比，有其鲜明的独特性。当前，亚洲城市的历史文化遗产普遍面临着现代化和全球化的冲击和挑战，如何界定具有亚洲特色的城市历史文化遗产的概念？如何与全球化、现代化同行又同时保护历史遗产、保持地方特色？这些都是迫切需要解决的问题。本次会议有五个报告围绕这一议题从中国、日本和越南的经验出发进行了探讨(图 15 至图 18)。

图 15　发言人窪田亜矢

图 16　发言人柏原沙织

图 17　发言人黎琼芝

图 18　发言人范俊龙

4.1　中国历史文化街区保护

同济大学张松阐释了历史文化街区在中国历史环境整体保护体系框架中的重要地位，介绍了中国历史文化街区的基本概念和保护现状，结合相关实践案例，探讨历史文化街区保护的意义、问题及规划对策，提出对“保护的本质”的思考和对未来道路的展望。

1982 年，中国政府建立起历史文化名城保护制度。2008 年，国务院颁布施行《历史文化名城名镇名村保护条例》，在文物保护制度的基础上，一些历史文化名城基本形成了由历史城区、历史文化街区和历史建筑三个层次构成的历史环境整体保护体系框架。历史文化街区，既是申报国家历史文化名城的必要条件，也是历史文化名城保护规划中的重点内容。北京、上海、苏州、绍兴等历史文化名城的历史文化街区保护都取得了一系列的成就。就成功的经验来看，实施主体多元，政府、市场、民间主导的情况都存在；功能业态也比较多样，有保持居住功能、改善民生的类型，也有以商业消费、旅游休闲为主的类型。与此同时，还存在诸多的问题与挑战:大量历史地区缺少必要的资金投入,居住条件差,建筑设施陈旧;已完成整治的街区,又出现了过度商业化、士绅化的倾向。如何既改善居民的生活环境条件,又保持原有的历史风貌、肌理尺度和场所精神?如何管理业态、功能和环境风貌的变化,实现可持续城市旅游发展?这些都是未来历史文化街区保护过程中需要解决的问题。

保护的实质是对历史文化街区、历史建筑和文物古迹等文化遗产及其景观环境的改善、修复和必要的干预,是为降低文化遗产和历史环境衰败速度而对变化进行的动态管理。保护需要综合社会、经济和文化发展规划,并且要在各个层面加以整合。未来要处理好城市改造开发和历史文化遗产保护利用的关系,切实做到在保护中发展、在发展中保护(表1)。

表1　部分历史文化名城的历史文化街区划定情况

城市	上海	北京	天津	杭州	广州
名称	历史文化风貌区	历史文化保护区	历史文化保护区/历史文化风貌区	历史文化街区/历史地段	历史文化街区
公布批次(次)	2	3	1	1+增补	2
数量(片)	44	40	9/5	13/12	22
面积合计(km^2)	41.2	20.63	8.52	1.60	20.00

4.2　东京城市历史景观保护

东京大学窪田亜矢在回顾东京的前身江户城的建设历史的基础上,重点分析了江户城外壕数百年的发展变化,并阐述了当前对外壕历史景观加以保护的措施,最后指出了城市历史景观保护的理想空间模式。

江户城始建于15世纪中叶,1603年德川家康在此设立幕府并开始大规模建设,至1636年基本完成,当时的江户城有内壕和外壕,外壕周长约为16 km。明治元年(1868年),改江户为东京,江户城也发生了一系列的变化。1870—1873年,众多城门被摧毁。1894年,开始交通基础设施建设,外壕逐渐被填埋。与此同时,部分外壕被改造为公园,部分水面被利用为船库和垂钓中心,原本用于防御作用的外壕变为市民休闲游憩的空间。此外,开始在外壕进行风景区的指定和划分,1951年确定了风景优美区,1956年又确定了历史遗址。20世纪50年代,大尺度开发兴起,1964年东京奥运会的召开促进了这个进程,一些开发项目在填充的外壕上发展起来,进入2000年之后,这一趋势更加明显。总体而言,外壕有六种独特的景观,每种类型都有特定的位置,在市政府、新宿区、千代田区、港区共同制定的地区景观规划和设计导则中均有划定,外壕以内100 m的新的建设规划必须遵循这些导则,如果新的建设规划的地点距离某个特别重要的观景点很近,设计师和开发商必须解释他们对城市景观和风景的考虑。

她最后指出"结构+片区"是城市历史景观保护的理想空间模式,前者指城市开放空间的结构,后者指传统的城市肌理和具有社会凝聚力的片区,前者像葡萄藤,后者像葡萄粒,二者结合才能形成一串饱满的葡萄。这对于包括东京在内的亚洲城市历史景观保护均具有启发意义(图19)。

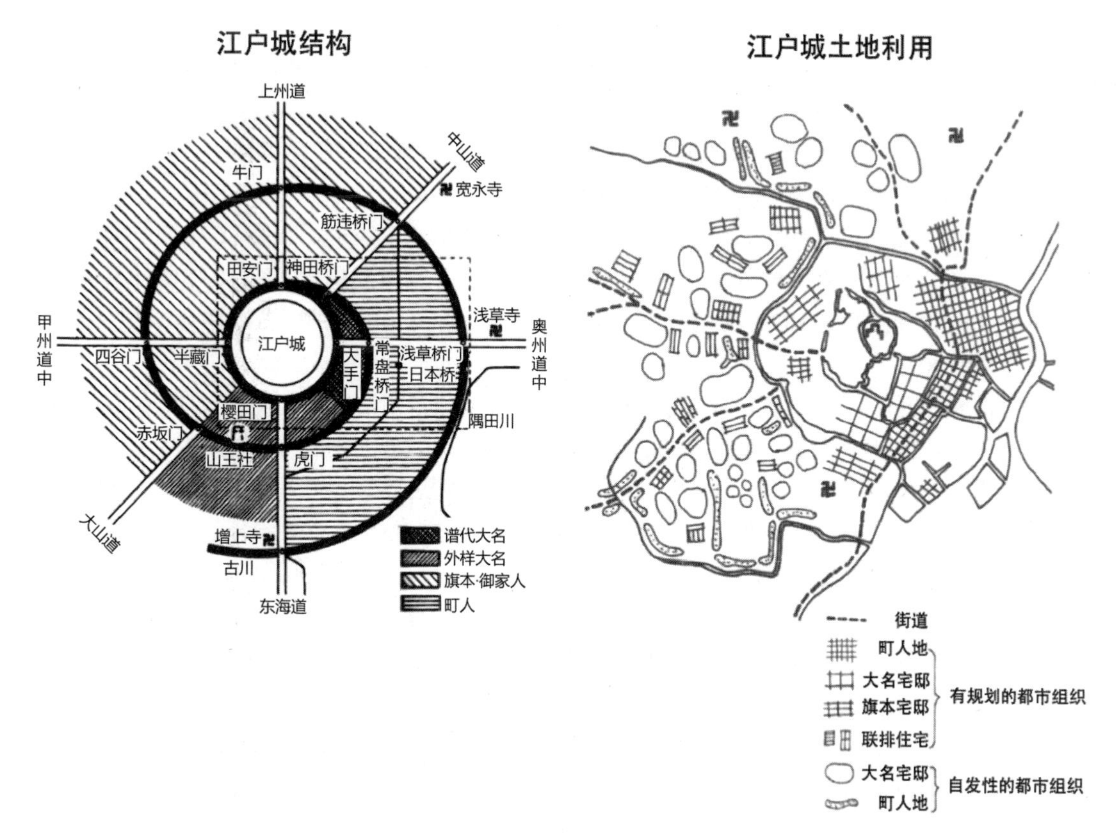

图 19　江户城的空间结构与土地利用(1603 年)

4.3　河内老街区遗产保护

越南和日本学者从不同角度对河内老街区(Ancient Quarter)的价值、管理和未来挑战进行了系统阐释,挖掘了古城商业街作为动态的非物质遗产的价值,分析了全球化背景下这一地区所面临的新变化和新挑战,并提出全球化背景下的管理手段。

(1) 老街区作为动态的非物质遗产的价值

东京大学柏原沙织对河内老街区集中商贸的历史变迁进行了细致的调查,阐释了老街区的商业街从 19 世纪到当代的发展历程,意在重新定义其作为城市遗产的价值,为老城区的管理提供另一种价值视角。

她利用大量的历史统计数据和既有研究,选取 19 世纪 70 年代到 2017 年间的 10 个时间点,绘制了河内老街区 79 条街道的主要贸易分布图,并对其进行统计分析。老街区的发展最早可以追溯到 1010 年,河内成为首都,周围手工业村庄的匠人聚集到都城近旁为朝廷服务,众多同一类型的小商铺逐渐集聚,慢慢形成不同类型的街道。据统计,这一片区面积共 81 hm^2,合计 79 条街道,共有 5 243 户从事商业活动(2002 年),4 296 栋建筑,50 070名居民(2017 年)。这些商业街经历了一个漫长的历史演变过程,以其变化的强度和速度为标准可分为 7 种不同类型,从维持与街道名称相关的商业类型的街道,到转型为与原有商业类型相关的商业街道,再到不断转换商业类型的街道,等等。能够保持与街道名称相关的商业类型的街道有如下特征：拥有街道品牌，年轻人愿意继承祖业，工匠们有可以交换信息的空间，而且工作场所尺度小，可以适应小规模的城市住宅。基于以上研究可以重新认识老街区的价值，它不仅仅是静止的物质遗产，更是动态的非物质遗产（Dynamic Intangible Heritages）。对商业街不同类型的认知有助于在保护中确定更为细致的管理目标。

（2）全球化背景下老城区商业街面临的变化与挑战

日本东京大学柏原沙织和越南国立土木工程大学黎琼芝分析了全球化背景下人口流、资金流、思想流和数据流四种"流"在越南老街区的变化以及由此引起的物质环境的变化，挖掘了这一地区商业转型的主要动因以及空间形态和功能转化的机制，提出对未来所面临的挑战的预期。

伴随着越南的全球化进程，在资金流上，越南进出口总额增加，经济快速增长；在人口流上，来越南旅游的外国人和出境旅游的越南人都在增加；在思想流上，外国电视频道、移动电话、外国的连锁店快速增加；在信息流上，信息系统快速发展，公共网络日益发达。这些宏观因素的变化，也给老街区的软件和硬件带来了相应变化，前者包括社会治理、产业类型、生活方式等，后者包括城市形态、街道景观、建筑风格等。在人口流的影响下，越南老街区的人口从 2013 年开始再次增长，旅游产业勃兴，高层旅馆、小型旅馆大量涌现，立面更新频繁；在资金流的影响下，商业形态发生变化，国外的专营连锁店有所增加，房屋租金等日渐昂贵，国际化的立面外观开始出现；在思想流的影响下，新的产业类型、新的生活方式开始融入老街区，步行街建设、公共空间建设管理、公众参与等城市治理手段开始发展，新的建筑风格出现，历史建筑的适应性再利用逐渐兴起；在数据流的影响下，在线商务日益发达，实体店成为展示场所，越来越多的商店选址于建筑内部的单元以降低成本。这些变化给未来带来了相应的挑战，包括人口搬迁，保持适宜的人口密度，复杂的房屋所有权问题，外国投资的增加，在线商店带来的商业街内涵的变化等，未来应努力探寻管理层面平衡保护和发展的可能途径（图 20）。

图 20 河内老城区街景

4.4 全球化背景下河内老城的管理

范俊龙基于自身实践经验，围绕河内环剑湖郡及河内老城区保护委员会办公室近 10 年的相关工作，阐释了平衡保护与发展的规划方法，即通过确定保护底线、设立发展优先、参考和探索行动规划模型，使得河内老城历史街区既得到保护又发展繁荣。此外，范俊龙还提出一个弹性的管理制度，即面对外界投资者、内部居民开发者、各界协助者，施行分区、分层或分秩序的引导建设。

5 越南乡村历史与保护

近些年，随着社会经济的发展，越南现代化进程快速推进，城市建设得到了国家的高度重视，也取得了显著的成就；与此同时，值得注意的是，快速的城市化、全球化，城市空间的低质量扩张等，也带来了众多问题，其中历史乡社体系的破坏是一个非常迫切需要解决的问题，众多乡村文化遗产与文化空间日趋衰落甚至消失，亟须包括政府、专家、学者等在内的各类社会群体的关注。越南学者提出从人居环境视角认识传统乡社的遗产类型及其价值，并分享了既有的保护方法和理论，提出对改良保护规划体制的期望(图 21、图 22)。

图 21 发言人范雄强

图 22 发言人黎成荣

5.1 从人居环境视角认识历史乡社的遗产及其价值

越南国立土木工程大学范雄强首先介绍了越南红河平原地区乡社的基本情况，这一地区共有1 845个社和大约 7 500 个乡，这些社乡大多数形成于 1 000—2 000 年前，基本具备历史文化名村的各类条件。但是，目前仅有同属一个社的 5 个乡是国家文化遗产。究其原因，一方面是由于缺乏一个更全面认识遗产的理论框架，另一方面遗产价值的评价体系和保护规章、制度仍然存在很多缺陷。也正是这两点使得许多文化遗产不被重视甚至面临消亡。

目前，关于越南乡社遗产的研究主要集中在两个方面：一是建筑遗产，包括亭、寺、庙等；二是非物质遗产，包括习俗、惯例、礼仪等。范雄强认为乡社遗产更多地体现了人文及自然环境兼容的人居理念，呈现出一种稳定演变几百年的生态人居模式，因此，以人居环境的视角进行历史乡社的研究显得尤为重要和迫切。在此过程中，需要通过实地调研或统计分析对遗产价值的六个方面进行发掘，包括人居空间结构、建筑、特色景观、生态建材及本土施工经验、文化生态和稳定的人居模式、物质和非物质的结合。最后，他以唐林乡、行善乡、喃乡等10余个传统乡为例，展示了众多文化遗产的新类型，并基于20多年的研究成果，分享了适应当代发展背景的保护理论。

5.2 保护和传承历史乡社的传统要素

遗产保护院黎成荣提出要保护和传承历史乡社的传统要素。越南历史乡社代表着一类农业文明的传统聚落模式，它随着历史发展而演替变化。所谓乡社的传统价值，实际上具有变动性，需要置于准确的历史阶段和地理空间来理解。乡社的传统价值可进一步区分为动态要素和基本要素。动态要素包括生产和生活活动、各历史阶段的艺术欣赏和价值取向等；基本要素则包括地理条件和生态环境、物质设施和空间、公众信仰和习俗等。在此价值认知的基础上，可以得到一个“动态－基本”价值评估框架，分析可能破坏这两种价值的内外影响因素，并提出传承式的保护方法(图23)。

图23 越南传统乡村景观

6 总结与展望

此次会议围绕亚洲规划史和文化遗产保护的主题，中、日、越三国十余所高校的学者共同参与，交流了各自国家相关领域的最新研究成果，提出了一系列重要的理论和实践问题，并发表了若干新的见解和观点。围绕近现代亚洲城市规划和空间转型这个议题，阐述了中国现代城市规划新文化的形成过程及其影响与价值，中国近代铁路城市在重大事件驱动下的发展模式，以及日本传统空间近代化的动因与机制。围绕中国古代规划传统这个议题，阐述了中国传统社会晚期地方城市“文教转向”的现象、内涵与动因，中国古代相地营城、结合自然的规划与建设传统，以及中国古代都城地区重视高敞之地、营建区域空间秩序的技术方法。围绕亚洲城市历史文化遗产保护这个议题，阐述了中国历史文化街区保护的本质及其与发展的关系，城市历史景观保护的理想空间模式，以及全球化背景下亚洲城市历史文化遗产所面临的变化和挑战。围绕越南乡社历史与保护这个议题，阐述了越南传统乡社的历史、人文空间与传统公共设施，分析如何通过人居环境视角认识乡社的文化遗产及其价值，提出传统乡社保护是一个亚洲国家所共同面临的问题。会议反映出亚洲规划史研究已有相当的基础和水平，同时在文化遗产保护与城市发展中也面临着若干相近的问题(图 24)。

图 24　会议讨论现场

与此同时，会议中所展示的多文化背景、多历史时段的研究也提示我们从跨文化、长时段的视角，重视历史与理论的连续性与世界性，建立多元文化相互对话的学术体系，进一步发掘和思考亚洲规划史和文化遗产保护中的若干重要科学问题。例如，中越及东亚地区城市规划史的比较研究。从古至今，东亚城市的发展研究具有明显的共通性，尤其是近代以来，在现代城市规划的形成过程中都呈现出“外来型城市规划”的特点，如何认识和理解各个国家间的共性与个性？再如传统城市、既有城市与未来城市规划关系的研究。东亚城市普遍具有悠久的历史，又面临着快速城镇化的现实，历史、现实、未来矛盾交织，通过深入理解城市与城市规划发展的历史研究，可以相互理解各自急速城市化背景下的城市规划经验与教训，正视我们所面临的城市问题。

本次会议受到越南共产党、越南建筑协会、河内市委下辖的多家媒体的关注。越南共产党《大团结报》于 2018 年 10 月 3 日刊登相关新闻，并强调“多国家学者共同谋划如何更好地保护越南文化遗产”。越南建筑协会报刊于 2019 年 1 月 10 日刊登会议综述，肯定会议的学术价值和贡献，并给予很高的评价：“通过这样的事件，我们认识到作为都市学的基础——城市规划历史与理论研究是首要重要的研究，是所有理论总结的基础，也是未来发展不可缺失的背景和经验。”另外，一些学术团体的网络平台还全文刊登了李百浩、张松、王鲁民、武廷海、赵志庆等学者的发言。

[此论坛计划在未来持续举行，并以此次论坛为契机，推动与会各方的交流合作，通过一系列的互邀讲座、访学、调研、会议论坛、出版等多种方式，探讨、交流学术成果，寻找共同的学术生长点。第二届论坛将于 2019 年 9 月在中国兰州召开]

注释

① 代表性人物包括：建筑协会主席阮国通，都市发展与规划协会主席陈玉正，国家文化遗产委员会委员兼

遗产保护院院长黄道镜，都市学理论丛书主编张光韬，城市设计理论、建筑史与理论丛书主编邓泰皇等。

图表来源

图1至图5源自：笔者拍摄.

图6源自：笔者绘制.

图7源自：赵志庆提供.

图8源自：京都工艺纤维大学美术工艺资料馆藏.

图9至图11源自：笔者拍摄.

图12源自：王鲁民提供.

图13源自：武廷海. 六朝建康规画[M]. 北京：清华大学出版社，2011.

图14源自：郭璐. 地区设计：秦汉隋唐长安地区区域空间秩序营建[M]. 北京：中国建筑工业出版社，2019.

图15至图18源自：笔者摄制.

图19源自：窪田亜矢提供.

图20源自：柏原沙织、黎琼芝提供.

图21、图22源自：笔者拍摄.

图23源自：黎成荣提供.

图24源自：笔者拍摄.

表1源自：张松提供.

第 10 届城市规划历史与理论高级学术研讨会综述

李　朝　李百浩

Title: Report From the 10th Academic Committee of Planning History & Theory Conference

Author: Li Zhao　Li Baihao

摘　要　第 10 届城市规划历史与理论高级学术研讨会暨中国城市规划学会城市规划历史与理论学术委员会年会于 2018 年 10 月 26 日至 29 日在广西桂林理工大学举行。会议的主题为“文明进程与城乡规划”，旨在探讨不同文明时期城乡规划的延续和演变。会议内容包括围绕“文明进程中的城乡规划发展”的主旨报告以及以“城市空间形态与跨界规划研究”“不同文明时期的城乡规划”为论题的平行报告，认为不同的历史与文明阶段塑造了不同的规划思想、技术和实践，既留下了大量的历史城市和历史文化空间，同时也为当今生态文明建设与城市规划发展提供了参考，开展基于文明进程中的城乡规划历史与理论研究是一个必要而又紧迫的重要课题。

关键词　中国城市规划学会城市规划历史与理论学术委员会；桂林会议；文明进程；城市规划历史与理论

Abstract: The 10th Symposium on Urban Planning History & Theory (Annual Conference of Academic Committee of Planning History & Theory) Conference took place on 26 - 29 October 2018, in the Guilin University of Technology. Themed"Urban Planning in the Course of Civilization", the 2018 conference probed the continuation and evolution of planning history from different civilizations. The conference included a keynote report themed "development of urban and rural planning in the process of civilization" and parallel reports on the topic of "Urban Space Form & Cross-Border Planning" and "Urban and Rural Planning in Different Civilization Periods". Researchers believe that different stages of history and civilization have shaped different planning ideas, technologies and practices, which not only leave a large amount of historic cities, historical and cultural space, but also provide references for current ecological civilization construction and urban planning development. Therefore, it is a necessary and urgent subject to carry out research on urban and rural planning history and theory based on the progress of civilization.

作者简介

李　朝，东南大学建筑学院，博士生

李百浩，东南大学建筑学院教授，中国城市规划学会城市规划历史与理论学术委员会副主任委员兼秘书长

Keywords: ACPHT, Urban Planning Society of China (UPSC) ; Guilin Conference; Civilization Process; Urban Planning History and Theory

1 会议概况

桂林不仅是1982年公布的首批国家历史文化名城,更是1960年建筑工程部召开第二次全国城市规划工作座谈会(史称“桂林会议”)的举办地,会上所提出的现代化城市建设目标,对后来的全国城市规划工作产生了深远影响,是中国现代城市规划历史进程中的重要会议。

2018年是贯彻党的“十九大”精神的开局之年,也是改革开放40周年,中国城乡规划的社会环境发生了深刻变化,迫切需要重新梳理城乡环境与社会文明建设的历史关系。因此,“中国城市规划”公众号于2018年7月3日发布了在桂林举行第10届城市规划历史与理论高级学术研讨会暨2018中国城市规划学会城市规划历史与理论学术委员会年会(以下简称“桂林年会”)的会议通知及征文启事,会议主题为“文明进程与城乡规划”。会议共收到论文63篇,入选会议宣读论文33篇,入选《城市规划历史与理论05》论文22篇。

2018年10月26日,会议在桂林理工大学屏风校区如期举行。桂林年会的主办单位是中国城市规划学会、东南大学建筑学院,由中国城市规划学会城市规划历史与理论学术委员会(以下简称“学委会”)、桂林理工大学土木与建筑工程学院、城市与建筑遗产保护教育部重点实验室(东南大学)共同承办,得到了广西城市规划协会、东南大学城乡规划与经济社会发展研究中心、桂林市勘察设计协会、桂林市建筑设计研究院、桂林市城市规划设计研究院、华蓝设计(集团)有限公司城乡规划设计院、桂林市综合设计院、《规划师》杂志社等单位的大力支持与协助。

2018年是学委会成立以来的第一次换届年,10月26日晚上召开了第2届第1次学委会委员工作会议,通过了第2届学委会委员名单,产生了新一届学委会主任委员、副主任委员及秘书长、副秘书长,新老委员共聚一堂,共同谋划中国城市规划历史与理论学术研究的进一步开展。2018年10月27日的开幕式之后,是学术报告与研讨环节,共进行了2场主旨报告、4场平行报告和1场平行论坛。会议共有229名代表参会,来自17个省市的50余所高校、科研机构、设计单位和文博机构,同时还有日本、韩国、越南、马来西亚、埃塞俄比亚和澳大利亚等国家的学者参加(图1)。

图1 桂林年会主会场

开幕式由学委会秘书长李百浩主持,桂林理工大学副校长陈学军,中国城市规划学会副秘书长曲长虹,桂林市规划局副局长于小明,广西城市规划协会副理事长、桂林市城市规划设计研究院院长韦伟,桂林市勘察设计协会理事长、桂林理工大学土木与建筑工程学院教授龙良初，中国城市规划学会理事、学委会主任委员董卫等出席会议并致辞(图 2)。在开幕式上，曲长虹副秘书长宣读了第 2 届学委会组成名单，并向新一届主任委员、副主任委员及委员颁发了证书(图 3)[1]。

从 2009 年至 2018 年的 10 年间，伴随着学委会的成立以及新一届学委会的组成，城

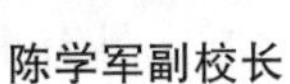

陈学军副校长　　曲长虹副秘书长　　于小明副局长

韦伟院长　　龙良初教授　　董卫理事

图 2　桂林年会开幕式主持人及致辞者

图 3　曲长虹副秘书长向第 2 届学委会委员颁发委员证书

市规划历史与理论高级学术研讨会逐渐成为中国城市规划历史与理论学术研究与交流的重要平台，本次桂林会议被中国科学技术协会列入《重要学术会议指南(2018)》，成为国内城市规划领域10个重要的学术会议之一[2]。

2 主旨报告：文明进程中的城乡规划发展

主旨报告环节分别在2018年10月27日、28日两个上午举行。发言者从不同视角与层面围绕年会主题展开讨论，通过对桂林和中国城市规划历史的回溯，解释了文化、文明以及城乡规划之间的关系与相互作用。

深圳大学王鲁民教授的报告题目为“中国古代城市的文教转向”，他认为文教建筑是中国传统城市中的重要建筑类型之一，是在科举教育、文化传播及社会教化方面具有重要意义的建筑物与构筑物，包括学宫、书院、文昌阁、魁星楼、文峰塔、惜字塔、祀祠、牌坊等。报告以明清时期的赣州府城、长沙府城为例，进一步阐释了何谓“文教转向”。他指出，宋元以后，宋明理学的发展、科考制度的体制化、地方官员的功利期望等因素，促成了地方对科考、文教的支持，与科考、社会教化相关的文教建筑在城市营建中得以蓬勃发展。这使得文教建筑在城市景观中的地位大幅度提升，在一些地方城市甚至占据主导地位，形成了不同于宋元以前的城市景观架构。扬州地处京杭大运河与长江交汇处，成为南北河运、东西江运水路交通与漕运的总枢纽，经济与文化的高度发展及康乾南巡的政治机遇，推动了城市文教的昌盛，同时使得在城市景观风貌层面，呈现出带有地方特色的浓厚文化氛围特征。为此，王鲁民教授以扬州府城为例，着重分析了“文教转向”的具体表现，如学宫区位价值的提升与规模的扩大；以文昌阁与魁星楼为代表的科举祭祀设施的增建；教化设施的增建，如寓意多中科举的文峰塔、表彰科举教化的牌坊和“尊贤、报功、崇道”的祀祠；书院数量的增加与规模的扩大；书局和藏书楼的增建等。从空间分布来看，这些文教建筑在城市空间和景观格局中占统领地位，并且经过刻意设计，与水路及街巷紧密结合，突破了城墙的局限，有意迎合乾隆南巡线路，形成了“一路楼台直到山”的盛景。他强调，在中国传统社会晚期，地方城市的“文教转向”与其他文化比较具有重要特色，对于现代城市文化气质的营造不失为一种启示。

桂林理工大学龙良初教授的发言题目为“文明进程中山水优先的桂林城市规划思考”，他从城市定性、城市格局、城市风貌三个方面研究文明进程中山水优先的桂林城市规划理论和实践，即自然山水孕育了桂林城市文明，“城在景中，景在城中，城景交融”既是桂林城市的基本格局，也是桂林城市规划的基点。从城市定性方面来看，龙良初教授分别介绍了清代以前、民国时期和新中国成立以后三个主要阶段的桂林城市定性。其中，《桂林市城市总体规划(1985—2000年)》第一次确定桂林市的城市性质为风景游览城市和历史文化名城，在桂林城市进程中具有重要的历史地位。从城市格局方面来看，龙良初教授分别讲述了桂林不同时期的历史轴线、各个发展阶段的城市发展方向、城市水系的延续和发展，以及城市格局的主要特征。龙良初教授表示，规划的实施有时要经历漫长的历程，例如历时20余年，多次确定的桂林城市向西发展的规划才终于得以实施。桂林“山、丘、峰、景”的总体生态格局、古城居中、双环城市骨架、两江四湖三楔共同构建了桂林的山水城格局特征。从城市风貌方面来看，龙良初教授分别展现了城市风貌研究和探索的三个主要内容，以及各时期城市风貌的主要特征。桂林在历经新中国成立以后持续的城市规划研究和探索，在山水城城市模式和建筑地方特色两个方面取得了具有重要价值的阶段性成果，同时结合当今城市发展的新思想，积极探索桂林山水城市的再保持与再创造，为城市可持续发展注入新的内涵。他强调，山水是主角，建筑是配角。桂林作为国际性风景旅游城市和国家级历史文化名城，有着山水景观与人文景观有机融合的城市空间，并贯穿了 2 000 多年的建城历史，形成了独特的山水城城市格局和特色。

澳大利亚皇家墨尔本理工大学让・希利尔(Jean Hillier)教授的发言题目为“历史遇到理论：以文化遗产为例”，她认为文化遗产是历史留给人类的宝贵财富，中国的城市往往是延续早期形态的复杂场所，规划历史在城市形态中表现为遗产。遗产已成为地方发展中的一个主要问题，历史地段往往被看成城市的经济支柱。希利尔教授以其独特的视角阐释了文化遗产的概念，以大同、云南、北京、喀什等地为案例讨论了理论和实践中物质权力，共识、冲突和公众参与的作用，真实性这三个相互关联的问题。其中，她指出中西方对“真实性”问题有着不同的理解，认为中国拆除了很多真的古建筑而复建了很多所谓的古建筑，对此，她不断地在质问中国以遗产为导向的城市复兴是否是一种创造性的破坏和更新，或者像一些西方学者所说的那样，反而破坏了真正的遗产？中国是否应该有一个特定的对遗产真实性的解释？历史意义或历史价值包含什么，是为了谁？人们今天或之前(原来)对地方/建筑物的使用中谁的价值更重要？希利尔教授还提出，联合国教科文组织提出的历史城市景观(HUL)的指南建议决策应具有包容性和参与性，从而能达成共识。最后，希利尔教授总结到，遗产将成为在未来导向的轨迹中的一种具有表现能力的能动者，它超越了对过去路径的依赖，因此，没有什么场所是与任何特定的过去密不可分的。她明确表示不赞同大同的建设方式，也不赞同在遗产场所所在地构建购物商场。她指出，遗产规划具有保持供需平衡、生产与过程平衡、自上而下与自下而上平衡，以及本地居民和外来专家和谐的任务，这与其他规划不同。她认为，制度约束也许会让规划更难于与理论的发展相一致，但大学课程可以让年轻的规划者们尽可能地去尝试。

清华大学谭纵波教授以“城市规划的‘体’与‘用’——致中国城市化的下半场”为题，他从文明进程的视角，层层递进地讲解了他对城市规划的“体”与“用”之思考。在谭纵波教授看来，究竟什么是城市规划的“用”与“体”呢？他首先提出，文明具有阶段性的特征。中国作为“文明古国”在近代之后向文明迈进的过程中，“现代化”成为首要任务之一。现代文明的重要特征之一就是讲规则，而城市规划恰恰是建立和执行规则的工具。从“自强运动”开始标榜“中体西用”，到现代城市规划的工程技术属性，“现代化”可以作为讨论文明与城市规划这一宏大叙事的一个视角。在现代化进程中，科技、军事装备、基础设施、城市等物质环境改善，即为“用”；社会改良与制度建设等社会组织方式的转型，即为“体”。他指出，城市规划轻“体”重“用”，我们被快速城镇化推着走，没有停下来思考的时间，我们的规划是以建设为导向的。城市规划原本可以在市场经济体制中协调各方矛盾，扮演裁判的角色，但现在反而成为被指责的对象，也就是我们常说的城市规划在“背锅”。一方面，把城市出现问题，如“城市病”等，归因到城市规划的这种说法太片面；另一方面，我们的城市规划太注重技术，却没有更深层的思考，正如中国城市规划学会秘书长石楠所言：“一流的规划实践，二手的规划理论。” 事实上，“中体西用”思想导致中国现代化进程受挫的史实，从某种程度上隐喻了当代工程技术导向城市规划的未来。最后，谭纵波教授对城市规划的“体”进行了归纳，他认为，城市规划之“体”拥有如下特征：从属于社会经济体制，开放的内外部环境，形成基本价值判断共识，实现基本价值判断的路径，拥有首尾一致可验证的逻辑链，上述过程中原生的理论。谭纵波教授强调，首先我们要承认城市规划在文明发展现阶段中不可替代的作用，其次要承认城市规划的价值和局限性。面向未来城市化的“下半场”，有必要从现代化的视角来讨论迄今为止城市规划的缺失内容以及未来走向。他指出城市规划的现代化目标有三点：明晰的产权、公共干预、专业化集团。谭纵波教授认为，城市规划的现实路线，既要延续“用”的财富创造价值，又要开拓“体”的引领作用。首尾一贯、“体”“用”一致的规划体系，是我们从业人员追求的理想和目标。

南京大学王红扬教授的发言题目是“文明的去魅、复魅与城乡规划”，核心议题是城乡规划中的去魅与复魅。他认为将城乡规划置于文明进程中一直被认为是高贵的、宏大叙事的，所以要对“文明”进行去魅，“文明”提供了一个回归本原、回归朴素、从深度上回归城乡规划的“整体”的机会。现实困境的根本原因，存于文明的范式及其问题。文明进步的关键就是跳出范式，那么如何跳出范式呢？王红扬教授通过不断追问“文明是什么”的问题，通过分析“原子主义及其文明”与“整体主义及其文明”的逻辑关系，指出必须跳出“局部”，走向“整体”。不必再自困于各种既有范式，一切首先是为了摆脱它们。规划应成为统筹经济、社会、生态与空间改革创新发展的关键整体性局部，规划工作的核心在于重建有机整体性，规划学科应是以物质空间为基点的方法论科学，规划师应成为描绘经济、社会、生态与空间发展最优整体性蓝图的整体主义艺术家。他强调，社会发展的困局，最终不是源于某个或某几个局部的问题，而是源于“整体性”困局，即所有局部陷入相互牵制、制约的“死循环”。但其中存在一个根本的整体性局部：思维的原子化、局部化、范式化。一切的中心是人的主观，是人的思维。思维面临的根本挑战，是能否理解基于主观而来的无穷的关系性、一致性、复杂性以及所有这一切的整体“网络”性的规律，一切“点”式答案的本质都是误解，所以，现代的根本不是宗教、不是体制、不是机械科学，而是思想者的突破。最后，王红扬教授指出，能否自觉回归文明直至文明基础范式的深度，准确把握住文明基础范式并审视和突破其问题，是包括城乡规划在内，一切文明发展的根本问题。这一问题几乎被忽略，在于一般现状思维本身就建筑于现有文明范式之上，后者又恰恰是一套让自身逃避批评与自我批评的文明范式。他指出，我们要跨越原子主义文明，迈向整体主义文明。他认为所有文明（包括城乡规划）演进的根本问题是，是否能准确地解读文明的基础模式及文明如何更迭、突破既有模式。无论是文明进程还是规划发展，它们所面临的社会发展困局，都不是源于某个或某几个局部的问题，而是源于“整体性”困局，因此规划历史与理论的研究，必须跳出“局部”，走向“整体”。

2018 年 10 月 28 日上午，华南理工大学建筑学院田银生教授，华蓝设计（集团）有限公司城乡规划设计院欧阳东教授级高级工程师，桂林市建筑设计研究院陈林副总规划师、黄珑规划师，清华大学建筑学院孙诗萌助理教授，桂林市城市规划设计研究院丁玲高级规划师，中国城市规划设计研究院李浩教授[①]，同济大学建筑与城市规划学院侯丽教授，中国建筑工业出版社吴宇江编审，东南大学建筑学院王兴平教授共计 10 位专家学者分享了广州、桂林、广西、台北等地的传统文化、传统建筑、传统城市形态的案例，从城市规划历史与理论两个维度来研究文明变迁视野下城乡规划的历史向度、现实观照、理论建构。

3　平行报告：城市空间形态与跨界规划研究

城市空间形态学研究与规划史研究密不可分。这一会场中的演讲者多从具体案例入手来勾勒某一城市、城镇群或者是城市局部与整体之间的空间形态关系。发言人也关注空间形态(表现为建成环境)对社会及其变迁的适应。重庆大学李旭副教授跳出了历史阶段的限制,在传统文献研究的基础上,通过历史地图分析、现场调研等方式结合人的意向感知,提取城市意象热点的时空分布与道路结构特征,并将结果落在历史地图与现代地图的叠合之上,探讨并总结具有地域特征的意象感知的演变规律及影响因素,提炼出重庆带有山城特质的城市意象的时空结构。山东建筑大学赵虎副教授则是通过运用历史法、文献总结法和地图判别法等来对古镇的空间形态特征与演化历程、空间形态的影响因素进行判别。华中科技大学赵逵教授的发言则以淮盐运输线路为线索,串起了沿线的城镇群,并对其类型、分布以及空间形态进行了分析。这种以商贸路线为研究切入点的分析为规划史研究提供了独到的视角。北京大学汪芳教授的研究与赵逵教授的研究有类似之处,同样聚焦于线状空间形态。以"节点—背景—联系"的文化景观安全格局模型为基础,将北京长城文化带的各个景点视为节点,对历史建成环境空间结构的变迁进行分析。研究表明长城文化带这一线形文化景观,目前已经演化成为多核心多组团等级嵌套结构。这种社会变迁中的适应性研究,为历史建成环境的保护更新提供借鉴。天津大学张天洁副教授的分析同样旨在揭示空间网络当中节点或者功能组成部分之间的关系。关注城市文教组成部分的大学与其他城市功能单元的互动关系,通过分析不同历史时期、政治制度变迁和社会文明演变过程中,中国大学和城市的四种关系类型和两种互动方式,来探讨中国大学校园的内向集聚性和外向扩张性。

国际规划史学会(IPHS)自创建以来就持有一个观点,即不仅仅将城市规划的历史纬度看作一个单独的学科,而且需要从多学科出发去探讨规划史的经济、社会、技术等层面。无论是国际规划史会议还是中国的规划历史与理论会议,其举办的宗旨,也是为各学科学者提供交流平台,不断挖掘新材料,从不同角度提出新观点[3]。本次年会也呈现出这种趋势,汇集了城乡规划学、建筑学、历史学、考古学、经济学、社会学的研究人员,进行深入交流以分享跨学科的历史研究方法。跨界研究的发言不仅跨越了理论与实践之间的鸿沟,而且跨越了规划史乃至城乡规划的边界。

华东理工大学张杰教授对乡村规划当前存在的问题进行了深入剖析。据此提出应回归乡村规划本质,从乡村共构体组建以及工具理性与价值理性融合的角度,来促进乡村规划区别于城市规划的理论与方法的完善。东南大学鲍宇廷博士生的发言则针对创新城市。他从发展模式与路径、创新主体、创新空间演变形态三个方面系统建构了创新城市理论发展的框架,并以南京软件谷为例,探讨了符合中国创新城市转型发展的理论路径以及规划应对。珠海市规划设计研究院张一恒规划师的发言则是实践导向的,分析了控制性详细规划体系演进中的问题,探讨了如何进行控制性详细规划的编制与管控创新。其他发言则涉及生态学的共生理论(赵四东,东南大学)、生物学中的生物膜理论(胡雪峰,东南大学)以及经济学中的文化资本概念(张昀、相秉军,北京清华同衡规划设计研究院有限公司长三角分院)。这些跨界研究揭示出规划史与规划理论、规划研究与规划实践、规划学科与其他相关学科之间的巨大耦合关系。

4 平行报告:不同文明时期的城乡规划

"不同文明时期的城乡规划"的平行报告分别讨论了古代文明与近现代文明两个历史时

期的城市规划历史与理论问题，这一主题也一直是历届会议的核心问题之一。发言者关注城市在历史进程中的规划发展，探讨不同类型、不同自然地理环境中的城市发展特征，将研究置于全球化的背景之下，用更广泛的历史视角去看待中国城市的规划发展。

这一板块也可以说是本次年会主题“文明进程与城乡规划”在古代与近现代文明时期的具体化，均体现出较强的现实倾向，即以史为鉴。

在“古代文明与规划”的专场中，中国人民大学郑国教授的研究从中国古代文献《周礼》出发，其中有关城市的内容包括维护国家政治秩序和维护城市社会经济秩序两个层面，这成为后来 2 000 多年中国传统城市管理制度的主体内容。近现代以来，虽然受到西方的冲击和影响，但中国传统的城市管理制度的基因并未中断，仍然对当前的城市管理制度发挥着广泛而深刻的影响。这项研究能够更好地理解中国传统城市管理，也为现代城市管理提供了借鉴。清华大学郭璐助理教授选取中国古代文献《诗・公刘》中记载的一处传统聚落的规划营建过程，运用文献研究的方法，对其文本含义进行解读，即考察地形高下和水资源条件；在此基础上，结合考古实证，对其在规划流程中的作用进行剖析，即中国古代人居环境规划建设中“水土同治”的传统，对于今天城市规划中的土地适宜性评价仍然有着借鉴意义。清华大学叶亚乐博士生聚焦于中国古代传统的城市营造研究，以宋代扬州夹城为研究对象，利用历史卫星影片作为研究新材料，结合历史文献中的城池数据，推定宋代夹城城墙和城门设施的位置与形态，进而实现宋代夹城空间结构和平面形态的复原，弥补了学界对于宋代夹城缺少系统考古资料和明确文献记载的认识。

在“近现代文明与城乡规划”的专场中，同济大学姜浩硕士生将研究视野拉回近代时期，介绍了临近上海的小城吴淞从一个江边渔村发展成为港口城市的发展脉络。吴淞因其地处长江与黄浦江交汇处的地理位置，在近代初期以渔港和军港的形式初步发展，自主开埠后在中外影响下以商港为主导，港口空间和城市功能进一步扩展，城市空间呈现出极强的港性特征。港口功能和对外贸易成为城市发展的主导因素。这一特征与上海、宁波、青岛等城市的发展模式类似。而与吴淞不同，哈尔滨工业大学张璐博士生、赵志庆教授探讨了近代中国城市的另一种发展模式。哈尔滨作为中国近代形成的新城市，依托中东铁路的修筑而兴起，在日俄战争的夹缝中发展，战争和交通是其发展的助推器，以俄国为代表的外国规划思潮和城市治理方式对哈尔滨影响很大，形成了现在多元的城市文化和面貌。东南大学刘一硕士生研究了与近代城市规划建设直接相关的土地开发与管理制度，将青岛胶州湾租借地与香港新界租借地进行比较，认为二者虽然在政策上有所不同，但管理路径都是在传统土地契约的基础上，整合当地土地产权，施行新的土地制度，并且与城市规划建设相结合，实现殖民当局的城市发展意图。

5 结语

城乡规划是一个复杂的、综合的社会、经济、政治与技术过程，与社会文明发展有着天然而内在的联系。不同的历史与文明阶段塑造了不同的规划思想、技术和实践，这些规划遗产给我们留下了大量的历史城市和历史文化空间，同时也为当今的规划实践提供了参考，帮助我们应对未来的挑战。本次年会的成功举办，为探索当今生态文明建设与城市发展、城乡规划演化中的互动与相互影响提供了一次很好的交流机会，也为中国城乡规划史研究进一步深入、探索来自历史思维的规划理论研究的多学科拓展打开了思路。“文明进程与城乡规划”不仅仅是一次会议的主题，旨在通过学术研讨会进一步强调今后关于这一课题持续研究的必要性。

注释

① 李浩教授现工作于北京建筑大学。

参考文献

[1] 中国城市规划学会. 聚焦第 10 届城市规划历史与理论高级学术研讨会　共话“文明进程与城乡规划”[EB/OL]. (2018 - 10 - 28)[2020 - 10 - 28]. https://mp.weixin.qq.com/s/XeqhgtBFfZhlROvMm5GP1w.

[2] 董卫，李百浩，王兴平. 城市规划历史与理论 03[M]. 南京：东南大学出版社，2018：3.

[3] SUN Y C. SCHWAKE G，ZHU K Y，et al. Report from the 18th international planning history society conference：15 - 19 July 2018，Yokohama，Japan[J]. Planning perspectives，2018(4)：657 - 663.

图片来源

图 1 至图 3 源自：中国城市规划学会城市规划历史与理论学术委员会.

后记

2018 年 10 月 26—29 日，“第 10 届城市规划历史与理论高级学术研讨会暨 2018 中国城市规划学会城市规划历史与理论学术委员会年会”在桂林理工大学召开。会议受到了社会各界的高度关注，收到了来自高校、研究机构、规划设计单位、规划管理部门等专家、学者的积极反馈，得到了来自地理学、经济学、政治学、管理学等相关学科学者的大力支持。

作为中国城市规划学会城市规划历史与理论学术委员会会刊的“城市规划历史与理论”系列，既是每届城市规划历史与理论高级学术研讨会的论文集，同时也是中国城市规划学会的学术成果。本书由本届会议的 22 篇优秀会议论文和 2 篇会议综述编纂而成，收录的会议论文基本反映了当前城市规划历史与理论研究的思考与成果，其内容涵盖“城市规划思想史研究”“近现代城市规划”“城市空间形态研究”“规划理论与实践”等议题。

在《城市规划历史与理论 05》付梓之际，谨代表编写委员会衷心感谢各方人士的支持。感谢会议的主办单位中国城市规划学会、东南大学建筑学院，感谢协办单位广西城市规划协会、东南大学城乡规划与经济社会发展研究中心、桂林市勘察设计协会、桂林市建筑设计研究院、桂林市城市规划设计研究院、华蓝设计（集团）有限公司城乡规划设计院、桂林市综合设计院、《规划师》杂志社的大力支持，感谢在会议筹备和组织过程中给予热情关心和支持的各单位和同行专家们，感谢“中国城市规划”公众号、中国科学技术协会网站、《城市规划》杂志社的宣传与报道，特别感谢具体承办单位的桂林理工大学土木与建筑工程学院各位领导和师生的周密细致的会务工作。

感谢各位委员对会议征集论文的审查、推荐和建议，保证了该书中所载论文的学术性和代表性。

感谢东南大学出版社的编辑徐步政先生和孙惠玉、李倩女士，由于他们专业和高效的工作，该书才得以顺利地与读者见面。

感谢桂林理工大学土木与建筑工程学院、东南大学建筑学院的青年教师和研究生们，如李季、李欣原、仝梦菲、王斐等，从会议筹备、论文征集到论文校对、与论文作者联系等具体事务，他们均认真地工作，并给予了帮助。

最后，还要感谢历史与理论学委会的各位委员以及其他所有撰稿作者。当然，由于本书篇幅和主题所限，部分稿件未能收入书中，敬请作者谅解。

由于编者在认识和工作上的不足，书中不妥之处，望不吝批评指正。此外，2020 年年初的疫情耽搁了本书的正常出版，亦请各位同仁理解。

董　卫　李百浩　王兴平

2020 年 12 月 15 日